高职高专装配式建筑专业“互联网+”创新规划教材

装配式混凝土建筑识图与构造

主　编◎陈　鹏
副主编◎范超奕
主　审◎燕仲彧

内 容 简 介

本书以高职高专土建类专业教学改革要求为依据，结合现行规范和标准编写，突出对装配式混凝土建筑识图能力的训练和建筑、结构构造措施的讲解，与实际职业工作岗位接轨，体现对职业能力的培养。

本书共三篇，包括装配式混凝土建筑基础知识、装配整体式混凝土剪力墙结构施工图和装配整体式混凝土框架结构施工图，以理解装配式混凝土建筑和结构构造，能熟练识读施工图为教学目标，以具体施工图识读任务为形式组织教材。

本书可作为高职高专装配式建筑工程技术、建筑工程技术、工程造价、工程监理专业及与其他土建类相关专业的教学用书，也可作为在职职工岗前培训教材和成人函授教材，还可作为工程技术人员的参考用书。

图书在版编目（CIP）数据

装配式混凝土建筑识图与构造 / 陈鹏主编. --北京：北京大学出版社，2025.1
高职高专装配式建筑专业“互联网+”创新规划教材
ISBN 978-7-301-34743-0

Ⅰ. ①装… Ⅱ. ①陈… Ⅲ. ①装配式混凝土结构－建筑制图－识图－高等职业教育－教材②装配式混凝土结构－建筑构造－高等职业教育－教材 Ⅳ. ①TU37

中国国家版本馆 CIP 数据核字（2024）第 004855 号

书　　名	装配式混凝土建筑识图与构造 ZHUANGPEISHI HUNNINGTU JIANZHU SHITU YU GOUZAO
著作责任者	陈　鹏　主编
策划编辑	刘健军
责任编辑	范超奕
数字编辑	蒙俞材
标准书号	ISBN 978-7-301-34743-0
出版发行	北京大学出版社
地　　址	北京市海淀区成府路 205 号　100871
网　　址	http://www.pup.cn　新浪微博：@北京大学出版社
电子邮箱	编辑部 pup6@pup.cn　总编室 zpup@pnp.cn
电　　话	邮购部 010-62752015　发行部 010-62750672　编辑部 010-62750667
印 刷 者	河北文福旺印刷有限公司
经 销 者	新华书店
	787 毫米×1092 毫米　16 开本　18.75 印张　453 千字 2025 年 1 月第 1 版　2025 年 1 月第 1 次印刷
定　　价	59.00 元

前言

Preface

本书为北京大学出版社“高职高专装配式建筑专业‘互联网+’创新规划教材”之一，是根据新形势下高职高专装配式建筑工程技术专业教学的要求，以及建筑工程技术等土建类专业教学改革的要求，结合国家大力推广装配式混凝土建筑的背景进行编写的。

《装配式混凝土建筑识图与构造》是装配式建筑工程技术专业重要的专业基础课程，其主要任务是让学生认识装配式混凝土建筑，掌握其结构构造，并能识读其施工图，为后续课程及未来工作打好基础。

本书根据装配式建筑工程技术专业的教学实践和人才培养方案对该课程的教学要求，结合高职高专学生的特点，对该课程的教学内容进行整合，按照项目化教学的要求编写，突出职业素养的培养，全面贯彻党的二十大精神。本书依托学生对建筑和结构专业的认识，帮助他们形成装配式建筑、装配式混凝土结构体系等概念，分别以典型装配整体式混凝土剪力墙结构、框架结构建筑为例，以理解建筑和结构构造，能熟练识读施工图为教学目标，以具体施工图识读任务为形式组织教材内容。

针对课程特点，本书通过二维码嵌入各类预制构件三维模型，学生可使用手机扫描对应二维码查看。通过对三维模型进行旋转、缩放等操作，学生可以更加直观地了解预制构件在空间中的布置及详细构造。

本书由泰州职业技术学院陈鹏担任主编，北京大学出版社范超奕担任副主编，江苏中江装配式建筑科技股份有限公司燕仲彧担任主审。全书共三篇，分别为装配式混凝土建筑基础知识、装配整体式混凝土剪力墙结构施工图和装配整体式混凝土框架结构施工图。每篇包括若干项目，每个项目又包括若干任务。

本书在编写过程中，参考和引用了一些优秀教材的内容，吸收了国内外同人的研究成果，在此表示感谢。由于编者水平有限，加上时间仓促，书中有不妥之处在所难免，衷心地希望广大读者批评指正。

编　者

目录 catalog

第一篇　装配式混凝土建筑基础知识

第二篇 装配整体式混凝土剪力墙结构施工图

第一篇

装配式混凝土建筑基础知识

项目1 装配式建筑概述

项目描述

建筑工业化是我国建筑业的发展方向，推广装配式建筑是现阶段我国建筑工业化落实的主要措施。装配式建筑是指结构系统、外围护系统、设备与管线系统、内装系统的主要部分采用预制部品、部件集成的建筑。本项目主要介绍了装配式建筑的含义、特征和相关概念。

能力目标

1. 了解建筑工业化的背景。
2. 理解装配式建筑的含义。
3. 熟悉装配式建筑的特征。
4. 掌握装配率与预制率的概念。

任务 1.1　建筑工业化

引导问题

1. 建筑工业化的主要标志是什么？
2. 现阶段我国建筑工业化的主要落实措施是什么？

建筑工业化是指通过现代化的制造、运输、安装和科学管理的生产方式，来代替传统建筑业中分散的、低水平的、低效率的手工业生产方式。建筑工业化最早由西方国家为解决第二次世界大战后欧洲国家在重建时亟须建造大量住房而又缺乏劳动力的问题提出，通过推行一种"建筑标准化设计、构件工厂化生产、现场装配式施工"的新型房屋建造生产方式，以提高劳动生产率，为战后住房的快速重建提供了保障。1974 年，联合国出版的《政府逐步实现建筑工业化的政策和措施指引》中定义了建筑工业化的概念，即按照大工业生产方式改造建筑业，使之逐步从手工业生产转向社会化大生产的过程。它的主要标志是建筑标准化、构件生产工厂化、施工机械化和组织管理科学化，并逐步采用现代科学技术的新成果，以提高劳动生产率，加快建设速度，降低工程成本，提高工程质量。

起源于西欧、北欧的建筑工业化建造方式带来了显著提高的生产效率，随后苏联、东欧、中国、美国、日本及新加坡等国家和地区也相继致力于建筑工业化的研究与发展。

目前，建筑工业化是我国建筑业的发展方向。随着我国人口红利的消失，建筑行业面临劳动力短缺、人工成本快速上升的问题。同时，传统的现场施工方式面临的环境污染、水资源浪费、建筑垃圾量大等问题也日益突出。为解决这些问题，保持建筑行业可持续发展，近年来我国政府制定并出台了一系列政策推行建筑工业化。推广装配式建筑是现阶段我国建筑工业化落实的主要措施，装配式建筑已成为建筑业发展的热点。

任务 1.2　装配式建筑和装配式结构

引导问题

1. 什么是装配式建筑？
2. 根据结构材料的不同，装配式结构分为哪些类型？
3. 什么是装配式混凝土结构？其包括哪些类型？

1. 装配式建筑

装配式建筑是指结构系统、外围护系统、设备与管线系统、内装系统的主要部分采用预制部品、部件集成的建筑。传统的房屋建造多采用手工方式进行，把各种建筑材料、半成品运送到施工现场，通过各工种分工协作来建造房屋。这种建造方式的特点是劳动强度大、工期长、耗工多，并且受到劳动力、施工机具、建筑材料、施工场地，以及季节、气候等各种因素的制约。而装配式建筑采用工业化的方式生产建筑，其主要部品、部件在工厂生产加工，通过运输工具运送到工地现场，并在工地现场拼装建造房屋。装配式建筑可实现房屋建设的高效率、高品质、低资源消耗和低环境影响，是当前房屋建设，特别是住宅建设的发展趋势，近年来被国家大力推广。

2. 装配式结构

装配式结构是指装配式建筑采用的结构系统。根据结构材料的不同，装配式结构分为装配式混凝土结构、装配式钢结构和装配式木结构。

3. 装配式混凝土建筑

我国现阶段采用装配式混凝土结构的建筑建设量最大、应用范围最广，一般称其为装配式混凝土建筑，或简称为 PC（Precast Concrete）建筑。装配式混凝土建筑的结构系统由预制混凝土部件构成。

4. 装配式混凝土结构

装配式混凝土结构是指由预制混凝土构件（简称预制构件）通过可靠的连接方式装配而成的混凝土结构，包括装配整体式混凝土结构、全装配混凝土结构等。

1）装配整体式混凝土结构

由预制构件通过可靠的方式进行连接并与现场后浇混凝土、水泥基灌浆料形成整体的装配式混凝土结构，被称为装配整体式混凝土结构。装配整体式混凝土结构的结构性能与现浇混凝土结构基本相同。

2）全装配混凝土结构

全装配混凝土结构是指预制构件之间通过干式工法进行可靠连接的装配式混凝土结构。其结构性能低于现浇混凝土结构。

任务 1.3　装配式建筑的基本特征

引导问题

1. 装配式建筑体现了工业化的建造方式的哪些基本特征？
2. 理解“五化一体”的建造理念。

装配式建筑是工业化的建造方式，其基本特征主要体现在以下 5 个方面。

（1）标准化设计。标准化是装配式建筑所遵循的设计理念，是工程设计的共性条件。标准化设计通过采用统一的模数协调和模块化组合方法实现，使各建筑部品、部件等具有通用性和互换性，从而满足“少规格、多组合”的原则和“适用、经济、高效”的要求。

（2）工厂化生产。工厂化生产是指采用现代工业化手段，实现施工现场作业向工厂生产作业的转化，形成标准化、系列化的预制部品、部件精细制造过程。

（3）装配化施工。装配化施工是指在现场施工过程中，使用现代机具和设备，以部品、部件装配施工代替传统现浇或手工作业，实现工程建设装配化的施工过程。

（4）一体化装修。一体化装修是指建筑装修与主体结构工程紧密结合，装修与主体结构工程一体化设计，采用定制化部品、部件实现技术集成化、施工装配化，装饰装修与主体结构工程施工组织穿插作业、协调配合。

（5）信息化管理。以 BIM（建筑信息模型）和信息技术为基础，通过设计、生产、运输、装配、运维等全过程信息数据传递和共享，在工程建造全过程中实现协同设计、协同生产、协同装配等的过程，被称为信息化管理。

装配式建筑的“五化”基本特征是有机的整体，是“一体化”的系统思维方法。“五化一体”的建造理念全面、系统地反映了装配式建筑的建造全过程中工业化建造的主要环节和组织实施方法。

拓展讨论

大力发展装配式建筑是我国建筑工业化的发展方向。党的二十大报告指出，建设现代化产业体系。坚持把发展经济的着力点放在实体经济上，推进新型工业化，加快建设制造强国、质量强国、航天强国、交通强国、网络强国、数字中国。请你结合党的二十大报告和《“十四五”建筑业发展规划》《“十四五”全国城市基础设施建设规划》等相关文件，了解我国建筑现代化发展方向，讨论如何在建筑现代化产生的新兴技术领域中规划个人职业发展。

任务 1.4　装配率和预制率

引导问题

1. 装配率是指什么？
2. 预制率是指什么？
3. 装配率和预制率反映了装配式建筑的哪些情况？

装配率和预制率是装配式建筑的两个重要概念。

1. 装配率

装配率是指装配式建筑中预制部品、部件的数量（或面积）占同类部品、部件总数量（或面积）的比率，用于表示装配式建筑的主体结构、围护结构和室内装修的部品、部件装配化程度。

2. 预制率

预制率是指装配式建筑±0.000 标高以上主体结构和围护结构中预制构件部分的材料用量占对应构件材料总用量的体积比，用于表示装配式建筑主体结构的装配化程度。

装配式建筑的预制率 ρ_V 计算公式为

$$\rho_V = \frac{V_1}{V_1 + V_2} \times 100\%$$

式中　V_1——±0.000 标高以上的主体结构和围护结构中预制构件部分的材料用量（体积）；

V_2——±0.000 标高以上的主体结构和围护结构中现浇部分的材料用量（体积）。

项目2 装配式混凝土建筑的发展历程

项目描述

国外装配式混凝土建筑萌芽于20世纪初期，经历了一个世纪发展，目前已广泛应用于工业与民用建筑工程、桥梁工程、水利工程等不同领域。我国装配式混凝土建筑起步于20世纪中期，后续的发展根据国情变化经历了高潮期和低潮期。近年来，随着国家的大力推广，装配式混凝土建筑进入全面发展阶段。

能力目标

1. 了解国内外装配式混凝土建筑的发展历程。
2. 了解我国装配式混凝土建筑的发展方向。

任务 2.1　国外装配式混凝土建筑的发展历程

引导问题

简单描述国外装配式混凝土建筑的发展历程及目前的应用领域。

国外装配式混凝土建筑萌芽于 20 世纪初期，在第二次世界大战后，兴起于欧洲，而后逐步被推广到苏联、北美、日本和新加坡等国家和地区，目前广泛应用于工业与民用建筑工程、桥梁工程、水利工程等不同领域。

欧洲是装配式混凝土建筑的发源地。第二次世界大战后，由于劳动力资源短缺，无论是经济发达的西欧地区，还是经济欠发达的东欧地区，都一直在积极推行装配式混凝土建筑的建造方式，积累了许多装配式混凝土建筑的设计和施工经验，形成了各种专用于装配式混凝土建筑的体系和标准化的预制产品，并编制了一系列装配式混凝土建筑工程标准和应用手册，对推动装配式混凝土建筑在全世界的应用起到了非常重要的作用。欧洲早期典型的装配式混凝土建筑如图 2.1 所示。

图 2.1　欧洲早期典型的装配式混凝土建筑

目前，北美地区装配式混凝土建筑应用非常普遍，相关标准规范也很完善。其采用的预制构件主要包括预制建筑外墙板和预制结构构件两大系列，其共同特点是大型化和同预应力技术结合，可优化结构配筋和连接构造，减少制作和安装工作量，缩短施工工期，充分体现装配式建筑工业化、标准化和技术经济性的特征。北美地区早期的装配式混凝土建筑主要用于低层非抗震设防地区。近几十年来，随着装配式混凝土建筑应用于加利福尼亚州等地震频繁的地区，北美地区国家开始重视抗震和中、高层装配式混凝土结构的技术研究与实践。图 2.2 所示为在建的蒙特利尔 67 号住宅。该建筑于 1967 年建成，由 354 个完全预制的住宅“盒子”组成，包括厨房、卫生间等都是预制的模块。

图 2.2 在建的蒙特利尔 67 号住宅

日本借鉴了欧洲和北美地区的成功经验，在探索装配式混凝土建筑的标准化设计和施工的基础上，结合自身需求，在装配式混凝土结构体系整体性抗震和隔震设计方面取得了突破性进展。同时，日本的装配式混凝土结构体系设计、制作和施工的标准、规范也很完善。

新加坡是解决住宅问题较好的国家，其住宅多采用建筑工业化技术建造，住宅政策及装配式混凝土结构住宅发展理念促使工业化建造方式得到全面推广。新加坡开发出 15～30 层单元化装配式混凝土结构住宅，占全国住宅总数量的 80%以上。

任务 2.2 我国装配式混凝土建筑的发展历程

引导问题

1. 我国装配式混凝土建筑的发展可概括为哪几个阶段？

2. 2016 年 2 月，中共中央 国务院印发的《关于进一步加强城市规划建设管理工作的若干意见》为我国的建筑工业化工作指明了什么方向？确定了什么目标？

1. 起步阶段

我国的建筑工业化发展起步于 20 世纪 50 年代。在我国发展国民经济的第一个五年计划中就提出借鉴苏联和东欧各国的经验，在国内推行标准化、工厂化、机械化的预制构件和装配式混凝土建筑。1959 年建成的北京民族饭店首次采用装配式混凝土框架-剪力墙结构，如图 2.3 所示。

图 2.3 北京民族饭店

2. 持续发展阶段

20 世纪 60—80 年代是我国装配式混凝土建筑的持续发展期，尤其是从 70 年代后期开始，我国多种装配式混凝土结构体系得到了快速的发展。如多层砖混结构住宅大量采用低碳冷拔钢丝预应力混凝土圆孔板，该预制楼板每平方米的用钢量仅为 3～6kg，并且施工时不需要支模，通过简易设备甚至只需人工即可完成安装，施工速度快。同时，此种预制楼板生产技术简单，各地都建有生产线，可大规模生产。包括低碳冷拔钢丝预应力混凝土圆孔板在内的预应力混凝土空心板成为我国装配式混凝土结构体系中使用量最大、应用范围最广的产品。

20 世纪 70 年代末，北京市为满足高层住宅建设发展的需要，开始从东欧引入装配式混凝土大板体系。装配式大板居住建筑是指结构体系为采用预制大型混凝土墙板、预制大型混凝土楼板和预制大型混凝土屋面板等组成装配式混凝土大板体系的建筑。其特点是除基础以外，地坪以上的全部构件均为预制混凝土构件，通过装配整体式节点连接。装配式大板居住建筑的主要构件包括内墙板、外墙板、楼板、楼梯，如图 2.4 所示。

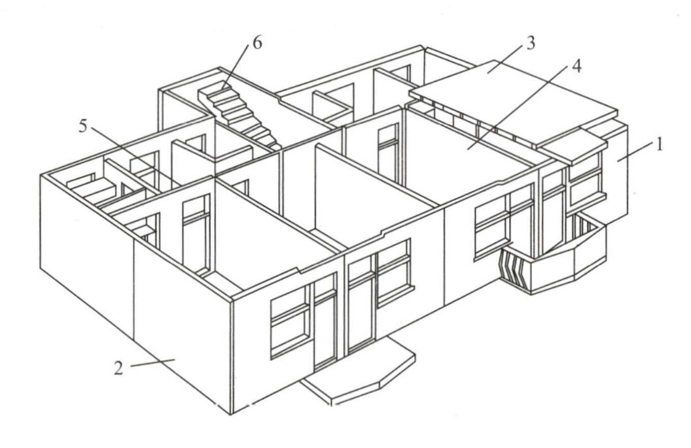

1—外墙板（纵墙）；2—外墙板（横墙）；3—楼板；4—内墙板（横墙）
5—内墙板（纵墙）；6—楼梯。

图 2.4 装配式大板居住建筑示意图

装配式大板居住建筑施工过程中无须使用模板与支架，施工速度快，有效地解决了当时发展高层住宅建设的需求，北京市大量 10～13 层的高层住宅采用了装配式混凝土大板体系，甚至个别 18 层的高层住宅也采用了该结构体系。至 1986 年底，北京市累计建成的高层装配式大板居住建筑面积接近 70 万 m^2。

在多层办公楼的建设方面，上海市尝试采用装配式混凝土框架结构体系。该结构体系框架梁采用预制花篮梁和现浇混凝土柱，楼板为预制的预应力混凝土空心板。

单层工业厂房当时普遍采用装配式混凝土排架结构体系。该结构体系的预制构件包括混凝土排架柱、预应力混凝土吊车梁、后张预应力混凝土屋架和预应力大型屋面板等。

这一时期，装配式混凝土结构体系在以下方面很好地适应了当时我国建筑技术发展的需要。

（1）各类建筑建造标准不高且形式单一，容易采用标准化方式建造。

（2）对房屋建筑的抗震性能还没有高要求。

（3）装配式混凝土建筑总体建设量不大，预制构件加工厂可以满足供应需求。

（4）木模板、支撑构件和建筑用钢筋短缺，不得不采用预制装配的建造方式。

（5）施工企业的用工都采用固定制，采用预制装配的建造方式可以减少现场劳动力投入。

随着多种装配式混凝土结构体系被广泛认可与应用，大量预制构件被标准化，并编制了相关标准图集。全国各设计院在工程项目设计中按标准图集进行选用，预制构件加工厂按标准图集加工生产，施工单位按标准图集采购。

但是，这一时期已建成的装配式混凝土建筑存在的一些问题也开始显现，如采用预应力混凝土空心板的砖混结构房屋、装配式混凝土单层工业厂房等在唐山大地震中破坏严重，使人们对于装配式混凝土结构体系的抗震性能产生担忧，相比之下认为现浇混凝土结构体系具有更好的整体性和抗震性能。

3. 低潮阶段

20 世纪 80 年代末，我国装配式混凝土建筑的发展遇到了低潮。这一时期，结构设计中很少采用装配式混凝土结构体系，大量预制构件加工厂倒闭或转产。

装配式大板居住建筑因当时的产品工艺与施工条件限制，存在墙板接缝渗漏、隔声差、保温差等使用性能方面的问题，导致其在高层住宅中的应用大规模减少。

与之相反，从 20 世纪 80 年代末开始现浇混凝土结构体系得到了广泛应用，主要有以下几方面原因。

（1）这一时期我国建筑建设规模急剧增长，装配式混凝土结构体系已难以适应新的建设规模。

（2）建筑的平面、立面设计呈现个性化、多样化、复杂化的特点，装配式混凝土结构体系已难以实现。

（3）对房屋建筑抗震性能要求的提高，使设计人员更倾向于采用现浇混凝土结构体系。

（4）农民工大量进入城镇，为建筑行业带来了大量低成本劳动力，促使粗放式的现场湿作业成为混凝土结构施工的首选方式。

（5）胶合木模板和大、小型钢模板的应用迅速普及，钢脚手架也开始广泛应用，很好地解决了现浇混凝土结构体系对模板、支架需求量大的难题。

（6）我国钢材产量的大规模提高，使得在楼板等构件的设计中已不再追求如预应力混凝土空心板那么低的单位面积用钢量。

因此，采用现浇混凝土结构体系更加符合这一时期我国大规模建设的需求。

4．全面推广阶段

21 世纪初以来，传统的现场浇筑混凝土的施工方式是否符合我国建筑业的发展方向，重新受到业内的审视。

（1）随着社会的发展与进步，新生代农民工已不再青睐劳动条件恶劣、劳动强度大的建筑施工行业，施工单位频现“用工荒”，这一现象推动了劳动力成本的快速提升，采用大规模劳动密集型的现场浇筑混凝土的施工方式已不可持续。

（2）社会对于施工现场环境污染的问题高度重视，采用浇筑混凝土的施工现场存在水资源浪费、噪声污染、建筑垃圾产生量大等诸多问题。

（3）施工现场的工程质量还是不尽如人意，建筑施工质量仍存在通病。

（4）从可持续发展角度考虑，国家对传统建筑业提出了产业转型与升级的要求。

因此，符合建筑业发展方向的装配式混凝土建筑再一次被行业关注。近年来，中央及各地方政府均出台了相关文件，装配式混凝土建筑进入全面推广阶段。在政策支持下，我国装配式混凝土结构体系重新迎来发展契机，开始尝试装配式混凝土剪力墙结构、装配式混凝土框架结构等多种形式的装配式混凝土结构体系。全国各地，特别是建筑工业化试点城市都加强了装配式混凝土结构体系的应用试点推广工作，并已达到相当的规模。

2016 年 2 月中共中央 国务院印发《关于进一步加强城市规划建设管理工作的若干意见》，明确提出：“大力推广装配式建筑，减少建筑垃圾和扬尘污染，缩短建造工期，提升工程质量。制定装配式建筑设计、施工和验收规范。完善部品部件标准，实现建筑部品部件工厂化生产。鼓励建筑企业装配式施工，现场装配。建设国家级装配式建筑生产基地。加大政策支持力度，力争用 10 年左右时间，使装配式建筑占新建建筑的比例达到 30%。”这为我国的建筑工业化工作指明了方向，确定了目标。

知识链接

我国台湾、香港地区装配式建筑的应用

我国台湾、香港地区装配式建筑的应用较为普遍，装配式结构的节点连接构造及抗震、隔震技术的研究和应用都很成熟，预制混凝土框架梁、框架柱、外墙板等构件应用较广泛。装配式建筑专业化施工管理水平较高，使得装配式建筑质量好、工期短的优势得到了充分体现。

其中香港地区由于施工场地限制、环境保护要求严格，由香港特别行政区政府屋宇署负责制定的装配式建筑设计和施工规范很完善。香港高层住宅多采用预制混凝土叠合楼板、楼梯和外墙板等构件建造，厂房类建筑一般采用装配式混凝土框架结构或钢结构建造。

项目3 装配整体式混凝土结构体系

项目描述

我国应用最广泛的装配混凝土结构体系是装配整体式混凝土结构体系，具体包括装配整体式混凝土框架结构、装配整体式混凝土剪力墙结构、装配整体式混凝土框架-现浇剪力墙结构、装配整体式混凝土框架-现浇核心筒结构、装配整体式混凝土部分框支剪力墙结构等。本项目重点介绍应用最广泛的装配整体式混凝土剪力墙结构和装配整体式混凝土框架结构。

能力目标

1. 了解装配式混凝土结构体系。
2. 理解装配整体式混凝土剪力墙结构、装配整体式混凝土框架结构及二者的基本构造要求。
3. 熟悉装配整体式混凝土框架-现浇剪力墙结构、装配整体式混凝土框架-现浇核心筒结构房屋。
4. 了解其他装配整体式混凝土结构。

任务 3.1　装配整体式混凝土结构体系分类

引导问题

1. 我国装配式混凝土结构的应用现状是什么？

2. 高层建筑采用装配整体式混凝土结构时，在哪些情况下、哪些部位宜采用现浇混凝土？

目前，我国应用最广泛的装配式混凝土结构体系是装配整体式混凝土结构体系，本书基本针对装配整体式混凝土结构体系进行讲解。装配整体式混凝土结构体系的分类方法与现浇混凝土结构体系类似，包括装配整体式混凝土剪力墙结构、装配整体式混凝土框架结构、装配整体式混凝土框架-现浇剪力墙结构、装配整体式混凝土框架-现浇核心筒结构、装配整体式混凝土部分框支剪力墙结构等。其中，装配整体式混凝土剪力墙结构应用最广，装配整体式混凝土框架结构也有一定的应用。

以上各类结构均应满足最大适用高度、高宽比限值、平面及竖向结构布置要求。装配整体式混凝土结构体系的构件抗震设计，应根据设防类别、烈度、结构类型和房屋高度采用不同的抗震等级，并应符合相应的计算和构造措施要求。装配整体式混凝土结构应具有良好的整体性，以保证结构在偶然作用发生时具有足够的抗连续倒塌能力。

特别提示

高层建筑采用装配整体式混凝土结构时，结构设计应符合以下规定。

（1）当高层建筑设置地下室时，地下室部分宜采用现浇混凝土。

（2）当采用装配整体式混凝土剪力墙结构和装配整体式混凝土部分框支剪力墙结构时，高层建筑的底部加强部位宜采用现浇混凝土。

（3）当采用装配整体式混凝土框架结构时，高层建筑的首层柱宜采用现浇混凝土柱。

（4）当高层建筑的底部加强部位的剪力墙、框架柱采用预制混凝土构件时，这些构件的设计施工应采用可靠的技术措施。

任务 3.2　装配整体式混凝土剪力墙结构

引导问题

1. 装配整体式混凝土剪力墙结构的结构特点是什么？

2. 预制剪力墙板主要有哪几种形式？

部分或全部预制剪力墙板在预制构件厂制作好后，运输至现场进行安装，再对节点区及其他结构部位进行混凝土现场后浇而形成的结构体系被称为装配整体式混凝土剪力墙结构，简称装配整体式剪力墙结构。该结构体系中预制剪力墙板一般与桁架钢筋混凝土叠合板配合使用。

目前我国装配式建筑应用的主要结构形式是装配整体式剪力墙结构，如图 3.1 所示。除规范、标准图集推荐使用的预制混凝土夹心保温外墙板（简称预制夹心外墙板）和预制混凝土剪力墙内墙板（简称预制内墙板）外，装配整体式剪力墙结构还可以采用双面叠合剪力墙板、单面叠合剪力墙板等形式的预制剪力墙板，如图 3.2 所示。

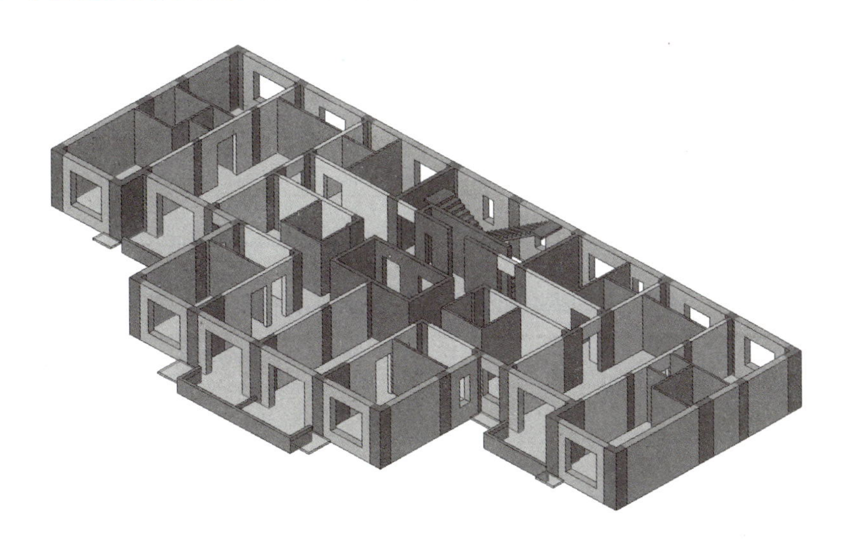

图 3.1 装配整体式剪力墙结构示意图

（a）预制夹心外墙板

（b）预制内墙板

（c）双面叠合剪力墙板

（d）单面叠合剪力墙板

图 3.2 预制剪力墙板

根据现行规范，装配整体式剪力墙结构房屋的最大适用高度见表 3-1，装配整体式剪力墙结构房屋最大适用高宽比见表 3-2，丙类装配整体式剪力墙结构的抗震等级见表 3-3。

表 3-1　装配整体式剪力墙结构房屋的最大适用高度　　单位：m

结构类型	抗震设防烈度			
	6 度	7 度	8 度（0.20g）	8 度（0.30g）
装配整体式剪力墙结构	130（120）	110（100）	90（80）	70（60）

注：1. 房屋高度指室外地面到主要屋面的高度，不包括局部突出屋顶的部分。

2. 装配整体式剪力墙结构中，在规定的水平力作用下，当预制剪力墙板底部承担的总剪力大于该层总剪力的 50%时，其最大适用高度应适当降低；当预制剪力墙板底部承担的总剪力大于该层总剪力的 80%时，最大适用高度应取表中括号内的数值。

表 3-2　装配整体式剪力墙结构房屋的最大适用高宽比

结构类型	抗震设防烈度	
	6 度、7 度	8 度
装配整体式剪力墙结构	6	5

表 3-3　丙类装配整体式剪力墙结构的抗震等级

结构类型		抗震设防烈度							
		6 度		7 度			8 度		
装配整体式剪力墙结构	高度/m	≤70	＞70	≤24	＞24 且≤70	＞70	≤24	＞24 且≤70	＞70
	剪力墙	四	三	四	三	二	三	二	一

高层装配整体式剪力墙结构宜设置地下室，地下室宜采用现浇混凝土；结构底部加强部位的剪力墙宜采用现浇混凝土。抗震设计时，对同一层内既有现浇墙肢也有预制墙肢的装配整体式剪力墙结构，现浇墙肢水平地震作用的弯矩、剪力宜乘以不小于 1.1 的增大系数。装配整体式剪力墙结构应沿两个方向布置，剪力墙的布置宜简单、规则；预制剪力墙板的门窗洞口宜上下对齐、成列布置。当抗震设防烈度为 8 度时，高层装配整体式剪力墙结构中的电梯井筒宜采用现浇混凝土。

任务 3.3　装配整体式混凝土框架结构

引导问题

1. 装配整体式混凝土框架结构的结构特点是什么？

2. 了解你学校所在地区装配整体式混凝土框架结构房屋的最大适用高度和最大适用高宽比分别是多少。假如学校新建一幢 6 层、23.9m 高的装配整体式混凝土框架结构教学楼，其抗震等级为几级？

装配整体式混凝土框架结构是指部分或全部的框架梁、框架柱采用预制构件，通过可靠的方式进行连接并与现场后浇混凝土、水泥基灌浆料形成整体的框架结构，简称装配整体式框架结构。图 3.3 所示为装配整体式框架结构叠合梁与预制柱的安装。

图 3.3　装配整体式框架结构叠合梁与预制柱的安装

框架沿高度方向各层平面柱网尺寸宜相同，框架柱宜上下对齐，尽量避免因某些楼层框架柱取消而形成竖向不规则框架。如因建筑功能需要形成竖向不规则框架，应根据框架的不规则程度采取加强措施，如加厚楼板、增加边梁配筋等。

框架柱截面尺寸和混凝土强度等级宜沿高度方向由大到小均匀变化，以使结构侧向刚度均匀变化。同时应尽可能使框架柱截面中心对齐，或上、下柱仅有较小的偏心。结构设计时必须遵循“强柱弱梁”“强剪弱弯”“强节点弱构件”等原则。

根据现行规范，装配整体式框架结构房屋的最大适用高度见表 3-4，最大适用高宽比见表 3-5，丙类装配整体式结构的抗震等级见表 3-6。

表 3-4　装配整体式框架结构房屋的最大适用高度　　单位：m

结构类型	抗震设防烈度			
	6 度	7 度	8 度（0.20g）	8 度（0.30g）
装配整体式框架结构	60	50	40	30

注：房屋高度指室外地面到主要屋面的高度，不包括局部突出屋顶的部分。

表 3-5　装配整体式框架结构房屋的最大适用高宽比

结构类型	抗震设防烈度	
	6 度、7 度	8 度
装配整体式框架结构	4	3

表 3-6　丙类装配整体式框架结构的抗震等级

<table>
<tr><th colspan="2" rowspan="2">结构类型</th><th colspan="6">抗震设防烈度</th></tr>
<tr><th colspan="2">6 度</th><th colspan="2">7 度</th><th colspan="2">8 度</th></tr>
<tr><td rowspan="3">装配整体式框架结构</td><td>高度/m</td><td>≤24</td><td>>24</td><td>≤24</td><td>>24</td><td>≤24</td><td>>24</td></tr>
<tr><td>框架</td><td>四</td><td>三</td><td>三</td><td>二</td><td>二</td><td>一</td></tr>
<tr><td>大跨度框架</td><td colspan="2">三</td><td colspan="2">二</td><td colspan="2">一</td></tr>
</table>

注：大跨度框架指跨度不小于 18m 的框架。

高层装配整体式框架结构宜设置地下室，地下室宜采用现浇混凝土；首层柱宜采用现浇混凝土，顶层宜采用现浇混凝土楼盖。

装配整体式框架结构是为了适应大工业化生产方式的要求，虽然采用工厂预制构件和现场装配施工的生产方式，但是总体上不改变建筑的结构形式。因此，装配整体式框架结构的受力性能可以等同于现浇混凝土框架结构。

任务 3.4　其他装配整体式混凝土结构

引导问题

1. 除了装配整体式剪力墙结构、装配整体式框架结构，装配整体式混凝土结构体系还包括哪些类型？

2. 简述多层装配式墙板结构的特点。

除了装配整体式剪力墙结构、装配整体式框架结构，装配整体式混凝土结构体系还包括装配整体式框架-现浇剪力墙结构、装配整体式框架-现浇核心筒结构、装配整体式部分框支剪力墙结构等。

1. 装配整体式框架-现浇剪力墙结构

当建筑物需要有较大空间且高度超过了框架结构的合理高度时，可采用框架和剪力墙共同工作的结构体系，是办公、酒店类建筑中常用的装配式结构体系。装配整体式框架-现浇剪力墙结构的预制框架采用的预制构件（框架梁、框架柱）与装配整体式框架结构相同，剪力墙采用现浇混凝土。该结构体系的现浇剪力墙为第一道抗震防线，预制框架为第二道抗震防线。装配整体式框架-现浇剪力墙结构充分发挥了框架结构平面布置灵活和剪力墙结构侧向刚度大的特点。

2. 装配整体式框架-现浇核心筒结构

装配整体式框架-现浇核心筒结构抗震性能较好，是高层、超高层建筑广泛采用的结构形式。装配整体式框架-现浇核心筒结构是预制外框架和现浇核心筒的结合，预制外框架可与现浇核心筒每一层同步进行施工；分开施工时，现浇核心筒施工要先于预制外框架进行。

3. 装配整体式部分框支剪力墙结构

当结构中部分剪力墙因建筑设计要求不能落地，需要落在下层框架梁上时，这部分剪力墙被称为框支剪力墙。装配整体式部分框支剪力墙结构是指预制剪力墙板在地面以上有部分为框支剪力墙的装配整体式混凝土结构。装配整体式部分框支剪力墙结构的底部加强部位宜采用现浇混凝土。

知识链接

多层装配式剪力墙结构

多层装配式剪力墙结构是在高层装配整体式剪力墙基础上进行简化，并参照原行业标准《装配式大板居住建筑结构设计和施工规程》（JGJ 1—1991）的相关节点构造制定的一种全部或部分墙体采用预制剪力墙板构建而成的多层装配式结构。该结构体系构造简单，施工方便，多用于广大城镇地区的多层住宅。现行国家标准《装配式混凝土结构技术规程》（JGJ 1—2014）对多层装配式剪力墙结构的技术标准做了规定。

拓展讨论

近年来，国家颁布了一系列装配式建筑相关标准文件（部分见本书附录），以保证装配式建筑高质量发展。党的二十大报告指出，高质量发展是全面建设社会主义现代化国家的首要任务。试讨论，除了施行标准文件，还有什么措施能促进建筑行业高质量发展？

项目4 预制构件

项目描述

预制构件是指在工厂或现场预先生产制作的混凝土构件。本项目主要介绍预制构件的类型、材料选用要求、截面及配筋设计要求、连接节点设计，以及设置于预制构件中的预埋件。

能力目标

1. 熟悉装配式混凝土结构采用的预制构件。
2. 熟悉预制构件中的预埋件。

任务 4.1　预制构件的设计要求

引导问题

1. 装配式混凝土结构采用的预制构件主要有什么？
2. 简述预制构件的混凝土强度等级的要求。
3. 简述预制构件选用钢筋的要求。
4. 当叠合梁、预制柱的混凝土保护层厚度大于 50mm 时，宜采取什么构造措施？
5. 预制构件的截面及配筋设计计算需要考虑哪些阶段？

预制构件是指在工厂或现场预先生产制作的混凝土构件，全称为预制混凝土构件。装配式混凝土结构采用的预制构件主要有预制柱、叠合梁、叠合板、预制外墙板、预制内墙板、预制楼梯、预制阳台板等，如图 4.1 所示。

（a）预制柱

（b）叠合梁

（c）叠合板

（d）预制外墙板

（e）预制内墙板

（f）预制楼梯

（g）预制阳台板

图 4.1　预制构件

1. 预制构件的材料选用要求

装配式混凝土结构中预制构件所选用的混凝土、钢筋、钢材的各项力学性能指标，特别是混凝土材料的耐久性，应符合现行国家标准的规定。

预制构件在工厂生产，易于进行质量控制，对其采用的混凝土的最低强度等级的要求高于现浇混凝土。预制构件的混凝土强度等级不宜低于 C30；预应力混凝土预制构件的混凝土强度等级不宜低于 C40，且不应低于 C30；现浇混凝土强度等级不应低于 C25，且预制构件拼接部位的现浇混凝土强度等级不应低于预制构件的混凝土强度等级。

装配式混凝土结构的钢筋的选用标准与现浇混凝土结构相同。普通钢筋采用湿式连接（如钢筋套筒灌浆连接和浆锚搭接连接）时，钢筋应采用热轧带肋钢筋。热轧带肋钢筋的肋，

可以使钢筋与灌浆料之间产生足够的摩擦力，有效地传递应力，从而形成可靠的连接接头。预制构件中的钢筋网片，鼓励采用钢筋焊接网片，以提高建筑工业化水平。

特别提示

叠合梁、预制柱由于节点区钢筋布置空间的需要，保护层往往较厚。当保护层厚度大于 50mm 时，宜对钢筋的混凝土保护层采取有效的构造措施，如增设钢筋网片，从而控制混凝土保护层的裂缝，以及防止混凝土在受力过程中剥离脱落。

2. 预制构件的截面及配筋设计要求

预制构件的截面及配筋设计，对使用阶段持久设计工况，应进行承载力、变形、裂缝控制验算；对抗震设计工况，应进行承载力验算。此外，应特别注意预制构件在生产和施工阶段短暂设计工况下的承载能力的验算，以及对预制构件在脱模、翻转、起吊、运输、堆放、安装等生产和施工阶段的安全性进行分析。这是因为预制构件在生产和施工阶段的荷载、受力状态和计算模式通常与使用阶段不同，许多预制构件不是使用阶段的截面及配筋设计计算起控制作用，而是需要针对生产和施工阶段的截面及配筋设计计算起控制作用。而且，预制构件的混凝土强度在生产和施工阶段也未达到设计强度。

3. 预制构件的连接节点设计

装配式混凝土结构的连接节点，预制构件之间的连接方式可分为湿式连接和干式连接。根据节点连接方式的不同，装配式混凝土结构的连接节点设计按照等同现浇混凝土结构和不等同现浇混凝土结构进行。

（1）等同现浇混凝土结构时，连接节点通常采用湿式连接，如图 4.2（a）所示。节点区采用后浇混凝土进行整体浇筑，结构的整体性好，具有和现浇混凝土结构相同的结构性能，设计时可采用与现浇混凝土结构相同的方法进行结构分析。湿式连接主要包括钢筋套筒灌浆连接和浆锚搭接连接，详见本书任务 6.1。

（2）不等同现浇混凝土结构时，连接节点通常采用干式连接，如图 4.2（b）所示。我国装配式建筑中干式连接应用较少，主要包括螺栓连接与焊接连接，详见本书任务 6.2。

（a）湿式连接

（b）干式连接

图 4.2　湿式连接和干式连接

本书中预制构件及其连接节点的图例除有特殊说明，均按表 4-1 所示图例绘制。

表 4-1　预制构件及其连接节点的图例

名称	图例	名称	图例
预制构件		预制构件钢筋	
后浇混凝土		后浇混凝土钢筋	
灌浆部位		附加或重要钢筋	
空心部位		钢筋套筒灌浆连接	
剪力墙边缘构件阴影区		螺栓连接	
粗糙面结合面	C	焊接连接	
键槽结合面	J	钢筋锚固板	

任务 4.2　预制构件中的预埋件

引导问题

1. 预制构件中的预埋件主要包括什么？
2. 预制构件宜采用哪些类型的预埋件？

预制构件的预埋件主要包括固定连接件用预埋件、临时支撑用预埋件和吊装预埋件。各类预埋件不宜兼用；当兼用时，应同时满足各种设计工况要求。外露预埋件凹入预制构件表面的深度不宜小于 10mm，以便进行封闭处理。

为了达到节约材料、方便施工、吊装可靠、避免外露金属件锈蚀的目的，预制构件宜预留吊装孔或采用内埋式螺母、内埋式吊杆、预埋吊环等预埋件。内埋式螺母是装配式结构工程施工中常用的一种预埋件，可用于固定连接件、吊装构件和临时支撑，由螺栓套筒和穿过套筒的钢筋组成，如图 4.3 所示。内埋式吊杆（图 4.4）和预埋吊环（图 4.5）是常用的吊装预埋件。吊装用内埋式螺母、内埋式吊杆的材料应符合国家现行相关标准的规定。预埋吊环应采用未经冷加工的 HPB300 级钢筋制作。

（a）螺栓套筒和穿过套筒的钢筋

（b）预制楼梯上的内埋式螺母

（c）内埋式螺母用于预制楼梯吊装

图 4.3　内埋式螺母

（a）吊杆

（b）吊杆内埋安装

图 4.4　内埋式吊杆

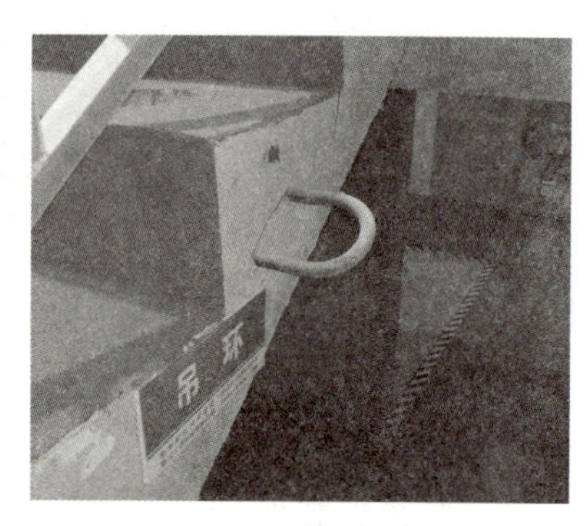

图 4.5　预埋吊环

项目 5 钢筋混凝土构件通用构造

项目描述

本项目主要介绍了一般钢筋混凝土构件的构造要求，包括混凝土保护层、钢筋间距、钢筋锚固、钢筋连接方式及构造、箍筋及拉筋构造。采用钢筋混凝土材料制成的预制构件应满足以上要求。

能力目标

1. 理解混凝土保护层。
2. 了解钢筋间距、钢筋锚固、钢筋连接方式及构造、箍筋及拉筋构造。

任务 5.1 混凝土保护层

引导问题

1. 说明你所在地区以下构件对应的环境类别：①教室的梁；②浴室的楼板；③室外空调板；④建筑基础。

2. 什么情况下可以适当减小混凝土保护层厚度？

3. 采用钢筋锚固板时，其混凝土保护层厚度有什么要求？

4. 梁（柱）纵向钢筋机械连接接头处和套筒灌浆连接接头处钢筋的混凝土保护层厚度有什么要求？

结构所处环境是影响其耐久性的外因。混凝土结构的环境类别是指混凝土暴露表面所处的环境条件，环境类别划分见表 5-1。进行混凝土结构设计时须根据实际情况确定适当的环境类别。

表 5-1 混凝土结构的环境类别

环境类别	条件
一	室内干燥环境； 无侵蚀性静水浸没环境
二 a	室内潮湿环境； 非严寒和非寒冷地区的露天环境； 非严寒和非寒冷地区与无侵蚀性的水或土壤直接接触的环境； 严寒和寒冷地区的冰冻线以下的无侵蚀性的水或土壤直接接触的环境
二 b	干湿交替环境； 水位频繁变动环境； 严寒和寒冷地区的露天环境； 严寒和寒冷地区的冰冻线以上与无侵蚀性的水或土壤直接接触的环境
三 a	严寒和寒冷地区冬季水位变动区环境； 受除冰盐影响环境； 海风环境
三 b	盐渍土环境； 受除冰盐作用环境； 海岸环境
四	海水环境
五	受人为或自然的侵蚀性物质影响的环境

注：1. 室内潮湿环境是指构件表面经常处于结露或湿润状态的环境。
2. 严寒和寒冷地区的划分应符合国家现行标准《民用建筑热工设计规范》（GB 50176—2016）的有关规定。

3. 海岸环境和海风环境宜根据当地情况，考虑主导风向及结构所处迎风、背风部位等因素的影响，由调查研究和工程经验确定。
4. 受除冰盐影响环境是指受到除冰盐盐雾影响的环境；受除冰盐作用环境是指被除冰盐溶液溅射的环境以及使用除冰盐地区的洗车房、停车楼等建筑。

钢筋的混凝土保护层厚度指最外层钢筋外边缘至混凝土表面的距离，混凝土保护层的最小厚度如表 4-2 所示，适用于设计工作年限为 50 年的混凝土结构，且构件中受力钢筋的保护层厚度不应小于钢筋的公称直径。设计工作年限为 100 年的混凝土结构，在一类环境中，最外层钢筋的保护层厚度不应小于表 5-2 中数值的 1.4 倍。对工厂化生产的构件，当有充分依据时，可适当减小混凝土保护层厚度。混凝土强度等级不大于 C25 时，表中保护层厚度数值应增加 5mm。基础底面钢筋的保护层厚度，有混凝土垫层时应从垫层顶面算起，且不应小于 40mm。梁、柱、墙中纵向受力钢筋的保护层厚度大于 50mm 时，宜对保护层采取有效的构造措施，如在保护层内配置防裂、防剥落的焊接钢筋网片。钢筋网片的保护层厚度不应小于 25mm。

表 5-2　混凝土保护层最小厚度 *c*　　单位：mm

环境类别	板、墙	梁、柱
一	15	20
二 a	20	25
二 b	25	35
三 a	30	40
三 b	40	50

最小保护层厚度的要求既适用于预制构件，也适用于现浇混凝土部分。叠合板、现浇混凝土板的混凝土保护层位置和厚度如图 5.1 所示。叠合梁的混凝土保护层位置和厚度如图 5.2 所示，图中 d_1 和 d_2 分别为梁上部和下部纵向钢筋的公称直径，d 为二者中的较大值。剪力墙、楼梯的保护层设置与楼板相同，柱的保护层设置与梁相同。

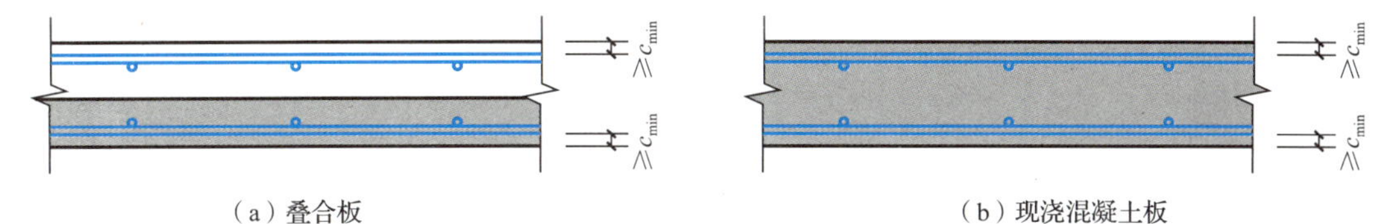

（a）叠合板　　（b）现浇混凝土板

图 5.1　楼板的混凝土保护层

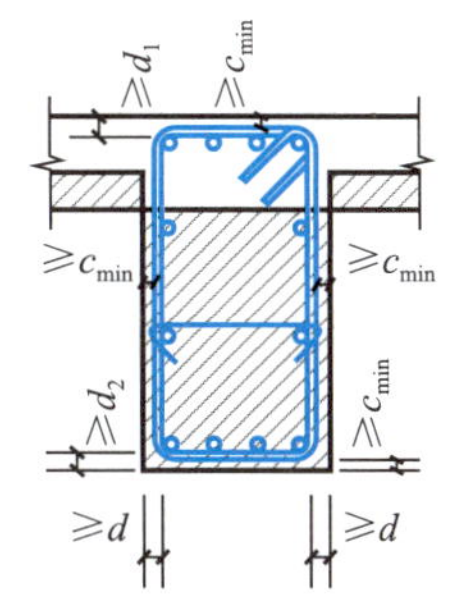

图 5.2　叠合梁混凝土保护层

采用钢筋锚固板时，其混凝土保护层位置和厚度如图 5.3 所示，纵向钢筋的混凝土保护层厚度不应小于 1.5*d*（*d* 为纵向钢筋直径），锚固板的混凝土保护层厚度不应小于 15mm。

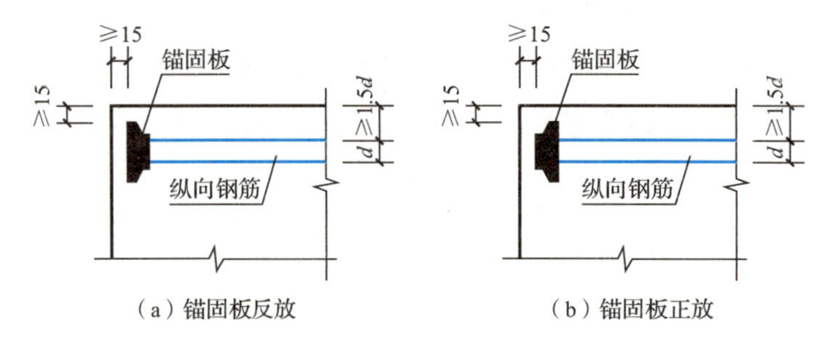

图 5.3　钢筋锚固板的混凝土保护层位置和厚度

梁（柱）纵向钢筋机械连接接头处的混凝土保护层位置和厚度如图 5.4 所示，不应小于 15mm。梁（柱）纵向钢筋钢筋套筒灌浆连接接头处钢筋的混凝土保护层位置和厚度如图 5.5 所示，应保证箍筋的混凝土保护层厚度不小于 20mm。

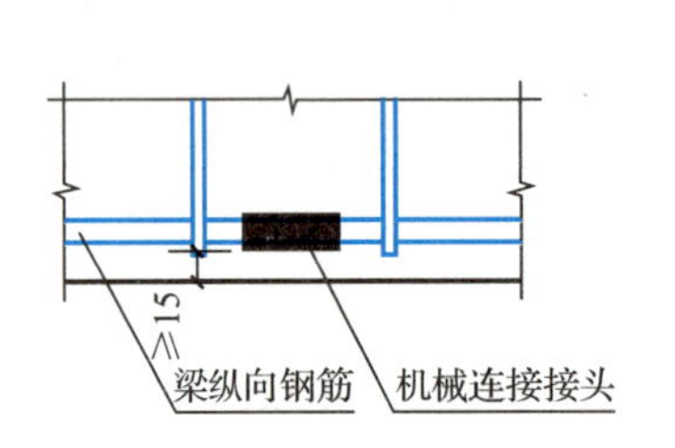

图 5.4　梁（柱）纵向钢筋机械连接接头处的混凝土保护层位置和厚度

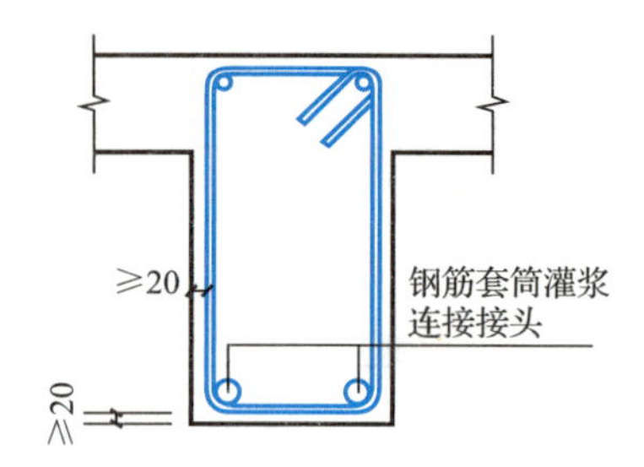

图 5.5　梁（柱）纵向钢筋钢筋套筒灌浆连接接头处的混凝土保护层位置和厚度

任务 5.2　钢筋间距

引导问题

1. 试描述混凝土结构梁钢筋的间距要求。
2. 试描述预制构件钢筋在锚固区或连接处的间距要求。

混凝土结构对板、梁、柱钢筋的间距均有一定要求。装配式混凝土结构除了满足混凝土结构的钢筋间距要求，在预制构件的锚固区或连接处还应满足特定的钢筋间距要求。

1. 板钢筋的间距

为了便于浇筑混凝土，保证钢筋周围混凝土的密实性，板内钢筋间距不宜太密；为了使板正常承受外荷载，钢筋间距也不宜过稀。当板厚不大于 150mm 时，板中受力钢筋的间距不宜大于 200mm，一般为 70～200mm；当板厚大于 150mm 时，板中受力钢筋的间距不宜大于板厚的 1.5 倍，且不宜大于 250mm。

2. 梁钢筋的间距

为了保证混凝土能很好地将钢筋包裹住，使钢筋应力能可靠地传递给混凝土，以及避免因钢筋过密而妨碍混凝土的捣实，梁上部钢筋水平方向的净间距不应小于 30mm 和 1.5d；梁下部钢筋水平方向的净间距不应小于 25mm 和 d；当下部钢筋多于两层时，第二层以上钢筋在水平方向的中心距离应是下面两层钢筋中心距离的 2 倍；各层钢筋之间的净间距不应小于 25mm 和 d。其中 d 为相应位置处钢筋的最大直径，如图 5.6 所示。

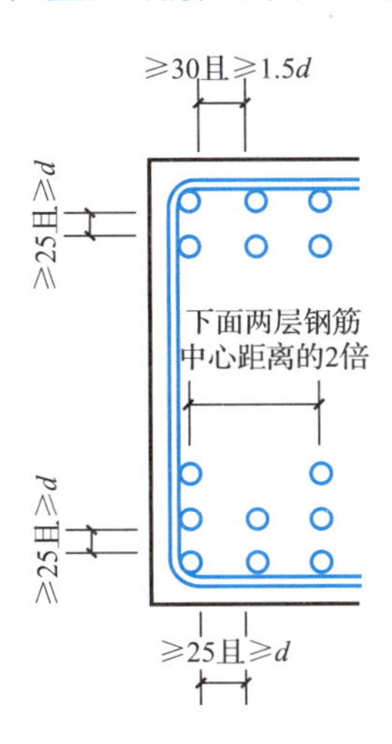

图 5.6　梁钢筋的间距

3. 柱钢筋的间距

柱中纵向钢筋的净间距不应小于 50mm，且不宜大于 300mm。由于箍筋肢距的构造要求，抗震框架柱的纵向钢筋净间距不宜大于 200mm。

4. 预制构件钢筋在锚固区或连接处的间距

对于预制构件，除满足以上现浇混凝土结构钢筋间距的要求外，锚固区带锚固板的钢筋和采用机械连接或钢筋套筒灌浆连接的纵向钢筋间距应适当增大。锚固区带锚固板的钢筋净间距不应小于 1.5d（d 为纵向钢筋直径）；机械连接接头或钢筋套筒灌浆连接接头处的净间距均不应小于 25mm，如图 5.7 所示。

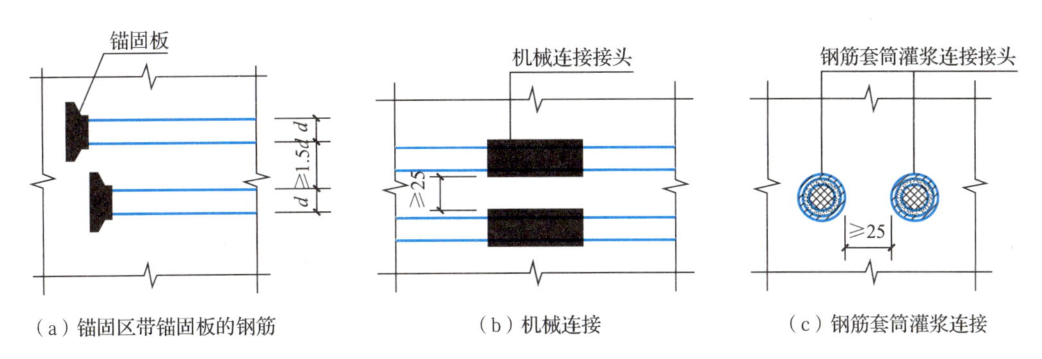

图 5.7　预制构件钢筋在锚固区或连接处的间距

任务 5.3　钢筋锚固

引导问题

某装配整体式框架结构的框架梁（叠合梁），抗震等级为三级，纵向钢筋为 3⌀25，混凝土强度等级为 C30，当其采用 90°弯钩的形式锚固时，锚固钢筋水平段长度不小于多少？弯折段钢筋长度不小于多少？

1. 受拉钢筋的基本锚固长度

为了使钢筋和混凝土能可靠地共同工作，钢筋在混凝土中必须有可靠的锚固，当充分利用钢筋的抗拉强度时，受拉钢筋的基本锚固长度计算公式为

$$l_{ab}=\alpha\frac{f_y}{f_t}d \tag{5-1}$$

式中　l_{ab}——受拉钢筋的基本锚固长度。

f_y——普通钢筋的抗拉强度设计值。

f_t——混凝土轴心抗拉强度设计值。当混凝土强度等级高于 C60 时，按 C60 取值。

d——锚固钢筋的直径。

α——锚固钢筋的外形系数，按表 5-3 取用。

表 5-3　锚固钢筋的外形系数 α

钢筋类型	光面钢筋	带肋钢筋	螺旋肋钢丝	三股钢绞线	七股钢绞线
外形系数 α	0.16	0.14	0.13	0.16	0.17

注：光圆钢筋末端应做 180°弯钩，弯后平直段长度不应小于 $3d$；作受压钢筋时可不做弯钩。

2. 受拉钢筋的锚固长度

受拉钢筋的锚固长度应根据锚固条件按式（5-2）计算，且不应小于 200mm。

$$l_a=\zeta_a l_{ab} \tag{5-2}$$

式中　l_a——受拉钢筋的锚固长度。

ζ_a——锚固长度修正系数。对于普通钢筋，取用数值为：①当带肋钢筋的公称直径大于 25mm 时取 1.10；②环氧树脂涂层带肋钢筋取 1.25；③施工过程中易受扰动的钢筋取 1.10；④当纵向受力（拉）钢筋的实际配筋面积大于其设计计算面积时，修正系数取设计计算面积与实际配筋面积的比值，但对有抗震设防要求及直接承受动力荷载的结构构件，不应考虑此项修正；⑤锚固钢筋的保护层厚度为 $3d$ 时修正系数可取 0.80，保护层厚度为 $5d$ 时修正系数可取 0.70，中间按内插取值（d 为锚固钢筋的直径）。

3. 锚固长度范围内的横向构造钢筋

当锚固钢筋的保护层厚度不大于 $5d$ 时，锚固长度范围内应配置横向构造钢筋，其直

径不应小于 $d/4$；对梁、柱、斜撑等构件，横向构造钢筋间距不应大于 $5d$，对板、墙等平面构件，横向构造钢筋间距不应大于 $10d$，且均不应大于 100mm。此处 d 为锚固钢筋的直径。

4. 纵向钢筋弯钩与机械锚固形式

当纵向受拉普通钢筋末端采用弯钩或机械锚固措施时，包括弯钩或锚固端头在内的锚固长度（投影长度）可取为基本锚固长度 l_{ab} 的 60%。钢筋弯钩和机械锚固的形式（图 5.8）和技术要求应符合表 5-4 的规定。

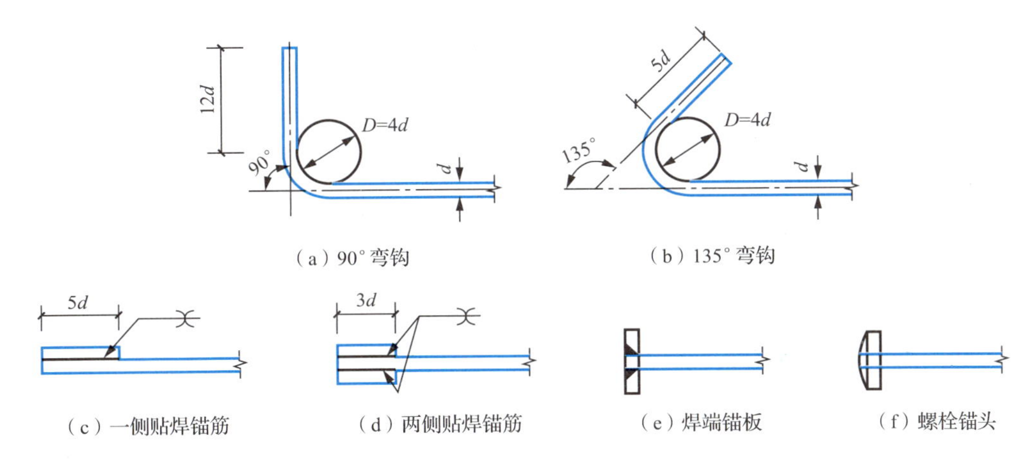

（a）90° 弯钩　（b）135° 弯钩

（c）一侧贴焊锚筋　（d）两侧贴焊锚筋　（e）焊端锚板　（f）螺栓锚头

图 5.8 钢筋弯钩和机械锚固的形式

表 5-4 钢筋弯钩和机械锚固的形式和技术要求

锚固形式	技术要求
90°弯钩	末端 90°弯钩，弯钩内径 $4d$，弯后直段长度 $12d$
135°弯钩	末端 135°弯钩，弯钩内径 $4d$，弯后直段长度 $5d$
一侧贴焊锚筋	末端一侧贴焊长 $5d$ 同直径钢筋
两侧贴焊锚筋	末端两侧贴焊长 $3d$ 同直径钢筋
焊端锚板	末端与厚度 d 的锚板穿孔塞焊
螺栓锚头	末端旋入螺栓锚头

注：1. 焊缝和螺纹长度应满足承载力要求。
2. 螺栓锚头和焊接锚板的承压净面积不应小于锚固钢筋截面积的 4 倍。
3. 螺栓锚头的规格应符合相关标准的要求。
4. 螺栓锚头和焊接锚板的钢筋净间距不宜小于 $4d$，否则应考虑群锚效应的不利影响。
5. 截面角部的弯钩和一侧贴焊锚筋的布筋方向宜向截面内侧偏置。

钢筋弯折的弯弧内直径 D 还应符合以下规定。

（1）光圆钢筋，D 不应小于钢筋直径的 2.5 倍。

（2）400MPa 级带肋钢筋，D 不应小于钢筋直径的 4 倍。

（3）500MPa 级带肋钢筋，当直径 $d \leqslant 25$mm 时，D 不应小于钢筋直径的 6 倍；当直径 $d > 25$mm 时，D 不应小于钢筋直径的 7 倍。

(4) 位于框架结构顶层端节点处的梁上部纵向钢筋和柱外侧纵向钢筋，在节点角部弯折处，当钢筋直径 $d \leqslant 25\text{mm}$ 时，D 不应小于钢筋直径的 12 倍；当直径 $d > 25\text{mm}$ 时，D 不应小于钢筋直径的 16 倍。

(5) 箍筋弯折处尚不应小于纵向受力钢筋直径；箍筋弯折处纵向受力钢筋为搭接或并筋时，应按钢筋实际排布情况确定箍筋弯弧内直径。

5. 受压钢筋的锚固长度

混凝土结构中的纵向受压钢筋，当计算中充分利用其抗压强度时，锚固长度不应小于相应受拉锚固长度的 70%。受压钢筋锚固长度范围内的横向构造钢筋与受拉钢筋的配置要求相同。

6. 受拉钢筋的抗震基本锚固长度

构件受拉钢筋的抗震基本锚固长度 l_{abE} 应按式（5-3）计算。

$$l_{abE}=\zeta_{aE}l_{ab} \tag{5-3}$$

式中 l_{abE}——受拉钢筋的抗震基本锚固长度；

ζ_{aE}——受拉钢筋抗震锚固长度修正系数，对一、二级抗震等级取 1.15，对三级抗震等级取 1.05，对四级抗震等级取 1.00。

7. 受拉钢筋的抗震锚固长度

构件受拉钢筋的抗震锚固长度 l_{aE} 应按式（5-4）计算。

$$l_{aE}=\zeta_{aE}l_{a} \tag{5-4}$$

式中 l_{aE}——受拉钢筋的抗震锚固长度。

特别提示

预制构件纵向钢筋宜在后浇混凝土内直线锚固；当后浇段长度不能满足直线锚固长度时，可采用弯钩或机械锚固方式，但钢筋弯折不便于装配式混凝土结构的加工、安装，故预制构件纵向钢筋的锚固通常采用钢筋锚固板的机械锚固方式，因为这种锚固方式伸出构件的钢筋长度较短且无须弯折。

任务 5.4　钢筋连接方式及构造

引导问题

1. 混凝土结构中的受力钢筋的连接接头宜设置在什么位置？
2. 在梁、柱类构件的纵向受力钢筋搭接长度范围内应采取什么构造措施？
3. 位于同一连接区段内的纵向受拉钢筋接头面积百分率有什么要求？

钢筋套筒灌浆连接是装配式混凝土结构重要的连接形式，浆锚搭接连接在装配式混凝土结构中也有应用。但应注意，理解现浇混凝土结构钢筋连接采用的绑扎搭接、机械连接和焊接连接构造，是理解装配式混凝土结构钢筋连接构造的基础。

混凝土结构中受力钢筋的连接接头宜设置在受力较小处，如柱钢筋的连接接头一般设置在柱的中间部位，梁上部钢筋的连接接头设置在跨中 1/3 处。在同一根受力钢筋上宜少设接头。在结构的重要构件和关键传力部位，纵向受力钢筋不宜设置连接接头。

轴心受拉及小偏心受拉杆件的纵向受力钢筋不得采用绑扎搭接；其他构件中的钢筋采用绑扎搭接时，受拉钢筋直径不宜大于 25mm，受压钢筋直径不宜大于 28mm。

1. 绑扎搭接

同一构件中相邻纵向受力（拉）钢筋的绑扎搭接接头宜互相错开。钢筋绑扎搭接接头连接区段的长度为搭接长度的 1.3 倍。凡搭接接头中点位于该连接区段长度内的搭接接头均属于同一连接区段，如图 5.9 所示。同一连接区段内纵向受拉钢筋搭接接头面积百分率为该区段内有搭接接头的纵向受拉钢筋与全部纵向受拉钢筋截面面积的比值。当直径不同的钢筋搭接时，按直径较小的钢筋计算。

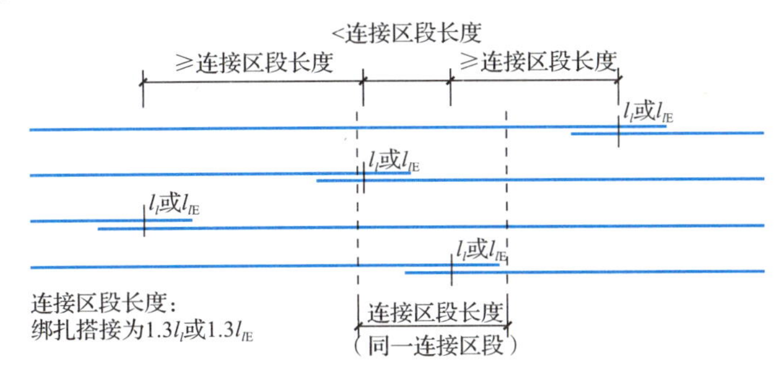

图 5.9 同一连接区段内纵向受拉钢筋绑扎搭接接头

位于同一连接区段内的受拉钢筋搭接接头面积百分率应满足：对梁、板及墙类构件，不宜大于 25%；对柱类构件，不宜大于 50%。当工程中确有必要增大受拉钢筋搭接接头面积百分率时，对梁类构件，不宜大于 50%；对板、墙、柱及预制构件的拼接处，可根据实际情况放宽要求。

1）纵向受拉钢筋的搭接长度

构件的纵向受拉钢筋采用绑扎搭接时，接头的搭接长度应根据位于同一连接区段内的钢筋搭接接头面积百分率，按式（5-5）计算，且不应小于 300mm。

$$l_l = \zeta_l l_a \tag{5-5}$$

式中 l_l——纵向受拉钢筋的搭接长度。

ζ_l——纵向受拉钢筋的搭接长度修正系数按表 5-5 取用。当纵向受拉钢筋搭接接头面积百分率为表中间值时，修正系数可按内插取值。

表 5-5 纵向受拉钢筋的搭接长度修正系数ζ_l

纵向搭接钢筋接头面积百分率/（%）	≤25	50	100
ζ_l	1.2	1.4	1.6

2）纵向受压钢筋的搭接长度

构件中的纵向受压钢筋采用绑扎搭接时，搭接接头的受压搭接长度不应小于纵向受拉钢筋搭接长度的 70%，且不应小于 200mm。

3）纵向受力钢筋搭接区箍筋构造

在梁、柱类构件的纵向受力钢筋搭接长度范围内的横向构造钢筋，应按图5.10设置，搭接区内箍筋直径不小于 $d/4$（d 为搭接钢筋最大直径），间距不应大于100mm及 $5d$（d 为搭接钢筋最小直径）；当受压钢筋直径大于25mm时，尚应在搭接接头两个端面外100mm的范围内各设置两道箍筋。

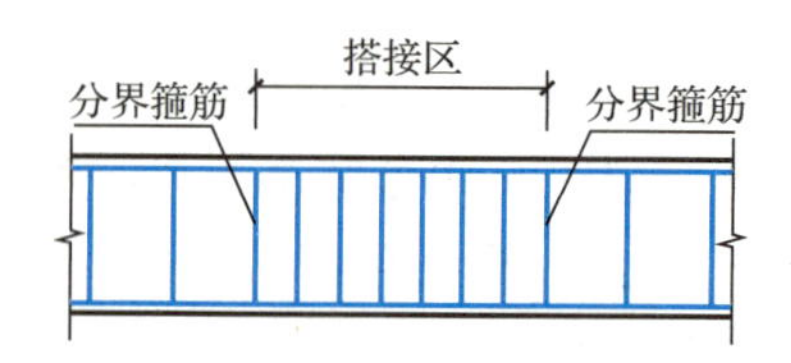

图5.10　纵向受力钢筋搭接区箍筋构造

4）纵向受拉钢筋的抗震搭接长度

当采用搭接连接时，纵向受拉钢筋的抗震搭接长度 l_{lE} 应按式（5-6）计算。

$$l_{lE}=\zeta_l l_{aE} \tag{5-6}$$

式中　l_{aE}——纵向受拉钢筋的抗震搭接长度。

纵向受力钢筋连接的位置宜避开梁端、柱端箍筋加密区；如必须在此处连接，应采用机械连接或焊接连接。混凝土构件位于同一连接区段内的纵向受力钢筋接头面积百分率不宜超过50%。

2. 机械连接和焊接连接

如图5.11所示，纵向受力钢筋的机械连接接头宜相互错开。钢筋机械连接区段的长度为 $35d$（d 为连接钢筋的较小直径）。凡接头中点位于该连接区段长度内的机械连接接头均属于同一连接区段。

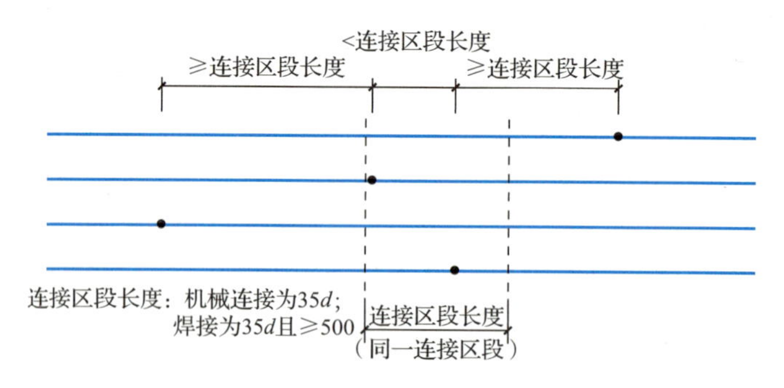

图5.11　同一连接区段内纵向受拉钢筋机械连接、焊接连接接头

位于同一连接区段内的纵向受拉钢筋接头面积百分率不宜大于50%；对板、墙、柱类构件及预制构件的拼接处，可根据实际情况放宽要求。纵向受压钢筋的接头百分率可不受限制。

机械连接接头处钢筋套筒的混凝土保护层厚度宜满足有关钢筋最小混凝土保护层厚度的规定。钢筋套筒的横向净间距不宜小于25mm；钢筋套筒处箍筋的间距仍应满足相应的构造要求，宜采取在钢筋套筒两侧减小箍筋布置间距，避开钢筋套筒的解决办法。

任务 5.5 箍筋及拉筋构造

引导问题

1. 带弯钩封闭箍筋用于抗震构件或受扭构件时，弯钩长度 L_d 应满足什么要求?

2. 带弯钩封闭箍筋用于非抗震构件时，弯钩长度 L_d 应满足什么要求?

如图 5.12 所示，通常情况下，箍筋应做成封闭形式，包括焊接封闭箍筋和带弯钩封闭箍筋。焊接封闭箍筋一般在工厂加工制作；带弯钩封闭箍筋一般在施工现场加工制作，弯钩弯折角度为 135°。带弯钩封闭箍筋用于抗震构件或受扭构件时，弯钩长度 L_d 不小于 $10d$ 和 75mm 的较大值；用于非抗震构件时，弯钩长度 L_d 不小于 $5d$ 和 50mm 的较大值。

拉筋，也称拉结筋，其弯钩弯折角度及弯钩长度要求同箍筋，可采用 3 种形式：拉筋紧靠箍筋并钩住纵向钢筋，拉筋紧靠箍纵向钢筋并勾住箍筋，拉筋同时勾住纵向钢筋和箍筋，如图 5.13 所示。

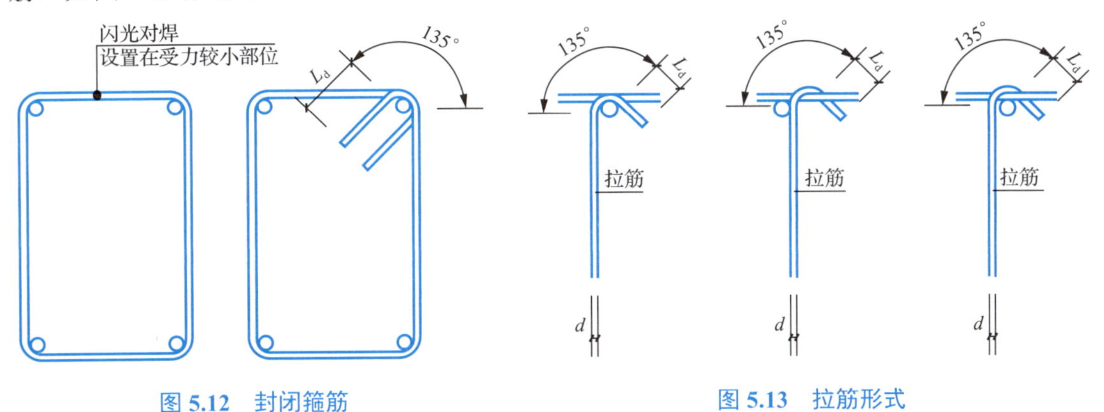

图 5.12 封闭箍筋

图 5.13 拉筋形式

项目 6　装配式混凝土结构关键技术

项目描述

预制构件可以采用的钢筋连接方式较多，如装配式混凝土结构常用的钢筋套筒灌浆连接、浆锚搭接连接、螺栓连接和焊接连接技术。预制构件在后浇混凝土中的锚固可采用钢筋锚固板技术。预制构件与后浇混凝土的结合常采用叠合连接技术，结合面需设置粗糙面、键槽。

能力目标

1. 掌握钢筋套筒灌浆连接、浆锚搭接连接、螺栓连接和焊接连接技术。
2. 熟悉钢筋锚固板技术。
3. 掌握叠合连接技术。
4. 掌握粗糙面、键槽的设置要求。

任务 6.1　钢筋套筒灌浆连接技术

引导问题

1. 灌浆套筒按结构形式分为哪些类型？
2. 说明灌浆套筒编号的含义：①GTZQ-425；②GTJB-536/32A。
3. 灌浆套筒按材料及配套加工工艺分为哪些类型？

钢筋套筒灌浆连接是指在预制混凝土构件内预埋的金属套筒中插入钢筋并注入灌浆料拌合物，通过拌合物硬化形成整体并实现传力的钢筋对接连接方式。钢筋套筒灌浆连接常用于竖向构件纵向钢筋的连接，也可用于水平钢筋的连接，如图 6.1 所示。

（a）竖向构件纵向钢筋连接

（b）水平钢筋连接

图 6.1　钢筋套筒灌浆连接

采用钢筋套筒灌浆连接技术连接钢筋时，需在灌浆套筒内填充钢筋连接用灌浆料拌合物。钢筋连接用套筒灌浆料是以水泥为基本材料，并配以细骨料、外加剂及其他材料混合而成的干混料，简称套筒灌浆料。套筒灌浆料加水搅拌成拌合物后具有良好流动性、早强、高强、微膨胀等性能，填充于灌浆套筒与钢筋的间隙，形成钢筋套筒灌浆连接接头。

1. 灌浆套筒的类型

钢筋连接用灌浆套筒采用铸造工艺或机械加工工艺制造，简称灌浆套筒。灌浆套筒按结构形式可分为全灌浆套筒和半灌浆套筒，如图 6.2 所示。全灌浆套筒是筒体两端均采用钢筋套筒灌浆方式连接钢筋的灌浆套筒。半灌浆套筒是筒体一端采用钢筋套筒灌浆方式连接，另一端采用非灌浆的机械连接方式连接钢筋的灌浆套筒。按机械连接的一端的形式分类，半灌浆套筒还可分为直接滚轧直螺纹灌浆套筒、剥肋滚轧直螺纹灌浆套筒和镦粗直螺纹灌浆套筒。

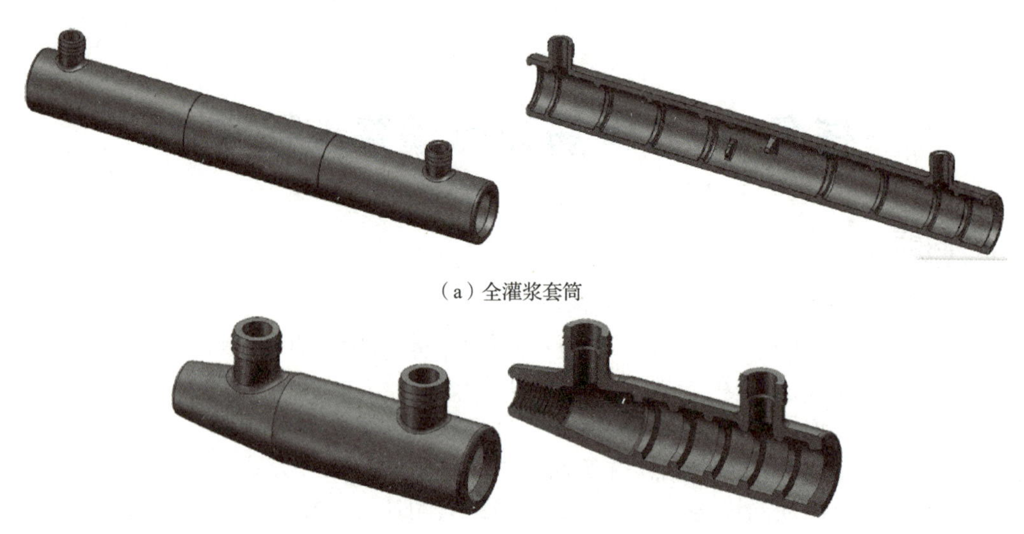

（a）全灌浆套筒

（b）半灌浆套筒

图 6.2　灌浆套筒

2. 灌浆套筒的型号

灌浆套筒型号由灌浆套筒名称代号、分类代号、钢筋强度级别主参数代号、加工方式分类代号、钢筋直径主参数代号、特征代号、更新及变型代号组成。其中钢筋强度级别主参数和钢筋直径主参数是指被连接钢筋的强度级别和公称直径。灌浆套筒型号表示如图 6.3 所示。

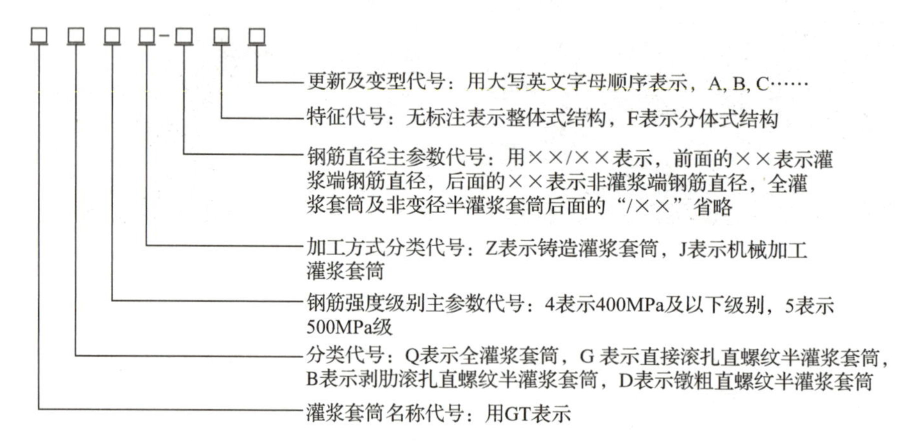

图 6.3　灌浆套筒型号表示

3. 灌浆套筒的材料与尺寸

灌浆套筒按材料及配套加工工艺分类，主要有两种类型：采用球墨铸铁铸造的灌浆套筒；采用优质碳素结构钢、低合金高强度结构钢、合金结构钢或其他符合要求的钢材机械加工而成的灌浆套筒。

现行行业标准《钢筋连接用灌浆套筒》（JG/T 398—2019）规定，灌浆套筒的结构如图 6.4 所示。

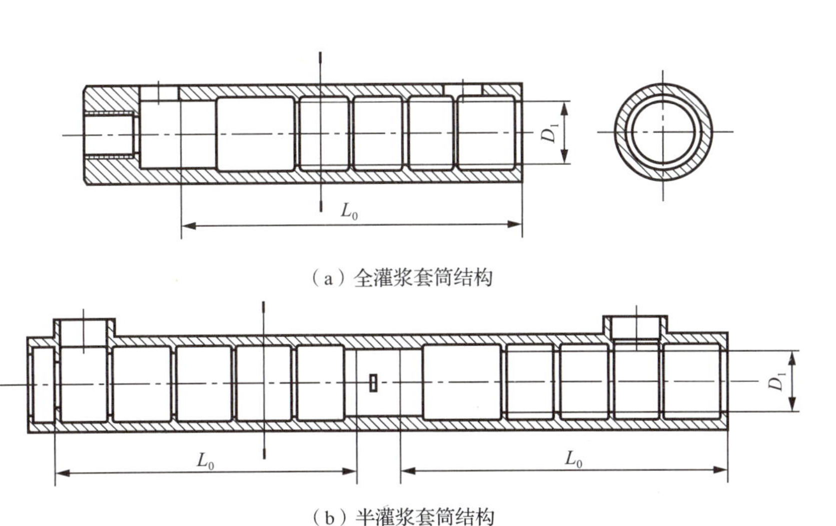

（a）全灌浆套筒结构

（b）半灌浆套筒结构

图 6.4　灌浆套筒结构示意图

考虑我国钢筋的外形尺寸及工程实际情况，标准规定灌浆套筒灌浆端最小内径 D_1 与连接钢筋公称直径 d_s 的差值不宜小于表 6-1 规定的数值。全灌浆套筒两个灌浆端的锚固长度 L_0 均宜满足不小于 $8d_s$ 的要求，半灌浆套筒灌浆端的锚固长度 L_0 宜满足不小于 $8d_s$ 的要求。套筒灌浆连接的钢筋应采用热轧带肋钢筋或余热处理带肋钢筋。钢筋直径不宜小于 12mm，且不宜大于 40mm。采用套筒灌浆连接的构件混凝土强度等级不宜低于 C30。

表 6-1　灌浆套筒灌浆端最小内径尺寸要求　　单位：mm

钢筋公称直径	灌浆套筒灌浆端最小内径与连接钢筋公称直径的最小差值
12～25	10
28～40	15

钢筋套筒灌浆连接接头应满足强度和变形性能要求。钢筋套筒灌浆连接接头的极限抗拉强度不应小于连接钢筋抗拉强度标准值，钢筋破坏时应断于接头外。钢筋套筒灌浆连接接头的屈服强度不应小于连接钢筋屈服强度标准值。

灌浆料、封浆料、封仓用珍珠棉、座浆料等均应满足相应材料性能要求。

4. 灌浆套筒的选用和与钢筋连接的要求

当装配式混凝土结构采用符合现行行业标准《钢筋套筒灌浆连接应用技术规程（2023 年版）》（JGJ 355—2015）规定的钢筋套筒灌浆连接接头时，构件的全部纵向受力钢筋可在同一截面上连接。但应该注意，通常混凝土结构中全截面受拉构件同一截面不宜全部采用钢筋套筒灌浆连接。

灌浆套筒应与连接钢筋牌号、直径配套。钢筋套筒灌浆连接常用的钢筋等级为 400MPa 和 500MPa，灌浆套筒一般也针对这两种钢筋设计制造。可将 500MPa 钢筋的同直径灌浆套筒用于 400MPa 钢筋，反之则不允许。灌浆套筒的直径规格对应连接钢筋的直径规格，在灌浆套筒产品说明书中均有注明。工程中不得采用直径规格小于连接钢筋的灌浆套筒，但可采用直径规格大于连接钢筋的灌浆套筒，但相差不宜大于一级。

插入灌浆套筒的钢筋的外露长度是预制构件深化设计的关键，外露长度设计以构件长度为基础，并应考虑灌浆套筒锚固长度、构件连接接缝宽度与施工偏差3个主要因素。JGJ 1—2014规定预制框架柱、预制剪力墙板的竖向连接接缝宽度均宜为20mm。因此，最终确定的下料长度为锚固长度+20mm（接缝宽度）+偏差。钢筋下料长度以外露长度为基础，实际操作中可按“宁长勿短”的原则操作，因为工程中钢筋长了可以截掉或者磨掉，而短了则很难处理。对于用大直径套筒连接小直径钢筋的情况，计算外露长度时的灌浆套筒锚固长度一律按大直径套筒考虑。

钢筋及灌浆套筒的布置还需考虑灌浆施工的可行性，使灌浆孔、出浆孔朝外，以便为可靠灌浆提供施工条件。预制柱等截面尺寸较大的竖向构件，考虑到灌浆施工的可靠性，应在键槽处设置排气孔，且排气孔位置应高于最高位出浆孔，高差不宜小于100mm。

5. 灌浆套筒间距与混凝土保护层厚度的要求

考虑到竖向构件（如预制柱、预制墙板）多为水平放置条件下生产，且灌浆套筒仅在预制构件中局部存在，规范规定其灌浆套筒的净距不应小于25mm。水平构件梁的水平纵向钢筋的灌浆套筒不同于竖向构件，往往是在现场完成连接作业再浇筑混凝土，故其净距要求参照现浇混凝土结构中关于钢筋净距的相关规定。梁上部水平灌浆套筒净距不应小于30mm和连接钢筋最大直径1.5倍中的较大值，梁下部水平套筒净距不应小于25mm和连接钢筋最大直径中的较大值。

构件加工厂或施工单位在确定混凝土配合比时要适当考虑骨料粒径，以确保灌浆套筒范围内混凝土浇筑密实。混凝土构件的灌浆套筒长度范围内，预制柱的箍筋混凝土保护层厚度不应小于20mm，预制墙板的最外层钢筋混凝土保护层厚度不应小于15mm。

任务6.2　浆锚搭接连接技术

引导问题

1. 浆锚搭接连接包括哪些类型？
2. 浆锚搭接连接的适用情况是什么？

浆锚搭接连接是装配式混凝土结构钢筋竖向连接形式之一，包括螺旋箍筋约束浆锚搭接[图6.5(a)]、金属波纹管浆锚搭接[图6.5(b)]，以及其他采用预留孔洞插筋后灌浆的间接搭接。

以金属波纹管浆锚搭接为例，具体做法是在预制构件的混凝土中预埋波纹管，待混凝土达到要求强度后，钢筋穿入波纹管，再将高强度无收缩灌浆料灌入波纹管养护，以起到锚固钢筋的作用。这种钢筋浆锚体系属多重界面体系，包括钢筋与锚固材料（灌浆料）的界面体系、锚固材料与波纹管界面体系，以及波纹管与原构件混凝土的界面体系。因此，锚固材料对钢筋的锚固力不仅与锚固材料和钢筋的握裹力有关，还与波纹管和锚固材料、波纹管和混凝土之间的连接有关。

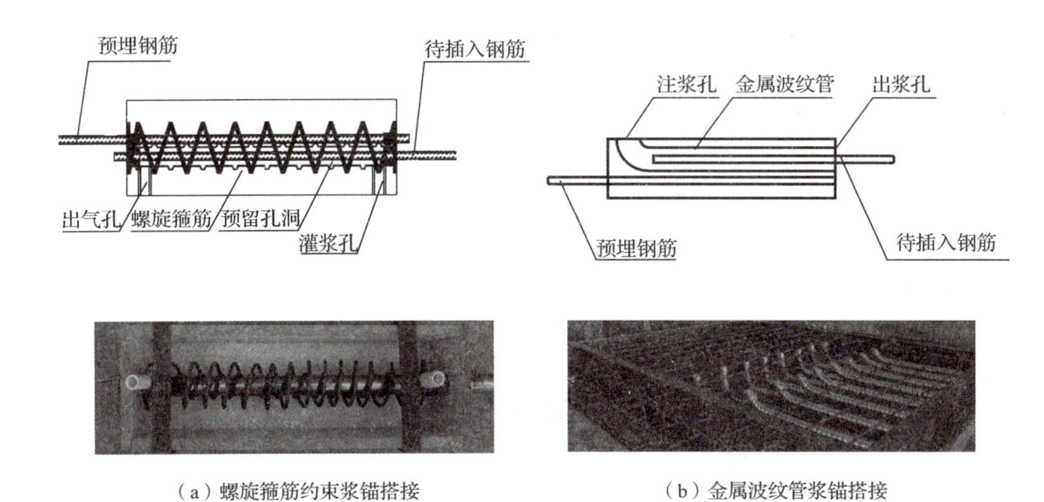

（a）螺旋箍筋约束浆锚搭接　　（b）金属波纹管浆锚搭接

图 6.5　浆锚搭接连接

浆锚搭接连接机械性能稳定，采用配套灌浆料，可手动灌浆和机械灌浆，填充于带肋钢筋间隙，形成钢筋连接接头，更适合竖向钢筋连接，即剪力墙、框架柱等竖向预制构件的钢筋连接。

任务 6.3　螺栓连接和焊接连接技术

引导问题

1. 螺栓连接技术的定义是什么？
2. 焊接连接技术的定义是什么？

螺栓连接技术是指用螺栓和预埋件将预制构件与预制构件或预制构件与主体结构进行连接的一种连接技术。在全装配混凝土结构中，螺栓连接可以连接框架柱和框架梁；在装配整体式混凝土结构中，螺栓连接一般仅用于隔墙板、外墙挂板和楼梯等非主体结构构件的连接。螺栓连接技术的实际应用如图 6.6 所示。

（a）框架柱和框架梁螺栓连接

（b）隔墙板螺栓连接

（c）外墙挂板螺栓连接

图 6.6　螺栓连接技术的实际应用

焊接连接技术是在预制构件中预埋钢板，再将构件之间的预埋钢板进行焊接连接来传递作用力的连接技术。与螺栓连接一样，焊接连接在全装配混凝土结构中，可用于结构构件的连接；在装配整体式混凝土结构中，一般仅用于非结构构件的连接。

在欧洲地区，装配式混凝土建筑楼板之间、楼板与梁之间会采用焊接连接形式，各国标准也有相应规定。我国早期的装配式混凝土建筑多采用焊接连接技术，如北京民族饭店。目前该技术应用较少，仅在如大型屋面板与屋架之间、设置牛担板的主次梁连接节点等情况下采用这种连接方式。

任务 6.4　钢筋锚固板技术

引导问题

1. 钢筋机械锚固技术的优点是什么？
2. 请简述钢筋锚固采用部分锚固板的设计要求。

在混凝土结构中，常用钢筋的锚固方式是直锚或弯锚。直锚的缺点是其需要的锚固长度较长，弯锚则由于弯折或弯钩需要较大的弯弧半径要求而常带来许多问题，如梁-柱节点区钢筋拥挤、弯折或弯钩与其他钢筋的布置互相干扰、构件尺寸不能满足锚固长度要求等。在使用大直径钢筋时，这些问题更加突出。

钢筋机械锚固技术很好地解决了这一难题，钢筋机械锚固在保证性能的基础上，优化了钢筋锚固条件，减小了钢筋锚固长度，节约了锚固用钢材，提高了混凝土浇筑质量。

钢筋锚固板技术是一种常见的钢筋机械锚固技术。锚固板如图 6.7 所示，常用锚固板规格见表 6-2。

（a）锚固板实物

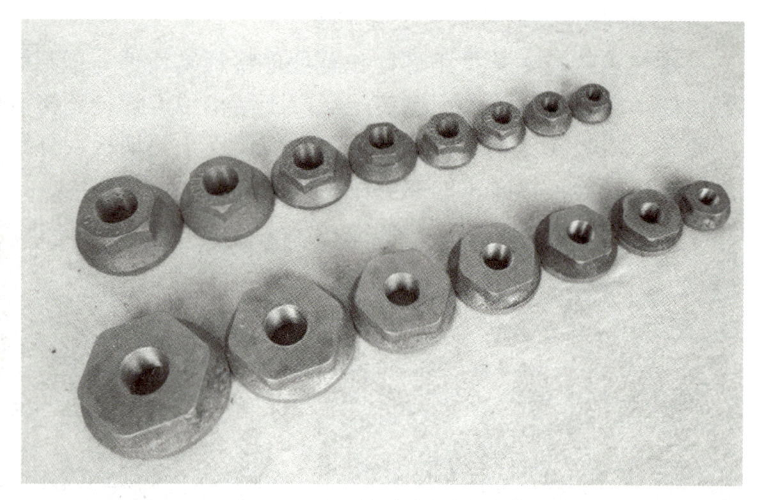

（b）各种规格的锚固板

图 6.7　锚固板

（c）锚固板与钢筋连接后组成钢筋锚固板

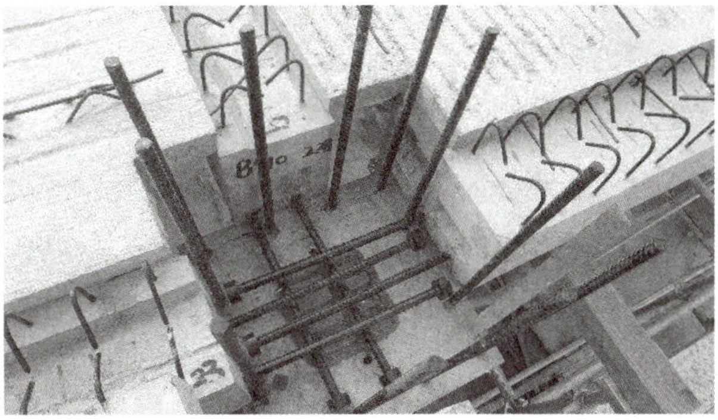

（d）钢筋锚固板技术在叠合梁中的应用

图 6.7 锚固板（续）

表 6-2 常用锚固板规格

单位：mm

锚固板示意图	钢筋直径	部分锚固板		全锚固板	
		外径 *D*	厚度 *H*	外径 *D*	厚度 *H*
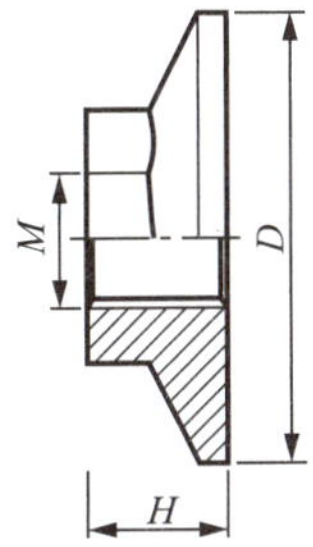	16	38	16	51	16
	18	43	18	58	18
	20	48	20	64	20
	22	52	22	70	22
	25	60	25	80	25
	28	66	28	89	28
	32	76	32	102	32
	36	85	36	115	36
	40	95	40	127	40
	50	118	50	159	50

如图 6.8 所示，锚固板为设置于钢筋端部用于锚固钢筋的承压板，分为正放和反放两种形式。钢筋锚固板为钢筋与锚固板的组装件。

锚固板形状一般为圆形，也有正方形和长方形，钢筋端部与锚固板可采用螺纹连接或焊接连接。

锚固板分为部分锚固板和全锚固板。部分锚固板依靠锚固长度范围内钢筋与混凝土的黏结作用和锚固板承压面的承压作用共同承担钢筋规定锚固力；全锚固板全部依靠锚固板承压面的承压作用承担钢筋规定锚固力。

部分锚固板承压面积不应小于锚固钢筋公称面积的 4.5 倍；全锚固板承压面积不应小于锚固钢筋公称面积的 9 倍。锚固板厚度不应小于锚固钢筋公称直径。采用部分锚固板锚固的钢筋公称直径不宜大于 40mm。

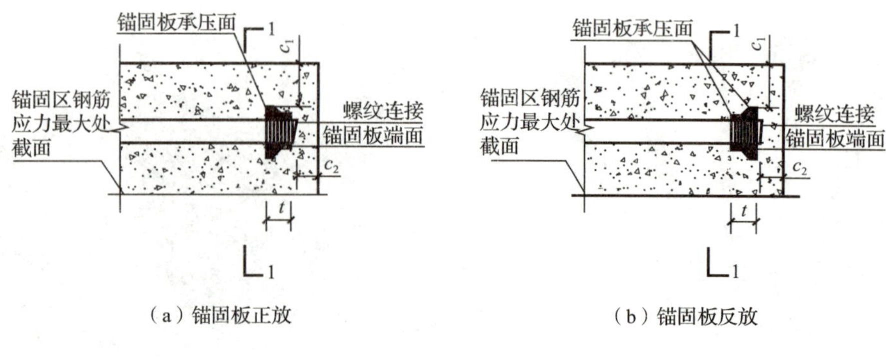

（a）锚固板正放　　（b）锚固板反放

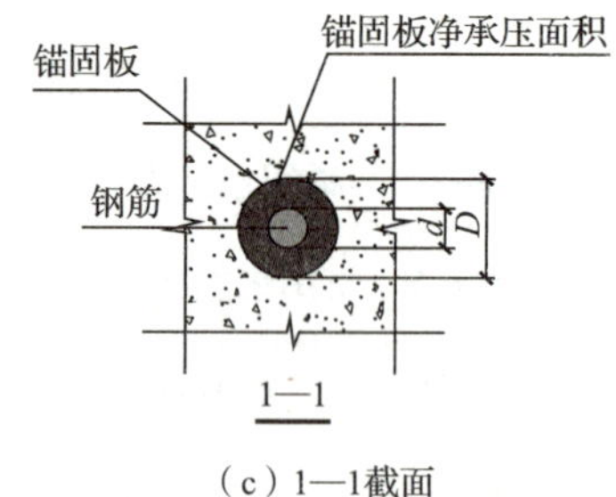

（c）1—1截面

c_1 一锚固板侧面保护层最小厚度；c_2 一钢筋端面保护层最小厚度；t一锚固板厚度（锚固板端面到承压面间的最大厚度）；d一锚固钢筋直径；D一锚固板直径。

图 6.8　钢筋常用圆形螺纹连接锚固板示意图

采用部分锚固板时，一类环境中设计工作年限为 50 年的结构，锚固板侧面和端面的混凝土保护层厚度不应小于 15mm。钢筋锚固长度范围内的钢筋的混凝土保护层厚度不宜小于 1.4d；锚固长度范围内应配置不少于 3 根箍筋，其直径不应小于 0.25d，间距不应大于 5d，且不应大于 100mm，第 1 根箍筋与锚固板承压面的距离应小于 d；锚固长度范围内钢筋的混凝土保护层厚度大于 5d 时，可不设横向箍筋。设置锚固板的纵向钢筋净间距不宜小于 1.4d。锚固长度 l_{ah} 不宜小于 0.4 l_{ab}（l_{abE}）。对于 500MPa、400 MPa 级钢筋，锚固区混凝土强度等级分别不宜低于 C35、C30。

采用全锚固板时，锚固板的混凝土保护层厚度及锚固区混凝土强度等级要求与部分锚固板要求相同，锚固长度范围内钢筋的混凝土保护层厚度不宜小于 3d；钢筋净间距不宜小于 5d。

任务 6.5　叠合连接技术

引导问题

1. 叠合连接技术的定义是什么？
2. 叠合构件包括哪些类型？

叠合连接技术是指后浇混凝土与预制构件叠合的连接技术，可以将后浇混凝土与预制构件及其他构件连接成整体。叠合构件主要用于装配整体式混凝土结构，基于建筑产业化趋势，近年来国内外叠合连接技术的发展很快。叠合构件包括水平叠合构件和竖向叠合构件，水平叠合构件有叠合板、叠合梁，竖向叠合构件有单面和双面叠合剪力墙板等。

叠合板包括将楼板沿厚度方向分成的两部分，底部是预制底板，上部是后浇混凝土叠合层。配置底部钢筋的预制底板作为楼板的一部分，在施工阶段作为后浇混凝土的模板承受荷载，与叠合层形成整体的叠合混凝土构件。

叠合梁是分两次浇筑、振捣混凝土而成的梁，第一次在构件预制厂加工得到预制梁，第二次在施工现场进行，当预制梁吊装、安放完成后再进行上部的后浇混凝土叠合层施工，使其与预制梁连成整体。当梁-柱节点在施工现场浇筑时，叠合框架梁纵向受力钢筋应伸入后浇节点区锚固或连接，其下部的纵向受力钢筋也可伸至后浇节点区外的后浇段内进行连接。当叠合框架梁采用对接连接时，梁下部纵向钢筋在后浇段内宜采用机械连接、钢筋套筒灌浆连接或焊接连接等形式连接。叠合框架梁的箍筋可采用整体封闭箍筋和组合封闭箍筋形式。

实际工程应用中，单面叠合剪力墙板使用较少，叠合剪力墙板一般默认指双面叠合剪力墙板。其具体做法是采用两层带格构钢筋（钢筋桁架）的预制墙板，现场安装就位后，在两层板中间浇筑混凝土，辅以必要的现浇混凝土剪力墙、边缘构件、楼板，共同形成的叠合的剪力墙结构。在预制阶段，预制墙板的钢筋桁架，既可作为吊点，又能增加其平面外刚度，防止起吊时开裂；在使用阶段，钢筋桁架作为连接两层预制墙板与后浇夹心混凝土之间的拉筋，可提高结构整体性能和抗剪性能。叠合剪力墙板的连接方式区别于其他装配式结构体系的构件连接方式，能做到板与板之间无拼缝，防水性好，从而无须做拼缝处理。

任务 6.6　粗糙面与键槽

引导问题

1. 粗糙面、键槽应设置在什么部位？
2. 请简述各个部位键槽的构造。

预制构件与后浇混凝土、灌浆料、座浆料的结合面应设置粗糙面、键槽，如图 6.9 所示。粗糙面是指预制构件结合面上凹凸不平或骨料显露的表面。键槽是指预制构件混凝土表面规则且连续的凹凸构造。

预制构件应按以下要求设置粗糙面和键槽。

（1）叠合板预制底板与叠合层之间的结合面应设置粗糙面。

（2）叠合梁预制部分与叠合层之间的结合面应设置粗糙面。梁端面应设置键槽，且宜设置粗糙面。梁端键槽构造如图 6.10 所示，尺寸和数量应按计算确定；键槽深度 t 不宜小于 30mm，键槽宽度 w 不宜小于 $3t$ 且不宜大于 $10t$；键槽可贯通截面，当不贯通时槽口距离截面边缘不宜小于 50mm；键槽间距宜等于 w；键槽端部斜面倾角不宜大于 30°。

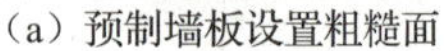

（a）预制墙板设置粗糙面

（b）预制墙板设置键槽

（c）预制梁端设置键槽

（d）预制柱底设置键槽

图 6.9　粗糙面、键槽

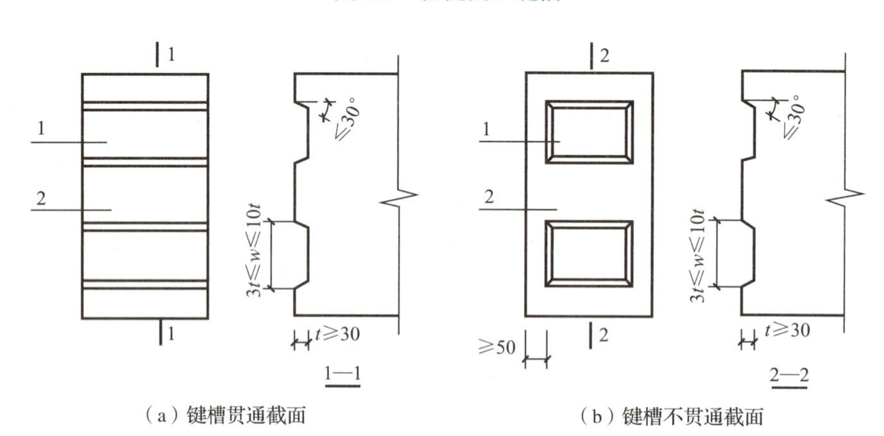

（a）键槽贯通截面　　（b）键槽不贯通截面

1—键槽；2—梁端面。

图 6.10　梁端键槽构造示意

（3）预制剪力墙板的顶部和底部与后浇混凝土的结合面应设置粗糙面；侧面与后浇混凝土的结合面应设置粗糙面，也可设置键槽。板侧的键槽深度 t 不宜小于 20mm，键槽宽度 w 不宜小于 $3t$ 且不宜大于 $10t$，键槽间距宜等于 w，键槽端部斜面倾角不宜大于 30°。

（4）预制柱的顶部应设置粗糙面；底部应设置键槽且宜设置粗糙面，底部键槽应均匀布置，键槽深度不宜小于 30mm，键槽端部斜面倾角不宜大于 30°。

（5）各种预制构件的粗糙面面积不宜小于结合面的 80%，其中叠合板的粗糙面凹凸深度不应小于 4mm，叠合梁、预制柱、预制剪力墙板各端面的粗糙面凹凸深度不应小于 6mm。

根据上述内容，可总结预制构件的粗糙面和键槽设置部位如表 6-3 所示。

表 6-3　粗糙面和键槽设置部位

构件	部位	键槽设置要求	粗糙面设置要求
预制柱	柱底	应设置	宜设置
	柱顶	可设置	宜设置

续表

构件	部位	键槽设置要求	粗糙面设置要求
预制剪力墙板	墙顶	—	应设置
	墙底	—	应设置
	墙端面	应设置	可设置
叠合梁	预制部分顶面	—	应设置
	预制部分端面	应设置	宜设置
	预制部分槽口	应设置	—
叠合板	预制底板板面	—	应设置
	预制底板板侧	—	宜设置

知识链接

施　工　缝

施工缝指的是在混凝土浇筑过程中，因设计要求或施工需要分段浇筑，而在先、后浇筑的混凝土之间所形成的接缝。施工缝并不是一种真实存在的“缝”，它只是因先浇筑混凝土超过初凝时间，而与后浇筑的混凝土之间存在一个结合面。施工缝的留设位置应在混凝土浇筑之前确定，施工缝宜留设在结构受剪力较小且便于施工的位置。

施工缝可分为水平施工缝和垂直施工缝。

水平施工缝留设在柱、墙等竖向构件上，一般可留设在基础顶面、楼层结构上下表面。施工缝留设在楼层结构上表面时，柱施工缝与楼层结构上表面的距离宜为 0～100mm，墙施工缝与楼层结构上表面的距离宜为 0～300mm；施工缝留设在楼层结构下表面时，施工缝与楼层结构下表面的距离宜为 0～50mm。

垂直施工缝留设在梁、楼板等水平构件上，一般设置在其跨中位置，有主梁和次梁的楼板施工缝应留设在次梁跨度中间的 1/3 范围内，单向楼板施工缝应留设在平行于板短边的任意位置。

施工缝处浇筑混凝土结合面应采用粗糙面，并应清除浮浆、疏松石子、软弱混凝土层，然后清理干净；结合面处应采用洒水方法进行充分湿润，但注意不得有积水；施工缝处已浇筑混凝土的强度不应小于 1.2MPa；柱、墙的水平施工缝水泥砂浆接浆层厚度不应大于 30mm，接浆层水泥砂浆应与混凝土同成分。

装配整体式混凝土剪力墙结构施工图

项目 7 剪力墙结构建筑施工图设计总说明

项目描述

对典型装配整体式剪力墙结构住宅建筑施工图设计总说明的识读方法进行讲解，整体介绍建筑施工图设计总说明的组成，重点解读其中的装配式建筑设计专项说明。

学习目标

1. 能够对装配式建筑的建筑施工图设计总说明进行识读。
2. 理解装配式建筑的建筑施工图设计总说明的编制方法。
3. 能够对装配式建筑设计专项说明进行识读。
4. 理解装配式建筑设计专项说明的编制方法。

任务 7.1　识读建筑施工图设计总说明

引导问题

1. 装配式建筑设计专项说明包括哪些内容？其中的建筑设计具体包含哪些信息？
2. 本节示例的工程各楼层对应的结构形式是什么？
3. 请简述本节示例的工程预制构件的使用情况。

通过识读图 7.1 所示的装配整体式剪力墙结构住宅建筑施工图设计总说明，可知：本建筑地上 21 层、地下 2 层，建筑高度为 62.6m。地上五层及以上为装配整体式剪力墙结构，其他部分为现浇混凝土剪力墙结构。设计工作年限为 50 年，抗震设防烈度为 8 度。

装配整体式剪力墙结构住宅建筑施工图设计总说明

1 设计依据

1.1 《北京市发展和改革委员会关于××区×××地块住宅项目核准的批复》京发改（核）[20××]×××号。

1.2 《北京市规划和自然资源委员会规划意见复函》京规自（×）复函[20××]××××号。

1.3 《中华人民共和国建设工程规划许可证》20××规自（×）建字××××号。

1.4 《北京市规划和自然资源委员会建筑消防设计审核意见书》京规自消审字[20××]第××××号。

1.5 《建筑消防设计备案书》。

1.6 项目设计任务书。

1.7 现行国家和行业标准规范。

《民用建筑通用规范》(GB 55031—2022)。

《装配式混凝土建筑技术标准》(GB/T 51231—2016)。

《装配式混凝土结构技术规程》(JGJ 1—2014)。

《建筑设计防火规范（2018 年版）》(GB 50016—2014)。

《住宅设计规范》(GB 50096—2011)。

《住宅建筑规范》(GB 50368—2005)。

《无障碍设计规范》(GB 50763—2012)。

《建筑模数协调标准》(GB/T 50002—2013)。

《住宅厨房及相关设备基本参数》(GB/T 11228—2008)。

《住宅卫生间功能及尺寸系列》(GB/T 11977—2008)。

《住宅厨房模数协调标准》(JGJ/T 262—2012)。

《住宅卫生间模数协调标准》(JGJ/T 263—2012)。

1.8 国家相关法律、法规。

1.9 项目设计合同。

2 项目概况

2.1 工程基本信息。

2.1.1 项目名称：北京市××区×××地块住宅项目 2#住宅楼。

2.1.2 建设地点：北京市××区×××地块。

2.1.3 建设方：×××房地产开发有限公司。

2.2 本工程规划用地面积××m^2，2#住宅楼总建筑面积 9438m^2，其中地上 8636m^2、地下 802m^2，容积率××。

2.3 建筑层数、高度：地上 21 层、地下 2 层，建筑高度 62.6m。

2.4 建筑结构形式：2#住宅楼地上五层及以上为装配整体式剪力墙结构，其他部分为现浇混凝土剪力墙结构。

2.5 设计工作年限：50 年。

图 7.1　装配整体式剪力墙结构住宅建筑施工图设计总说明

2.6 抗震设防烈度：8度。

2.7 高层建筑分类：一类；建筑耐火等级：一级。

2.8 人防工程防护等级： 2#住宅楼无人防工程。

3 设计标高（略）

4 墙体工程（略）

5 地下室和室内防水工程（略）

6 屋面工程（略）

7 门窗工程（略）

8 外墙装修和室外工程（略）

9 内装修工程（略）

10 油漆涂料工程（略）

11 建筑设备、设施工程（略）

12 无障碍设计（略）

13 防火设计（略）

14 建筑节能设计（略）

15 装配式建筑设计专项说明

15.1 装配式建筑设计概况。

15.1.1 本工程采用装配整体式剪力墙结构，符合标准化设计、工厂化生产、装配化施工、一体化装修和信息化管理的工业化建筑基本特征。

15.1.2 本工程地下二层至地上四层为现浇混凝土剪力墙结构，地上五层及以上为装配整体式混凝土剪力墙结构。预制构件配置表见表1。

表1 预制构件配置表

项目名称	预制夹心外墙板	预制内墙板	叠合板	预制女儿墙	预制楼梯	预制阳台板	预制空调板	预制外墙挂板	装配混凝土饰面	模数协调	整体外墙装配	无外架施工	装配式内装修	太阳能热水	绿色景观场地	绿色星级标准
2#住宅楼	●	●	●	●	●	●	●	—	●	●	●	●	●	—	●	2星

注：●实施；—不采用。

15.2 总平面设计。

15.2.1 外部运输条件。预制构件的运输距离宜控制在150km以内，构件运输中应综合考虑限高、限宽、限重的影响。本项目建设地点距预制构件厂运输距离为35km，外部道路交通条件便捷。

15.2.2 内部运输条件。场地内部消防环路宽度为6m，既可作为施工临时通道使用，也能满足构件运输车辆的要求。施工单位在施工现场及道路硬化工程中，应保证构件运输通道满足运输车辆的荷载要求。如通道上有地下建（构）筑物，应校核其顶板荷载。推荐采用200mm厚的预制混凝土垫块施工，以实现循环使用，减少材料浪费及建筑垃圾。

15.2.3 构件存放要求。总平面设计中 2#住宅楼南侧楼间距除考虑日照及防火要求外，同时预留合理场地，满足预制构件现场临时存放的需求。构件现场临时存放应封闭管理，并设置安全可靠的临时存放设施，避免构件翻覆、掉落造成安全事故。

15.2.4 构件吊装要求。总平面设计中塔式起重机位置的选择以安全、经济、合理为原则。本工程结合 2#住宅楼周边场地情况，以及构件自重和塔式起重机悬臂半径的条件，建议塔式起重机位置和预制构件堆放场地均设置在 2#住宅楼南侧。塔式起重机位置的最终确定应根据现场施工方案进行调整。构件吊装过程中应制定施工保护措施，避免构件翻覆、掉落造成安全事故。

15.3 建筑设计。

15.3.1 标准化设计。

（1）本工程建筑设计采用统一模数协调尺寸，符合GB/T 50002—2013的要求；套型采用模块化设计，套型开间、进深采用3*n*M和2*n*M模数进行平面尺寸控制。

图7.1 装配整体式剪力墙结构住宅建筑施工图设计总说明（续）

（2）住宅单体设计采用两种标准套型，重复利用率高。

（3）套型平面规整，承重墙上下贯通，无结构转换，形体上没有过大的凹凸变化，符合建筑功能和结构抗震安全的要求。

（4）构件连接节点采用标准化设计，符合安全、经济、方便施工的要求。

（5）预制构件的种类、数量及每种构件占同类构件的比例如下。

① 重复使用最多的 3 种预制夹心外墙板数量占同类构件总数量的比例为 61%。

② 重复使用最多的 3 种预制内墙板数量占同类构件总数量的比例为 60%。

③ 叠合板构件总数量占同类预制构件总数量的比例为 63%。

④ 预制楼梯为一种，占同类预制构件总数量的比例为 100%。

⑤ 预制阳台板类型有两种，各占同类预制构件总数量的比例为 5%。

（6）采用标准化设计的建筑部品占同类建筑部品的比例如下。

① 在单体建筑中使用最多的 3 个规格外窗 C0614、C1818、MLC2123 的总数量占外窗总数量的比例为 67%。

② 采用两种整体厨房，各占同类产品总数量的比例为 50%。

15.3.2 本工程装配式混凝土结构预制率为 52.06%，计算参数详见表 2。

表 2 装配式混凝土结构预制率计算表

<table>
<tr><th>统计部位</th><th>构件类型</th><th>构件编号</th><th>构件数量</th><th>构件混凝土体积/m³</th><th>各类型构件体积合计/m³</th><th>标准层混凝土体积/m²</th><th>标准层预制率/（%）</th><th>地上层数</th><th>混凝土总体积/m³</th><th>预制率/（%）</th></tr>
<tr><td rowspan="18">预制部分</td><td rowspan="9">预制夹心外墙板</td><td>WQ-1</td><td>6</td><td>9.48</td><td rowspan="9">49.10</td><td rowspan="17">104.41</td><td rowspan="24">60.81</td><td rowspan="17">17</td><td rowspan="17">1870.73</td><td rowspan="24">52.06</td></tr>
<tr><td>WQ-2</td><td>2</td><td>5.11</td></tr>
<tr><td>WQ-3</td><td>2</td><td>4.07</td></tr>
<tr><td>WQ-4</td><td>2</td><td>6.34</td></tr>
<tr><td>WQ-5</td><td>4</td><td>3.65</td></tr>
<tr><td>WQ-6</td><td>2</td><td>2.82</td></tr>
<tr><td>WQ-7</td><td>2</td><td>4.52</td></tr>
<tr><td>WQ-8</td><td>4</td><td>8.61</td></tr>
<tr><td>WQ-9</td><td>1</td><td>4.50</td></tr>
<tr><td rowspan="6">预制内墙板</td><td>NQ-1</td><td>4</td><td>4.52</td><td rowspan="6">31.37</td></tr>
<tr><td>NQ-2</td><td>2</td><td>2.52</td></tr>
<tr><td>NQ-3</td><td>4</td><td>6.26</td></tr>
<tr><td>NQ-4</td><td>4</td><td>6.26</td></tr>
<tr><td>NQ-5</td><td>4</td><td>8.78</td></tr>
<tr><td>NQ-6</td><td>2</td><td>3.03</td></tr>
<tr><td>叠合板预制底板</td><td>YB</td><td></td><td>21.45</td><td>21.45</td></tr>
<tr><td>预制楼梯</td><td>TB-1</td><td>2</td><td>2.49</td><td>2.49</td></tr>
<tr><td>预制女儿墙</td><td></td><td></td><td>20.50</td><td>20.50</td><td></td><td>1</td><td>20.5</td></tr>
<tr><td rowspan="5">现浇部分</td><td>现浇外墙</td><td></td><td></td><td>17.05</td><td rowspan="4">67.29</td><td rowspan="4">67.29</td><td rowspan="4">4</td><td rowspan="4">1734.97</td></tr>
<tr><td>现浇内墙</td><td></td><td></td><td>25.81</td></tr>
<tr><td>现浇楼板</td><td></td><td></td><td>5.73</td></tr>
<tr><td>叠合板叠合层</td><td></td><td></td><td>18.70</td></tr>
<tr><td>现浇女儿墙</td><td></td><td></td><td>6.44</td><td>6.44</td><td></td><td>1</td><td>6.44</td></tr>
<tr><td>合计</td><td colspan="6">171.7</td><td>21</td><td>3632.64</td></tr>
</table>

注：预制率指地上主体结构和围护结构中预制构件的混凝土用量占对应构件混凝土总用量的体积比。

图 7.1 装配整体式剪力墙结构住宅建筑施工图设计总说明（续）

15.3.3 预制构件、建筑部品装配率。

（1）预制内墙板采用 90mm 厚预制轻质混凝土隔墙板，分户墙采用 200mm 厚预制双层轻质混凝土隔墙板，装配率为 100%。

（2）套内均采用成品排气道，装配率为 100%。

（3）厨房采用整体厨房，装配率均为 100%。

（4）采用成品栏杆扶手、成品空调护栏，装配率均为 100%。

15.3.4 建筑集成技术设计。

（1）本工程采用预制夹心外墙板，由 60mm 厚预制混凝土外叶墙板、70mm 厚阻燃型挤塑聚苯板保温层和 200mm 厚预制钢筋混凝土内叶墙板组成。其中外叶墙板采用面砖反打实现保温装饰一体化。

（2）机电设备管线系统采用集中布置，管线及点位预留预埋到位。

① 叠合板预留预埋灯头盒、设备套管、地漏等。

② 预制墙板预留预埋开关、线盒、线管等。

③ 预制阳台板预留预埋栏杆安装埋件、立管留洞、地漏等。

④ 预制楼梯预留预埋扶手栏杆安装埋件等。

15.3.5 构件加工图设计要求。

本项目由甲方另行委托构件加工图设计单位设计，施工图设计单位与构件加工图设计单位已建立了协同机制，本设计提供的预制构件尺寸控制图、设备点位综合详图等供构件加工图设计单位参考。

15.3.6 协同设计要求。

（1）本项目依据甲方委托的室内装修设计单位提供的室内装修设计进行施工图设计。

（2）对管线相对集中、交叉、密集的部位（如强弱电箱、集水器等）进行管线综合设计，并在建筑设计和结构设计中加以体现，同时依据室内装修施工图纸进行了整体机电设备管线的预留预埋。

（3）通过模数协调，确立结构钢筋模数网格，与机电设备管线布线形成协同，保证预留预埋的机电设备管线避让结构钢筋。

15.3.7 信息化技术应用要求。

（1）本项目在方案设计阶段采用 BIM 技术进行日照分析和技术策划分析。

（2）本项目在施工图设计阶段采用 BIM 技术进行信息模型制作，以此计算预制率，并实现构件连接节点等可视化信息表达。

15.4 预制构件设计。

15.4.1 预制夹心外墙板设计。

（1）本项目地上四层及以下为现浇混凝土剪力墙外墙，五层及以上外墙全部采用预制夹心外墙板，取消使用脚手架。预制夹心外墙板外叶墙板为 60mm 厚预制混凝土墙板，中间为 70mm 厚阻燃型挤塑聚苯板保温层，内叶墙板为 200mm 厚预制钢筋混凝土墙板。

（2）本项目采用预制夹心外墙板构造满足建筑保温隔热要求。保温材料连接件应采用专业厂家生产并符合相关标准的高强度连接件，保证内、外叶墙板连接安全可靠。

（3）外墙节点设计。

① 预制夹心外墙板接缝（包括屋面女儿墙、阳台、勒脚等处的竖缝、水平缝、十字缝及窗口处的接缝）根据不同部位接缝特点及当地气候条件选用构造防水、材料防水或构造防水与材料防水相结合的做法。挑出外墙的阳台、雨篷等构件应在板底周边设置滴水线。

② 预制夹心外墙板水平缝采用高低缝。建筑外墙的接缝及门窗洞口等防水薄弱部位设计应采用构造防水和材料防水相结合的做法，板缝防水构造详见节点大样图。

③ 预制夹心外墙板接缝采用材料防水时，必须用防水性能可靠的嵌缝材料，主要采用发泡芯棒与密封胶。板缝宽度不宜大于 20mm，材料防水的嵌缝深度不得小于 20mm。

④ 预制夹心外墙板接缝密封材料选用硅酮、聚氨酯、聚硫建筑密封胶，应分别符合现行标准《硅酮和改性硅酮建筑密封胶》（GB/T 14683—2017）、《聚氨酯建筑密封胶》（JC/T 482—2022）、《聚硫建筑密封胶》（JC/T 483—2022）的规定。

⑤ 预制夹心外墙板接缝防水工程应由专业人员进行施工，以保证外墙的防水和排水质量。

（4）预制女儿墙采用与下部墙板结构相同的分块方式和节点做法，女儿墙内侧在要求的泛水高度处设置屋面防水收头。

（5）门窗安装。

① 门窗洞口应在工厂预制定型，其尺寸偏差宜控制在±2mm 以内，外门窗应按此误差缩尺加工并做到精确安装。

图 7.1 装配整体式剪力墙结构住宅建筑施工图设计总说明（续）

② 预制夹心外墙板采用后装法安装门窗框，在夹心外墙板的门窗处预埋经防火防腐处理的木砖连接件。

15.4.2 叠合板设计。

（1）本项目的卧室、起居室等套内空间楼板采用叠合板；公共交通部分管线集中，采用现浇混凝土楼板，以保证结构内敷设厚度。

（2）本项目叠合板预制底板厚度为60mm，叠合层厚度为70mm，电气专业在叠合层内进行预埋管线布线，保证电管布线的合理性及施工质量。

（3）本项目建筑垫层厚度为60mm，设备专业的给水管布置在建筑垫层中，通过管线综合设计，保证叠合层内管线布置的合理、经济和安全可靠。

15.4.3 预制内墙板设计。

（1）承重预制内墙板采用预制混凝土剪力墙内墙板，满足保温、隔热、隔声、防水和防火安全等技术性能及室内装修的要求。

（2）非承重预制内墙板采用90mm厚预制轻质混凝土隔墙板，满足各功能房间的隔声要求。

（3）用于厨房、卫生间等潮湿房间的隔墙板下设100mm高C20细石混凝土防水反坎。

（4）住宅的建筑部品与预制内墙板的连接（如热水器、吸油烟机的附墙管道及管线支架，卫生洁具等）应牢固可靠。

15.4.4 预制楼梯设计。

（1）预制楼梯设计遵循模数化、标准化、系列化。

（2）本工程楼梯采用预制板式剪刀楼梯，预制构件包括梯段、梯梁、平台板和隔墙板。

（3）预制楼梯采用预制板式清水混凝土饰面，采取措施加强成品保护。楼梯踏面的防滑构造应在工厂预制时一次成型。

（4）预制板式剪刀楼梯中间的防火用预制隔墙板厚150mm，耐火极限不小于2h，上下层板之间通过钢筋套筒灌浆连接，预制隔墙板上预埋靠墙扶手连接件。

15.4.5 预制构件施工安全保障措施。

（1）本项目采用的上述各类预制构件，均应选用可靠的支撑和防护工艺，避免构件翻覆、掉落。

（2）在构件加工图中，应考虑施工安全防护措施的预留预埋，施工防护围挡高度应满足国家相关施工安全防护规范的要求，严禁让工人在无保护情况下临空作业，避免高空坠落造成安全事故。

15.5 一体化装修设计。

15.5.1 建筑装修材料、设备在需要与预制构件连接时宜采用预留预埋的安装方式，当采用膨胀螺栓栓接、自攻螺钉钉接、粘接等固定方法后期安装时，应在预制构件允许的范围内，不得剔凿预制构件及其现浇节点，以免影响结构安全。

15.5.2 应结合房间使用功能要求，选取耐久、防水、防火、防腐及不易污染的预制构件、饰面材料及建筑部品，以体现装配整体式建筑的特色。

15.6 节能设计。

15.6.1 装配整体式剪力墙结构住宅的围护结构热工设计应符合国家现行标准，并符合下列要求。

（1）预制夹心外墙板保温层厚度依据《居住建筑节能设计标准》（DB11/891—2020）进行设计。经计算本项目采用70mm厚阻燃型挤塑聚苯板保温层，保温层应连续，避免热桥。

（2）安装保温层时，材料含水率应符合相关国家标准的规定，穿过保温层的连接件应采取与结构耐久性相当的防腐蚀措施，如采用金属连接件，宜优先选用不锈钢材料并考虑其对保温性能的影响。

（3）预制夹心外墙板有产生结露倾向的部位，应采取提高保温材料性能或在板内设置排除湿气的孔槽的措施。

15.6.2 带有外门窗的预制夹心外墙板，其门窗洞口与门窗框间的密闭性不应低于门窗的密闭性。

图 7.1　装配整体式剪力墙结构住宅建筑施工图设计总说明（续）

装配式建筑的建筑施工图设计总说明除包含设计依据、项目概况、设计标高、各部分构造做法（本装配整体式剪力墙结构住宅包括墙体工程、地下和室内防水工程、屋面工程、门窗工程、外墙装修和室外工程、内装修工程、油漆涂料工程）、建筑设备要求、无障碍设计、防火设计、建筑节能设计外，还应包含装配式建筑设计专项说明。

1. 装配式建筑设计专项说明编制原则

装配式建筑设计专项说明应按照以下原则进行编制。

（1）装配式建筑设计专项说明包括装配式建筑设计概况、总平面设计、建筑设计、预制构件设计、一体化装修设计和节能设计。

（2）装配式建筑设计概况包括必要的说明、工程采用结构的楼层位置及预制构件配置表。

（3）总平面设计包括外部运输条件、内部运输条件、构件存放要求与构件吊装要求。外部运输条件一般应说明距预制构件厂的运输距离；内部运输条件指施工临时通道能否满足构件运输条件；构件存放要求包括存放场地位置和存放要求；构件吊装要求一般应初步确定塔式起重机位置。

（4）建筑设计包括标准化设计，装配式混凝土结构预制率，预制构件、建筑部品装配率，建筑集成技术设计，构件加工图设计要求，协同设计要求和信息化技术应用要求。

（5）预制构件设计主要说明各构件的具体设计要求。

（6）一体化装修设计主要说明一体化装修设计原则的要求。

（7）节能设计包括构件中的外墙保温及外门窗的气密性要求等。

2. 装配式建筑设计专项说明内容

通过对图 7.1 中“15 装配式建筑设计专项说明”的识读，可知以下信息。

（1）本工程地下二层至地上四层为现浇混凝土剪力墙结构，地上五层及以上为装配整体式剪力墙结构。

（2）场地内部消防环路宽度为 6m，既可作为施工临时通道使用，也能满足构件运输车辆的要求。施工单位在施工现场及道路硬化工程中，应保证构件运输通道满足运输车辆的荷载要求。

（3）建议塔式起重机位置和预制构件堆放场地均在 2#住宅楼南侧。

（4）装配式混凝土结构的预制率是指地上主体结构和围护结构中预制构件的混凝土用量占对应构件混凝土总用量的体积比。本工程装配式混凝土结构预制率为 52.06%，标准层预制率为 60.81%。

（5）装配式混凝土结构装配率是指工业化建筑中预制构件、建筑部品的数量（或面积）占同类构件或部品总数量（或面积）的比率。例如，本工程内墙的装配率为 100%，厨房的装配率为 100%。

（6）本项目地上四层及以下为现浇混凝土剪力墙外墙，五层及以上外墙全部采用预制夹心外墙板，取消使用脚手架。预制夹心外墙板外叶墙板为 60mm 厚混凝土墙板，中间为 70mm 厚阻燃型挤塑聚苯板保温层，内叶墙板为 200mm 厚钢筋混凝土墙板。

（7）本项目的卧室、起居室等套内空间楼板采用叠合板；公共交通部分管线集中，采用现浇混凝土楼板，以保证结构内敷设厚度。

（8）本项目叠合楼板预制底板厚度为 60mm，叠合层厚度为 70mm，电气专业在叠合层内进行预埋管线布线，保证叠合层内预埋电管布线的合理性及施工质量。

（9）本项目非承重预制内墙板采用 90mm 厚预制轻质混凝土隔墙板，满足各功能房间的隔声要求。

（10）本项目用于厨房、卫生间等潮湿房间的隔墙板下设 100mm 高 C20 细石混凝土防水反坎。

（11）预制板式剪刀楼梯中间的防火用预制隔墙板厚 150mm，耐火极限不小于 2h，上下层板之间通过钢筋套筒灌浆连接，预制隔墙板上预埋靠墙扶手连接件。

知识链接

容积率

设计说明中的容积率是指在一定范围内，地上建筑面积与用地面积的比值。其中用地面积是指详细规划确定的一定用地范围内的面积。

项目8 剪力墙结构建筑施工图

项目描述

对典型装配整体式剪力墙结构住宅建筑施工图的识读方法进行讲解，介绍总平面图，各楼层平面图，立面图与剖面图，套型平面详图与套型设备点位综合详图，楼梯间、电梯井详图，阳台板、空调板、厨房、卫生间大样图，墙身大样图，楼梯构件尺寸控制图的表达方法。

学习目标

1. 能够对装配式建筑的建筑施工图进行识读。

2. 具备对包括总平面图，各楼层平面图，立面图与剖面图，套型平面详图与套型设备点位综合详图，楼梯间、电梯井详图，阳台板、空调板、厨房、卫生间大样图，墙身大样图，楼梯构件尺寸控制图在内的各类建筑施工图的识读能力。

3. 理解装配式建筑各类型构造在建筑施工图中的表达方法。

任务 8.1　识读剪力墙结构建筑施工图总平面图

引导问题

1. 建筑施工图总平面图中的坐标、标高、距离的注写规定是什么？
2. 识读图 8.1 中所示的 2#住宅楼相对标高 ±0.000 平面的绝对标高。
3. 熟悉建筑施工图总平面图常见图例。

1. 建筑施工图总平面图制图基本规定

建筑施工图总平面图可简称为建筑总图。在进行建筑总图的识读前，应掌握以下制图基本规定。

（1）建筑总图常用比例为 1∶300、1∶500、1∶1000、1∶2000。

（2）建筑总图中的坐标、标高、距离以 m 为单位。坐标精确到小数点后 3 位，不足以 0 补齐；距离、标高精确到小数点后两位，不足以 0 补齐。

（3）建筑总图原则上应按上北下南方向绘制。根据场地形状或布局，可向左或向右偏转，但不宜超过 45°。建筑总图中应绘制指北针或风玫瑰图。

（4）建筑物应以接近地面处的标高 ±0.000 的平面作为总平面。标高的标注字符平行于建筑长边书写。建筑总图中标注的标高一般为绝对标高；当需标注相对标高时，应在图中注明相对标高与绝对标高的换算关系。

（5）表 8-1 所示为建筑总图常见图例说明。

表 8-1　建筑总图常见图例说明

图例	说明	图例	说明	图例	说明
	示例所选楼栋		地下车库范围		覆土绿化范围
	新建其他楼栋		道路		实土绿化范围
	原有建筑		小区出入口		自行车停车场
—·—·—	道路中心线		建筑出入口		机动车停车位
—··—	用地红线	X.xxxxxx Y.xxxxxx	定位坐标		

2. 建筑施工图总平面图的识读

通过对图 8.1 所示的装配整体式剪力墙结构住宅的建筑总图（局部）进行识读，可知以下信息。

（1）建筑总图中的新建 2# 住宅楼地上 27 层、地下 2 层，相对标高 ±0.000 相当于绝对标高 46.050m。

（2）建筑总图中的新建 2# 住宅楼主入口位于房屋的北侧。

（3）建筑总图中的新建 2#住宅楼右上角坐标为 X=332256.208、Y=496467.604；其中 X 正向由北向南，Y 正向由西向东。

（4）注意理解以下建筑总图中出现的专业概念。

建筑地基：根据用地性质和使用权属确定的建筑工程项目的使用场地。

道路红线：规划的城市道路（含居住区级道路）用地的边界线。

用地红线：各类建筑工程项目用地的使用权属范围的边界线。

建筑控制线：有关法规或详细规划确定的建筑物、构筑物的基底位置，不得超出的界线。

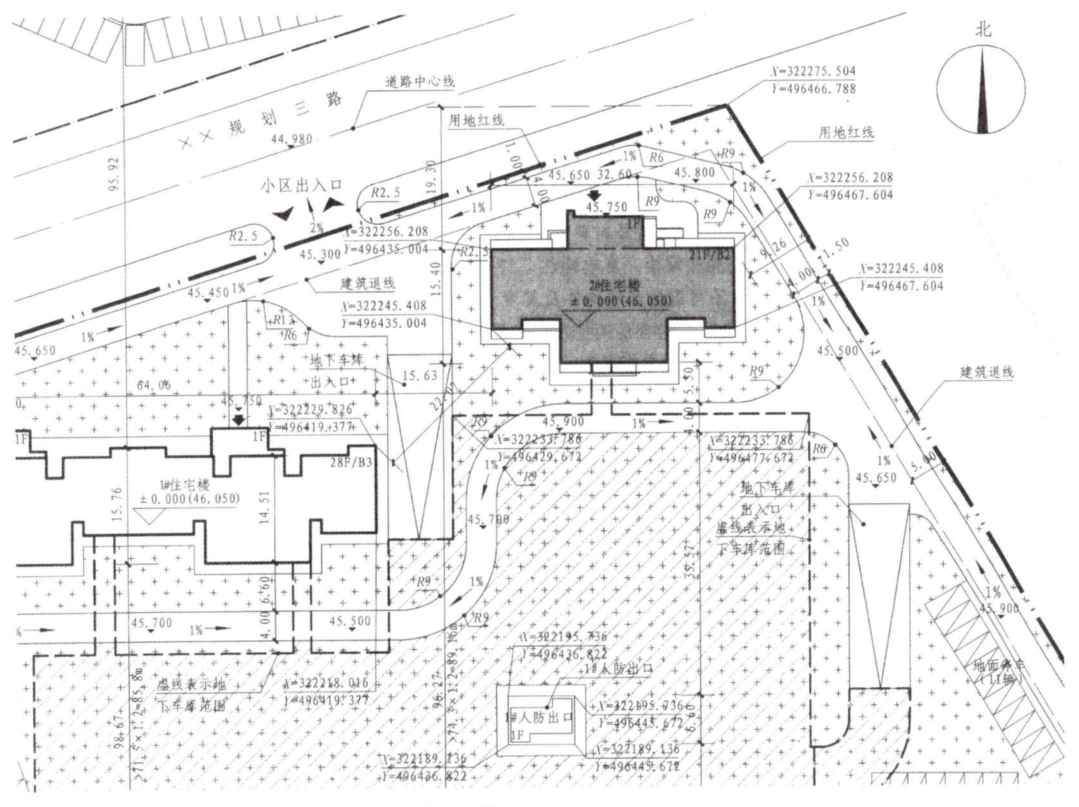

总平面图 1：500

图 8.1 装配整体式剪力墙结构住宅的建筑总图（局部）

任务 8.2　识读剪力墙结构建筑平面图

引导问题

1. 绘制建筑平面图的原理是什么？建筑平面图中什么该用虚线表示？
2. 简述装配整体式剪力墙结构建筑平面图的一般布置原则。
3. 装配整体式剪力墙结构建筑的墙体的现浇混凝土部分与预制构件部分如何区分？

建筑平面图是在建筑物的门窗洞口处水平剖切俯视投影而得的，其中屋面层平面图应在屋面以上俯视投影。建筑平面图内应包括剖切面，投影方向可见的建筑构造及必要的尺寸、标高等，当表示高窗、洞口、通气孔、沟槽、地沟及起重机等投影不可见部分时，应采用虚线绘制。识读图 8.2 所示的装配整体式剪力墙结构住宅底层平面图（局部）、图 8.3 所示的装配整体式剪力墙结构住宅标准层平面图（局部）、图 8.4 所示的装配整体式剪力墙结构住宅屋面层平面图（局部）。

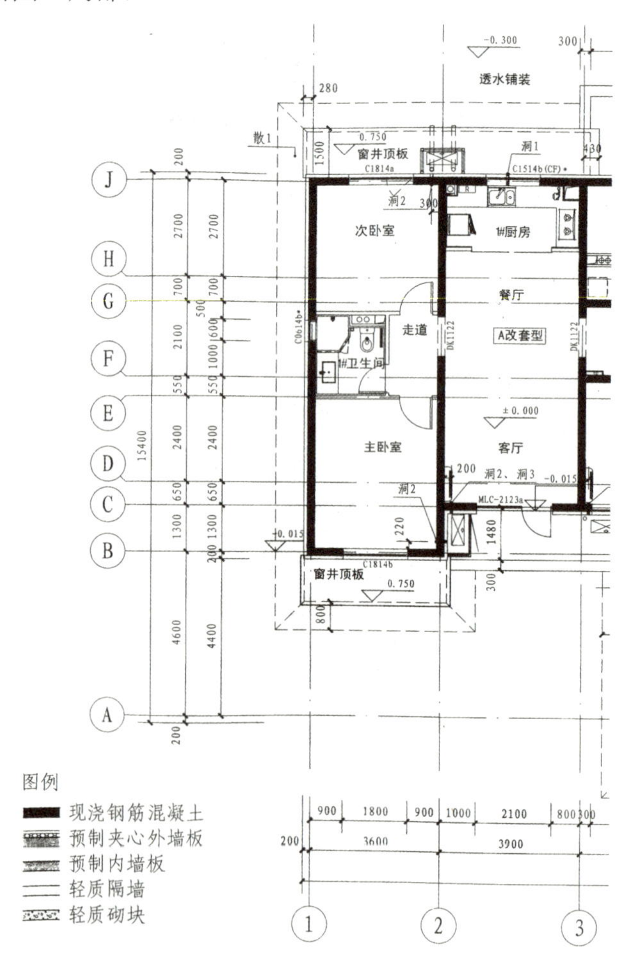

图 8.2　装配整体式剪力墙结构住宅底层平面图（局部）

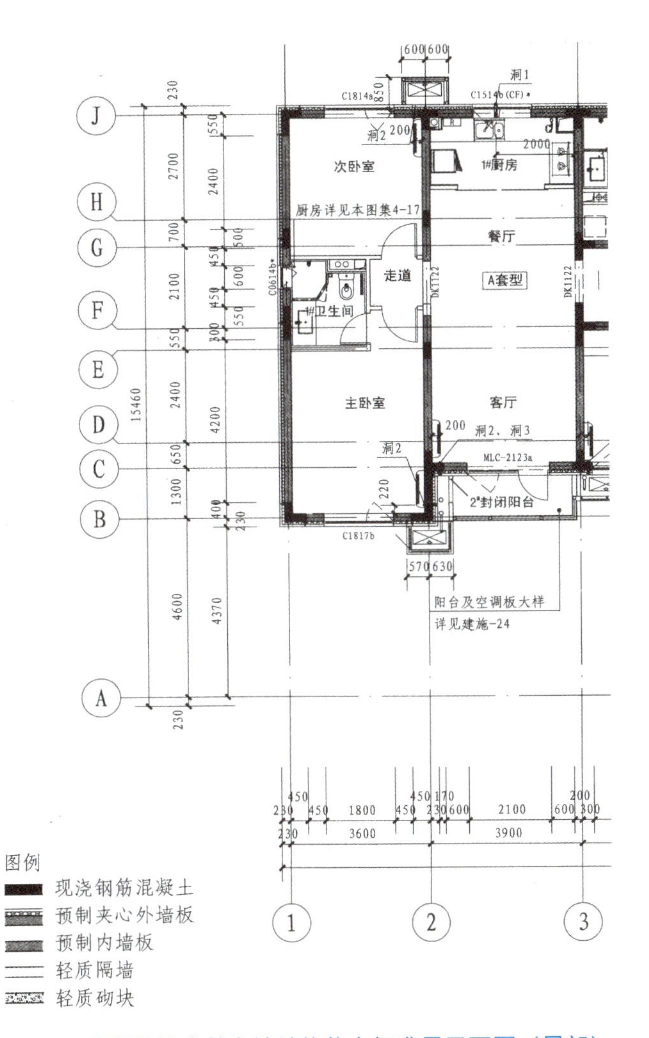

图 8.3　装配整体式剪力墙结构住宅标准层平面图（局部）

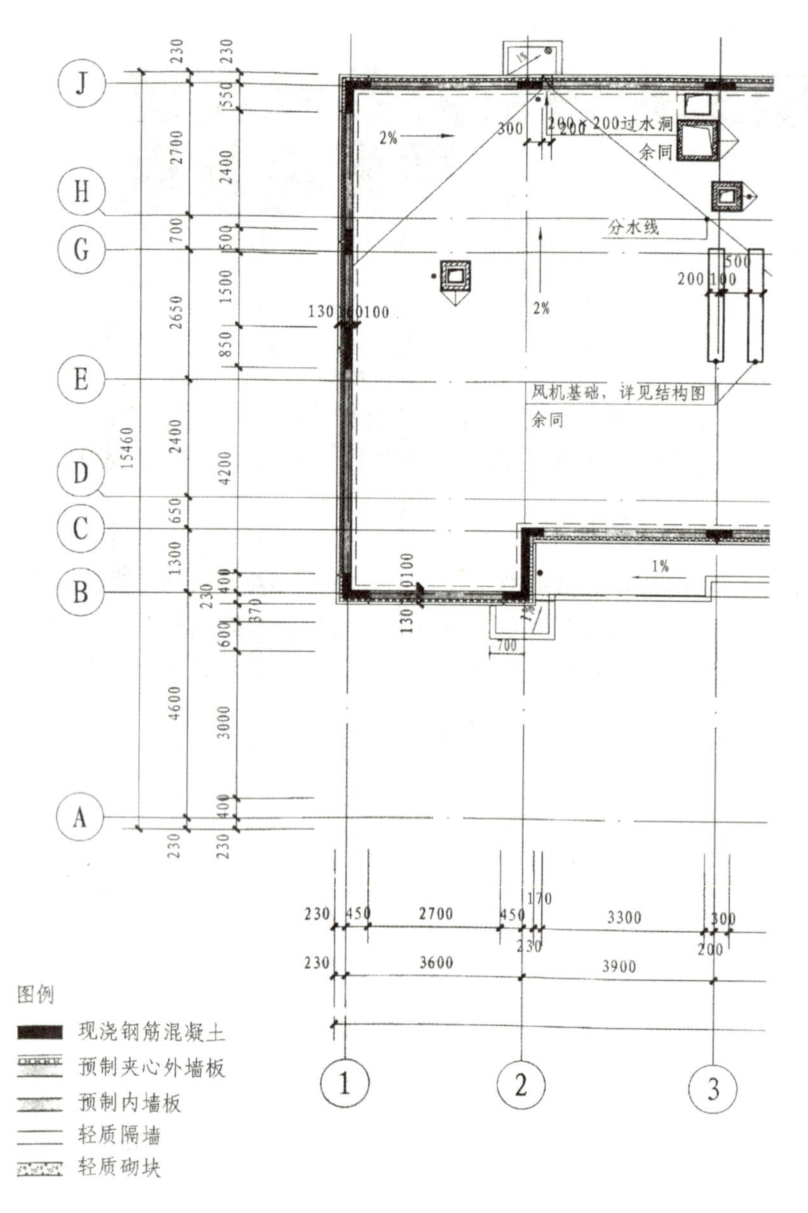

图 8.4　装配整体式剪力墙结构住宅屋面层平面图（局部）

1．装配整体式剪力墙结构建筑平面图的一般布置原则

通过识读建筑平面图可知，装配整体式剪力墙结构建筑宜选用大开间、大进深的平面布置；剪力墙、柱等竖向构件宜上下连续；门窗洞口宜上下对齐、成列布置，其平面位置和尺寸应满足结构受力及预制构件设计要求；剪力墙结构中不宜采用转角窗；厨房和卫生间的平面布置应合理，其平面尺寸宜满足标准化整体橱柜及整体卫浴的要求。

2. 区分建筑平面图的现浇混凝土部分和预制构件部分

采用装配式混凝土结构的楼层（屋面层）建筑平面图需将内外墙板的现浇混凝土部分和预制构件部分通过图例区分，其他楼层表达同现浇混凝土结构。

通过对比本项目底层平面图与标准层平面图的剪力墙布置的异同，可知本项目底层采用的是现浇混凝土剪力墙，标准层则既有预制剪力墙板也有现浇混凝土剪力墙。

3. 装配整体式剪力墙结构建筑中现浇混凝土结构的设计原则

（1）装配整体式剪力墙结构建筑底部加强区的剪力墙宜采用现浇混凝土剪力墙，这是因为底部加强区对结构整体的抗震性能影响很大，尤其在高抗震设防烈度地区；建筑底部或首层往往由于建筑功能的需要不太规则，不适合采用按照一定标准制作的预制构件；底部加强区构件截面大且配筋较多，不利于预制构件的连接。

（2）同理，因高层装配整体式剪力墙结构建筑宜设置地下室，其地下室部分宜采用现浇混凝土结构。

（3）装配整体式剪力墙结构建筑的顶层楼盖宜采用现浇混凝土结构，目的是保证结构的整体性。

任务 8.3 识读剪力墙结构建筑立面图与剖面图

引导问题

1. 立面详图应包括哪些内容？

2. 装配整体式剪力墙结构的建筑剖面图与现浇混凝土结构的建筑剖面图的区别是什么？

1. 装配整体式剪力墙结构建筑立面图

装配整体式剪力墙结构的建筑立面图与现浇混凝土结构的基本一致，不同的是，在选取的典型局部立面的立面详图中，除标注外墙做法、门窗开启方向外，还应绘出外墙板灰缝、水平板缝和垂直板缝及其定位，并标注水平板缝、垂直板缝节点索引符号。图 8.5 所示为装配整体式剪力墙结构住宅立面详图（局部）。

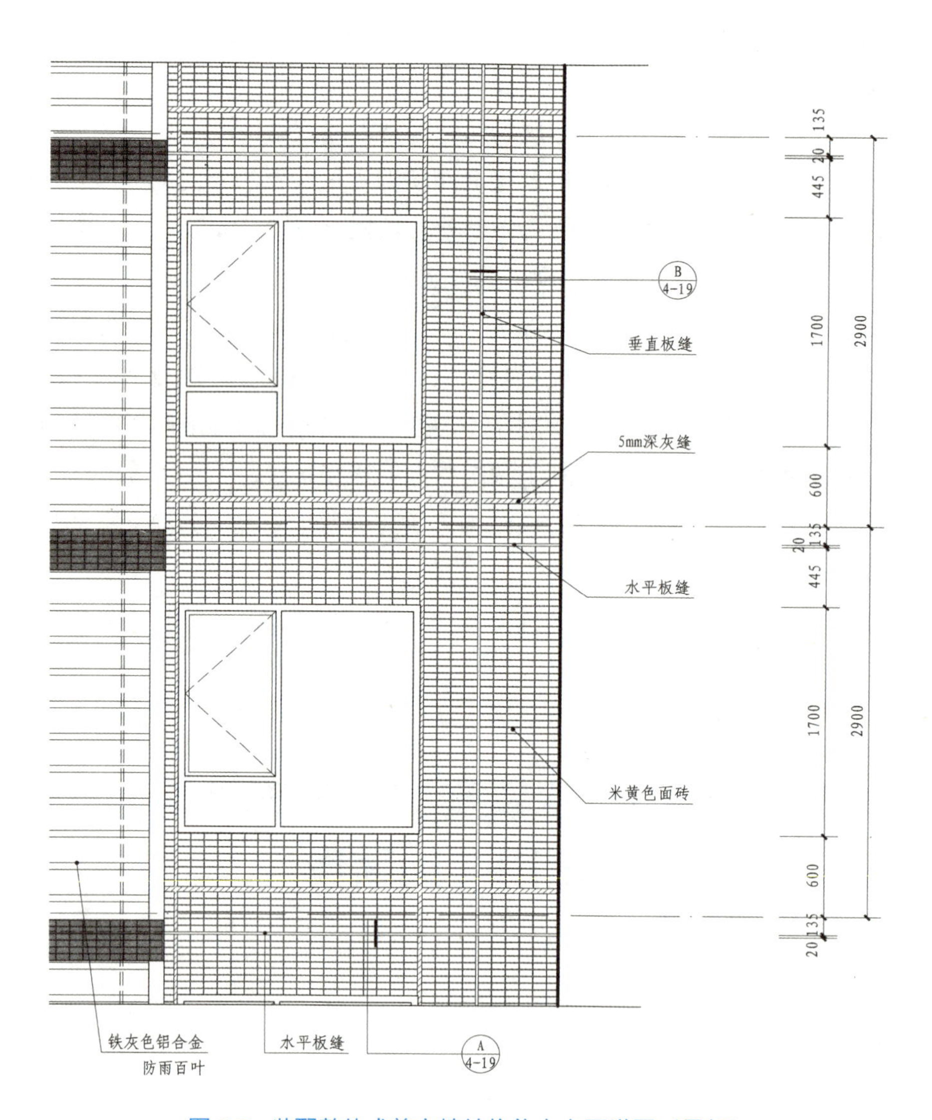

图 8.5　装配整体式剪力墙结构住宅立面详图（局部）

2．装配整体式剪力墙结构建筑剖面图

装配整体式剪力墙结构的建筑剖面图同样与现浇混凝土结构的基本一致，不同的是需通过图例将墙体的现浇混凝土部分与预制构件部分加以区分。图 8.6 所示为装配整体式剪力墙结构住宅剖面图（局部）。

通过识读建筑剖面图可知，本工程地下室及地上四层均采用现浇混凝土剪力墙，地上五层及五层以上采用预制剪力墙板。

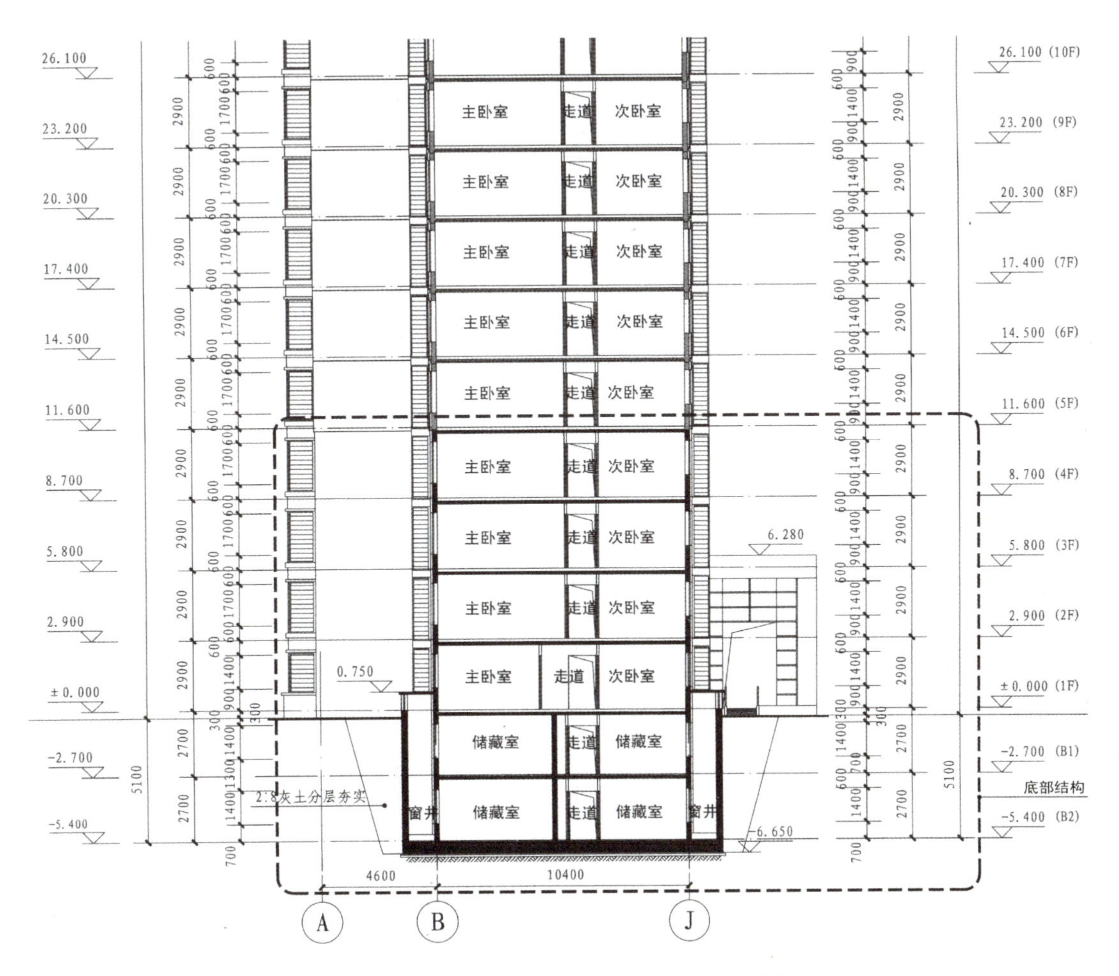

图 8.6　装配整体式剪力墙结构住宅剖面图（局部）

任务 8.4 识读剪力墙结构套型平面详图与套型设备点位综合详图

引导问题

1. 建筑专业进行建筑施工图设计时对结构系统、外围护系统、机电设备管线系统和内装系统进行集成设计的目的是什么？集成设计的建筑施工图文件包括什么？

2. 套型平面详图和设备点位综合详图分别包含哪些内容？

建筑专业进行建筑施工图设计时应对结构系统、外围护系统、机电设备管线系统和内装系统进行集成设计，以实现以下目标。

（1）保证建筑施工图对室内功能和空间的系统性控制，确保套型内空间的水、暖、电、空调等布置合理、方便、适用。

（2）结合套型内家具布置进行机电管线布置及点位定位，确保建筑施工图设计意图的贯彻和实现。

（3）帮助专业之间协调和配合，避免结构厚度、建筑做法、管线布置和点位定位之间的“错、漏、碰、缺”。

（4）在装配式建筑集成设计中，点位及管线综合设计能作为构件加工图设计的提资条件，保证构件加工图的正确性，避免构件预留错误。

集成设计的建筑施工图文件一般包括套型平面详图和设备点位综合详图，作为其他专业的提资条件，绘图比例一般为 1∶50。套型平面详图应精准定位竖向构件，区分预制剪力墙板和现浇混凝土剪力墙，并绘制出家具布置。图 8.7 所示为装配整体式剪力墙结构住宅套型平面详图。

设备点位综合详图则需将电箱、空调内外机、燃气热水器、地暖分集水器、散热器、洞口、地漏、排烟排风道、开关、预埋灯口、插座等进行精确定位，并标注距地面高度。图 8.8 所示为装配整体式剪力墙结构住宅套型设备点位综合详图。

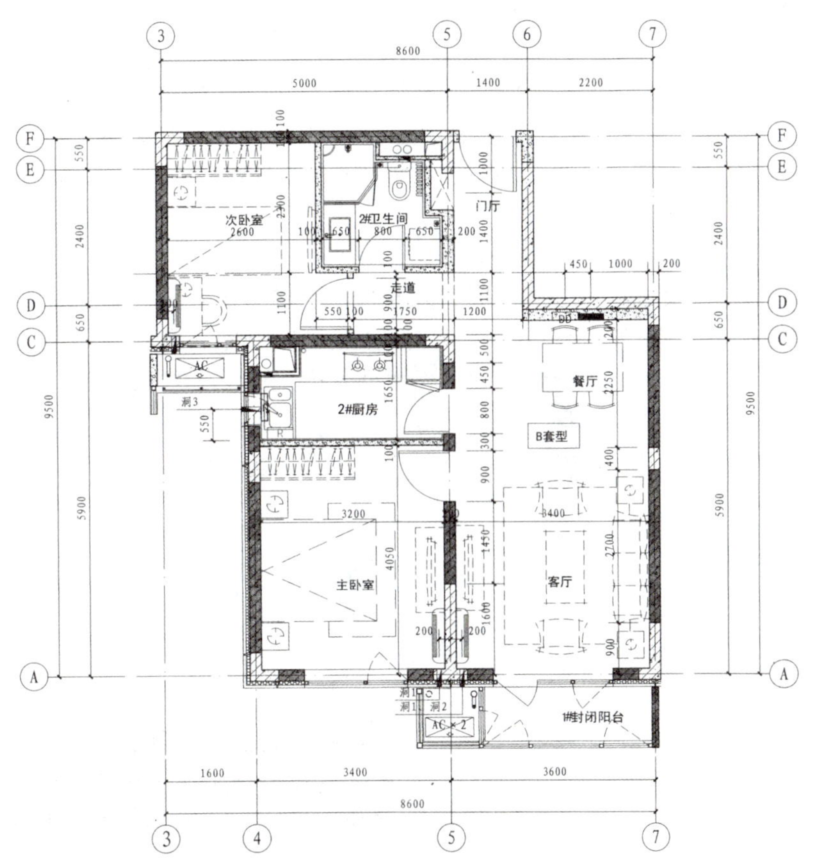

墙体留洞说明：

1. 洞1为挂式空调留洞，预埋ϕ80mmPVC套管，留洞中心距地2.2m。
2. 洞2为柜式空调留洞，预埋ϕ80mmPVC套管，留洞中心距地0.3m。
3. 洞3为燃气强排孔，预埋ϕ80mm钢套管，留洞中心距地2.48m。

补充说明：

1. 强电箱墙上留槽尺寸450mm×250mm×120mm，底皮距地1.6m。
2. 弱电箱墙上留槽尺寸450mm×300mm×150mm，底皮距地0.3m。
3. 户内管道井隔墙为60mm厚纤维增强水泥压力板隔墙，耐火极限不小于1h。

图 8.7 装配整体式剪力墙结构住宅套型平面详图

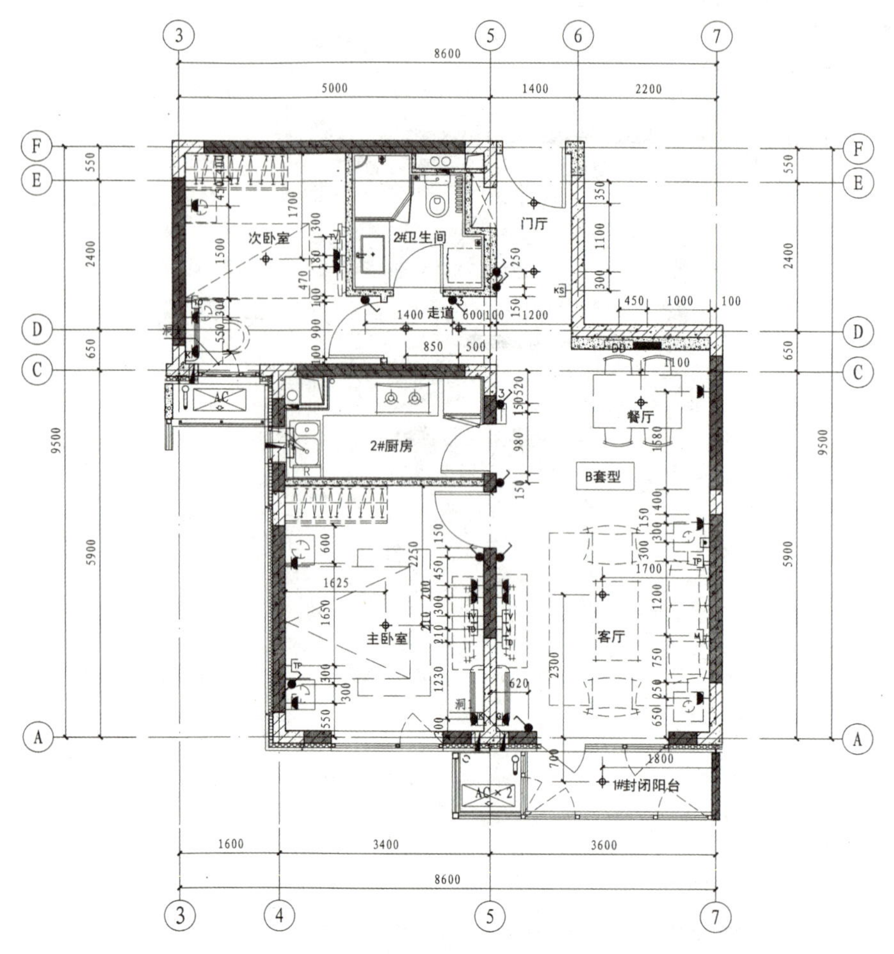

补充说明：

1. 厨房设备预埋点定位详见厨房大样图。
2. 卫生间设备预埋点位详见卫生间大样图。
3. 预制外墙板与预制内墙板应预埋插座、开关的导管和线盒，以及给水管留槽等。
4. 叠合板设计时，灯的位置需预埋线盒；给排水立管、透气立管、通风道、燃气立管等所有竖向立管需预留板洞或预埋套管。

图 8.8　装配整体式剪力墙结构住宅套型设备点位综合详图

结合墙体留洞说明，识读图 8.7 可知，图中洞 1 为挂式空调留洞，洞 2 为柜式空调留洞，洞 3 为燃气强排孔。注意留洞套管材料和留洞中心距离地面高度。

装配整体式剪力墙结构住宅套型平面详图和套型设备点位综合详图应结合表 8-2 所示的建筑专业图例和表 8-3 所示的设备专业图例识读。

表 8-2　建筑专业图例

图例	说明
	现浇钢筋混凝土
	预制夹心外墙板

续表

图例	说明
	预制内墙板
	轻质隔墙
	强电箱（预埋于轻质内隔墙）
DD	弱电箱（预埋于轻质内隔墙）
	挂式空调室内机
AC	挂式空调室外机
R	壁挂燃气热水器
JF	地暖分集水器
	散热器
	卫生间地漏
	厨卫排风道

表 8-3　设备专业图例

图例		说明
开关		床头双控（底皮距地 0.63m）
		双控（底皮距地 1.33m）
		单联单控（底皮距地 1.33m）
	2	双联单控（底皮距地 1.33m）
	3	三联单控（底皮距地 1.33m）
灯具		预制板内预埋灯口
插座		单相五孔组合插座（底皮距地 0.33m）
	K	单相三孔插座（底皮距地 2.3m
	G	单相三孔插座（底皮距地 0.3.3m）
	TV	电视插座（底皮距地 0.33m
	TP	单联语音电话插座（底皮距地 0.33m）
	M	音响插座（底皮距地 0033m）
	KS	可视对讲（底皮距地 1.33m）
	TD	单联数据网络插座（底皮距地 0.33m）
	TO	双联语音数据插座（底皮距地 0.33m）
		紧急呼叫按钮（底皮距地 0.53m）

任务 8.5　识读剪力墙结构楼梯间与电梯井详图

引导问题

楼梯间、电梯井平面详图及剖面图包括哪些内容？

高层装配整体式剪力墙结构住宅的楼梯间、电梯井部位除预制楼梯外，其他构件通常采用现浇混凝土构件，包括楼梯间、电梯井的剪力墙和楼板。楼梯间、电梯井的平面详图及剖面图一般采用 1∶50 的比例绘制，除需通过建筑专业图例区分现浇混凝土部分与预制构件部分外，平面详图中还需绘制出预制楼梯的水平投影（不可见部位用虚线绘制），剖面图中需表示出预制楼梯与梯梁之间的支承关系。图 8.9 所示为装配整体式剪力墙结构住宅楼梯间、电梯井平面详图（局部），图 8.10 所示为装配整体式剪力墙结构住宅楼梯 A—A 剖面图（局部）。

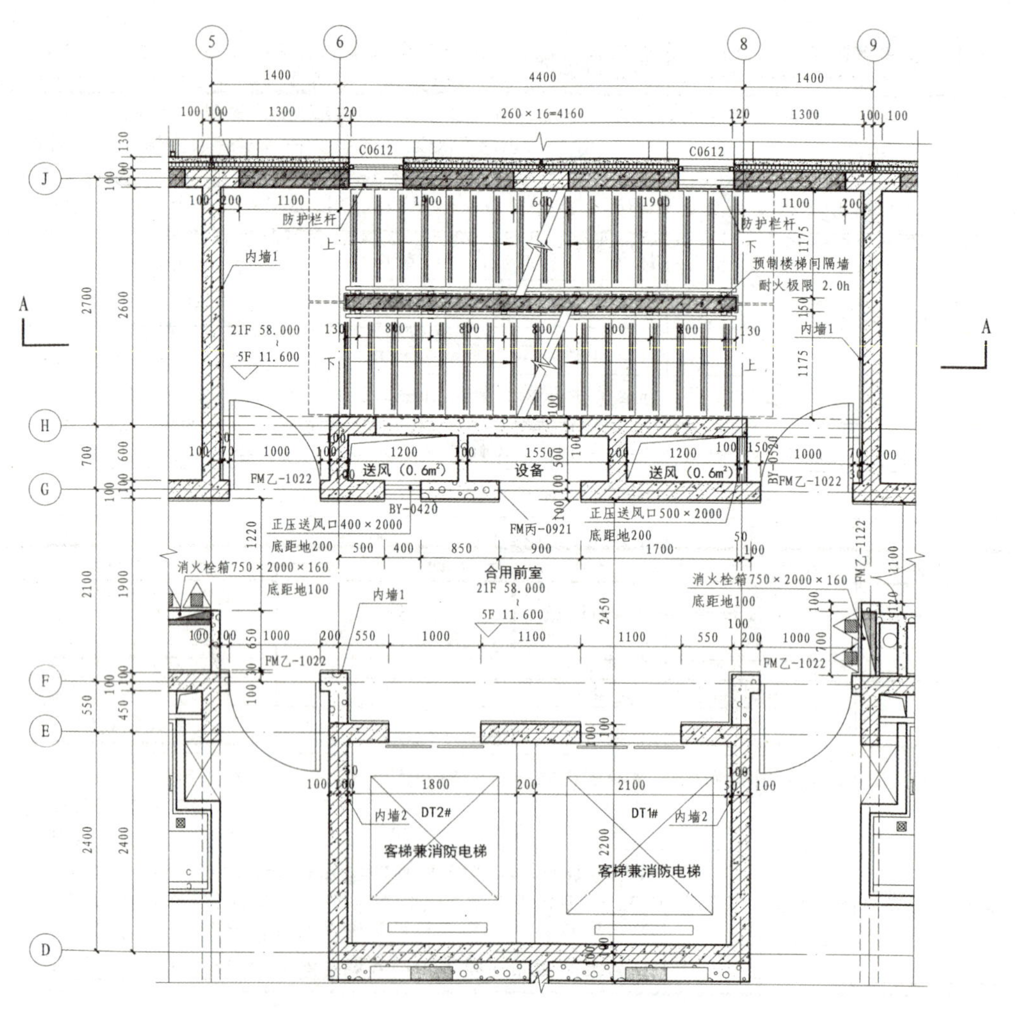

图 8.9　装配整体式剪力墙结构住宅楼梯间、电梯井平面详图（局部）

根据表 8-2 建筑专业图例识读图 8.10 可知，住宅地下两层及地面首层楼梯采用现浇混凝土楼梯，其他各层均为预制楼梯；再结合图 8.9 识读可知，楼梯梯段之间设置有预制隔墙板。

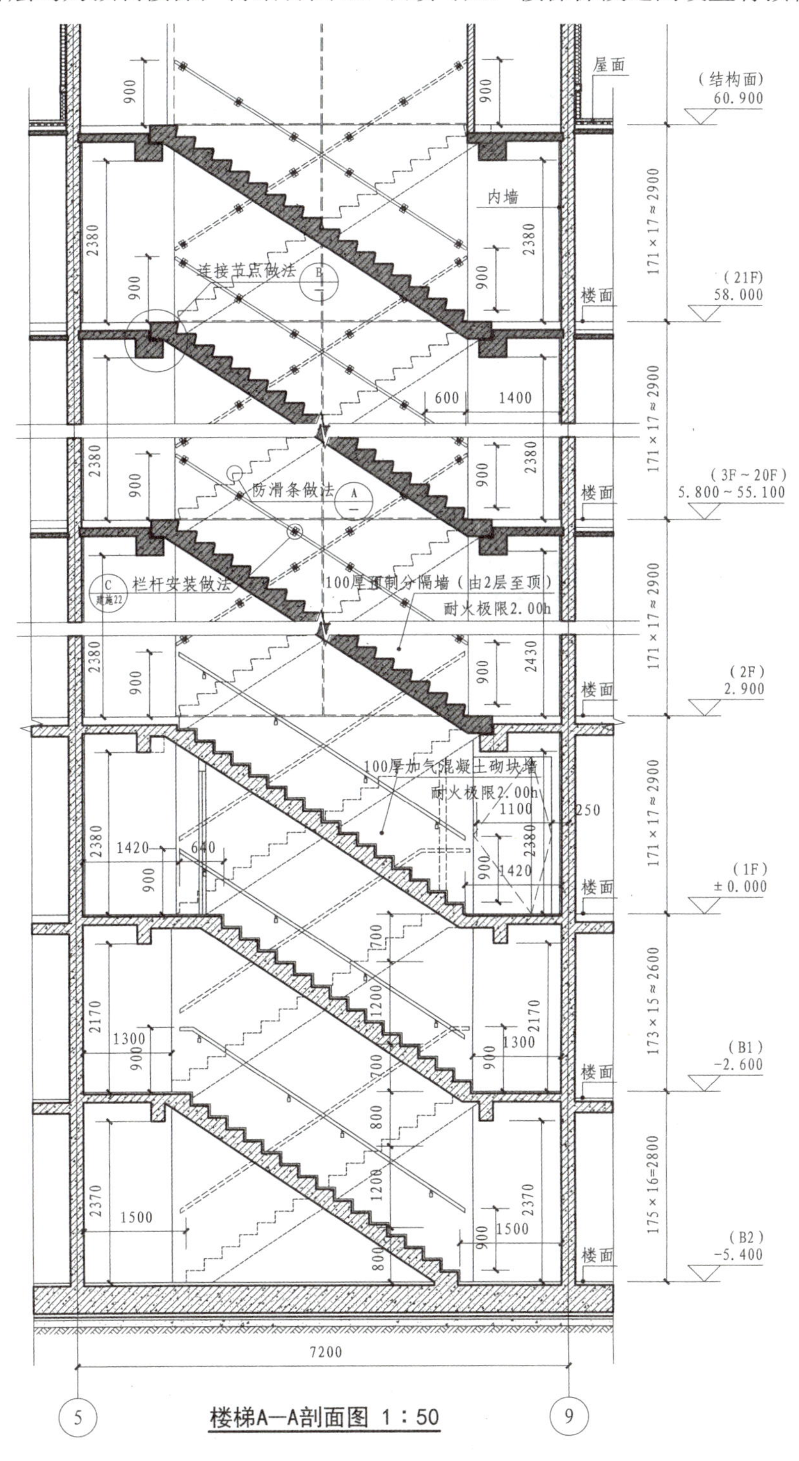

图 8.10 装配整体式剪力墙结构住宅楼梯 A—A 剖面图（局部）

任务 8.6　识读剪力墙结构阳台板、空调板、厨房、卫生间大样图

引导问题

1. 阳台板、空调板大样图主要表达哪些内容？
2. 识读厨房、卫生间大样图应关注哪些内容？

图 8.11 所示的阳台板、空调板大样图主要表达阳台板、空调板的定位尺寸及标高，雨水管、排水管、地漏、空调留洞的定位，外窗、百叶、栏杆的设置要求及细部构造要求，并作为其他专业的提资条件。

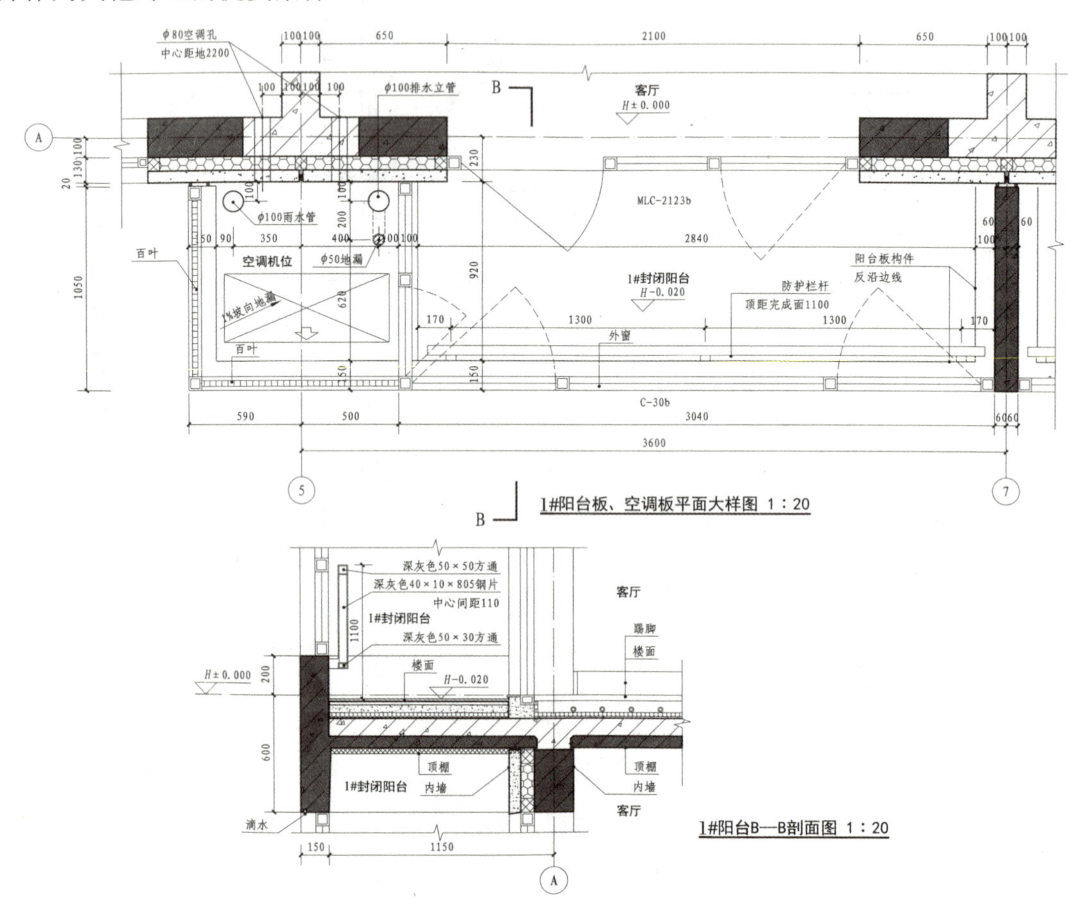

图 8.11　阳台板、空调板大样图

识读图 8.12 所示的厨房大样图和图 8.13 所示的卫生间大样图，读懂图示厨房和卫生间的套型平面布置，特别是设备井道的布置，结合表 8-2 理解大样图中各图例表示的意义。

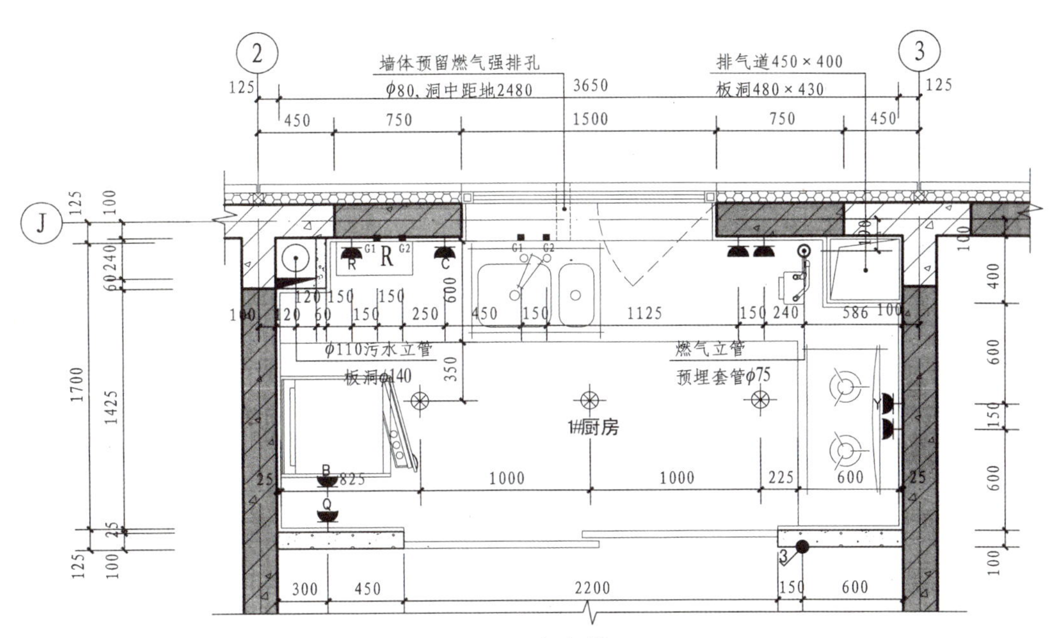

1#厨房大样图 1：30

图 8.12 厨房大样图

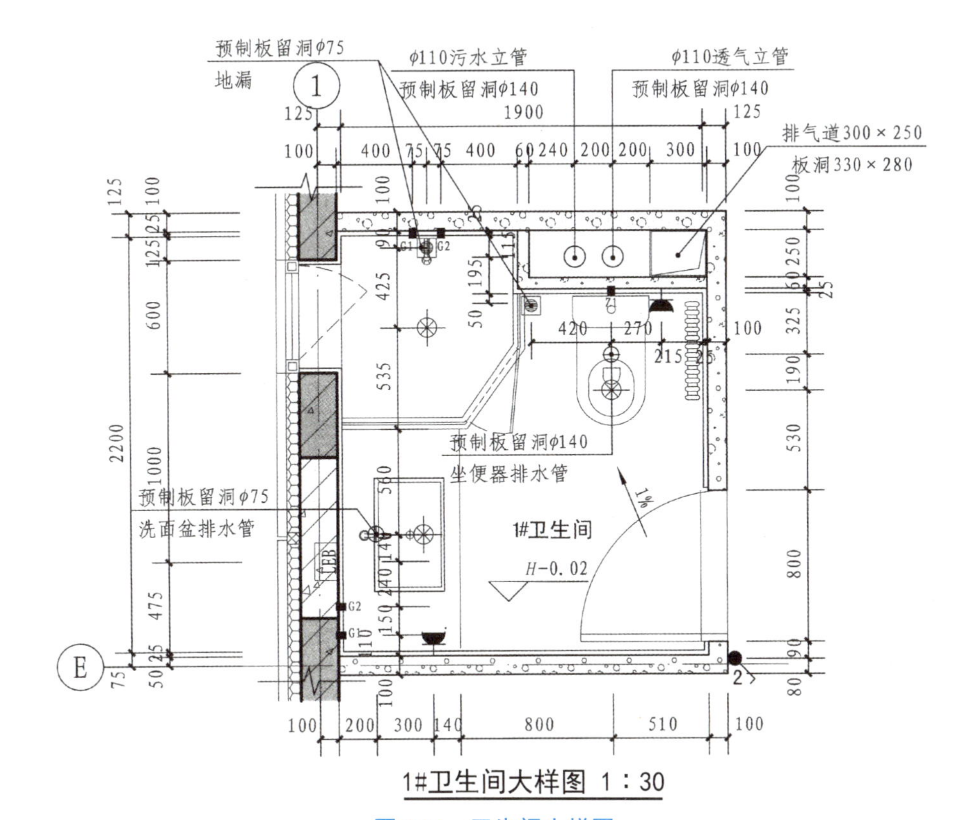

1#卫生间大样图 1：30

图 8.13 卫生间大样图

任务 8.7 识读剪力墙结构墙身大样图

引导问题

1. 图 8.14 所示的装配整体式剪力墙结构住宅墙身大样图可以识读出哪些墙身关键信息？

2. 简述预制外墙板的接缝处防水做法。

通过识读图 8.14 所示的装配整体式剪力墙结构住宅墙身大样图可知，住宅楼五～二十一层（标高 11.600～60.900m）剪力墙为预制剪力墙；屋面层女儿墙采用预制保温女儿墙；五层楼面（标高 11.600m）及以上其他各层楼面均采用叠合板。

图 8.14 所示的预制剪力墙采用预制夹心外墙板，其外叶墙板厚度为 60mm，夹心保温层厚度为 70mm，内叶墙板厚度为 200mm。装配式建筑外墙的设计关键在于连接节点的构造设计。对于承重预制外墙板、预制外墙挂板、预制夹心外墙板等不同外墙板连接节点的构造设计，悬挑构件、装饰构件连接节点的构造设计，以及门窗连接节点的构造设计等，均应根据建筑功能的需要，满足结构、热工、防水、防火、保温、隔热、隔声及建筑造型设计等要求。

预制外墙板的板缝处，应保持墙体保温性能的连续性。对于预制夹心外墙板，当内叶墙板承重，相邻预制夹心外墙板间浇筑有后浇混凝土时，在夹心保温层中保温材料的接缝处，应选用 A 级不燃保温材料（如岩棉等）填充，如图 8.14 中水平板缝节点和垂直板缝节点所示。预制外墙板的各类接缝设计应构造合理、施工方便、坚固耐久，并结合本地材料、制作及施工条件进行综合考虑。

预制外墙板的接缝处防水做法有材料防水和构造防水两种。材料防水是靠防水材料阻断水的通路，以达到防水或提高抗渗漏能力目的的，如预制外墙板的接缝采用耐候性密封胶等防水材料，用以阻断水的通路；构造防水是靠采取合适的构造形式阻断水的通路，以达到防水目的的，如在外墙板接缝外口设置适当的线型构造（立缝的沟槽、平缝的挡水台、披水等），形成空腔，截断毛细管通路，利用排水构造将渗入接缝的雨水排出墙外，防止雨水向室内渗漏。

带有门窗的预制外墙板，其门窗洞口与门窗框间的密闭性不应低于门窗的密闭性，连接节点构造如图 8.14 中窗上口节点和窗下口节点所示。

女儿墙在要求的泛水高度处设凹槽或挑檐，便于屋面防水的收头。

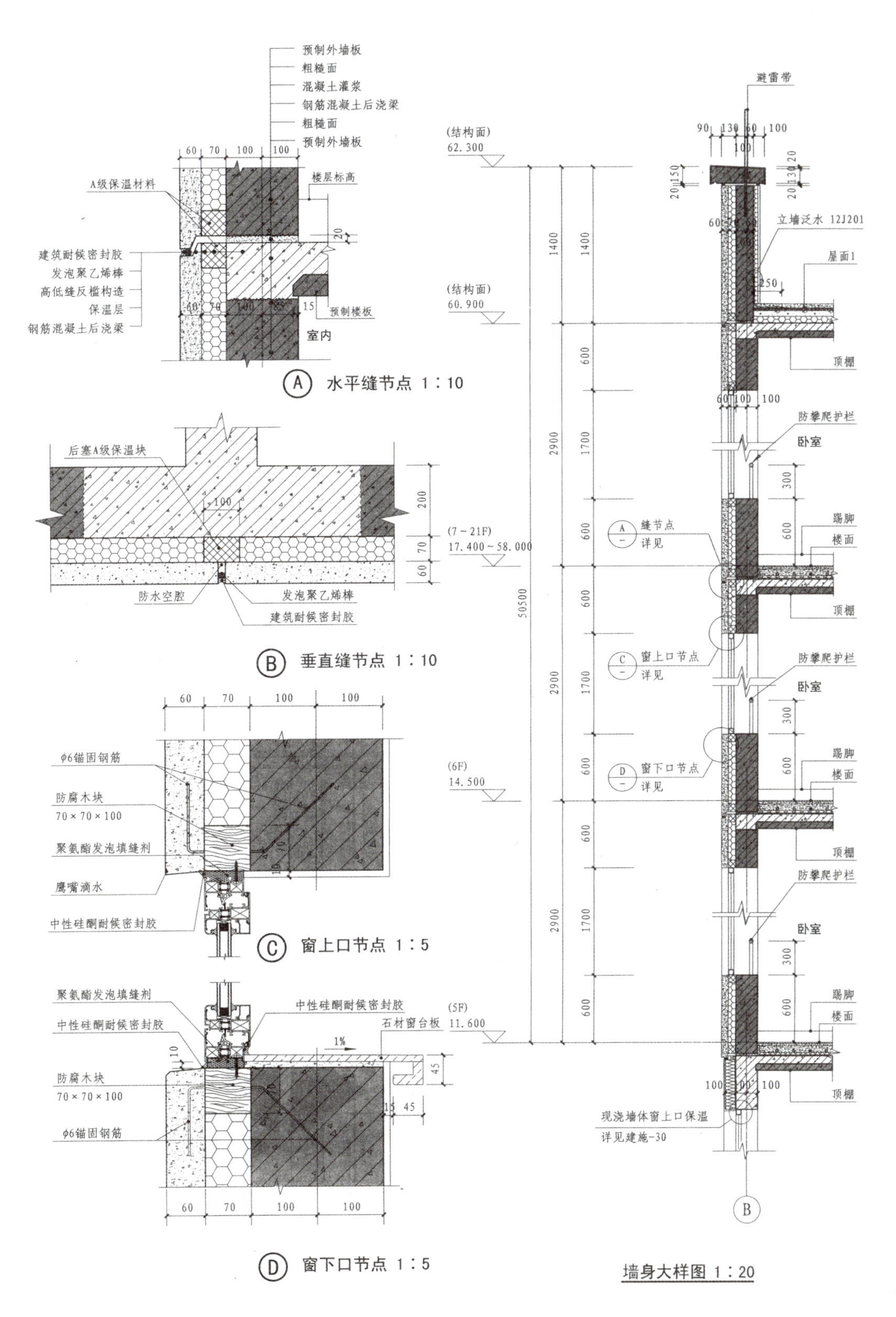

图 8.14 装配整体式剪力墙结构住宅墙身大样图

任务 8.8　识读剪力墙结构楼梯构件尺寸控制图

引导问题

1. 楼梯构件尺寸控制图包括什么？
2. 图 8.15 和图 8.16 可以识读出哪些楼梯构件的关键信息？
3. 图 8.17 可以识读出哪些楼梯隔墙的关键信息？

楼梯构件尺寸控制图包括楼梯立面图（图 8.15）、楼梯平面图（图 8.16）、楼梯隔墙立面图（图 8.17）。

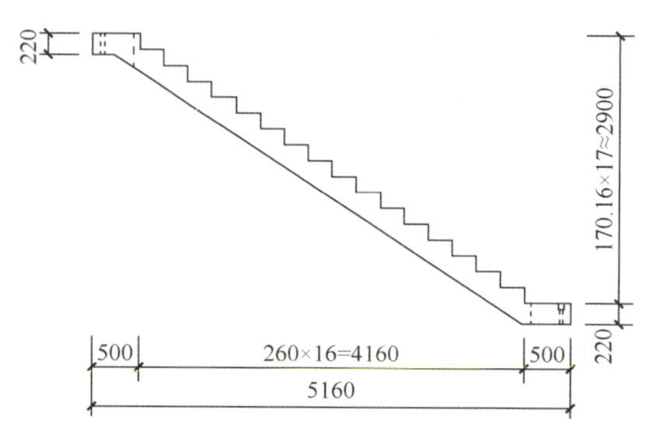

图 8.15　楼梯立面图

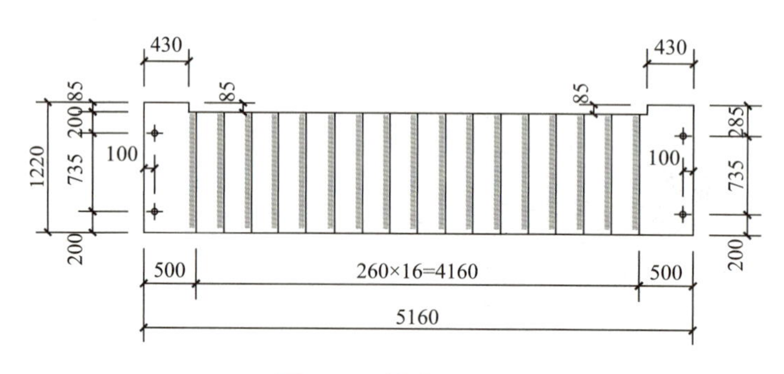

图 8.16　楼梯平面图

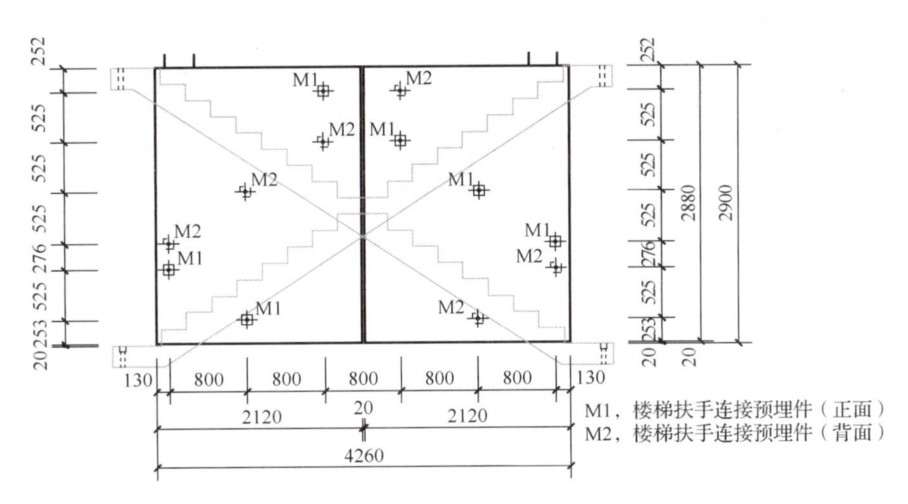

图 8.17 楼梯隔墙立面图

楼梯构件尺寸控制图中绘制预制楼梯梯段及楼梯隔墙尺寸的目的是用作结构专业深化构件加工图的提资条件。

按照楼梯构件尺寸控制图，该预制楼梯的平面尺寸为 5160mm×1220mm，梯段高度为 2900mm，共设 17 个踏步（踢面），踏步宽度为 260mm，踏步高度为 170.6mm。

每面楼梯隔墙由两块预制隔墙板组成，共设 12 个预埋件（M1 和 M2），用于连接楼梯扶手，其中正面 6 个，背面 6 个。

项目9 剪力墙结构结构施工图设计总说明

项目描述

对典型装配整体式剪力墙结构住宅结构施工图设计总说明的识读方法进行讲解，整体介绍结构施工图设计总说明的组成，并对其中的重要内容进行分项讲解，重点解读结构设计专项说明。

学习目标

1. 能够对装配式建筑的结构施工图设计总说明进行识读，并理解其编制方法。
2. 能够对结构设计专项说明进行识读，并理解其编制方法。
3. 掌握装配式建筑结构施工图图例，以熟练识读出结构施工图中的预制构件。

任务 9.1 识读剪力墙结构结构施工图设计总说明

引导问题

1. 装配式混凝土建筑的结构施工图设计总说明包括哪些内容？
2. 房屋高度应如何计算？
3. 熟悉结构设计主要技术指标，并在结构施工图设计总说明中识读对应内容。

装配式混凝土建筑的结构施工图设计总说明与现浇混凝土建筑的相同之处是，每个单项工程的结构施工图设计总说明通常都包括工程概况，设计总则，设计依据，结构设计主要技术指标，主要荷载取值，结构设计采用的计算软件，主要结构材料，地基、基础及地下室，钢筋混凝土结构构造要求，非结构构件的构造要求，钢筋混凝土结构施工，沉降观测；不同之处在于，装配式混凝土建筑的结构施工图设计总说明还应专门编制装配式混凝土结构设计专项说明。现以图 9.1 所示装配整体式剪力墙结构住宅结构施工图设计总说明为例，介绍结构施工图设计总说明中与设计和构造相关的重要内容和概念。

装配整体式剪力墙结构住宅结构施工图设计总说明

1 工程概况

1.1 项目名称：××省××市××区×××地块住宅项目 4#住宅楼。

1.2 建设地点：××省××市××区。

1.3 项目概况。（略）

1.4 建筑功能及建筑面积。（略）

1.5 人防地下室范围。（略）

1.6 ±0.000 相当于绝对标高值及室内外高差。（略）

2 设计总则（略）

3 设计依据

3.1 结构设计所依据的现行国家规范、标准及规程。（略）

3.2 初步设计审批意见。（略）

3.3 岩土工程勘察报告。（略）

4 结构设计主要技术指标

4.1 结构设计标准。（略）

4.1.1 设计基准期为 50 年；设计工作年限为 50 年。

4.1.2 建筑结构安全等级及相应结构重要性系数。（略）

4.1.3 地基基础（或建筑桩基）设计等级。（略）

4.1.4 抗浮设防水位绝对高程及相当于本工程相对标高。（略）

4.1.5 建筑防火分类与耐火等级。（略）

图 9.1 装配整体式剪力墙结构住宅结构施工图设计总说明

4.1.6 地下工程的防水等级。(略)

4.1.7 人防地下室的设计类别。(略)

4.2 抗震设防有关参数。

4.2.1 抗震设防烈度为7度;设计基本地震加速度为0.10g;水平地震影响系数最大值为0.08。

4.2.2 场地类别为Ⅲ类;设计地震分组为第二组;特征周期为0.55s。

4.2.3 结构阻尼比。(略)

4.2.4 地基土层地震液化程度判断。(略)

4.2.5 抗震设防类别为标准设防类(丙类);结构抗震计算及抗震措施相应设防烈度为7度。

4.2.6 结构计算嵌固部位。(略)

4.2.7 结构抗震等级为三级。

4.2.8 结构抗震性能目标(仅超限工程)。(略)

5 主要荷载取值

5.1 活荷载。楼面或屋面均布活荷载,详见表1。

表1 楼面或屋面均布活荷载

名称	标准值	名称	标准值
客厅、卧室	2.0 kN/m^2	厨房	2.0 kN/m^2
卫生间	2.5 kN/m^2	楼梯	3.5 kN/m^2
阳台	2.5 kN/m^2	上人屋面	0.5 kN/m^2
雨篷、挑檐等施工检修荷载	1.0kN	楼梯、阳台等栏杆水平荷载	1.0kN/m

5.2 风荷载。基本风压 W_0=0.40kN/m^2;地面粗糙度类别为B类。

5.3 雪荷载。基本雪压 S_0=0.35kN/m^2。

5.4 温度作用。(略)

6 结构设计采用的计算软件(略)

7 主要结构材料

7.1 混凝土。(略)

7.2 钢筋、钢材及连接材料。(略)

7.3 砌体。(略)

8 地基、基础及地下室

8.1 场地的工程地质条件与水文条件。(略)

8.2 地基形式为天然地基;基础形式为筏板基础。

8.3 抗浮措施。(略)

8.4 基坑开挖、验槽及回填要求。(略)

8.5 施工期间降水要求。(略)

9 钢筋混凝土结构构造(略)

10 非结构构件构造(略)

11 钢筋混凝土结构施工(略)

12 沉降观测(略)

13 装配式混凝土结构设计专项说明(略)

图9.1 装配整体式剪力墙结构住宅结构施工图设计总说明(续)

1. 项目概况

工程概况中的项目概况是进行结构施工图设计总说明识读时需要重点关注的内容，项目概况包括建筑层数、房屋高度、结构类型等。

（1）房屋高度指室外地面到主要屋面的高度，不包括局部突出屋顶的部分。平屋顶房屋高度应按建筑物室外地面至其屋面面层或女儿墙顶面的高度计算；坡屋顶房屋高度应按建筑物室外地面至屋檐和屋脊的平均高度计算。

（2）通过本书项目 3 的学习可知，装配式混凝土建筑的结构类型有装配整体式混凝土结构和全装配混凝土结构。装配整体式混凝土结构包括装配整体式框架结构、装配整体式剪力墙结构、装配整体式框架-现浇剪力墙结构、装配整体式框架-现浇核心筒结构、装配整体式部分框支剪力墙结构。本住宅项目采用装配整体式剪力墙结构。

2. 设计总则

设计总则主要说明该项目的制图方法、计量单位、施工图使用注意事项、施工图绘制参考标准图集等。

3. 设计依据

除图 9.1 中所示的结构设计所依据的现行国家标准及规程（名称、编号、实施年份和版本号），初步设计审批意见和岩土工程勘察报告外，根据工程的具体情况，设计依据还可能包括：试桩报告、抗浮设防水位分析论证报告、风洞试验报告、场地地震安全性评价报告及批复文件、建筑抗震性能化目标设计可行性论证报告、超限高层建筑工程抗震设防专项审查意见、人防审批意见、建设单位提出的与结构有关的符合国家标准及法规的设计任务书等。

4. 结构设计主要技术指标

1）结构设计标准

（1）设计基准期及设计工作年限。

设计基准期是指进行结构可靠性分析时，考虑各项基本变量与时间关系所取用的基准时间。按《建筑结构可靠性设计统一标准》(GB 50068—2018）的有关规定，本教学楼项目建筑结构设计的基准期为 50 年。

建筑结构设计时，应规定结构的设计工作年限。对应临时性建筑结构、易于替换的结构构件、普通房屋和构筑物、标志性建筑和特别重要的建筑结构，设计工作年限分别采用 5 年、25 年、50 年和 100 年。住宅属于普通房屋，设计工作年限为 50 年。

（2）建筑结构安全等级及相应结构重要性系数。

建筑结构设计时，应根据结构破坏可能产生的后果，即危及人的生命、造成经济损失、对社会或环境产生影响等的严重性，采用不同的安全等级。建筑结构安全等级共分一级、二级和三级，对应的结构重要性系数 γ_0 分别为 1.1、1.0 和 0.9。

（3）地基基础设计等级。

地基基础设计应根据地基复杂程度、建筑物规模和功能特征及由于地基问题可能造成建筑物破坏或影响正常使用的程度分为甲、乙、丙共 3 个设计等级。

（4）建筑防火分类与耐火等级。

民用建筑根据其建筑高度和层数可分为单、多层民用建筑和高层民用建筑。高层民用建筑的防火分类根据其建筑高度、使用功能和楼层的建筑面积可分为一类和二类。

建筑耐火等级的划分是建筑防火技术措施中最基本的措施之一，《建筑设计防火规范

（2018 年版）》（GB 50016—2014）把建筑物的耐火等级分为一级、二级、三级和四级，其中一级最高，耐火能力最强；四级最低，耐火能力最弱。耐火等级标准是依据房屋主要构件的燃烧性能和耐火极限确定的。

（5）地下工程防水等级。

地下工程防水等级分为一级、二级、三级和四级，其中一级防水要求最高。

（6）人防地下室设计类别。

人防工程可分为 1、2、2B、3、4、4B、5、6、6B 共 9 个设计类别。

2）抗震设防有关参数

（1）地基土层液化程度判断。

地震时，饱和砂土或粉土的颗粒在强烈振动下发生相对位移，使土的颗粒结构趋于密实，如土本身的渗透系数较小，将使孔隙水在短时间内排泄不走而受到挤压，使孔隙水压力急剧上升。当孔隙水压力增加到与剪切面上的法向压应力接近或相等时，土受到的有效压应力（即原来由土颗粒通过其接触点传递的压应力）下降乃至完全消失。这时，土颗粒局部或全部将处于悬浮状态，土体的抗剪强度等于零，形成土体犹如“液体”的现象，工程需要对地基土层液化程度进行判断。

（2）抗震设防类别划分方式如下。

① 特殊设防类建筑：指使用上有特殊设施，涉及国家公共安全的重大建筑工程和地震时可能发生严重次生灾害等特别重大灾害后果，需要进行特殊设防的建筑，又称甲类建筑。

② 重点设防类建筑：指地震时使用功能不能中断或需尽快恢复的生命线相关建筑，以及地震时可能导致大量人员伤亡等重大灾害后果，需要提高设防标准的建筑，又称乙类建筑。

③ 标准设防类建筑：指大量的 a、b、d 项以外的按标准要求进行设防的建筑，又称丙类建筑。

④ 适度设防类建筑：指使用上人员稀少且震损不致产生次生灾害，允许在一定条件下适度降低要求的建筑，又称丁类建筑。

（3）结构抗震等级。

结构抗震等级与结构类型、抗震设防分类、抗震设防烈度、房屋高度等因素有关，分为一级、二级、三级和四级，建筑结构抗震等级需通过查阅《建筑抗震设计标准（2024 年版）》（GB/T 50011—2010）确定。

5. 主要荷载取值

主要荷载取值通过查阅《建筑结构荷载规范》（GB 50009—2012）确定。其中温度作用包括温度作用设计依据及超长钢筋混凝土部分设计采用的温度和温差。

6. 结构设计采用的计算软件

列出本工程项目设计过程中所采用的计算软件名称、版本号。

7. 主要结构材料

（1）混凝土。需要说明采用的混凝土强度等级、耐久性要求、外加剂要求。

（2）钢筋、钢材及连接材料。需要说明采用的钢筋强度等级和抗震构件钢筋性能要求；焊条选用要求；吊钩、吊环、受力预埋件的锚筋要求；型钢、钢板、钢管等级及相应焊条型号；机械连接接头要求。

（3）砌体。需要说明各个部位的填充墙材料、强度等级、砌筑砂浆及容重等。

8．地基、基础及地下室

（1）该项中的场地工程地质条件与水文条件，需要说明地形地貌、地层情况、水文条件、场地标准冻深及不良地质状况分析与处理措施。

（2）装配整体式剪力墙结构最常用基础形式为筏板基础（桩筏基础）。地基形式有天然地基和人工地基，本住宅项目为天然地基。

9．钢筋混凝土结构构造

本项说明钢筋的混凝土保护层厚度；钢筋的锚固与连接构造要求；基础、柱、墙、梁、楼板、楼梯构造要求；外露的现浇混凝土女儿墙、外墙挂板、栏板、檐口等构件伸缩缝的设置与构造要求；后浇带与施工缝的构造要求等。

10．非结构构件的构造

本项说明后砌填充墙、女儿墙、幕墙、预埋件等非结构构件的构造要求。

任务 9.2 识读剪力墙结构结构设计专项说明

引导问题

1. 结构设计专项说明一般包括哪些内容？
2. 请查阅结构设计专项说明配套标准图集。
3. 深化设计文件一般应包括哪些内容？

1．结构设计专项说明的编制要求

采用装配整体式剪力墙结构的建筑的结构施工图中，结构设计专项说明一般包括总则、预制构件的生产与检验、预制构件的运输与堆放、现场施工、验收等内容。

（1）总则包括使用说明、配套标准图集、材料要求、预制构件的深化设计等。其中材料要求包括预制构件用混凝土、钢筋、钢材和连接材料，以及预制构件连接部位的座浆料、预制混凝土夹心保温外墙板采用拉结件等。

（2）预制构件的生产与检验包括预制构件的模具尺寸偏差要求与检验方法，粗糙面粗糙度要求、预制构件的允许尺寸偏差，钢筋套筒灌浆连接的检验、预制构件外观要求、结构性能检验要求等。

（3）预制构件的运输要求包括运输车辆要求、构件装车要求；堆放要求包括场地要求，靠放时的方向和叠放的支垫要求与层数限制。

（4）现场施工包括构件进场检查要求、预制构件安装要求与现场施工中的允许误差，以及附着式塔式起重机水平支撑和外用电梯水平支撑与主体结构的连接要求等。

（5）装配式结构部分应按混凝土结构子分部工程进行验收，并需提供相关材料。

2．结构设计专项说明的识读

通过识读图 9.2 所示的装配整体式剪力墙结构住宅结构施工图结构设计专项说明，可掌握以下重要信息。

装配式混凝土结构设计专项说明

1 总则

1.1 使用说明。本说明应与结构平面图、预制构件详图及节点详图等配合使用。

1.2 配套标准图集。

《装配式混凝土结构表示方法及示例（剪力墙结构）》（15G107-1）。

《预制混凝土剪力墙外墙板》（15G365-1）。

《预制混凝土剪力墙内墙板》（15G365-2）。

《桁架钢筋混凝土叠合板（60mm 厚底板）》（15G366-1）。

《预制钢筋混凝土板式楼梯》（15G367-1）。

《预制钢筋混凝土阳台板、空调板及女儿墙》（15G368-1）。

《装配式混凝土结构连接节点构造（楼盖结构和楼梯）》（15G310-1）。

《装配式混凝土结构连接节点构造（剪力墙结构）》（15G310-2）。

《混凝土结构施工图平面整体表示方法制图规则和构造详图（现浇混凝土框架、剪力墙、梁、板）》（22G101-1）。

《混凝土结构施工图平面整体表示方法制图规则和构造详图（现浇混凝土板式楼梯）》（22G101-2）。

《混凝土结构施工图平面整体表示方法制图规则和构造详图（独立基础、条形基础、筏形基础、桩基础）》（22G101-3）。

1.3 材料要求。

1.3.1 混凝土。

（1）混凝土强度等级应满足结构设计总说明的规定，其中预制剪力墙板的混凝土轴心抗压强度标准值不得高于设计值的 20%。

（2）对水泥、骨料、矿物掺合料、外加剂等的设计要求详见结构设计总说明，应特别保证骨料级配的连续性，未经设计单位批准，混凝土中不得掺加早强剂或早强型减水剂。

（3）混凝土配合比除满足设计强度要求外，尚需根据预制构件的生产工艺、养护措施等因素确定。

（4）同条件养护的混凝土立方体试件抗压强度达到设计混凝土强度等级值的 75%且不应小于 15N/mm^2 时，方可脱模；吊装时应达到设计强度值。

1.3.2 钢筋、钢材及连接材料。

（1）预制构件使用的钢筋和钢材牌号及性能详见结构设计总说明。

（2）预制剪力墙板纵向受力钢筋连接采用钢筋套筒灌浆连接，接头性能应符合 Ⅰ 级接头的要求；灌浆套筒应符合《钢筋连接用灌浆套筒》（JG/T 398—2019）的有关规定，灌浆料性能应符合《钢筋连接用套筒灌浆料》（JG/T 408—2019）的有关规定。

（3）施工用预埋件的性能指标应符合相关产品标准，且应满足预制构件吊装和临时支撑等需要。

1.3.3 预制构件连接部位座浆料的强度等级不应低于被连接构件混凝土的强度等级，且应满足下列要求：砂浆流动度为 130～170mm，1d 抗压强度值为 30MPa；预制楼梯与主体结构的找平层采用干硬性砂浆，其强度等级不低于 M15。

1.3.4 预制混凝土夹心保温外墙板的拉结应采用符合国家现行标准的 FRP（纤维增强复合材料）或不锈钢连接件。

1.4 预制构件的深化设计。

1.4.1 预制构件制作前应进行深化设计，深化设计文件应根据本项目施工图设计文件及选用的标准图集、生产制作工艺、运输条件和安装施工要求等进行编制。

1.4.2 预制构件详图中的各类预留孔洞、预埋件和机电预留管线须与相关专业图纸仔细核对无误后方可下料制作。

1.4.3 深化设计文件应经设计单位书面确认后方可作为生产依据。

1.4.4 深化设计文件应包括（但不限于）下述内容。

（1）预制构件平面和立面布置图。

（2）预制构件模板图、配筋图、材料和配件明细表。

（3）预埋件布置图和细部构造详图。

图 9.2 装配整体式剪力墙结构住宅结构施工图结构设计专项说明

（4）带瓷砖饰面构件的排砖图。

（5）内外叶墙板连接件布置图和保温板排板图。

（6）计算书。根据《混凝土结构工程施工规范》（GB 50666—2011）的有关规定，应根据设计要求和施工方案对脱模、吊运、运输、安装等环节进行施工验算，如预制构件、预埋件、吊具等的承载力、变形和裂缝等。

1.4.5 预制构件加工单位应根据设计要求、施工要求和相关规定制定生产方案，编制生产计划。

1.4.6 施工总承包单位应根据设计要求、预制构件制作要求和相关规定制定施工方案，编制施工组织设计。

1.4.7 上述生产方案和施工方案尚应符合国家、行业、建设所在地的相关标准、规范、规程，应提交建设单位、监理单位审查，取得书面批准函后方可作为生产和施工依据。

1.4.8 监理单位应对工程全过程进行质量监督和检查，并取得完整、真实的工程检测资料。本项目需要实施现场专人质量监督和检查的特殊环节如下。

（1）预制构件在构件生产单位的生产过程、出厂检验及验收环节。

（2）预制构件进入施工现场的质量复检和资料验收环节。

（3）预制构件安装与连接的施工环节。

1.4.9 预制构件深化设计单位、生产单位、施工总承包单位和监理单位及其他与本工程相关的产品供应厂家，均应严格执行本说明的各项规定。

1.4.10 预制构件生产单位、运输单位和工程施工总承包单位应结合本工程生产方案和施工方案采取相应的安全操作和防护措施。

2 预制构件的生产与检验

2.1 预制构件模具的尺寸允许偏差和检验方法应符合《装配式混凝土结构技术规程》(JGJ 1—2014）的相关规定。

2.2 所有预制构件与现浇混凝土的结合面应做粗糙面，无特殊规定时其凹凸度不小于 4mm，且外露粗骨料的凹凸应沿整个结合面均匀连续分布。

2.3 预制构件的允许尺寸偏差除满足 JGJ 1—2014 的有关规定外，尚应满足如下要求。

2.3.1 预留钢筋允许偏差应符合表 1 的规定。

表 1 预留钢筋允许偏差

项目	允许偏差/mm
中心线位置	±2
外伸长度	+5，−2

2.3.2 与现浇结构相邻部位 200mm 宽度范围内的表面平整度允许偏差应不超过 1mm。

2.3.3 预制墙板的误差控制应考虑相邻楼层的墙板及同层相邻墙板的误差，应避免累积误差。

2.4 本工程预制剪力墙板纵向受力钢筋采用钢筋套筒灌浆连接，灌浆前，应在现场模拟构件连接接头的灌浆方式，每种规格钢筋应制作不少于 3 个钢筋套筒灌浆连接接头，进行灌注质量及接头抗拉强度的检验；经检验合格后，方可进行灌浆作业。

2.5 预制构件外观应光洁平整，不应有严重缺陷，不宜有一般缺陷；生产单位应根据不同的缺陷制定相应的修补方案，修补方案应包括材料选用、缺陷类型及对应修补方法、操作流程、检查标准等内容应经过监理单位和设计单位书面批准后方可实施。

2.6 本工程采用的预制构件应按《混凝土结构工程施工质量验收规范》（GB 50204—2015）的有关规定进行结构性能检验。

2.7 预制构件的质量检验除符合上述要求外，还应符合现行国家、行业、建设所在地的相关标准、规范、规程。

3 预制构件的运输与堆放

预制构件在运输与堆放中应采取可靠措施进行成品保护，如因运输与堆放环节造成预制构件严重缺陷，应视为不合格品，不得安装；预制构件应在其显著位置设置标识，标识内容应包括使用部位、构件编号等，在运输和堆放过程中不得损坏。

图 9.2 装配整体式剪力墙结构住宅结构施工图结构设计专项说明（续）

3.1 预制构件运输。

3.1.1 预制构件运输宜选用低平板车，车上应设有专用架，且有可靠的稳定构件措施。

3.1.2 预制剪力墙板宜采用竖直立放式运输，叠合板预制底板、预制阳台板、预制楼梯可采用平放运输，并采取正确的支垫和固定措施。

3.2 预制构件堆放。

3.2.1 堆放场地应进行场地硬化，并设置良好的排水设施。

3.2.2 预制外墙板采用靠放方式时，外饰面应朝内。

3.2.3 叠合板预制底板、预制阳台板、预制楼梯可采用水平叠放方式，层与层之间应垫平、垫实，最下面一层支垫应通长设置。叠合板预制底板水平叠放层数不应大于 6 层，预制阳台板水平叠放层数不应大于 4 层，预制楼梯水平叠放层数不应大于 6 层。

4 现场施工

4.1 预制构件进场时，须进行外观检查，并核收相关质量文件。

4.2 施工单位应编制详细的施工组织设计和专项施工方案。

4.3 施工单位应对钢筋套筒灌浆连接施工工艺进行必要的试验，对操作人员进行培训、考核，施工现场派有专人值守和记录，并留有影像的资料；注意对具有瓷砖饰面的预制构件的成品保护。

4.4 预制剪力墙板的安装。

4.4.1 安装前，应对连接钢筋与预制剪力墙板灌浆套筒的配合度进行检查，不允许在吊装过程中对连接钢筋进行校正。

4.4.2 预制外墙板应采用有分配梁或分配桁架的吊具，吊点合力作用线应与预制构件重心重合；预制外墙板应在校准定位和临时支撑安装完成后方可脱钩。

4.4.3 预制剪力墙板安装就位后，应及时校准并采取与楼层间设置临时斜支撑的措施，且每个预制剪力墙板的上部斜支撑和下部斜支撑各不宜少于两道。

4.4.4 钢筋套筒灌浆连接应根据分仓设计设置分仓，分仓长度沿预制剪力板长度方向不宜大于 1.5m，并应对各仓接缝周围进行封堵，封堵措施应符合结合面承载力设计要求，且单边入墙厚度不应大于 20mm。常用预制剪力墙板的灌浆区域具体划分尺寸参见 15G365-1 和 15G365-2；其他预制剪力墙板灌浆区域划分见详图。

4.5 叠合板施工时应设置临时支撑。

4.5.1 第一道横向支撑距墙边不大于 0.5m。

4.5.2 最大支撑间距不大于 2m。

4.6 悬挑构件应层层设置支撑，待结构达到设计承载力要求时方可拆除。

4.7 施工操作面应设置安全防护围栏或外架，严格按照施工规程执行。

4.8 预制构件在施工中的允许误差除满足 JGJ 1—2014 的有关规定外，还应满足表 2 的要求。

表 2 预制构件在现场施工中的允许误差

项目	允许偏差/mm	项目	允许偏差/mm
预制墙板下现浇结构顶面标高	±2	预制墙板水平/竖向宽度	±2
预制墙板中心线偏移	±2	阳台板进入墙体宽度	0，3
预制墙板中心线偏移（2m 靠尺）	l/1500 且＜2	同一轴线相邻楼板/墙板高差	±2

4.9 附着式塔式起重机水平支撑和外用电梯水平支撑与主体结构的连接方式应由施工单位确定专项方案，由设计单位审核。

5 验收

5.1 装配式结构部分应按照混凝土结构子分部工程进行验收。

5.2 装配式结构子分部工程进行验收时，除应满足 JGJ 1—2014 的有关规定外，尚应提供以下资料。

5.2.1 提供预制构件的质量证明文件。

5.2.2 饰面瓷砖与预制构件基面的黏结强度值。

图 9.2 装配整体式剪力墙结构住宅结构施工图结构设计专项说明（续）

（1）装配式混凝土结构设计专项说明应与结构平面图、预制构件详图及节点详图等配合使用。

（2）同条件养护的混凝土立方体试件抗压强度达到设计混凝土强度等级值的 75%且不应小于 15N/mm^2 时，方可脱模；吊装时应达到设计强度值。

（3）预制构件连接部位座浆料的强度等级不应低于被连接构件混凝土强度等级，且应满足下列要求：砂浆流动度为 130～170mm，1d 抗压强度值为 30MPa；预制楼梯与主体结构的找平层采用干硬性砂浆，其强度等级不低于 M15。

（4）深化设计文件一般应包括预制构件平面和立面布置图，预制构件模板图、配筋图、材料和配件明细表，预埋件布置图和细部构造详图，带瓷砖饰面构件的排砖图，内外叶墙板拉结件布置图和保温板排板图，计算书。

（5）预留钢筋中心线位置允许偏差为±2mm，预留钢筋外伸长度允许偏差为（+5，-2）mm；与现浇结构相邻部位 200mm 宽度范围内的表面平整度允许偏差应不超过 1mm。

（6）叠合板预制底板、预制阳台板、预制楼梯可采用水平叠放方式，层与层之间应垫平、垫实，最下面一层支垫应通长设置。叠合板预制底板水平叠放层数不应大于 6 层，预制阳台板水平叠放层数不应大于 4 层，预制楼梯水平叠放层数不应大于 6 层。

（7）预制剪力墙板安装前，应对连接钢筋与预制剪力墙板灌浆套筒的配合度进行检查，不允许在吊装过程中对连接钢筋进行校正。预制外墙板应采用有分配梁或分配桁架的吊具，吊点合力作用线应与预制构件重心重合；预制外墙板应在校准定位和临时支撑安装完成后方可脱钩。预制剪力墙板安装就位后，应及时校准并采取与楼层间设置临时斜支撑的措施，且每个预制墙板的上部斜支撑和下部斜支撑各不宜少于两道。钢筋套筒灌浆连接应根据分仓设计设置分仓，分仓长度沿预制剪力板长度方向不宜大于 1.5m，并应对各仓接缝周围进行封堵，封堵措施应符合结合面承载力设计要求，且单边入墙厚度不应大于 20mm。

（8）叠合板在施工时应设置临时支撑，第一道横向支撑距墙边不大于 0.5m，最大支撑间距不大于 2m。

（9）预制构件在施工中的允许误差应满足 JGJ 1—2014 有关规定和装配式混凝土结构设计专项说明的要求。

项目 10 剪力墙结构剪力墙构件施工图

项目描述

对基于 BIM 技术的预制剪力墙板三维模型和剪力墙平面布置图进行展示和介绍，讲解预制剪力墙板的构造知识。解读标准图集《预制混凝土剪力墙外墙板》(15G365-1)和《预制混凝土剪力墙内墙板》(15G365-2)，并分别对无洞口预制内墙板、一个门洞预制内墙板及一个窗洞预制夹心外墙板 3 种标准构件详图和预制剪力墙板连接构造的详图进行重点讲解。在上述识图知识的基础上，详细解读剪力墙平面布置图制图规则。

学习目标

1. 掌握装配整体式剪力墙结构的剪力墙平面布置图的识读方法，理解预制剪力墙板的构造。

2. 熟悉标准图集 15G365-1 和 15G365-2 的内容，重点掌握标准预制外墙板和预制内墙板的规格、编号及选用方法。

3. 能够识读预制剪力墙板构件详图，理解预制剪力墙板构造要求。

4. 能够识读预制剪力墙板连接构造详图，理解预制剪力墙板连接构造要求。

5. 整体理解装配整体式剪力墙结构的剪力墙平面布置图制图规则，并熟练运用于结构施工图识读当中。

任务 10.1 识读预制剪力墙板三维模型

引导问题

通过识读本节的预制剪力墙板三维模型，熟悉预制剪力墙板构造。

图 10.1 所示为预制剪力墙板三维模型，该模型展示了预制剪力墙板在空间中的布置和多种规格的预制剪力墙板构造及不同情况下相邻预制剪力墙板的连接构造。

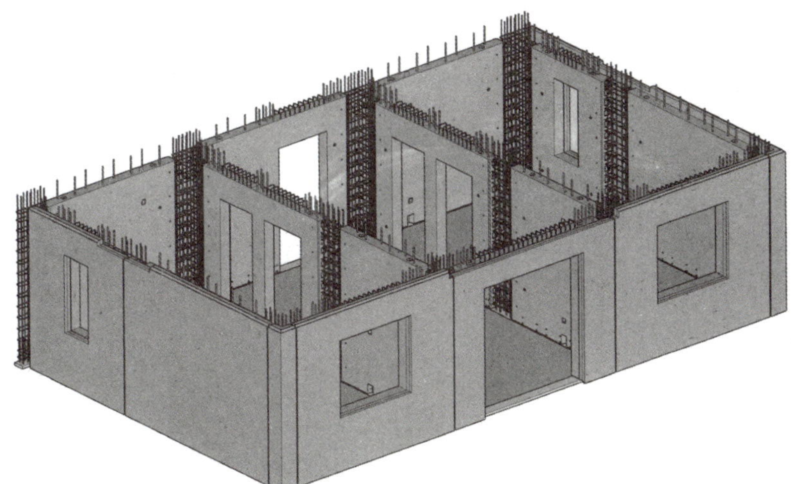

（a）预制剪力墙板在空间中的布置

预制剪力墙板三维模型

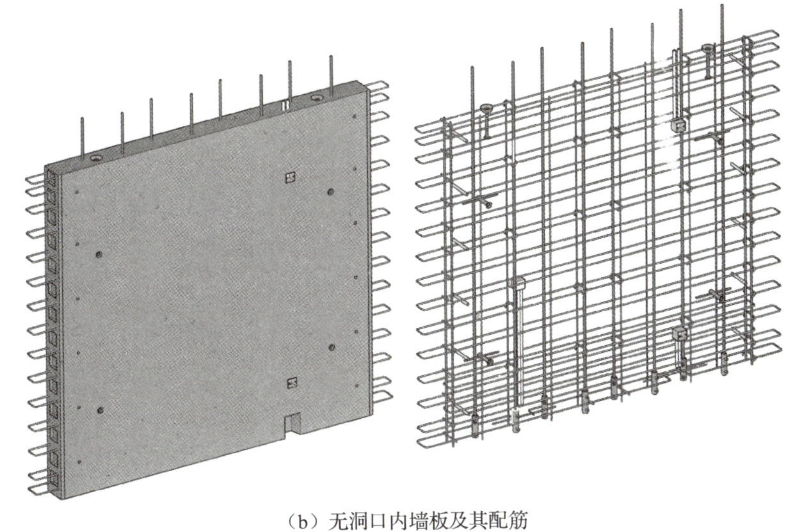

（b）无洞口内墙板及其配筋

图 10.1 预制剪力墙板三维模型

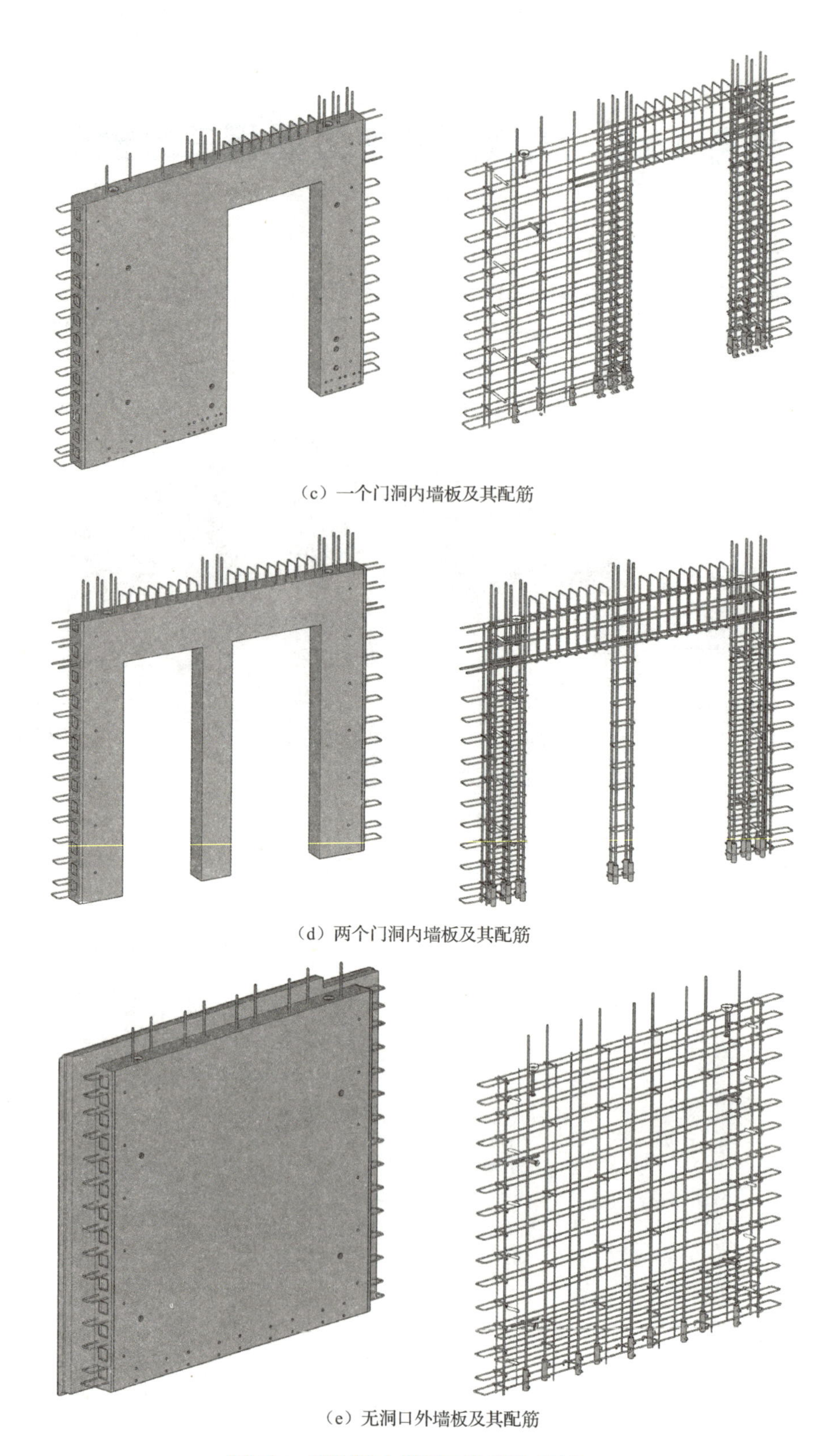
(c) 一个门洞内墙板及其配筋

(d) 两个门洞内墙板及其配筋

(e) 无洞口外墙板及其配筋

图 10.1　预制剪力墙板三维模型（续）

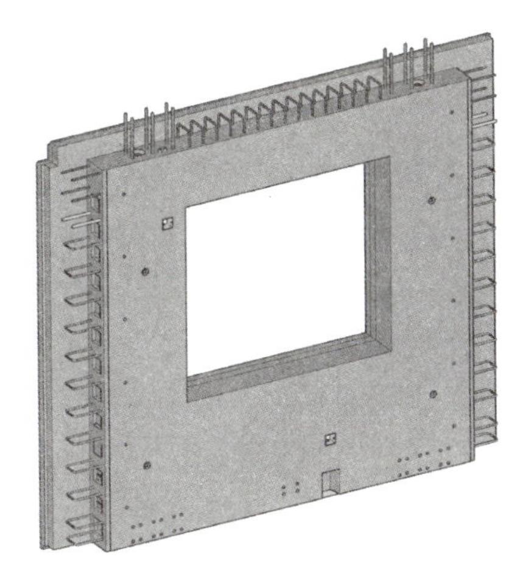
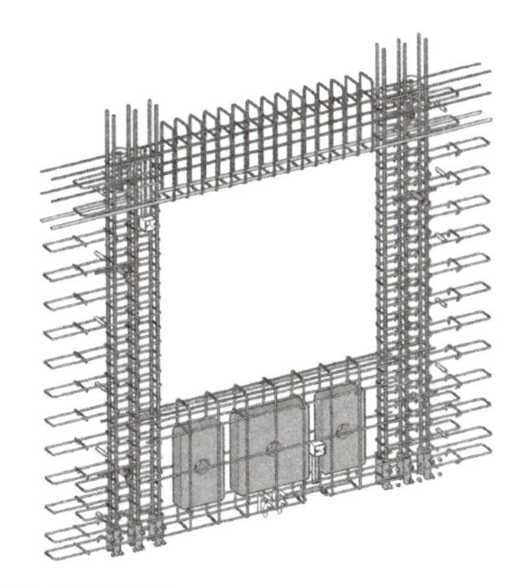

（f）一个窗洞外墙板及其配筋

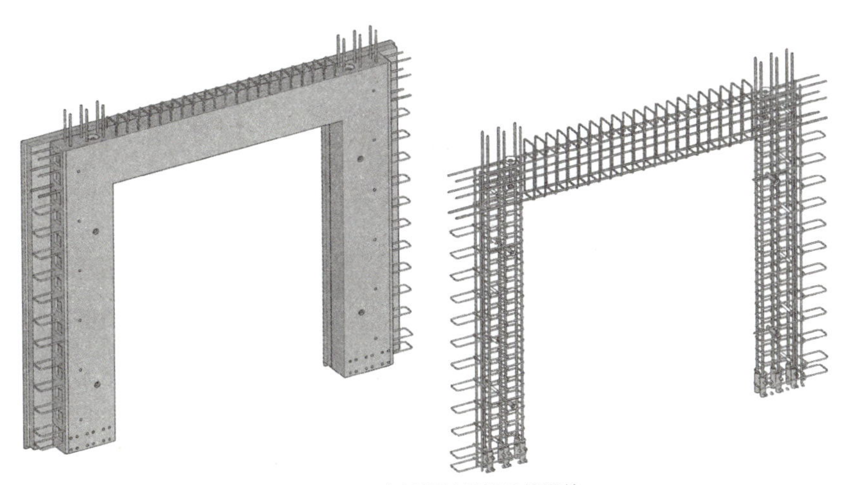

（g）一个门洞外墙板及其配筋

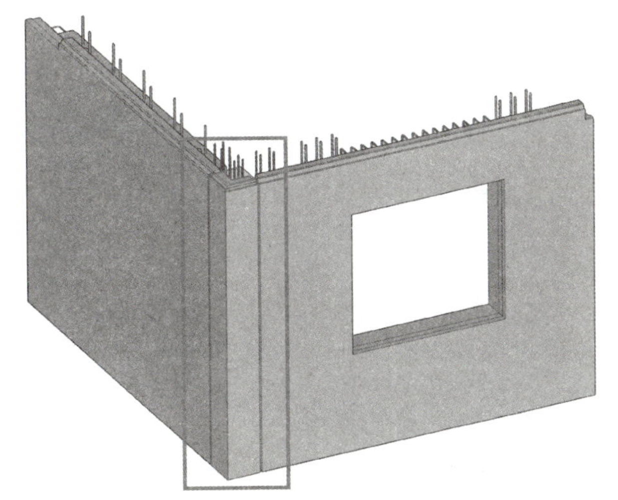

（h）预制外墙（转角）模板

图 10.1　预制剪力墙板三维模型（续）

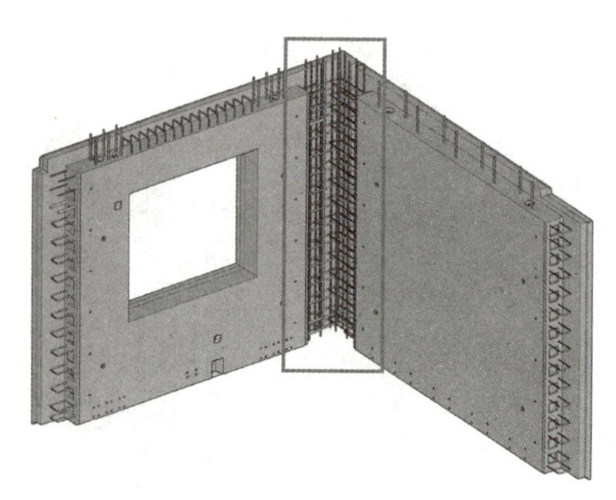

（i）外墙角 L 形后浇段

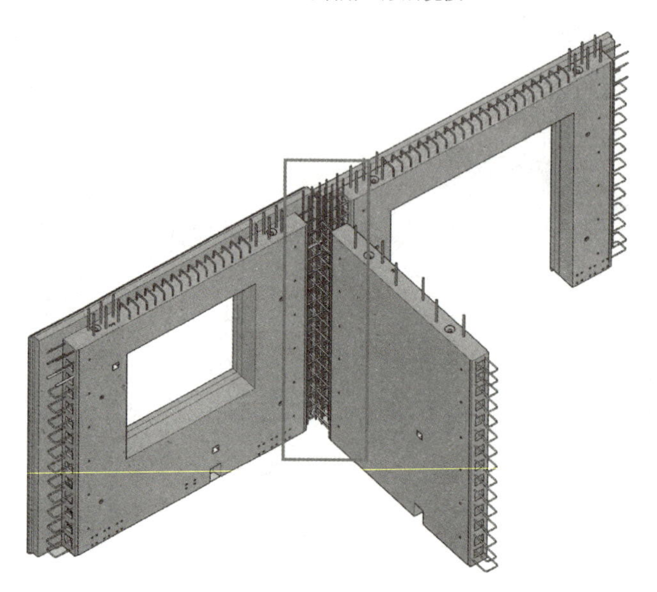

（j）外墙 T 形后浇段

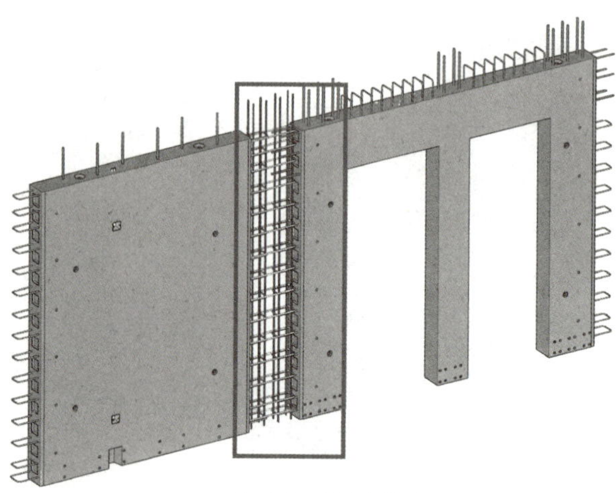

（k）内墙一字形后浇段

图 10.1　预制剪力墙板三维模型（续）

图 10.1(a)所示为预制剪力墙板在空间中的布置。

图 10.1(b)~(g)所示为预制剪力墙板构造，包括：无洞口内墙板及其配筋［图 10.1(b)］、一个门洞内墙板及其配筋［图 10.1(c)］、两个门洞内墙板及其配筋［图 10.1(d)］、无洞口外墙板及其配筋［图 10.1(e)］、一个窗洞外墙板及其配筋［图 10.1(f)］、一个门洞外墙板及其配筋［图 10.1(g)］。

图 10.1(h)~(k)所示为预制剪力墙板连接构造，包括：预制外墙（转角）模板［图 10.1(h)］、外墙角 L 形后浇段［图 10.1(i)］、外墙 T 形后浇段［图 10.1(j)］、内墙一字形后浇段［图 10.1(k)］。

任务 10.2　识读剪力墙平面布置图

引导问题

1. 装配整体式剪力墙结构中的剪力墙包括哪些类型？
2. 相邻的预制剪力墙板如何连接？
3. 在剪力墙平面布置图中，如何注明临时支撑方向？

装配整体式剪力墙结构中剪力墙平面布置应按标准层绘制，绘制内容包括预制剪力墙板、现浇混凝土墙、后浇段等，并进行编号。预制剪力墙平面布置图应按规定标注结构楼层标高表，注明上部结构嵌固部位位置。结合表 10-1 所示的结构施工图图例识读图 10.2 所示的标准层剪力墙平面布置图。图 10.3 所示为对应的标准层剪力墙 BIM 三维视图。

表 10-1　结构施工图图例

名称	图例	名称	图例
预制内墙板		后浇段、边缘构件	
保温层		预制夹心外墙板	
现浇混凝土墙		外墙模板	

图 10.2 中的剪力墙包括预制剪力墙板、现浇混凝土墙和后浇段。其中预制剪力墙板包括预制外墙板和预制内墙板，在图中分别用 YWQ 和 YNQ 来表示（预制外墙板为满足保温要求的预制夹心外墙板）。预制外墙板类型包括：无洞口外墙板，如 YWQ9；一个门洞外墙板，如 YWQ2；一个窗洞外墙板，如 YWQ1。预制内墙板类型包括：无洞口内墙板，如 YNQ4；一个门洞内墙板，如 YNQ5；两个门洞内墙板，如 YNQ9。相邻的预制剪力墙板通过后浇段连接。

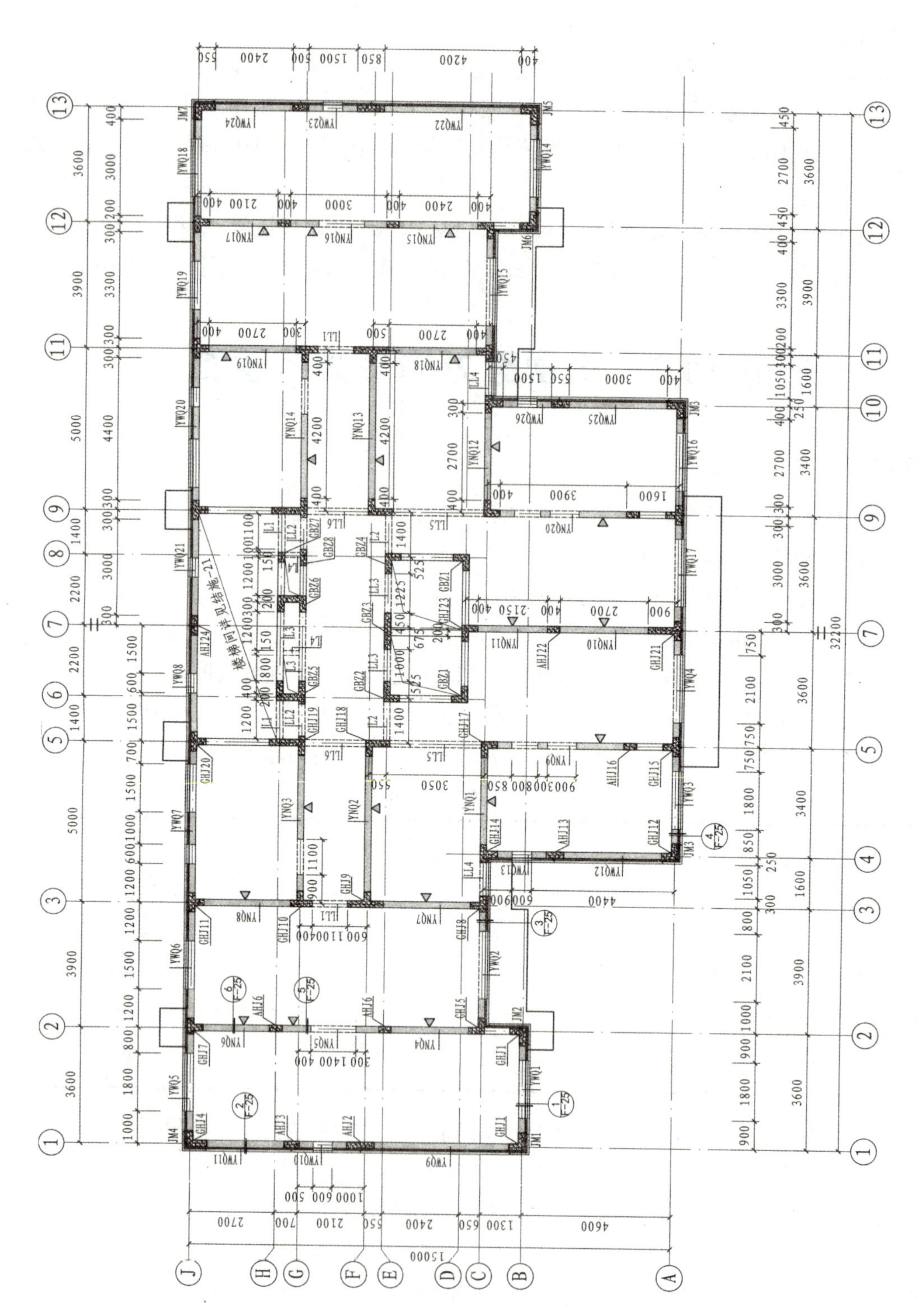

图 10.2　标准层剪力墙平面布置图

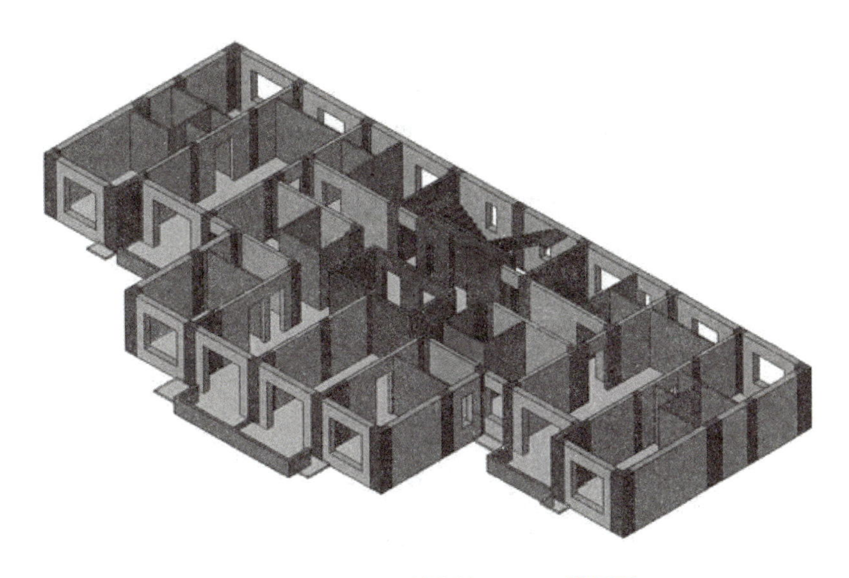

图 10.3 标准层剪力墙 BIM 三维视图

需要特别说明的是，在剪力墙平面布置图中，需注明预制内墙板的临时支撑方向，在临时支撑一侧标注▲。预制外墙板默认以内侧为临时支撑方向，无须标注。

任务 10.3 理解预制剪力墙板构造

引导问题

1. 开洞的预制剪力墙板洞口宜布置在什么位置？洞口周围应该采取什么构造措施？
2. 不开洞的预制剪力墙板如何配置钢筋？
3. 设置大洞口的预制剪力墙板在洞边应该采取什么构造措施？
4. 端部无边缘构件时，预制剪力墙板宜在端部如何配置钢筋？

预制剪力墙板可结合建筑功能和结构平、立面布置的要求，根据预制构件的生产、运输和安装能力，确定预制剪力墙板的形状和大小，宜采用一字形，也可采用 L 形、T 形或 U 形。现以一字形预制剪力墙板为例讲解预制剪力墙板的构造。

一字形预制剪力墙板在装配整体式剪力墙结构中相当于现浇混凝土剪力墙结构的墙身部位，分为开洞和不开洞两种情况。开洞的预制剪力墙板洞口宜居中布置，洞口两侧的墙肢宽度不应小于 200mm，洞口上方连梁高度不宜小于 250mm。

1. 预制剪力墙板的钢筋构造

（1）不开洞的预制剪力墙板一般配置双层双向钢筋网片，水平钢筋伸出墙体两侧锚入后浇剪力墙墙柱内，部分竖向钢筋伸出墙体顶面与上层墙体连接。

（2）设置大洞口的预制剪力墙板（洞口边长大于 800mm），一般在洞边设置边缘构件（开有两个洞口的预制剪力墙洞间墙一般不设边缘构件，仍按构造配筋），边缘构件竖向钢

筋和部分墙身竖向钢筋伸出墙体顶面与上层墙体连接；不开洞部分一般配置双层双向钢筋网片，水平钢筋伸出墙体两侧锚入后浇剪力墙墙柱内。

（3）预制剪力墙板开有边长小于或等于 800mm 的洞口，且在结构整体计算中不考虑其影响时，应沿洞口周边配置补强纵向钢筋；补强纵向钢筋的直径不应小于 12mm，截面面积不应小于同方向被洞口截断的钢筋面积，该钢筋自洞口边角起计算伸入墙体内的长度，非抗震设计时不应小于 l_a，抗震设计时不应小于 l_{aE}，如图 10.4 所示。

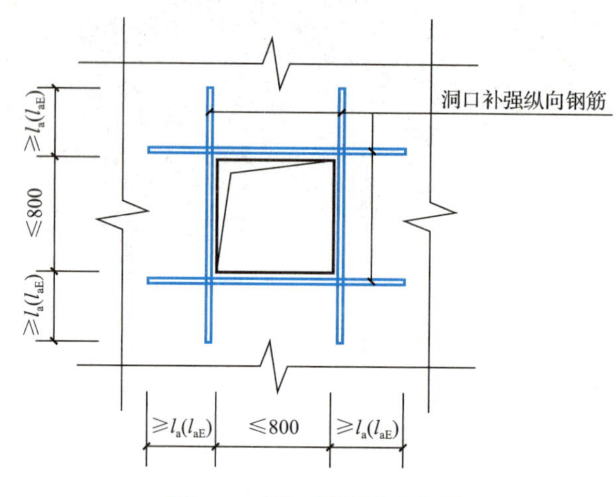

图 10.4　洞口补强纵向钢筋

（4）端部无边缘构件时，预制剪力墙板宜在端部配置两根直径不小于 12mm 的竖向构造钢筋；沿该钢筋竖向应配置拉筋，拉筋直径不宜小于 6mm、间距不宜大于 250mm。对预制剪力墙板边缘配筋适当加强是为了形成边框，保证预制剪力墙板在形成整体结构之前的刚度、延性及承载力。

（5）预制剪力墙板的连梁不宜开洞；当需开洞时，洞口宜预埋套管，洞口上、下截面的有效高度不宜小于梁高 h 的 1/3，且不宜小于 200mm；被洞口削弱的连梁截面应进行承载力验算，洞口处应配置补强纵向钢筋和箍筋，补强纵向钢筋的直径不应小于 12mm，如图 10.5 所示。

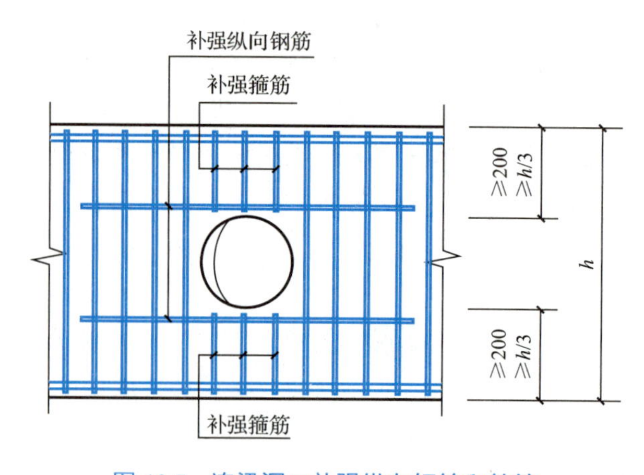

图 10.5　连梁洞口补强纵向钢筋和箍筋

2. 预制剪力墙板的钢筋套筒灌浆连接构造

当预制剪力墙板采用钢筋套筒灌浆连接时，自灌浆套筒底部至顶部以上 300mm 范围内，水平分布钢筋应加密，如图 10.6 所示，加密区水平分布钢筋的最大间距及最小直径应符合表 10-2 的规定，灌浆套筒上端第一道水平分布钢筋距离灌浆套筒顶部不应大于 50mm。对该区域的水平分布钢筋的加强，是为了提高预制剪力墙板的抗剪能力和变形能力，并使该区域的塑性铰可以充分发展，提高预制剪力墙板的抗震性能。

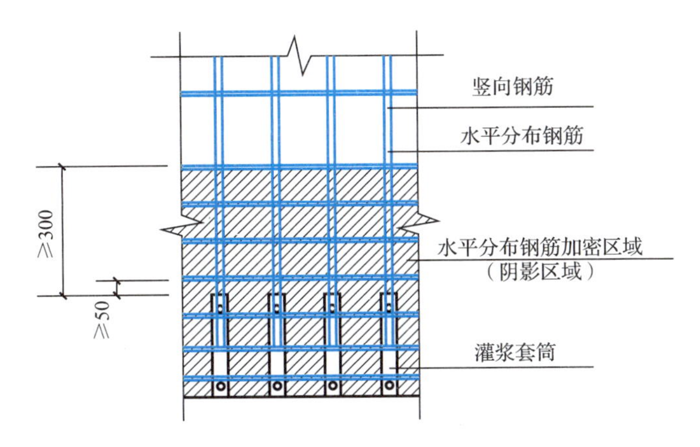

图 10.6　钢筋套筒灌浆连接部位水平分布钢筋的加密构造

表 10-2　加密区水平分布钢筋构造要求

抗震等级	最大间距/mm	最小直径/mm
一、二级	100	8
三、四级	150	8

3. 预制夹心外墙板的构造

预制夹心外墙板在国内外均有广泛的应用，其具有结构、保温、装饰一体化的特点。预制夹心外墙板根据其在结构中的作用，可以分为承重墙和非承重墙两类。当其作为承重墙时，与其他结构构件共同承担垂直力和水平力；当其作为非承重墙时，仅作为外围护墙体使用。

预制夹心外墙板根据其内、外叶墙板间的连接构造，又可以分为组合预制夹心外墙板和非组合预制夹心外墙板。组合预制夹心外墙板的内、外叶墙板可通过拉结件的连接共同工作；非组合预制夹心外墙板的内、外叶墙板不共同受力，外叶墙板仅作为荷载，通过拉结件作用在内叶墙板上。目前我国在实际工程中，通常采用非组合式预制夹心外墙板。

当建筑外墙采用预制夹心外墙板时，外叶墙板厚度不应小于 50mm，且外叶墙板应与内叶墙板可靠连接；预制夹心外墙板的夹心保温层厚度不宜大于 120mm；当其作为承重墙时，内叶墙板应按一般剪力墙的要求进行设计。

预制夹心外墙板的构造如图 10.7（a）所示，其拉结件采用了纤维增强复合材料（FRP）连接件。FRP 连接件的主要作用是抵抗内、外叶两片墙板之间的相互作用（包括层间剪切、拉拔等）。其特点包括：导热系数低、耐久性好、造价低、强度高，能有效避免冷（热）桥效应。FRP 连接件主要分为板式、棒式两种类型，如图 10.7（b）和图 10.7（c）所示。

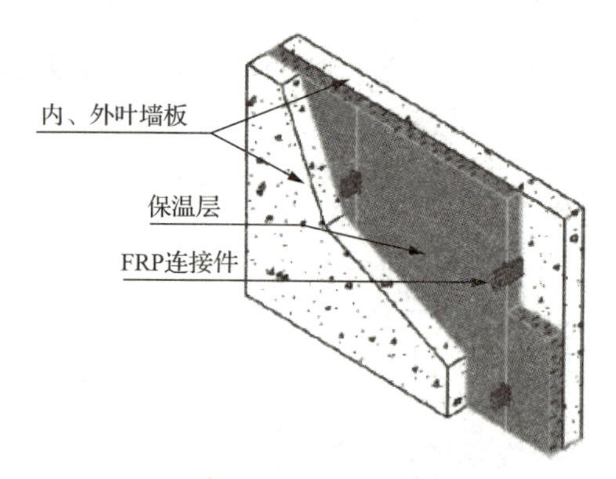

（a）预制夹心外墙板的构造示意图

（b）板式 FRP 连接件

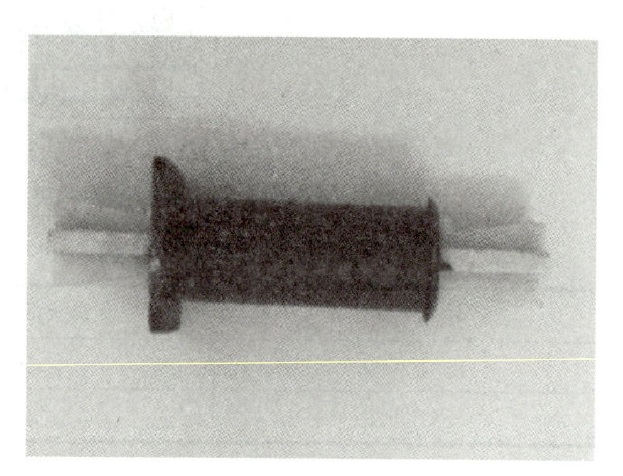

（c）棒式 FRP 连接件

图 10.7　采用 FRP 连接件的预制夹心外墙板

知识链接

FRP 连接件在北美、欧洲等地区建筑工程中的应用已超过 40 年。1980 年，采用 FRP 连接件的预制夹心外墙板首次应用在美国的一幢 9 层公寓。目前，FRP 连接件已广泛应用于住宅、办公楼、温室、工业建筑的预制夹心外墙板中，是连接预制夹心外墙板内、外叶墙板与中间保温层的关键构件。

除了 FRP 连接件，不锈钢连接件也是常用的预制夹心外墙板拉结件。不锈钢连接件具有良好的力学性能、隔热性能、耐久性能和耐高温性能，被广泛应用于预制夹心外墙板中。按形状的不同，不锈钢连接件可分为桁架式连接件、棒状连接件、板式连接件和异形截面连接件（包括套筒式连接件、C 形截面连接件等），如图 10.8 所示。

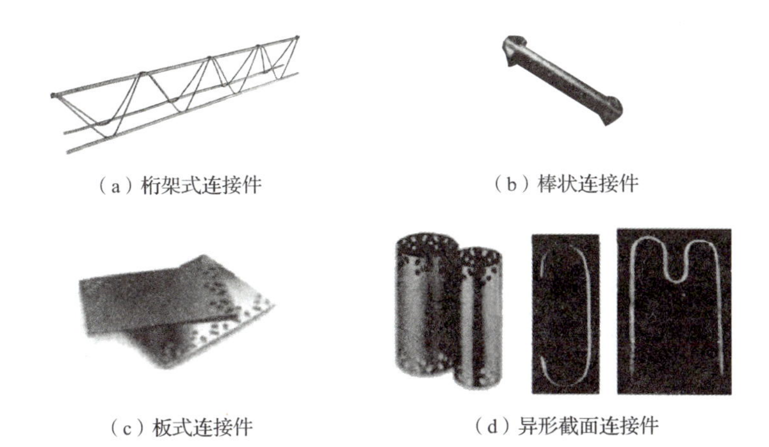

（a）桁架式连接件　（b）棒状连接件

（c）板式连接件　（d）异形截面连接件

图 10.8　不锈钢连接件

4. 键槽与粗糙面设置

预制剪力墙板的顶面、底面和侧面与后浇混凝土的结合面应设置粗糙面，其中侧面的结面还可以设置键槽，如图 10.9 所示；粗糙面的面积不宜小于结合面的 80%，粗糙面凹凸深度不应小于 6mm。键槽深度 t 不宜小于 20mm，宽度 w 不宜小于深度的 3 倍且不宜大于深度的 10 倍，键槽间距宜等于键槽宽度，键槽端部斜面倾角不宜大于 30°。

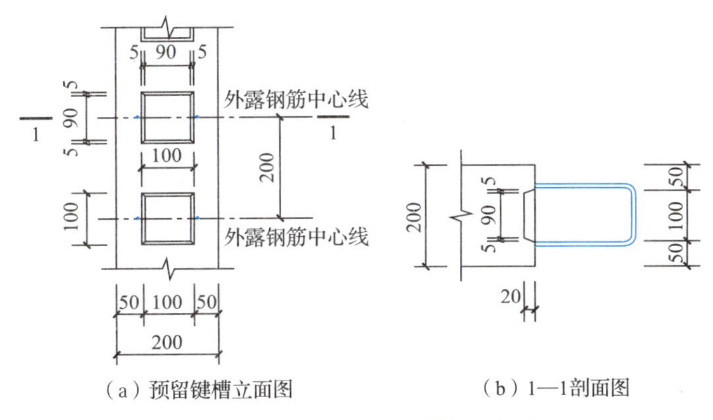

（a）预留键槽立面图　（b）1—1剖面图

图 10.9　剪力墙侧面键槽示意图

任务 10.4　识读预制剪力墙板标准图集

引导问题

1. 国家建筑标准设计图集《预制混凝土剪力墙外墙板》（15G365-1）、《预制混凝土剪力墙内墙板》（15G365-2）的适用范围是什么？

2. 理解并掌握预制内墙板和预制夹心外墙板内叶墙板及外叶墙板的编号的识读方法。

3. 预制内墙板和预制夹心外墙板的选用方法是什么？

4. 预制夹心外墙板的构造包括什么？

5. 预制剪力墙板运输时的堆放方案有哪些？

6. 临时支撑上、下支撑杆的倾角分别是多少度？

1. 标准图集适用范围

国家建筑标准设计图集（简称标准图集）《预制混凝土剪力墙外墙板》（15G365-1）、《预制混凝土剪力墙内墙板》（15G365-2）分别适用于非组合式承重预制混凝土夹心保温外墙板（简称为预制夹心外墙板）和预制混凝土剪力墙内墙板（简称为预制内墙板），应用于非抗震设计和抗震设防烈度为6～8度地区抗震设计的高层装配整体式剪力墙结构住宅，结构应具有较好的规则性，剪力墙为构造配筋，但不适用于地下室、底部加强部位及其上一层、电梯井和顶层的剪力墙。其他类型的建筑，当满足15G365-1和15G365-2的要求时，也可参考选用。

预制剪力墙板上下层的竖向钢筋宜采用钢筋套筒灌浆连接和浆锚搭接连接，相邻预制剪力墙板之间的水平钢筋宜采用整体式接缝连接。

15G365-1和15G365-2中的预制剪力墙板对应的层高为2.8m、2.9m和3.0m，门窗洞口宽度尺寸为900m和1000mm。预制夹心外墙板中承重内叶墙板厚度为200mm，外叶墙板厚度为60mm，夹心保温层厚度为30～100mm；预制内墙板厚度为200mm。对应的叠合板和预制阳台板的厚度为130mm，建筑面层做法厚度为50mm和100mm。若具体工程项目中墙的尺寸与上述规定不符，可参考标准图集另行设计。

2. 材料

（1）结构材料。

混凝土强度等级不应低于C30，采用HRB400（Φ）级钢筋和Q235-B级钢材，其他结构材料应满足国家现行有关标准的要求。

（2）非结构材料。

预制夹心外墙板中保温层材料采用挤塑聚苯板（XPS），窗下墙轻质填充材料采用模塑聚苯板（EPS），容重不小于12kg/m^3。用于门窗安装固定的预埋件采用防腐木砖。构件中密封材料等应满足国家现行有关标准的要求。

3. 编制原则

预制夹心外墙板的安全等级为二级，结构重要性系数γ_0=1.0，设计工作年限为50年。预制夹心外墙板外叶墙板按二a类环境类别设计，最外层钢筋的混凝土保护层厚度按20mm设计，如有瓷砖饰面或设计的环境类别不同时可由设计人员调整，最小混凝土保护层厚度不应小于15mm；预制夹心外墙板内叶墙板和预制内墙板按一类环境类别设计，标准图集的配筋图中已标明钢筋定位，如有调整，最小混凝土保护层厚度不应小于15mm。

4. 预制内墙板的编号方法

预制内墙板的类型主要有无洞口内墙板、固定门垛内墙板、中间门洞内墙板、刀把内墙板，不同类型的预制内墙板的编号方法如图10.10所示。

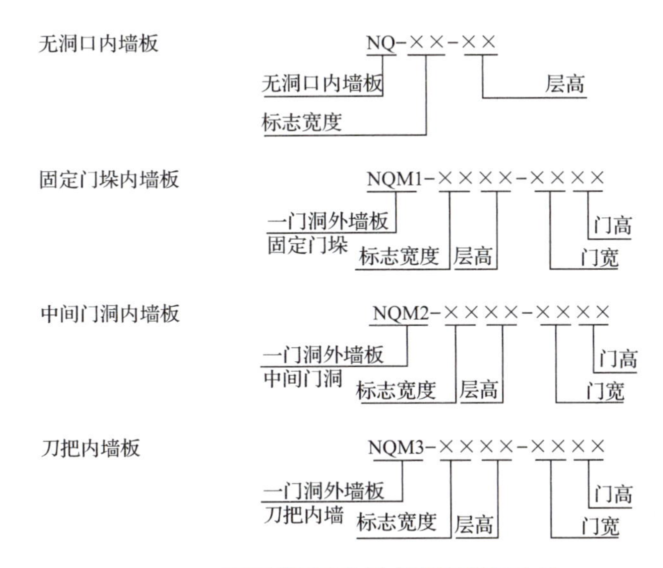

图 10.10　不同类型预制内墙板的编号方法

各种预制内墙板的编号示例如表 10-3 所示。

表 10-3　各种预制内墙板的编号示例表　　单位：mm

预制内墙板类型	示意图	预制内墙板编号	标志宽度	层高	门宽	门高
无洞口内墙		NQ-2128	2100	2800	—	—
固定门垛内墙		NQM1-3028-0921	3000	2800	900	2100
中间门洞内墙		NQM2-3029-1022	3000	2900	1000	2200
刀把内墙		NQM3-3330-1022	3300	3000	1000	2200

任务实施

试写出图 10.11 所示预制内墙板的编号。

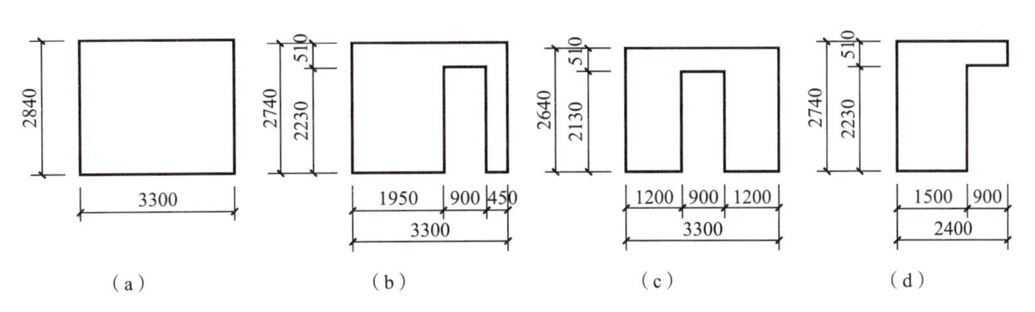

图 10.11　任务实施——预制内墙板编号

5. 预制内墙板的选用方法

结构的内墙分段应根据具体工程中的户型布置和墙段长度，结合 15G365-2 中的预制内墙板类型和尺寸进行。

预制内墙板的选用，首先要确定各参数与 15G365-2 适用范围要求是否一致，并在结构施工图中统一说明；然后根据结构平面布置、结构计算分析结果、门窗洞口位置及尺寸、预制内墙板标志宽度、结构层高等，确定选用的预制内墙板编号；再结合生产施工实际需求，确定预埋件、拉结件；此外，还需结合设备施工图，选用盒并确定预埋位置，补充预制内墙板中其他设备预留孔洞及管线。当设计尺寸与 15G365-2 中预制内墙板的标志宽度不同时，可局部调整后浇段长度后选用。

若具体工程设计与 15G365-2 中预制内墙板的模板、配筋相差较大，设计人员可参考标准图集中相关构件详图，重新进行构件设计。

【例 10-1】根据已知条件，选用 15G365-2 中的预制内墙板。

已知条件：如图 10.12（a）所示，建筑层高为 2800mm，开间和进深尺寸分别为 3600mm 和 7500mm，内墙门洞尺寸为 1000mm×2100mm；叠合板和预制阳台板厚度均为 130mm，建筑面层厚度为 50mm；抗震等级为二级，混凝土强度等级为 C30，所在楼层为标准层，剪力墙边缘构件为构造边缘构件，墙身计算结果为构造配筋（各部分配筋量与标准构件相符）。

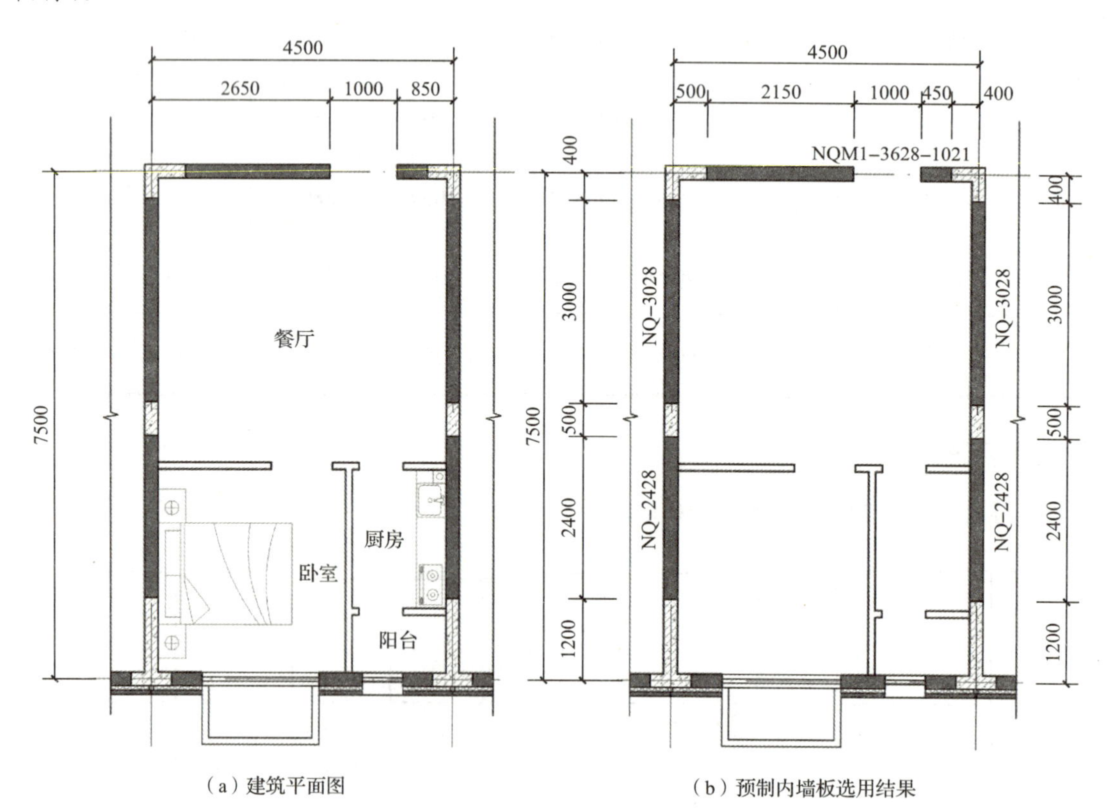

图 10.12 预制内墙板选用示例

预制内墙板选用结果如图 10.12（b）所示。

（1）不开洞预制内墙板选用：通过调整后浇段尺寸，将内墙分成两段符合 3M 模数的不开洞预制内墙板，按 15G365-2 索引图核对预制内墙板类型，直接选用 NQ-2428 和 NQ-3028。

（2）开门洞预制内墙板选用：根据开门洞位置，在 15G365-2 中选择相应预制内墙板类型。本示例门洞偏置，NQM1-3628-1021 满足尺寸关系，通过调整后浇段尺寸，直接选用该标准预制内墙板。

（3）按 15G365-2 选用标准构件后，应在结构设计说明或结构施工图中补充：结构抗震等级为二级，预制内墙板混凝土强度等级为 C30，建筑面层厚度为 50mm；设计人员与生产单位、施工单位确定吊装预埋件形式并进行核算，补充施工预埋件；核对并补充各专业预埋管线。

6. 预制夹心外墙板的编号方法

非组合式承重预制夹心外墙板主要包括内叶墙板、保温层和外叶墙板。保温层置于内外叶墙板之间；内叶墙板与保温层一次加工成型；外叶墙板通过贯穿保温层的拉结件与内叶墙板相连。外叶墙板不参与结构受力，但进行结构分析时应考虑其自重。一般按照内叶墙板类型对预制夹心外墙板进行编号。

1）内叶墙板

根据内叶墙板的类型，预制夹心外墙板分为无洞口外墙板、一个窗洞外墙板（高窗台）、一个窗洞外墙板（矮窗台）、两个窗洞外墙板、一个门洞外墙板，采用不同类型内叶墙板的预制夹心外墙板的编号方法如图 10.13 所示。

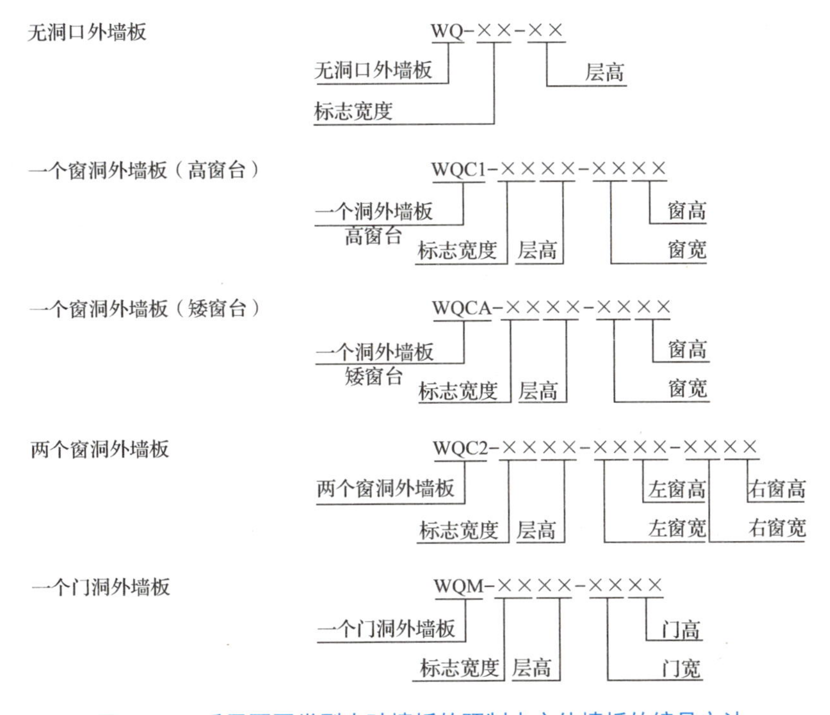

图 10.13　采用不同类型内叶墙板的预制夹心外墙板的编号方法

各种预制夹心外墙板的编号示例如表 10-4 所示。

表 10-4　各种预制夹心外墙板的编号示例

单位：mm

预制夹心外墙板类型	示意图	预制夹心外墙板编号	标志宽度	层高	1#门/窗宽	1#门/窗高	2#门/窗宽	2#门/窗高
无洞口外墙板		WQ-2428	2400	2800	—	—	—	—
一个窗洞外墙板（高窗台）		WQC1-3028-1514	3000	2800	1500	1400	—	—
一个窗洞外墙板（矮窗台）		WQCA-3029-1517	3000	2900	1500	1700	—	—
两个窗洞外墙板		WQC2-4830-0615-1515	4800	3000	600	1500	1500	1500
一个门洞外墙板		WQM-3628-1823	3600	2800	1800	2300	—	—

任务实施

根据图 10.14 所示各内叶墙板类型，试写出其对应的预制夹心外墙板编号。

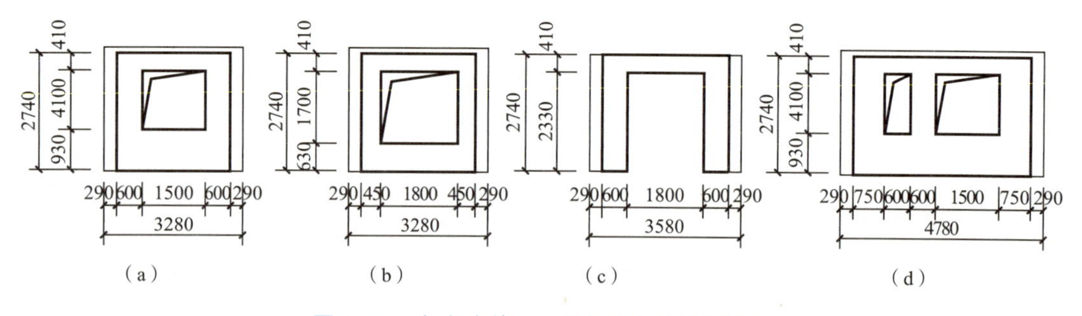

图 10.14　任务实施——预制夹心外墙板编号

2）外叶墙板

外叶墙板与内叶墙板对应，分为标准外叶墙板[图 10.15(a)]和带阳台板外叶墙板[图 10.15(b)]。标准外叶墙板编号为 wy1（a，b），按实际情况标注出 a、b，当 a、b 表示数值均为 290 时，仅注写 wy1；带阳台外叶墙板编号为 wy2（a，b，c_L 或 c_R，d_L 或 d_R），按外叶墙板实际情况标注 a、b、c_L 或 c_R、d_L 或 d_R。其中“L”表示左方向，“R”表示右方向，左、右方向根据内叶墙板从内向外的方向确定。

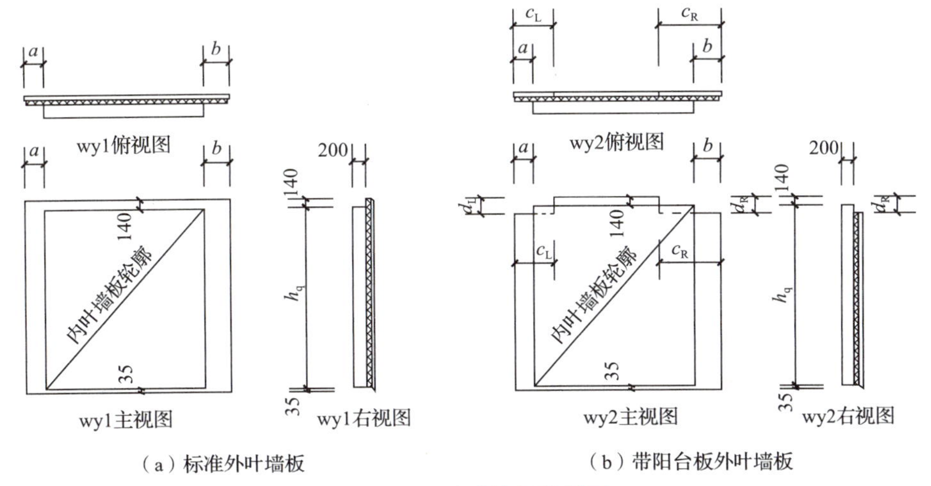

（a）标准外叶墙板　　（b）带阳台板外叶墙板

图 10.15　外叶墙板的类型

任务实施

试写出图 10.16 所示的预制夹心外墙板及其外叶墙板的编号。

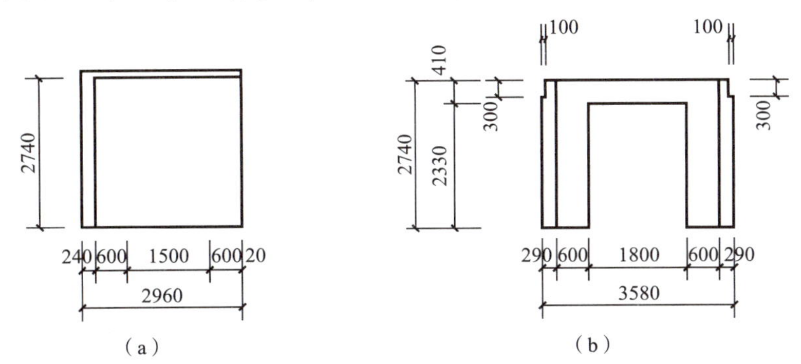

（a）　　（b）

图 10.16　任务实施——预制夹心外墙板及其外叶墙板编号

7. 预制夹心外墙板的选用方法

选用预制夹心外墙板时，首先要确定各参数与 15G365-1 适用范围要求是否一致，并在结构施工图中统一说明；然后根据结构平面布置、结构计算分析结果、门窗洞口位置及尺寸、预制夹心外墙板标志宽度、结构层高等，确定预制夹心外墙板编号及其外叶墙板编号；再结合生产施工实际需求，确定预埋件、拉结件；此外，还需结合设备施工图，选用线盒并确定预埋位置，补充预制夹心外墙板中其他设备的预留孔洞及管线。当设计尺寸与 15G365-1 中预制夹心外墙板的标志宽度不同时，可局部调整后浇段长度后选用。

【例 10-2】根据已知条件，选用 15G365-1 中的预制夹心外墙板。

已知条件：如图 10.17（a）所示，建筑层高为 2900mm，①～②轴开间尺寸为 3300mm，卧室窗洞尺寸为 1800mm×1700mm，窗台高度为 600mm；②～③轴开间尺寸为 3900mm，客厅门洞尺寸为 2400mm×2300mm；建筑保温层厚度为 70mm；叠合板和预制阳台板厚度均为 130mm，建筑面层厚度为 50mm；抗震等级为二级，混凝土强度等级为 C30，所在楼

层为标准层，剪力墙边缘构件为构造边缘构件，墙身计算结果为构造配筋（各部分配筋量与标准构件相符）。

预制夹心外墙板选用结果如图 10.17（b）所示。

（1）①～②轴预制夹心外墙板的选用。

内叶墙板选用：图中①～②轴内叶墙板参数与 15G365-1 中标准预制外墙板 WQCA-3329-1817 的模板图参数对比，将①轴右侧后浇段预留 400mm，②轴左侧后浇段预留 200mm 后，可直接选用。

外叶墙板选用：图中①～②轴外叶墙板符合 WQCA-wy2 的构造，从内向外看，外叶墙板两侧相对于内叶墙板分别伸出 190mm 和 20mm，阳台板左侧局部缺口尺寸 c 为 400mm，阳台板厚度为 130mm，考虑预留 20mm 宽的板缝，可选用 WQC1-wy2（190，20，c_L=410，d_L=150）。

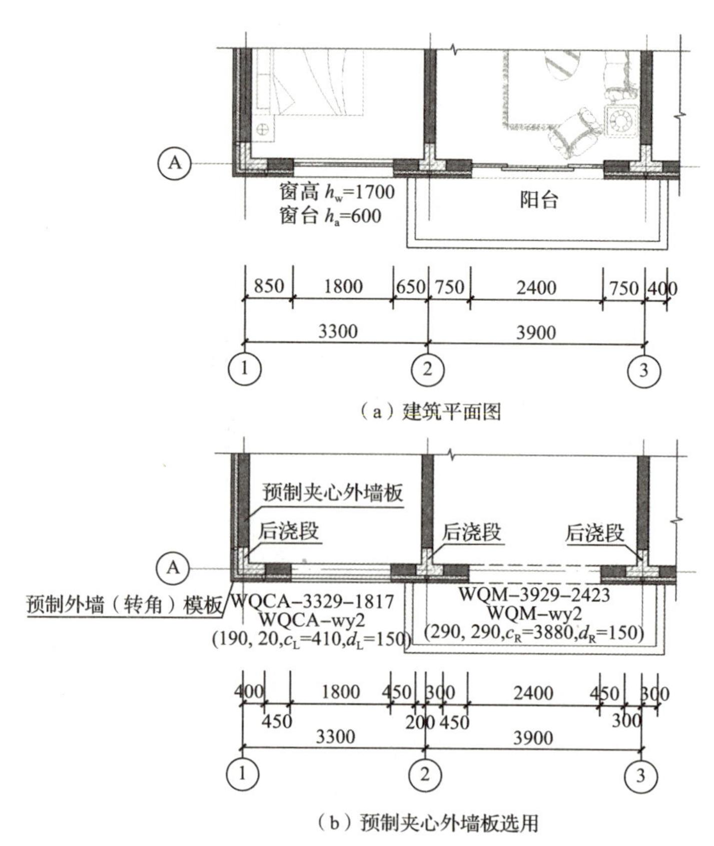

图 10.17　预制夹心外墙板选用示例

（2）②～③轴预制夹心外墙板的选用。

内叶墙板选用：图中②～③轴间墙板参数与 15G365-1 中标准预制外墙板 WQM-3929-2423 的模板图参数对比，完全符合，可直接选用。

外叶墙板选用：图中②～③轴间外叶墙板符合 WQM-wy2 的构造，从内向外看，外叶墙板两侧相对于内叶墙板均伸出 290mm，阳台板全部缺口，缺口尺寸水平段 c 为 3880mm，阳台板厚度为 130mm，考虑预留 20mm 宽的板缝，可选用 WQC1-wy2（290，290，c_R=3880，d_R=150）。

按 15G365-1 选用标准构件后，应在结构设计说明或结构施工图中补充：结构抗震等级为二级，预制夹心外墙板混凝土强度等级为 C30，保温层厚度为 70mm，建筑面层为 50mm；设计人员与生产单位、施工单位确定吊装预埋件形式并进行核算，补充施工相关预埋件；核对并补充各专业预埋管线。

8. 脱模、吊装、临时加固、堆放和临时支撑要求

在构件加工厂中，预制剪力墙板脱模时，相同条件下养护的混凝土立方体试件抗压强度应达到构件设计混凝土强度等级值的 75%。

预制剪力墙板应采用吊装平衡梁垂直起吊。对于带门洞预制内墙板在其脱模、吊装、运输和安装过程中，应对门下开洞处采取临时加固措施，如临时加固梁。图 10.18 所示为带门洞预制内墙板吊装示意图。

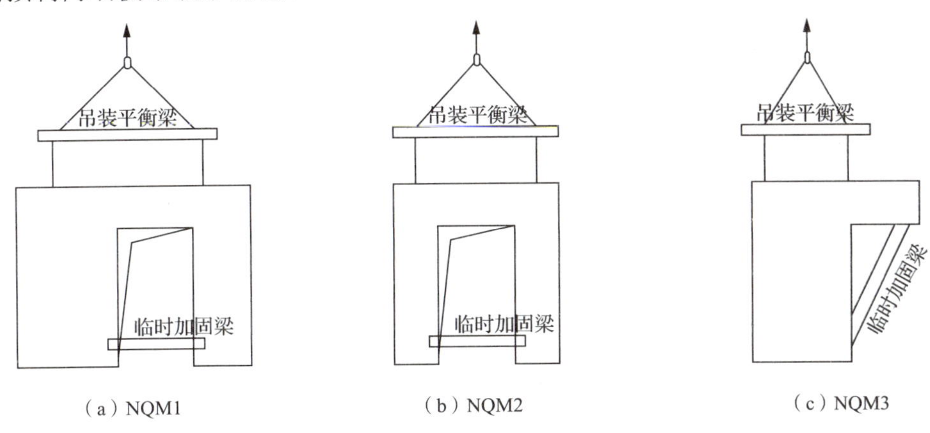

图 10.18　带门洞预制内墙板吊装示意图

生产单位应制定预制剪力墙板运输时的堆放方案，运输预制剪力墙板时应采取措施，防止构件损坏、移动、倾倒变形等。可采用背靠架堆放（图 10.19）、插放架直立堆放（图 10.20），也可采用联排插放架堆放（图 10.21），如有其他可靠经验也可采用其他堆放方式。

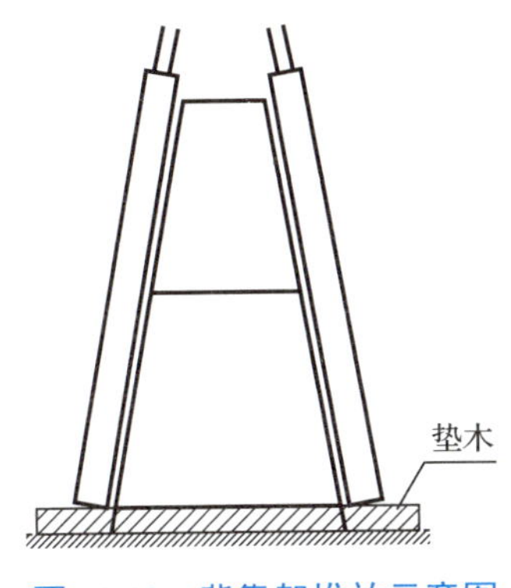

图 10.19　背靠架堆放示意图

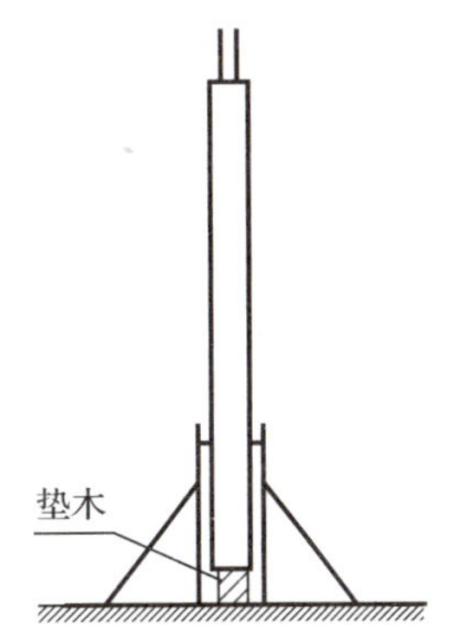

图 10.20　插放架直立堆放示意图

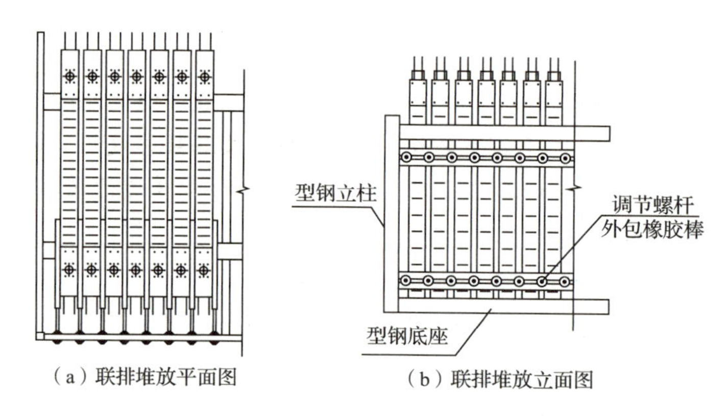

（a）联排堆放平面图　（b）联排堆放立面图

图 10.21　联排插放架堆放示意图

预制剪力墙板施工过程中应设置临时支撑，临时支撑固定方法如图 10.22 所示，上支撑杆倾角 α_1 一般为 45～60°，下支撑杆倾角 α_2 一般为 30～45°。

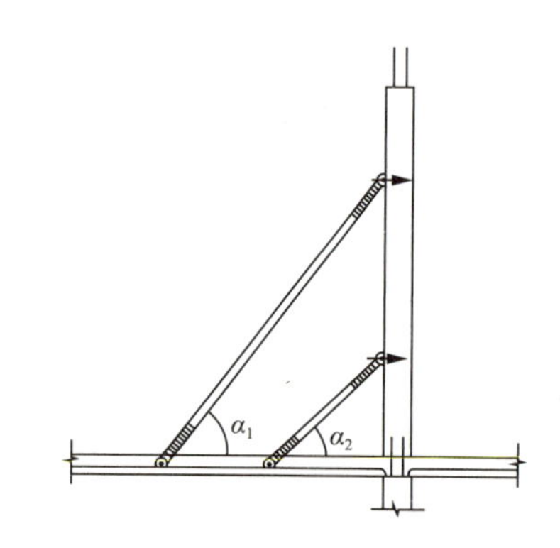

图 10.22　预制剪力墙板临时支撑示意图

任务 10.5　识读无洞口预制内墙板详图

引导问题

1. 图 10.23 所示无洞口预制内墙板的尺寸是什么？

2. 在预制内墙板与后浇混凝土相连的部位设计预留凹槽的目的是什么？

3. 识读图 10.23 所示无洞口预制内墙板的装配方向并说明根据装配方向线盒应如何表示？

4. 简述图 10.24 中的钢筋配置情况。

无洞口预制内墙板详图包括模板图和配筋图。现以编号为 NQ–2129 的无洞口预制内墙板模板图（图 10.23）和配筋图（图 10.24）为例，讲解无洞口预制内墙板详图中的主要信息。

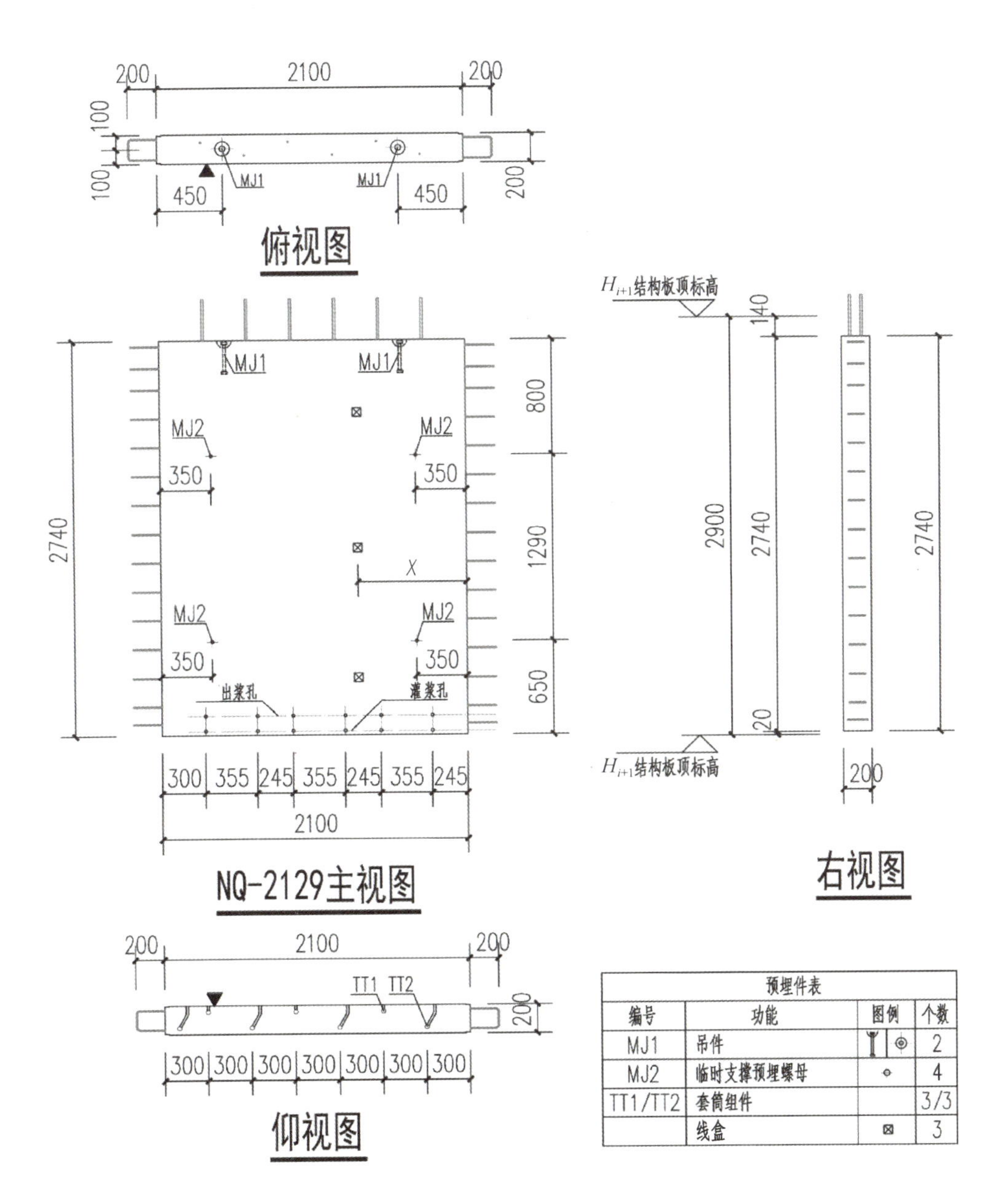

预埋件表			
编号	功能	图例	个数
MJ1	吊件		2
MJ2	临时支撑预埋螺母		4
TT1/TT2	套筒组件		3/3
	线盒	⊠	3

图 10.23　NQ–2129 模板图

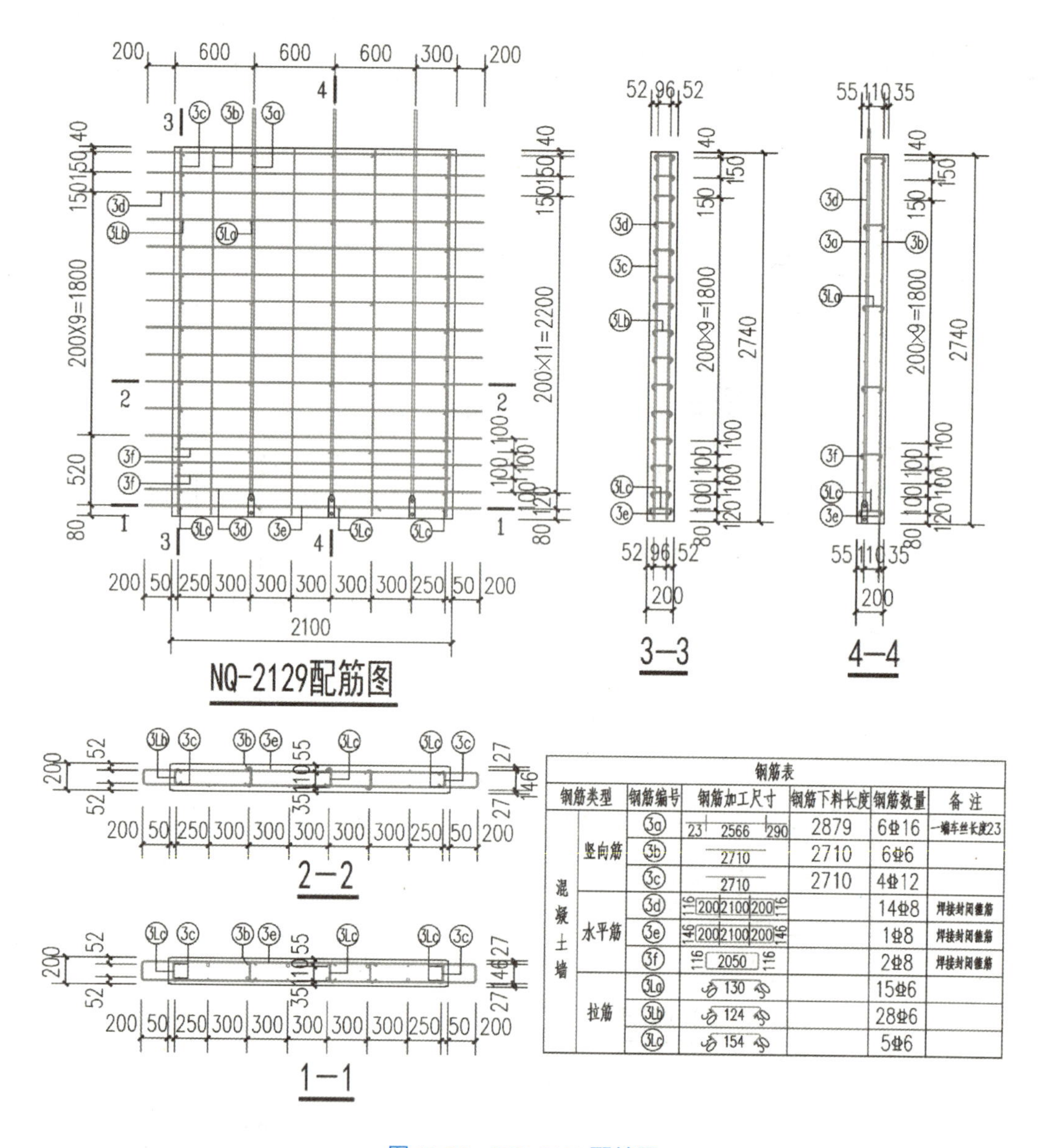

钢筋表

钢筋类型		钢筋编号	钢筋加工尺寸	钢筋下料长度	钢筋数量	备注
混凝土墙	竖向筋	3a	23 2566 290	2879	6⌀16	一端车丝长度23
		3b	2710	2710	6⌀6	
		3c	2710	2710	4⌀12	
	水平筋	3d	116 200 2100 200 116		14⌀8	焊接封闭箍筋
		3e	146 200 2100 200 146		1⌀8	焊接封闭箍筋
		3f	116 2050 116		2⌀8	焊接封闭箍筋
	拉筋	3La	130		15⌀6	
		3Lb	124		28⌀6	
		3Lc	154		5⌀6	

图 10.24 NQ-2129 配筋图

1. 无洞口预制内墙板模板图识读

（1）图 10.23 所示无洞口预制内墙板的长度为 2100mm，厚度为 200mm，高度为 2740mm，对应层高为 2900mm。

（2）结合 15G365-2 第 8 页 NQ 示意图可知，在无洞口预制内墙板与后浇混凝土相连的部位，在墙体两侧均设计有 30mm×5mm 预留凹槽，既是保障预制构件与后浇混凝土接缝外观平整度的措施，同时也能够防止后浇混凝土漏浆。构件详图中未设置后浇混凝土模板固定所需预埋件，设计人员应与生产单位、施工单位协调，根据实际施工方案，在预制内墙板深化设计详图中补充相关的预埋件。

（3）预制内墙板模板图中推荐了预埋线盒位置，设计人员可根据需要进行位置选用，模板图中标注了预制内墙板装配方向，装配方向一侧线盒定位以 X 表示，另一侧线盒定位以 X' 表示。线盒布置应核对设备施工图，保证安装位置的准确性。

（4）NQ–2129 中吊装预埋件（吊件）数量为 2 个，临时支撑预埋螺母数量为 4 个。

2. 无洞口预制内墙板配筋图识读

无洞口预制内墙板钢筋配置较为简单，主要包括竖向分布钢筋（竖向筋）、水平分布钢筋（水平筋）和拉筋。

竖向分布钢筋一般为大、小直径钢筋等间距交错间隔布置。大直径钢筋采用钢筋套筒灌浆连接，图 10.24 中为 6⌀16；小直径钢筋不伸出墙身，无须与其他钢筋连接，图 10.24 中为 6⌀6。此外，端部无边缘构件的预制剪力墙板，宜在左右端部各配置两根直径不小于 12mm 的竖向构造钢筋，图 10.24 中为 4⌀12。

无洞口预制内墙板的拉筋宜采用矩形布置。墙身范围内，竖向分布钢筋与外伸水平分布钢筋相交处，全部设置拉筋。拉筋在墙高范围内由最下一排水平分布钢筋开始设置到墙顶第一排水平钢筋处终止，图 10.24 中墙身拉筋均按 ⌀6@600/600 布置。

任务 10.6　识读一个门洞预制内墙板详图

引导问题

1. 图 10.25 所示一个门洞预制内墙板的尺寸是什么？
2. 门洞两侧设置预埋内螺栓的目的是什么？
3. 简述图 10.26 中的钢筋配置情况。

一个门洞预制内墙板详图包括模板图和配筋图。现以编号为 NQM1–3628–1021 的一个门洞预制内墙板模板图（图 10.25）和配筋图（图 10.26）为例，讲解一个门洞预制内墙板详图中的主要信息。

1. 一个门洞预制内墙板模板图识读

（1）图 10.25 所示一个门洞预制内墙板的长度为 3600mm，厚度为 200mm，高度为 2640mm，对应层高为 2800mm，门洞尺寸为 1000mm×2130mm。

（2）该模板图中共设有两个预埋线盒。

（3）门洞两侧需设置预埋内螺栓，用以在运输、吊装阶段安装角钢，保护构件。

（4）图 10.25 中，套筒组件中的灌浆管、出浆管为并排设置，应注意管定位；灌浆管、出浆管宜垂直于预制内墙板板面；灌浆管、出浆管弯折采用热弯工艺，禁止冷加工；灌浆管、出浆管直径为 ϕ22mm。

2．一个门洞预制内墙板配筋图识读

通常带门洞的预制剪力墙板由边缘构件、连梁和墙身组成。结合图 10.26 中的 NQM1-3628-1021 配筋图和钢筋表可知该墙板各部分的各类型钢筋配置情况。

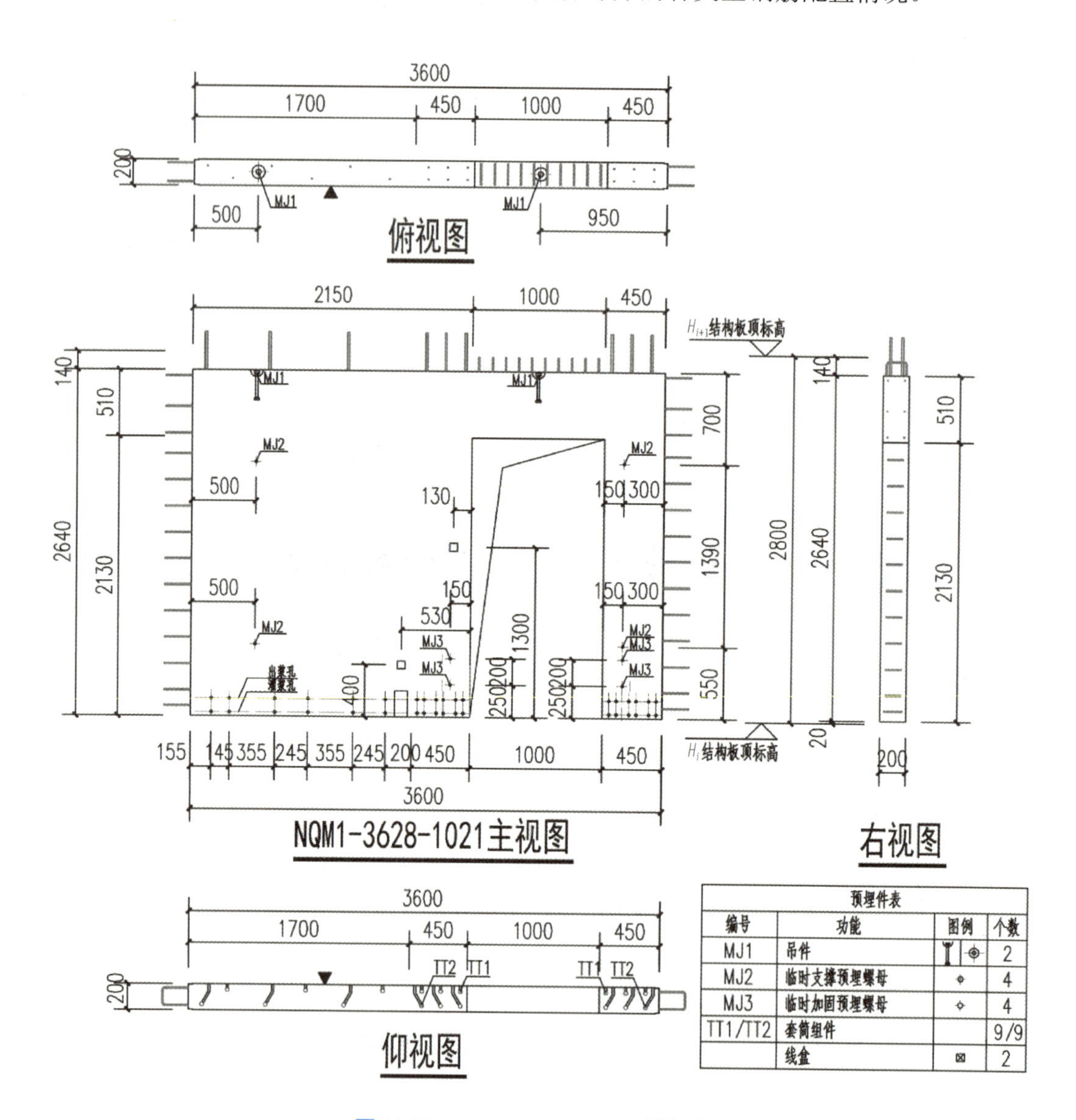

预埋件表			
编号	功能	图例	个数
MJ1	吊件		2
MJ2	临时支撑预埋螺母		4
MJ3	临时加固预埋螺母		4
TT1/TT2	套筒组件		9/9
	线盒		2

图 10.25　NQM1-3628-1021 模板图

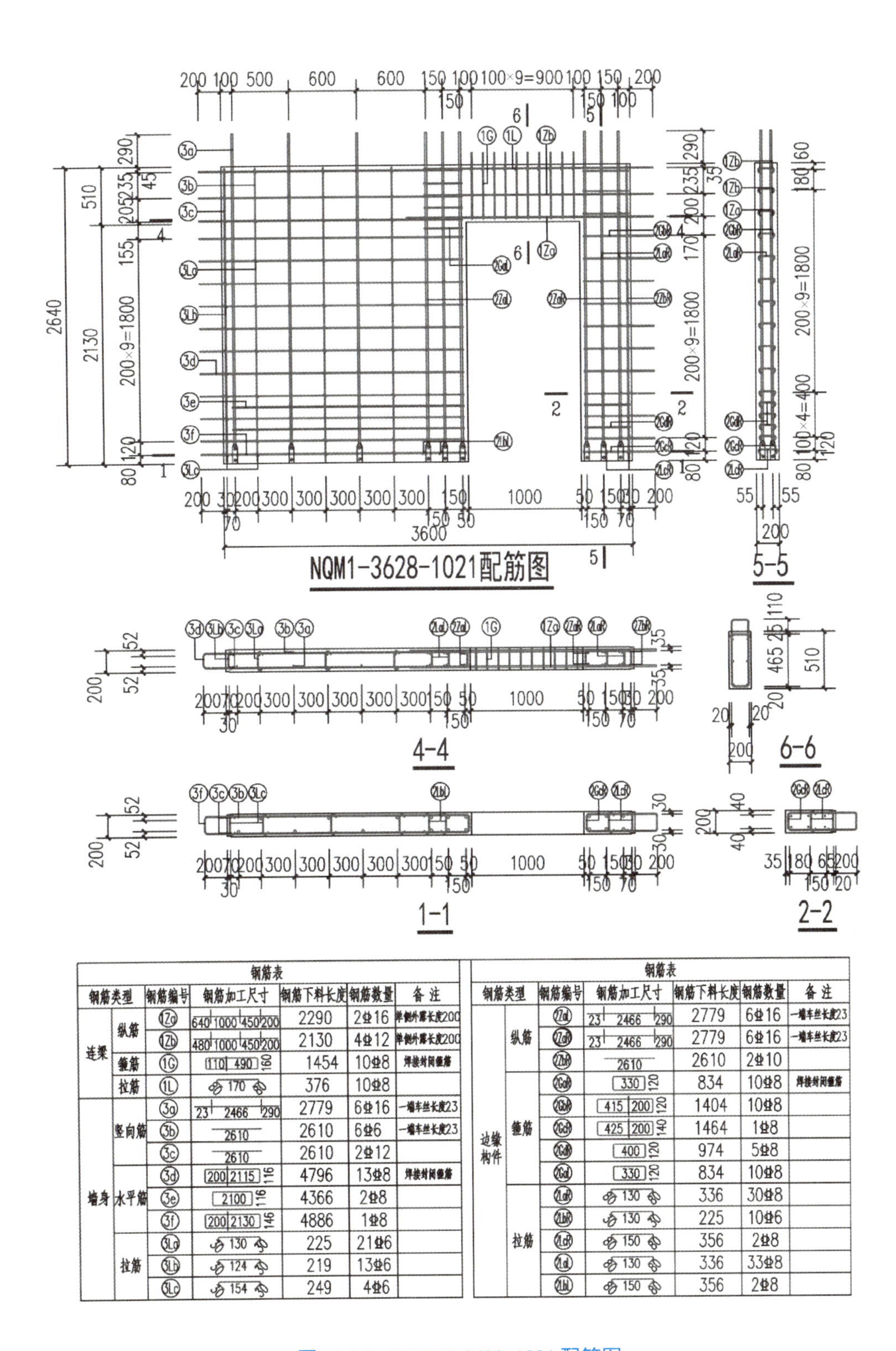

钢筋表						
钢筋类型		钢筋编号	钢筋加工尺寸	钢筋下料长度	钢筋数量	备注
连梁	纵筋	①Za	640 1000 450 200	2290	2Φ16	单侧外露长度200
		①Zb	480 1000 450 200	2130	4Φ12	单侧外露长度200
	箍筋	①G	110 490 160	1454	10Φ8	焊接封闭箍筋
	拉筋	①L	170	376	10Φ8	
墙身	竖向筋	③a	23 2466 290	2779	6Φ16	一端车丝长度23
		③b	2610	2610	6Φ6	一端车丝长度23
		③c	2610	2610	2Φ12	
	水平筋	③d	200 2115 116	4796	13Φ8	焊接封闭箍筋
		③e	2100 116	4366	2Φ8	
		③f	200 2130 146	4886	1Φ8	
	拉筋	③La	130	225	21Φ6	
		③Lb	124	219	13Φ6	
		③Lc	154	249	4Φ6	

钢筋表						
钢筋类型		钢筋编号	钢筋加工尺寸	钢筋下料长度	钢筋数量	备注
边缘构件	纵筋	②Za	23 2466 290	2779	6Φ16	一端车丝长度23
		②ZaR	23 2466 290	2779	6Φ16	一端车丝长度23
		②ZbR	2610	2610	2Φ10	
	箍筋	②GaR	330 120	834	10Φ8	焊接封闭箍筋
		②GbR	415 200 120	1404	10Φ8	
		②GcR	425 200 140	1464	1Φ8	
		②GdR	400 120	974	5Φ8	
		②Ga	330 120	834	10Φ8	
	拉筋	②LaR	130	336	30Φ8	
		②LbR	130	225	10Φ6	
		②LcR	150	356	2Φ8	
		②La	130	336	33Φ8	
		②Lbl	150	356	2Φ8	

图 10.26 NQM1-3628-1021 配筋图

1）边缘构件配筋

设置门洞的预制剪力墙板，一般在洞边设置边缘构件，边缘构件的截面长度不应小于200mm，不宜大于400mm。边缘构件一般配置6根或4根纵向钢筋（纵筋），四角纵向钢筋距边缘构件的端部尺寸按50mm设置，并应逐根连接。

边缘构件外侧设有墙身时，墙身水平分布钢筋（水平筋）可兼作边缘构件水平钢筋，且与边缘构件纵向钢筋交接处均需设置拉筋，或者在边缘构件中另增加配置箍筋和拉筋。

NQM1-3628-1021配筋图中，边缘构件均配有纵向钢筋6⌀16，下端与灌浆套筒连接，上端伸出墙体顶面与上层预制内墙板连接。边缘构件另配有箍筋和拉结筋。

2）连梁配筋

设置门洞的预制剪力墙板，一般在洞口上方设置连梁。当设置两个洞口时，连梁应贯穿两个洞口上方。刀把形预制剪力墙板的“刀把”部分，同样按连梁配置钢筋。

连梁的配筋包括连梁上部纵向钢筋、下部纵向钢筋、梁侧构造钢筋、箍筋和拉筋。纵向钢筋需锚入墙身或伸出墙体端面，箍筋伸出墙体顶面。上部纵向钢筋与箍筋交接处配有拉筋10⌀8。当连梁截面较高时，还需在连梁中部设置拉筋。

3）墙身配筋

墙身部位配置双层、双向钢筋网，竖向分布钢筋（竖向筋）为大、小直径钢筋等间距交错间隔布置。其中大直径钢筋为6⌀16，需与上层预制内墙板连接；小直径钢筋为6⌀6，在墙身内部锚固，不伸出墙身。

任务10.7　识读一个窗洞预制夹心外墙板详图

引导问题

1. 图10.27所示一个窗洞预制夹心外墙板的尺寸是什么？
2. 预制剪力墙板的灌浆的分仓作业中，单仓长度应满足什么条件？
3. 简述图10.28中窗下墙和图10.29中外叶墙板的钢筋配置情况。

一个窗洞预制夹心外墙板详图包括模板图、内叶墙板配筋图和外叶墙板配筋图。现以编号为WQC1-3329-1514的一个窗洞预制夹心外墙板模板图（图10.27）、内叶墙板配筋图（图10.28）和外叶墙板配筋图（图10.29）为例，讲解一个窗洞预制夹心外墙板详图中的主要信息。

1. 一个窗洞预制夹心外墙板模板图识读

（1）图 10.27 所示的一个窗洞预制夹心外墙板的长度为 2700mm，厚度为 200mm，高度为 2740mm，窗洞尺寸为 1500mm×1400mm，为对应层高为 2900mm。保温层立面尺寸为 3240mm×2880mm。外叶墙板宽度为 3280mm，高度为 2915mm，上下均设置 35mm 高企口，以保证预制夹心外墙板的防水性能。

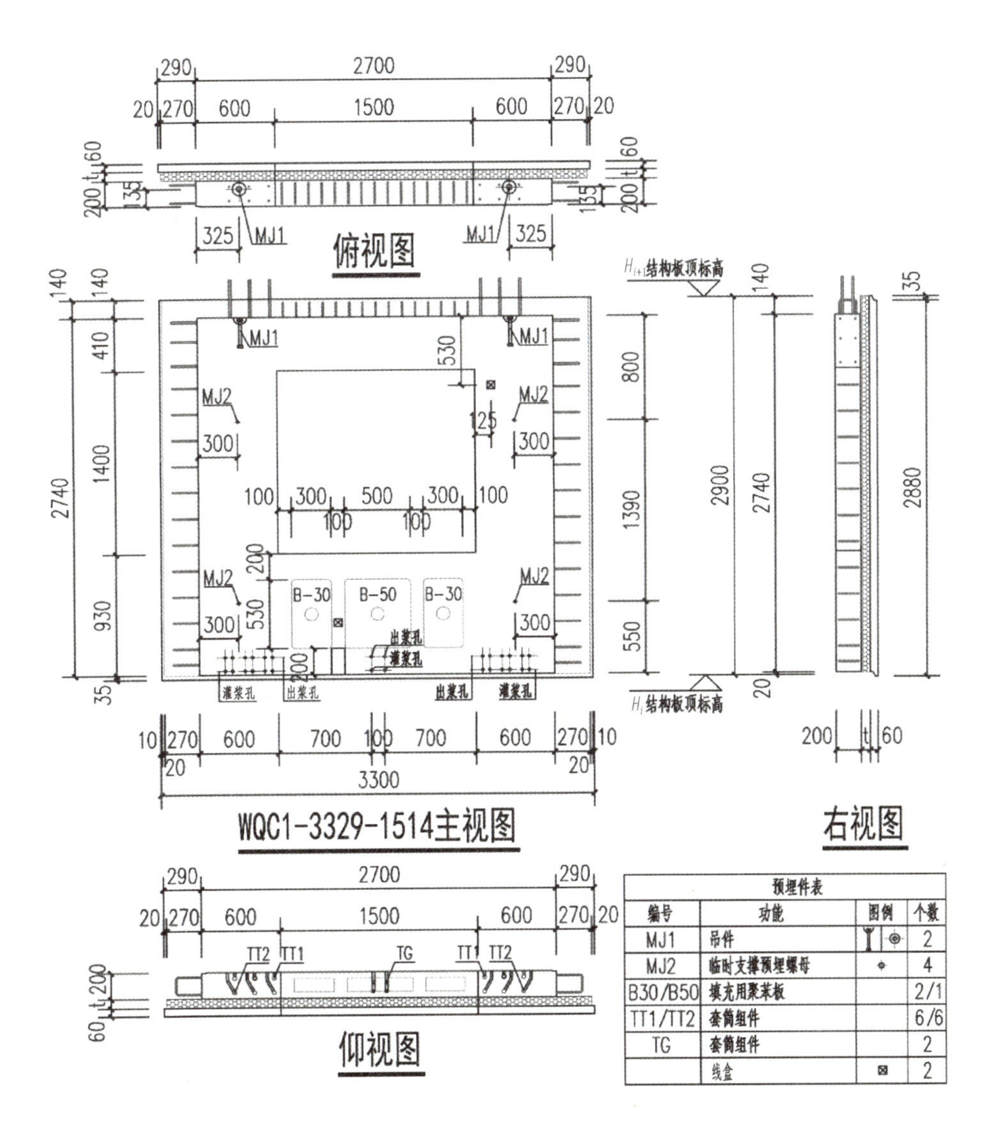

预埋件表			
编号	功能	图例	个数
MJ1	吊件		2
MJ2	临时支撑预埋螺母		4
B30/B50	填充用聚苯板		2/1
TT1/TT2	套筒组件		6/6
TG	套筒组件		2
	线盒	⊠	2

图 10.27 WQC1-3329-1514 模板图

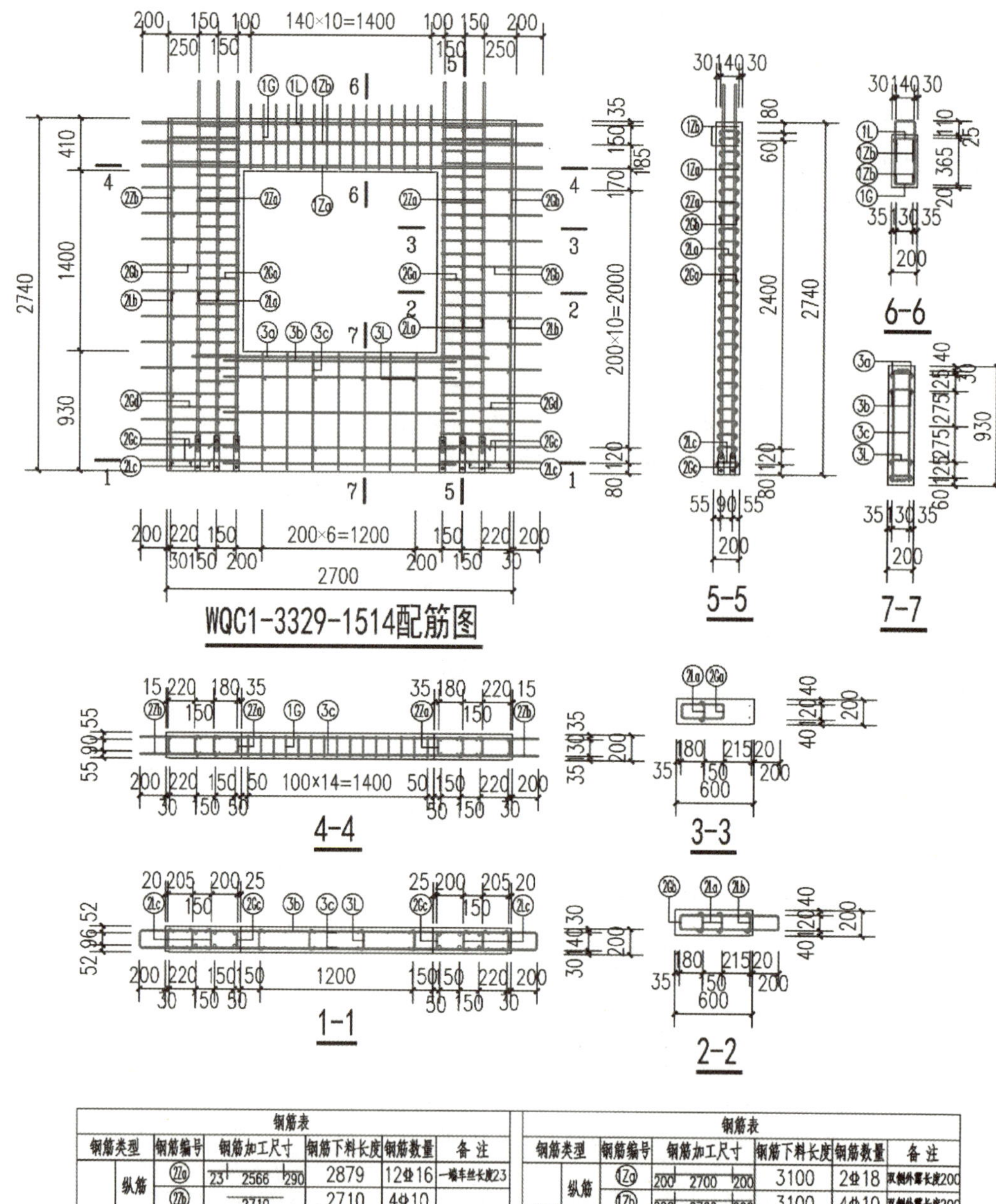

钢筋表						
钢筋类型		钢筋编号	钢筋加工尺寸	钢筋下料长度	钢筋数量	备注
边缘构件	纵筋	2Za	23 2566 290	2879	12Φ16	一端车丝长度23
		2Zb	2710	2710	4Φ10	
	箍筋	2Ga	330 120	834	22Φ8	焊接封闭箍筋
		2Gb	565 200 120	1704	22Φ8	焊接封闭箍筋
		2Gc	575 200 140	1764	2Φ8	焊接封闭箍筋
		2Gd	550 120	1474	8Φ8	焊接封闭箍筋
	拉筋	2La	130	336	82Φ8	
		2Lb	130	236	22Φ6	
		2Lc	150	356	6Φ8	

钢筋表						
钢筋类型		钢筋编号	钢筋加工尺寸	钢筋下料长度	钢筋数量	备注
连梁	纵筋	1Za	200 2700 200	3100	2Φ18	双侧外露长度200
		1Zb	200 2700 200	3100	4Φ10	双侧外露长度200
	箍筋	1G	110 390 160	1237	15Φ10	焊接封闭箍筋
	拉筋	1L	170	376	15Φ8	
窗下墙	水平筋	3a	400 1500 400	2300	2Φ10	
		3b	150 1500 150	1800	10Φ8	
	竖向筋	3c	80 900 80	1027	14Φ8	
	拉筋	3d	160	266	8Φ8	

图 10.28　WQC1-3329-1514 配筋图

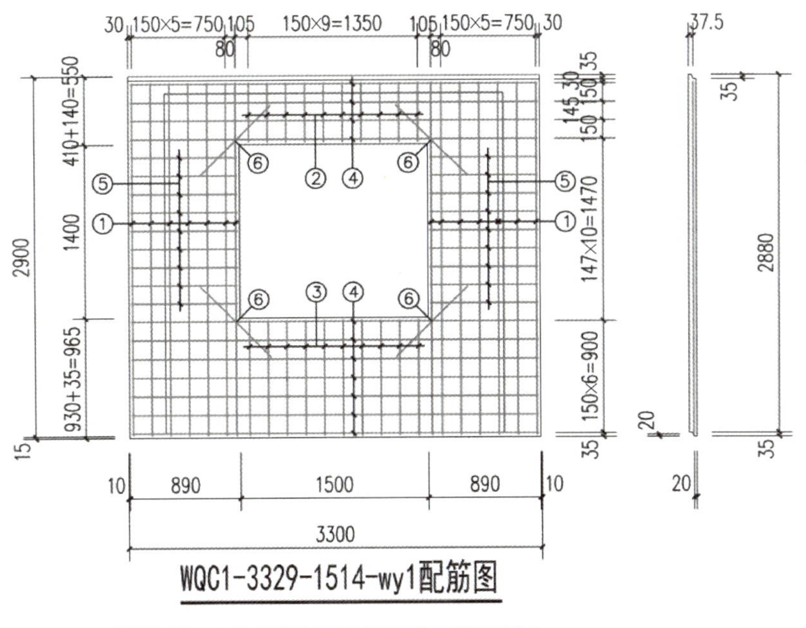

钢筋表					
钢筋类型	钢筋编号	钢筋加工尺寸	钢筋下料长度	钢筋数量	备注
竖向筋	①	2840	2840	14Φ5	焊接钢筋网片
	②	475	475	10Φ5	
	③	925	925	10Φ5	
水平筋	④	3240	3240	11Φ5	
	⑤	850	850	18Φ5	
加固筋	⑥	800	800	4Φ5	

图 10.29　WQC1-3329-1514-wy1 配筋图

（2）如图 10.30 所示，内叶墙板下部设置两组灌浆套筒，分别用作灌浆管和出浆管，它们的规格需与注浆设备匹配。

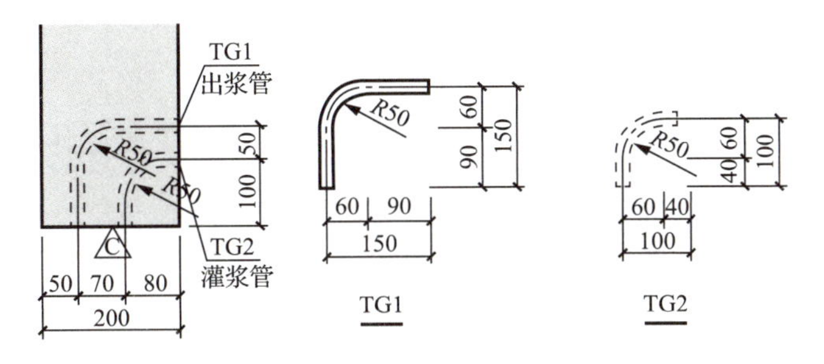

图 10.30　内叶墙板下部设置灌浆套筒

特别提示

预制剪力墙板的灌浆作业前需对墙板进行分仓作业。采用灌浆机进行连续灌浆时，分仓作业后的单仓长度应在 1.0～1.5m；采用手动灌浆枪灌浆，则单仓长度不应大于 0.3m。分仓作业通常采用抗压强度为 50MPa 的座浆料等材料，并严格按照产品说明要求加水搅拌均匀，分仓作业结束且座浆料达到灌浆要求的强度后方可进行灌浆作业。分仓作业要严格控制分隔条的宽度及分隔条与连接主筋的距离，分隔条的宽度一般控制在 20～30mm，分隔条与连接主筋的距离应大于 50mm。图 10.31 所示为采用灌浆机进行连续灌浆时的预制剪力墙板分仓示意。

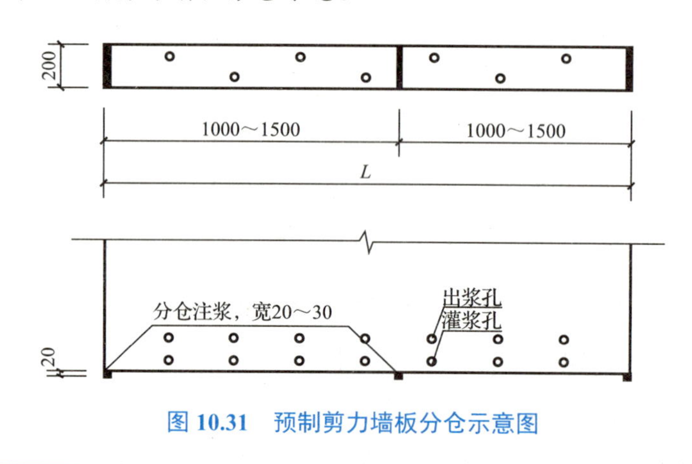

图 10.31　预制剪力墙板分仓示意图

（3）预制夹心外墙板的窗下墙轻质填充材料采用模塑聚苯板（EPS），容重不小于 12kg/m^3。当预埋线盒与填充材料位置冲突时，应减小填充材料面积以避开线盒。线管距离填充材料不小于 20mm。

2. 一个窗洞预制夹心外墙板配筋图识读

（1）内叶墙板配筋图。

通常带窗洞的预制剪力墙板由边缘构件、连梁和窗下墙组成。其中边缘构件、连梁的钢筋配置与带门洞的预制剪力墙板相似。

窗下墙一般受力小，配置双向钢筋网片和拉筋即可。窗下墙最上层水平钢筋宜锚入两侧墙身 400mm，其他钢筋伸入两侧墙身 150mm。

（2）外叶墙板配筋图。

外叶墙板中钢筋采用单层焊接网片，15G365-1 中建议采用冷轧带肋钢筋 ϕ^R5，间距应小于 150mm。窗洞的四角应设置补强钢筋，每个角设置 2⌀8，分别放置在钢筋网片的两侧，补强钢筋的长度不小于 $2l_a$。

任务 10.8 识读预制剪力墙板连接构造详图

引导问题

1. 装配整体式剪力墙结构同楼层内相邻预制剪力墙板之间采用什么连接方式？上下层预制剪力墙板的竖向钢筋采用什么连接方式？

2. 预制剪力墙板底部接缝宜设置在什么位置？应符合什么规定？

3. 在什么情况下设置后浇钢筋混凝土圈梁？什么情况下设置水平后浇带？

装配整体式剪力墙结构同楼层内相邻预制剪力墙板之间采用整体式接缝连接，设置竖向后浇段；上下层预制剪力墙板的竖向钢筋采用钢筋套筒灌浆连接或浆锚搭接连接，板间设置后浇钢筋混凝土圈梁或水平后浇带。

1. 竖向后浇段

竖向后浇段可简称为后浇段，后浇段的类型主要有 L 形后浇段（LJZ）、T 形后浇段（LYZ）、一字形后浇段（LAZ），如图 10.32 所示。后浇段的尺寸可根据需要进行调整。后浇段混凝土强度等级由设计人员指定。结构抗震等级为一级时，后浇段的混凝土强度等级不低于 C35；结构抗震等级为二、三或四级时，后浇段的混凝土强度等级不低于 C30。后浇段竖向钢筋直径及间距应结合预制剪力墙板竖向钢筋，根据计算结果和构造要求配置。

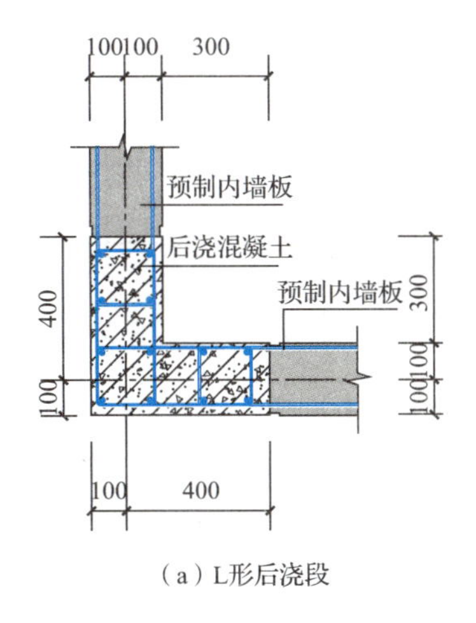

（a）L形后浇段

图 10.32 后浇段类型

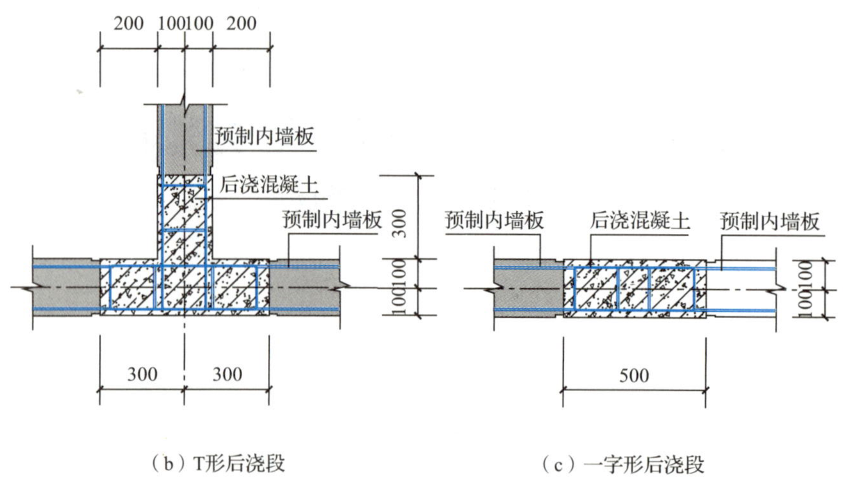

（b）T形后浇段　　（c）一字形后浇段

图 10.32　后浇段类型（续）

2. 竖向钢筋连接

上下层预制剪力墙板的竖向钢筋之间，当采用钢筋套筒灌浆连接或浆锚搭接连接时，边缘构件的竖向钢筋应逐根连接，如图 10.33 所示。预制剪力墙板的竖向分布钢筋，当仅部分连接时，在同侧的间距不应大于 600mm，且在预制剪力墙板承载力设计和竖向分布钢筋配筋率计算中不得计入未连接的竖向分布钢筋；未连接的竖向分布钢筋直径不应小于 6mm；一级抗震等级的预制剪力墙板及二、三级抗震等级底部加强部位的预制剪力墙板，其边缘构件竖向钢筋宜采用钢筋套筒灌浆连接。

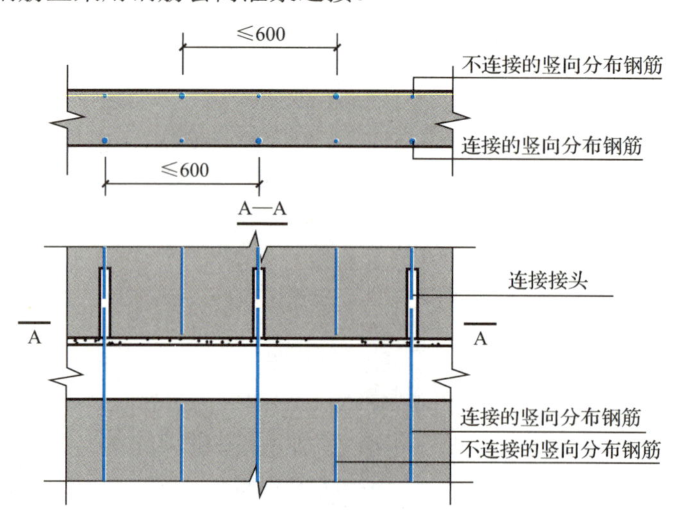

图 10.33　预制剪力墙竖向分布钢筋连接构造

预制剪力墙板底部接缝宜设置在楼面标高处，并应满足：接缝高度宜为 20mm；接缝宜采用灌浆料填实；接缝处后浇混凝土上表面应设置粗糙面。

3. 后浇钢筋混凝土圈梁与水平后浇带

1）后浇钢筋混凝土圈梁

屋面以及立面收进的楼层，应在预制剪力墙板顶部设置封闭的后浇钢筋混凝土圈梁。位于端部节点和中间节点时，后浇钢筋混凝土圈梁如图 10.34 所示。后浇钢筋混凝土圈梁截面宽度不应小于预制剪力墙板的厚度，截面高度不宜小于楼板厚度与250mm的较大值；后浇钢筋混凝土圈梁应与楼板或屋面板（叠合板）浇筑成整体。后浇钢筋混凝土圈梁内配置的纵向钢筋不应小于4⏀12，且按全截面计算的配筋率不应小于0.5%与水平分布钢筋配筋率的较大值，纵向钢筋竖向间距不应大于200mm；箍筋间距不应大于200mm，且直径不应小于8mm。

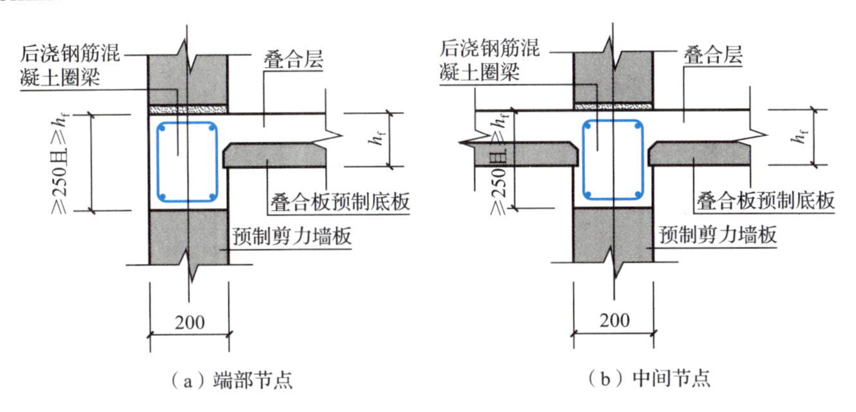

（a）端部节点　　（b）中间节点

图 10.34　后浇钢筋混凝土圈梁

2）水平后浇带

各层楼板与预制剪力墙板顶部相交处无后浇钢筋混凝土圈梁时，应设置连续的水平后浇带。位于端部节点和中间节点时，水平后浇带如图10.35所示。水平后浇带宽度应与预制剪力墙板的厚度相同，高度不应小于楼板厚度；水平后浇带应与楼板或屋面板浇筑成整体；水平后浇带内应配置不少于两根连续纵向钢筋，其直径不宜小于12mm。

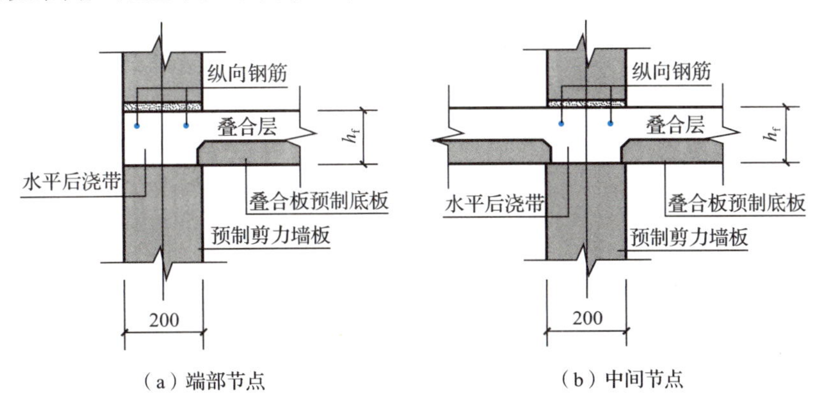

（a）端部节点　　（b）中间节点

图 10.35　水平后浇带

任务 10.9　理解剪力墙平面布置图制图规则

引导问题

1. 装配整体式剪力墙结构同楼层内相邻预制剪力墙板之间采用什么连接方式？上下层预制剪力墙板的竖向钢筋采用什么连接方式？

2. 掌握各类预制构件编号的规定。
3. 采用列表注写方式表达预制剪力墙板，预制剪力墙板表中包括哪些内容？
4. 采用列表注写方式表达后浇段，后浇段表中包括哪些内容？

图 10.36 所示为装配整体式剪力墙结构的剪力墙平面布置图。

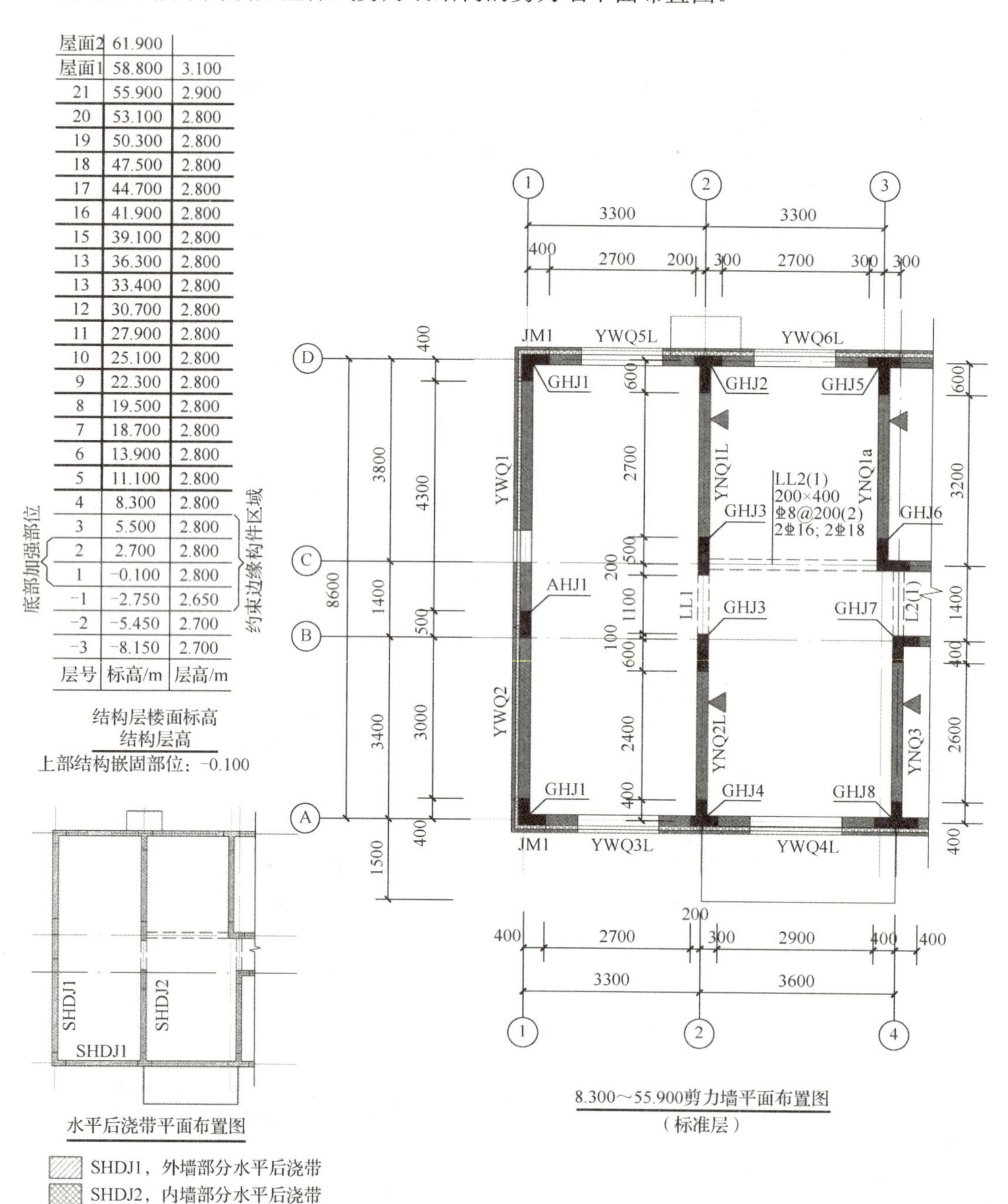

层号	标高/m	层高/m
屋面2	61.900	
屋面1	58.800	3.100
21	55.900	2.900
20	53.100	2.800
19	50.300	2.800
18	47.500	2.800
17	44.700	2.800
16	41.900	2.800
15	39.100	2.800
13	36.300	2.800
13	33.400	2.800
12	30.700	2.800
11	27.900	2.800
10	25.100	2.800
9	22.300	2.800
8	19.500	2.800
7	18.700	2.800
6	13.900	2.800
5	11.100	2.800
4	8.300	2.800
3	5.500	2.800
2	2.700	2.800
1	-0.100	2.800
-1	-2.750	2.650
-2	-5.450	2.700
-3	-8.150	2.700

图 10.36 预制剪力墙平面布置图

1．剪力墙平面布置图表示方法

剪力墙平面布置图应按建筑标准层绘制，绘制内容包括预制剪力墙板、现浇剪力墙、后浇段等墙类构件，叠合梁、现浇梁、水平后浇带（或圈梁）等梁类构件，并进行编号。剪力墙平面布置图应按规定编制结构楼层标高表，注明上部结构嵌固部位位置。

在剪力墙平面布置图中，应标注未居轴线中对齐的墙体与轴线的定位，预制剪力墙板的门窗洞口、结构洞口的尺寸和定位，标明预制剪力墙板的装配方向（预制外墙板以内侧为装配方向，无须标注；预制内墙板在装配一侧用▲表示装配方向），还应表示出水平后浇带（或圈梁）的布置。

2．预制构件编号规定

1）预制剪力墙板

预制剪力墙板编号由墙板的类型代号、序号组成，表达形式见表 10-5。

表 10-5　预制剪力墙板编号

预制剪力墙板类型	类型代号	序号
预制外墙板	YWQ	××
预制内墙板	YNQ	××

注：1．在预制剪力墙板编号中，如若干预制剪力墙板的模板、配筋、各类预埋件完全一致，仅墙与轴线的位置关系不同，也可将其编为同一编号，但应在图中注明其与轴线的几何关系。

2．序号可为数字或数字加字母。

【例 10-3】YWQ1，表示预制外墙板，序号为 1。

【例 10-4】YNQ1a，表示有一块预制内墙板与已编号的 YNQ1 除线盒位置外，其他参数均相同，为方便起见，将该预制内墙板序号编为 1a。

2）后浇段

后浇段编号由后浇段的类型代号和序号组成，表达形式见表 10-6。

表 10-6　后浇段编号

后浇段类型	类型代号	序号
约束边缘构件后浇段	YHJ	××
构造边缘构件后浇段	GHJ	××
非边缘构件后浇段	AHJ	××

注：在后浇段编号中，如若干后浇段的截面尺寸与配筋均相同，仅截面与轴线的位置关系不同时，可将其编为同一编号。

约束边缘构件后浇段包括翼墙和转角墙两种形式，如图 10.37 所示；构造边缘构件后浇段包括翼墙、转角墙、暗柱 3 种形式，如图 10.38 所示；非边缘构件后浇段如图 10.39 所示。

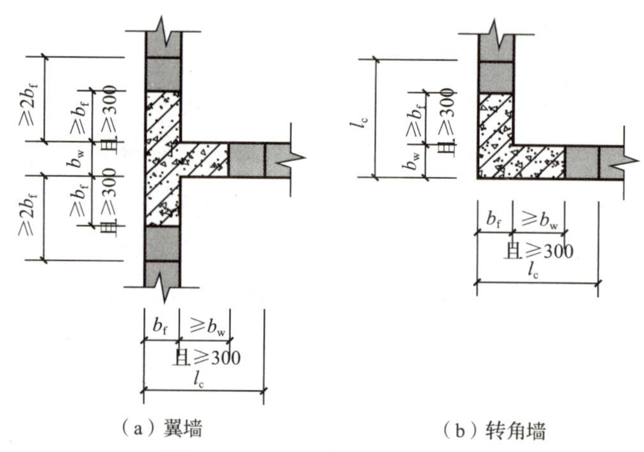

图 10.37 约束边缘构件后浇段

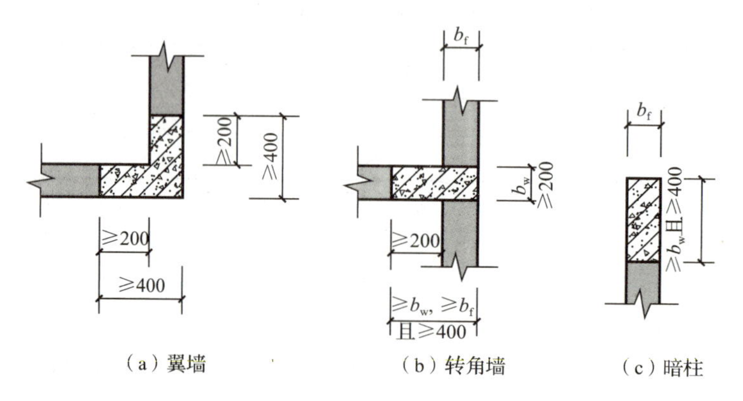

图 10.38 构造边缘构件后浇段

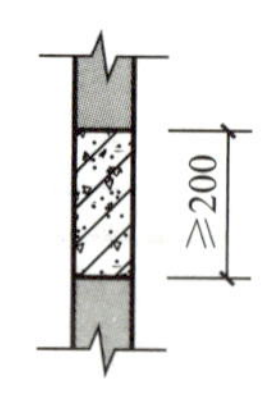

图 10.39 非边缘构件后浇段

【例 10-5】YHJ1，表示约束边缘构件后浇段，序号为 1。

【例 10-6】GHJ5，表示构造边缘构件后浇段，序号为 5。

【例 10-7】AHJ3，表示非边缘暗柱后浇段，序号为 3。

3）叠合梁

装配整体式剪力墙结构中的梁类构件（包括为连梁时）既可以采用现浇梁，也可以采用叠合梁。叠合梁编号由叠合梁的类型代号、序号组成，表达形式见表 10-7。关于叠合梁的详细讲解见本书的项目 18。

表 10-7　叠合梁编号

叠合梁类型	类型代号	序号
叠合梁	DL	××
叠合连梁	DLL	××

注：在叠合梁编号中，如若干叠合梁的截面尺寸和配筋均相同，仅梁与轴线的位置关系不同，也可将其编为同一编号，但应在图中注明其与轴线的几何关系。

【例 10-8】DL1，表示叠合梁，序号为 1。

【例 10-9】DLL3，表示叠合连梁，序号为 3。

4）预制外墙模板

预制外墙模板编号由代号和序号组成，表达形式见表 10-8。

表 10-8　预制外墙模板编号

名称	代号	序号
预制外墙模板	JM	××

注：序号可为数字或数字加字母。

【例 10-10】JM1，表示预制外墙模板，序号为 1。

3. 构件表达

以图 10.36 所示的预制剪力墙平面布置图为例，为了能清楚、简便地表达该剪力墙结构施工图，剪力墙可视为由预制剪力墙板、后浇段、现浇梁、预制外墙模板等构件构成。

1）预制剪力墙板

预制剪力墙板一般采用列表注写方式表达，如表 10-9 所示。在预制剪力墙板表中，列有设计所选用的标准图集中的预制构件或自行设计的预制构件，具体包括以下内容。

表 10-9　预制剪力墙板表

编号	预制内墙板或内叶墙板	外叶墙板	管线预埋/mm	所在楼层	所在轴号	墙厚/mm	构件重量/t	构件数量	构件详图页码
YWQ1	—	—	见大样图	4～20	Ⓑ～Ⓓ/①	200	6.9	17	结施-01
YWQ2	—	—	见大样图	4～20	Ⓐ～Ⓑ/①	200	5.3	17	结施-02
YWQ3L	WQC1-3328-1514	wy-1 a=190 b=20	低区 X=450 高区 X=280	4～20	①～②/Ⓐ	200	3.4	17	15G365-1，60、61
YWQ4L	—	—	见大样图	4～20	②～④/Ⓐ	200	3.8	17	结施-03
YWQ5L	WQC1-3328-1514	wy-2 a=20 b=190 c_R=590 d_R=80	低区 X=450 高区 X=280	4～20	①～②/Ⓓ	200	3.9	17	15G365-1，60、61

续表

编号	预制内墙板或内叶墙板	外叶墙板	管线预埋/mm	所在楼层	所在轴号	墙厚/mm	构件重量/t	构件数量	构件详图页码
YWQ6L	WQC1-3328-1514	wy-2 a=290 b=290 c_L=590 d_L=80	低区 X=450 高区 X=430	4～20	②～③/Ⓓ	200	4.5	17	15G365-1，64、65
YNQ1	NQ-2728	—	低区 X=150 高区 X=450	4～20	Ⓒ～Ⓓ/②	200	3.6	17	15G365-1，16、17
YNQ2L	NQ-2428	—	低区 X=450 中区 X=750	4～20	Ⓐ～Ⓑ/②	200	2.4	17	15G365-2，14、15
YNQ3	—	—	见大样图	4～20	Ⓐ～Ⓑ/④	200	3.5	17	结施-04
YNQ1a	NQ-2728	—	低区 X=150 中区 X=750	4～20	Ⓒ～Ⓓ/③	200	3.6	17	15G365-2，16、17

注：表中墙厚为预制内墙板或内叶墙板厚度。

（1）预制剪力墙板编号。

（2）各段预制剪力墙板位置信息，包括所在轴号和所在楼层。如①～②/Ⓐ表示该墙板在①、②轴线间、Ⓐ轴线上。

（3）管线预埋位置信息。以线盒为例，当选用标准图集时，预埋位置在高度方向可只注写低区、中区和高区，水平方向根据标准图集的参数进行选择；当不选用标准图集时，预埋位置高度方向和水平方向均应注写具体定位尺寸。在装配方向时，其参数位置为 X、Y；在装配方向背面时，其参数位置为 X'、Y'。可用下角标编号区分不同线盒，如图 10.40 所示。

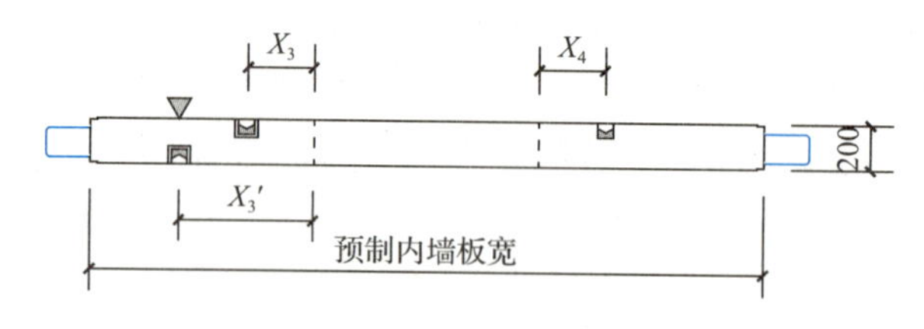

图 10.40　线盒参数含义示例

（4）构件质量、构件数量。

（5）构件详图页码。当选用标准图集时，需注明图集号和相应页码；当自行设计时，应注写构件详图的图纸编号。

2）后浇段

对于后浇段，同样采用列表注写方式表达，如表 10-10 所示，在后浇段表中绘制后浇段截面图并注写几何尺寸与配筋具体数值，具体包括以下内容。

表 10-10　后浇段表

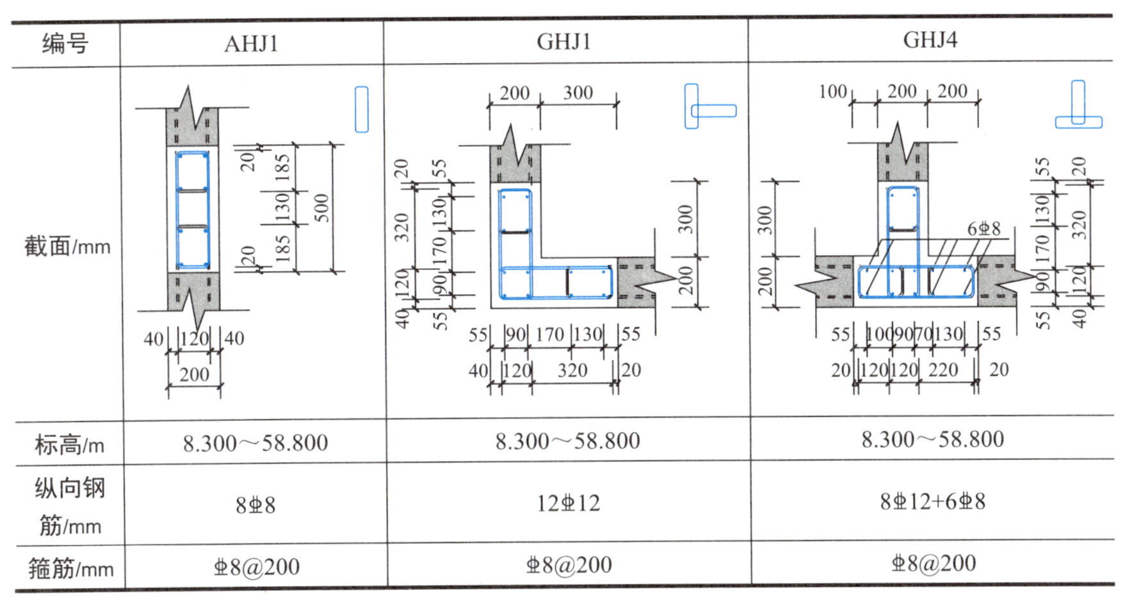

编号	AHJ1	GHJ1	GHJ4
截面/mm			
标高/m	8.300～58.800	8.300～58.800	8.300～58.800
纵向钢筋/mm	8Φ8	12Φ12	8Φ12+6Φ8
箍筋/mm	Φ8@200	Φ8@200	Φ8@200

（1）后浇段编号。

（2）后浇段的截面的配筋图。配筋图中标注有后浇段几何尺寸、后浇段中的预制墙板外露钢筋尺寸及混凝土保护层厚度。预制墙板外露钢筋尺寸应标注至钢筋中线，混凝土保护层厚度应标注至箍筋外表面。

（3）后浇段的起止标高。标高自后浇段根部往上以变截面位置或截面未变但配筋改变处为界分段注写。

（4）后浇段的纵向钢筋和箍筋。纵向钢筋和箍筋注写值应与在表中绘制的截面配筋对应一致。纵向钢筋注写内容为钢筋直径和数量；箍筋（包括拉筋）的注写方式与现浇剪力墙结构中剪力墙柱箍筋的注写方式相同。

3）现浇梁

图 10.36 中的现浇梁（连梁）LL1 可视为剪力墙梁，是剪力墙结构的一部分。现浇梁一般采用列表注写方式表达。表 10-11 所示的现浇梁表主要包括：编号、所在楼层、梁顶相对标高高差、梁截面、配筋（上部纵向钢筋、下部纵向钢筋、箍筋）。现浇梁也可在剪力墙平面布置图上采用平面注写方式表示，如图 10.36 中的 LL2(1)的集中标注。

表 10-11　现浇梁表

编号	所在楼层	梁顶相对标高高差/m	梁截面/mm	上部纵向钢筋/mm	下部纵向钢筋/mm	箍筋/mm
LL1	4～20	0.000	200×500	2Φ16	2Φ16	Φ8@100（2）

4）预制外墙模板

预制外墙模板一般采用列表注写方式表达，表 10-12 所示的预制外墙模板表主要内

容包括：编号、所在楼层、所在轴号、外叶墙板厚度、构件质量、构件数量、构件详图页码。

表 10-12 预制外墙模板表

编号	所在楼层	所在轴号	外叶墙板厚度/mm	构件质量/t	构件数量	构件详图页码
JM1	4～20	Ⓐ/①│Ⓓ/①	60	0.47	34	15G365-1，228

项目 11 剪力墙结构楼板构件施工图

项目描述

对基于 BIM 技术的叠合板、预制阳台板及预制空调板三维模型和表达三者的楼板结构施工图进行展示和介绍。解读标准图集《桁架钢筋混凝土叠合板（60mm 厚底板）》（15G366-1）和《预制钢筋混凝土阳台板、空调板及女儿墙》（15G368-1）中关于预制阳台板及预制空调板的内容，并对叠合板、预制阳台板及预制空调板的标准构件详图分别进行讲解。在上述识图知识的基础上，详细解读楼板结构施工图制图规则。

学习目标

1. 掌握装配整体式剪力墙结构的楼板结构施工图的识读方法。
2. 熟悉标准图集 15G366-1 和 15G368-1 中关于预制阳台板及预制空调板的内容，重点掌握标准叠合板、预制阳台板及预制空调板的规格、编号及选用方法。
3. 能够识读叠合板构件详图，理解叠合板的构造要求。
4. 能够识读预制阳台板及预制空调板详图，理解预制阳台板及预制空调板的构造要求。
5. 整体理解装配整体式剪力墙结构的楼板结构施工图制图规则，并熟练运用于结构施工图识读当中。

任务 11.1　识读剪力墙结构楼板三维模型

引导问题

通过识读本节的叠合板、预制阳台板、预制空调板三维模型，熟悉楼板构造。

图 11.1 所示为楼板三维模型，该模型展示了叠合板、预制阳台板、预制空调板 3 种预制构件在空间中的布置及构造。

图 11.1(a)所示为叠合板在空间中的布置。图 11.1(b)～(i)所示为各类叠合板的构造，包括单向板及其配筋[图 11.1(b)]、双向板边板及其配筋[图 10.1(c)]、双向板中板及其配筋[图 10.1(d)]。

图 11.1(e)和图 11.1(f)所示构造分别为预制阳台板及其配筋和预制空调板及其配筋。

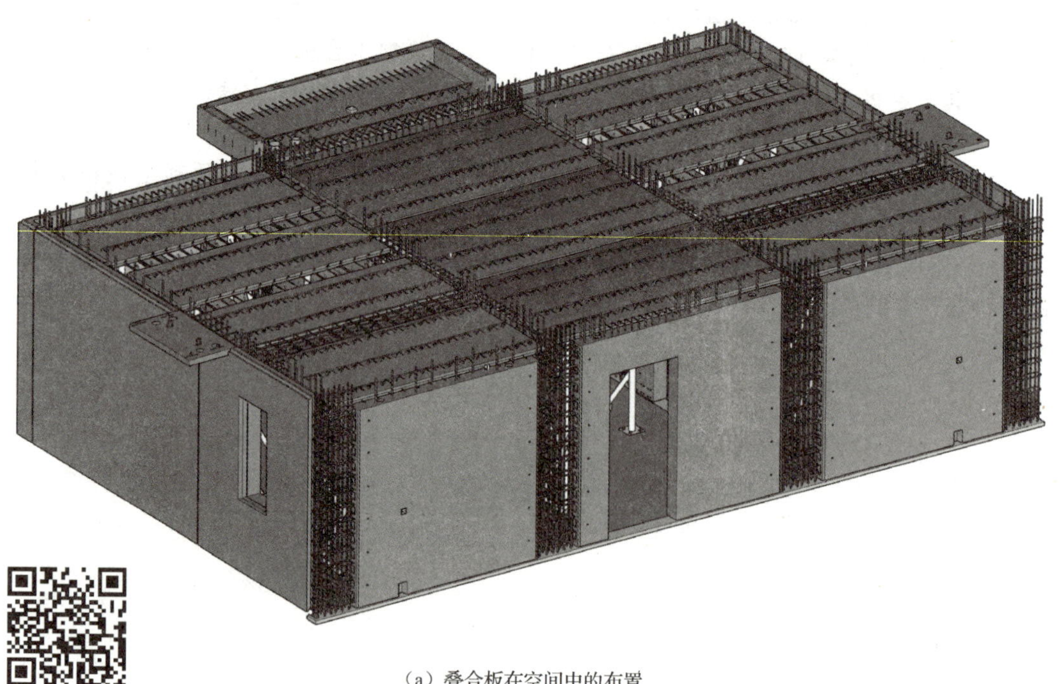

楼板三维模型

(a) 叠合板在空间中的布置

图 11.1　楼板三维模型

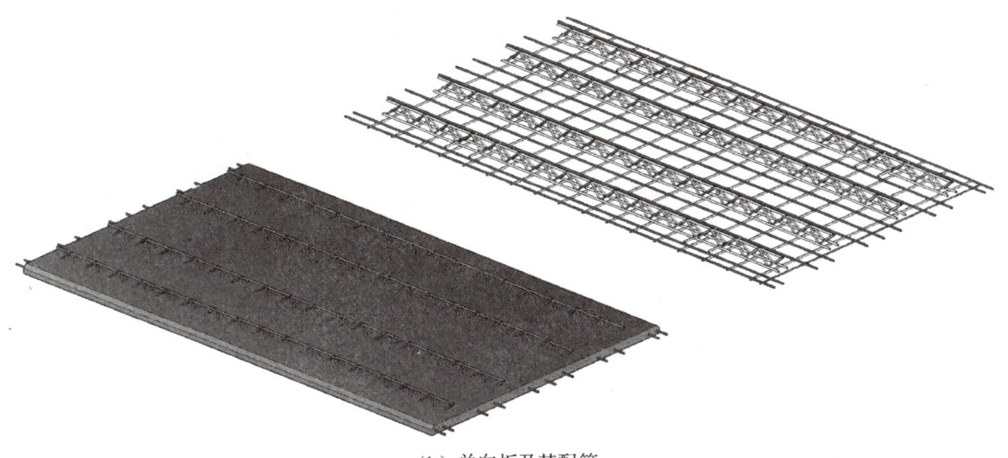

（b）单向板及其配筋

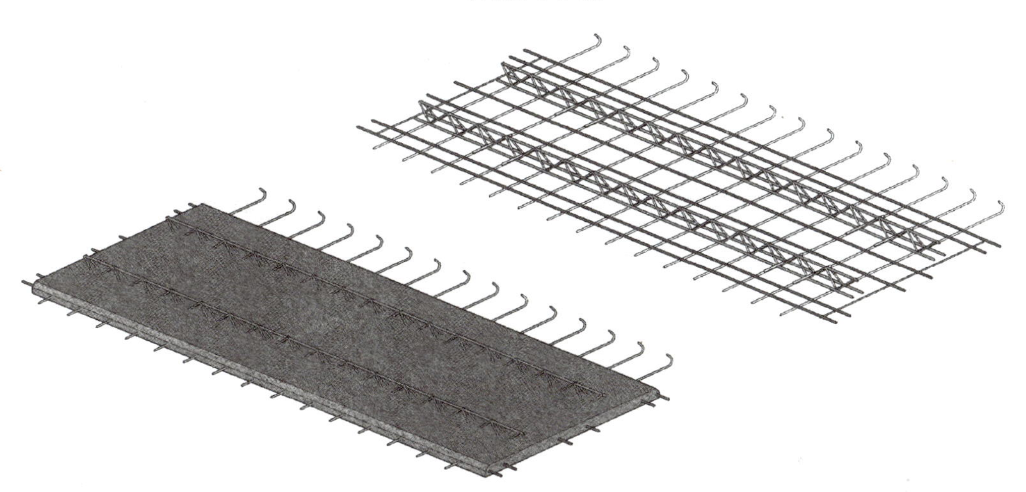

（c）双向板边板及其配筋

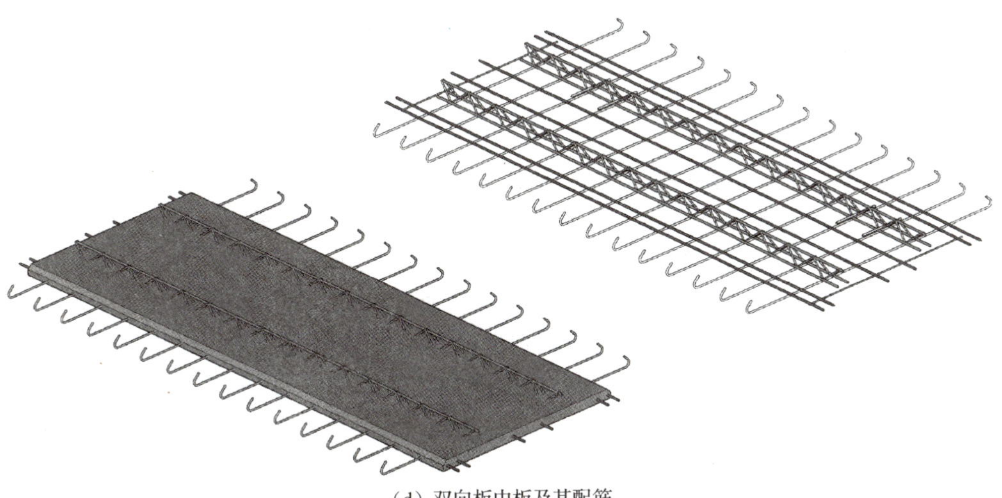

（d）双向板中板及其配筋

图 11.1　楼板三维模型（续）

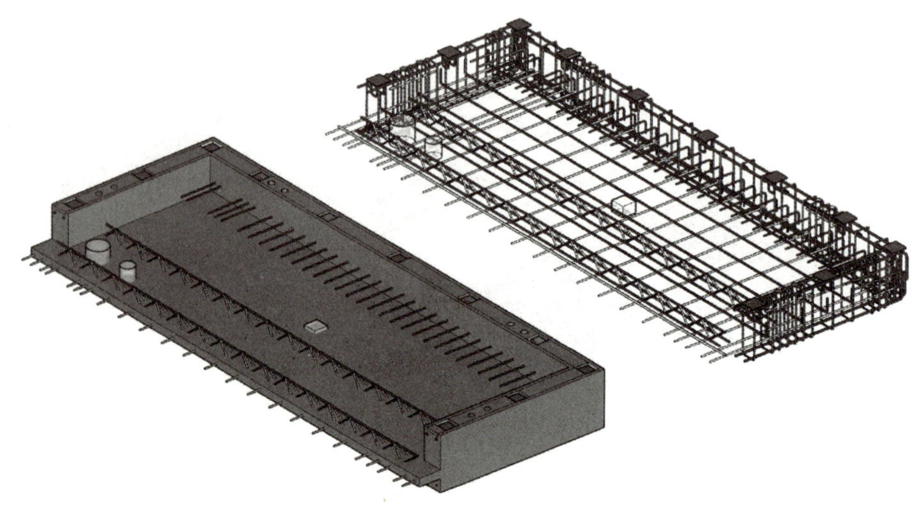

（e）预制阳台板及其配筋

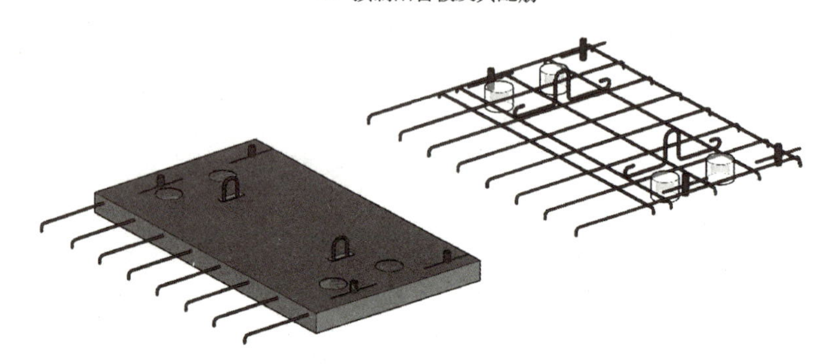

（f）预制空调板及其配筋

图 11.1　楼板三维模型（续）

任务 11.2　识读剪力墙结构楼板结构施工图

引导问题

1. 图 11.2 所示的楼板结构平面图中包括哪些内容？楼板结构施工图中需附有哪些内容？
2. 叠合板的底板布置平面图和现浇层配筋平面图中分别表示有什么内容？
3. 当板面标高不同时，如何在底板布置平面图和现浇层配筋平面图中表达？
4. 预制阳台板和预制空调板在楼板结构施工图中的表达包括哪些内容？

图 11.2 所示为装配式建筑结构施工图中的楼板结构平面图，此图中包括叠合板的底板布置平面图及叠合层配筋平面图、预制阳台板及预制空调板平面布置，还会另附结构楼层标高表，表中注明各结构层的楼面标高、结构层高及相应的结构层号、上部结构嵌固部位位置。楼板结构施工图中还会附有预制构件选用表，如叠合板底板表、预制阳台板表、预制空调板表、底板接缝表及节点大样图。

图 11.3 所示为楼板结构施工图中的水平后浇带平面布置图。

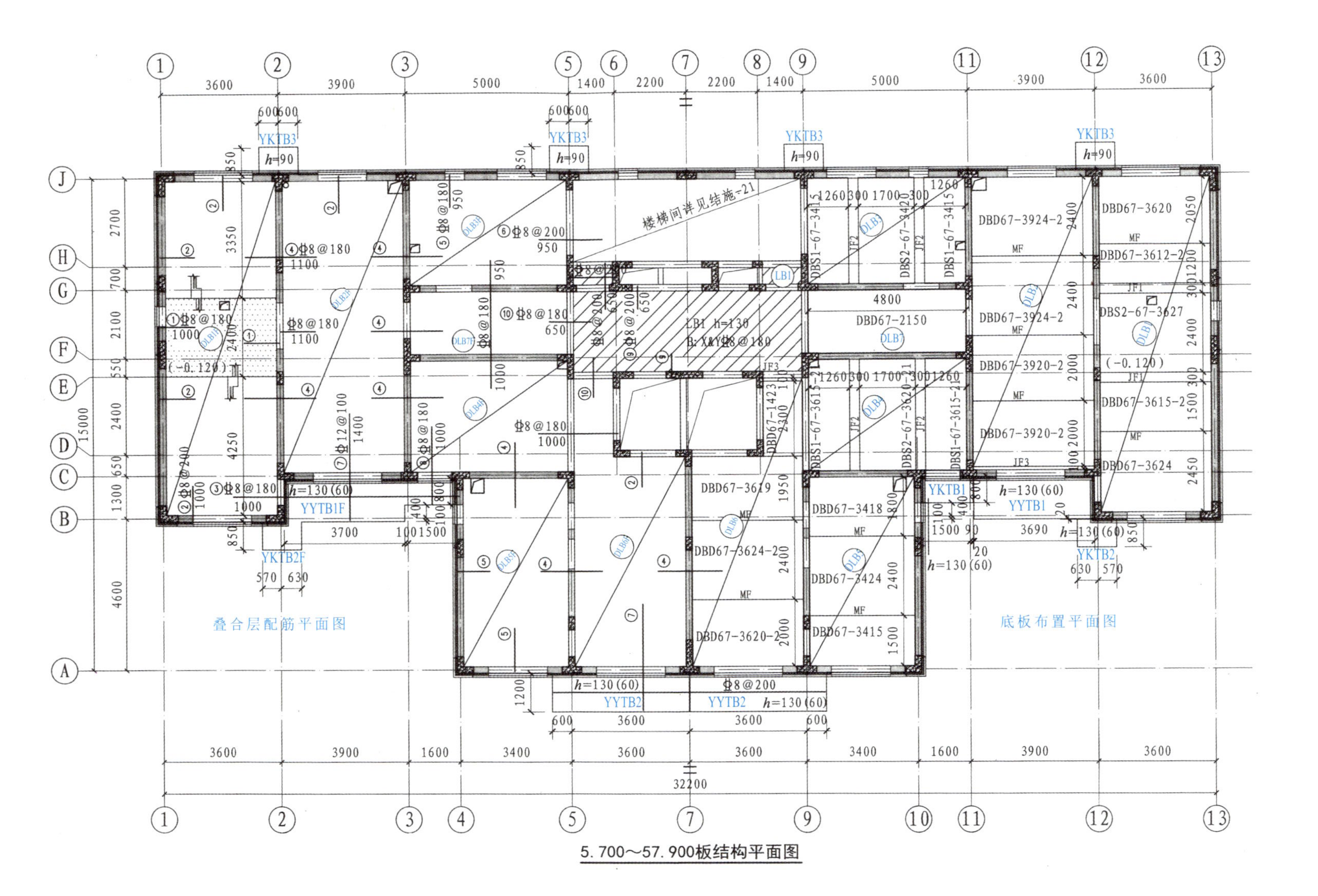

5.700~57.900板结构平面图

图 11.2 楼板结构平面图

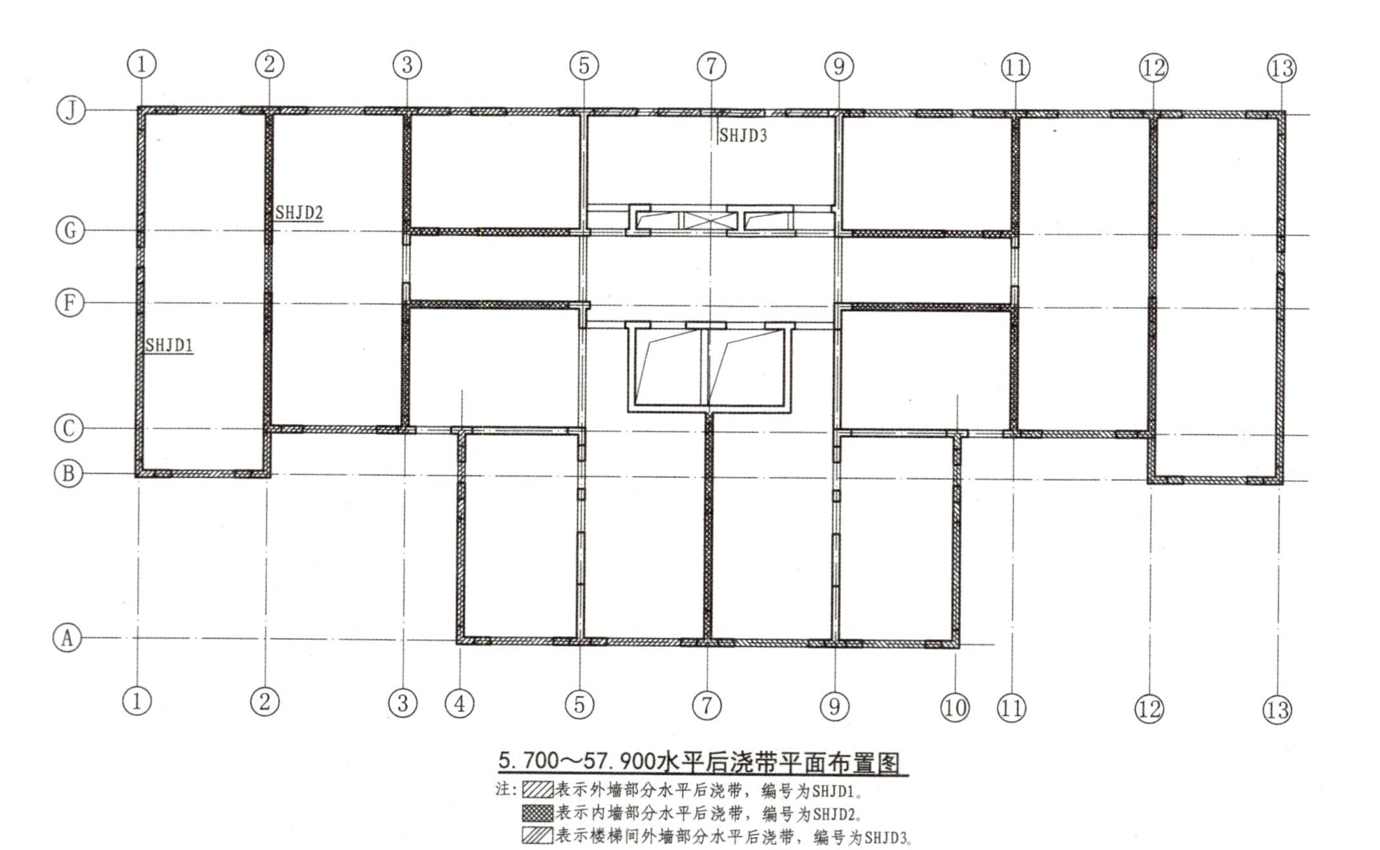

水平后浇带表

平面中编号	平面所在位置	所在楼层	配筋	箍筋/拉筋
SHJD1	外墙	3～21	2Φ14	—
SHJD2	内墙	3～21	2Φ12	—
SHJD3	⑤～⑨，Ⓙ	3～21	4Φ14	Φ8@200

图 11.3　水平后浇带平面布置图

1. 叠合板

叠合板由预制底板（简称底板）和后浇混凝土叠合层（简称叠合层）组成。

楼板结构施工图中所有叠合板为逐一编号，编号由叠合板类型代号和序号组成，如叠合楼面板底板的类型代号为“DLB”，编号方法详见本书任务 11.5。相同编号的板块会择其一做集中标注，其他仅注写置于圆圈内的编号。

1）底板布置平面图

叠合板的底板布置平面图中表示有底板、底板接缝的水平投影及定位尺寸等信息，并标注有底板编号。当板面标高不同时，标高高差标注在叠合板编号的斜线下方。板面标高下降时，标高高差为负数。

2）叠合层配筋平面图

叠合板的叠合层配筋平面图中表示有叠合层配筋。当板面标高不同时，标高高差标注在叠合板编号的斜线下方（整块叠合板板面标高不同）或底板上方（部分底板板面标高不同），同时在平面图相应位置还会绘有断面，示意高差变化。

2. 预制阳台板和预制空调板

预制阳台板和预制空调板在楼板结构施工图中的表达包括在楼板结构平面图中的平面布置、预制构件选用表中的预制阳台板表和预制空调板表。楼板结构平面图标注有预制阳台板和预制空调板编号、定位尺寸及连接做法。

3. 水平后浇带（或圈梁）

水平后浇带（或圈梁）平面布置图为单独绘制，通过图例表达不同编号的水平后浇带（圈梁），并标注有编号。

任务 11.3 识读叠合板标准图集

引导问题

1. 叠合板由哪两部分组成？

2. 标准图集《桁架钢筋混凝土叠合板（60mm 厚底板）》（15G366-1）中的叠合板底板适用范围是什么？

3. 叠合板底板钢筋是如何配置的？

4. 掌握叠合板底板编号的方法。

装配整体式混凝土结构的楼板宜采用叠合板，叠合板有多种形式，桁架钢筋混凝土叠合板是常用的叠合板形式，本书提及的叠合板也默认为桁架钢筋混凝土叠合板。叠合板由底板和叠合层（也称现浇层、后浇面层）两部分组成。底板按受力性能分为双向受力叠合板（简称双向板）用底板和单向受力叠合板（简称单向板）用底板，其中双向板底板按所处楼板中的位置不同，又分为边板和中板，如图 11.4 所示。

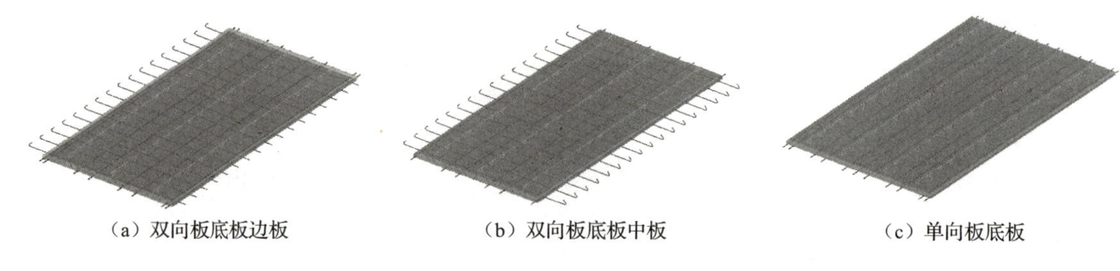
(a) 双向板底板边板　(b) 双向板底板中板　(c) 单向板底板

图 11.4　叠合板分类

标准图集《桁架钢筋混凝土叠合板(60mm 厚底板)》(15G366-1) 重点介绍了双向板和单向板的适用范围、材料选用、编制原则、规格、构造、编号、选用方法、构件详图(见任务 11.4)和连接构造，具体内容包括总说明、各类双向板底板边板模板及配筋图、各类双向板底板中板模板及配筋图、各类单向板底板模板及配筋图、双向板和单向板的吊点位置示意图，以及钢筋桁架及底板大样图、底板拼缝构造图、节点构造图，并附有选用示例。

1. 适用范围

15G366-1 图集中的叠合板底板适用范围包括：环境类别为一类的住宅建筑；住宅建筑的楼、屋面用的叠合板底板(不包括阳台、厨房和卫生间)；住宅建筑为非抗震设计或抗震设防烈度为 6～8 度抗震设计的剪力墙结构；剪力墙结构对应的剪力墙厚度为 200mm；其他结构形式或其他厚度的剪力墙结构可参考使用。

2. 材料选用

15G366-1 图集中的叠合板底板材料选用要求是：底板混凝土强度等级为 C30；底板钢筋及钢筋桁架的上、下弦钢筋采用 HRB400 级钢筋，钢筋桁架腹杆钢筋采用 HPB300 级钢筋。

3. 编制原则

叠合板安全等级为二级，设计工作年限为 50 年。底板施工阶段验算参数及制作、施工要求详见 15G366-1 图集总说明。

4. 规格

15G366-1 图集中叠合板预制的底板厚度均为 60mm，底板最外层钢筋的混凝土保护层厚度为 15mm。叠合层厚度为 70mm、80mm 和 90mm 3 种。单、双向板底板的标志宽度均有 1200mm、1500mm、1800mm、2000mm、2400mm 5 种。双向板边板实际宽度＝标志宽度－240mm，双向板中板实际宽度＝标志宽度－300mm，单向板的实际宽度与标志宽度相同。双向板的标志跨度为 3000～6000mm 范围内、满足 3M 模数的长度，单向板的标志跨度为 2700～4200mm 范围内、满足 3M 模数的长度，两者的实际跨度＝标志宽度－180mm。

5. 构造

1) 一般构造

底板厚度一般不宜小于 60mm，但在采取可靠的构造措施增加了底板刚度时(如设置钢筋桁架或板肋等)，可以考虑将其厚度适当减小。叠合层厚度不应小于 60mm，其最小厚度的规定考虑了楼板整体性要求及管线预埋、面筋铺设、施工误差等因素。

2) 钢筋构造

底板钢筋包括钢筋桁架及钢筋网片。图 11.5 所示为钢筋桁架示意图，钢筋桁架由钢筋焊接而成，分为上弦、下弦和腹杆。15G366-1 图集中的钢筋桁架共 6 种规格，见表 11-1。不同钢筋桁架设计高度分别对应相应的叠合层厚度，A 级和 B 级的差别在于上弦钢筋公称直径，一般当叠合板跨度较小时，选用 A 级；当叠合板跨度较大时，选用 B 级。钢筋桁架的选用详见 15G366-1 图集中的底板参数表。钢筋桁架沿主要受力方向布置，距板边不应大于 300mm，间距不宜大于 600mm。钢筋桁架上、下弦钢筋直径不宜小于 8mm，腹杆钢筋直径不应小于 4mm，上、下弦钢筋混凝土保护层厚度不应小于 15mm。

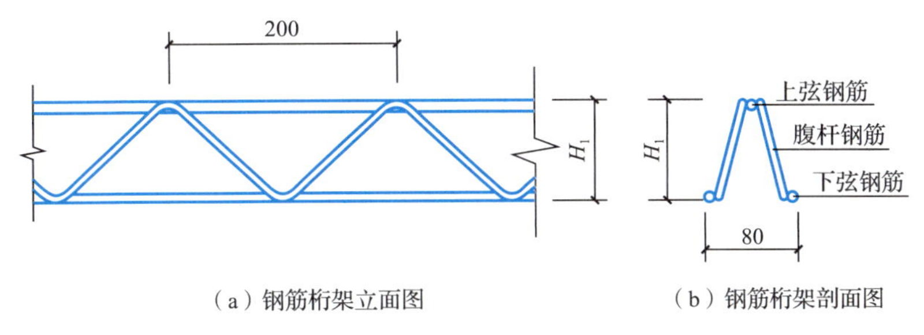

（a）钢筋桁架立面图　（b）钢筋桁架剖面图

图 11.5　钢筋桁架示意图

表 11-1　钢筋桁架规格

桁架代号	上弦钢筋公称直径/mm	下弦钢筋公称直径/mm	腹杆钢筋公称直径/mm	桁架设计高度/mm	叠合板（60mm 厚底板）叠合层厚度/mm
A80	8	8	6	80	70
A90	8	8	6	90	80
A100	8	8	6	100	90
B80	10	8	6	80	70
B90	10	8	6	90	80
B100	10	8	6	100	90

平行于钢筋桁架的底板钢筋与钢筋桁架的下弦钢筋并排放置，垂直于钢筋桁架的底板钢筋放置在钢筋桁架的下弦钢筋下方，双向钢筋组成钢筋网片。

叠合层一般也需要配置双向的板面钢筋，基本与现浇钢筋混凝土板相同。但钢筋桁架会影响板面钢筋的上下位置。板面钢筋沿主要受力方向的钢筋与钢筋桁架的上弦钢筋平齐配置，另一个方向的钢筋布置在钢筋桁架的上弦钢筋之上。

通过图 11.6 所示的叠合板剖面图可以清楚地了解上述叠合板钢筋构造。

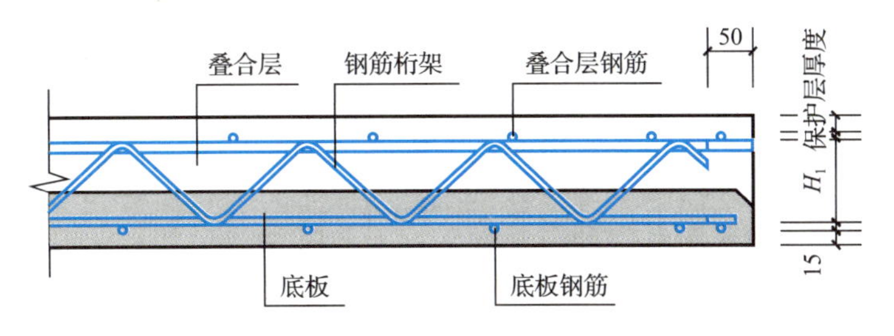

图 11.6　叠合板剖面图

3）其他构造

（1）底板主要受力方向（一般为叠合板长方向）钢筋需要伸出板边，锚入梁或墙的后浇混凝土中或与相邻板对接连接。因此，单向板短方向钢筋不需要伸出板边，而双向板短方向钢筋需要伸出板边，如图 11.4 所示。

（2）底板与叠合层之间的结合面及四个侧面均应设置粗糙面。粗糙面的面积不宜小于结合面的 80%，底板的粗糙面凹凸深度不应小于 4mm。

（3）叠合板的底板一般无预埋件，底板的吊点设置在最外侧钢筋桁架的两端，如跨度为 3600mm 的叠合板，吊点位置取离端部 700mm 最近的上弦钢筋节点处，与吊点相邻的两个下弦钢筋节点处需放置垂直于钢筋桁架的钢筋，常用长度为 280mm 的两根直径 8mm 的 HRB400 级钢筋。其他跨度叠合板底板吊点位置详见 15G366-1 图集。

（4）为了叠合层与底板的叠合连接，以及相邻底板之间的拼缝，底板的板边需做成倒角形式，如图 11.7 所示。

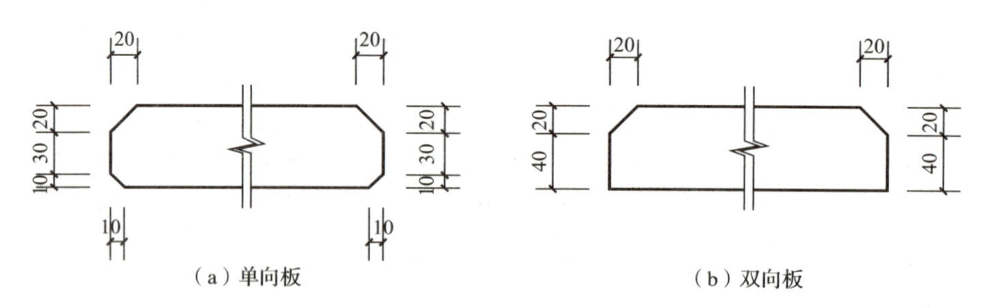

图 11.7　底板板边倒角构造

6. 编号

15G366-1 图集规定的双向板底板编号规则如图 11.8（a）所示，单向板底板编号规则如图 11.8（b）所示。

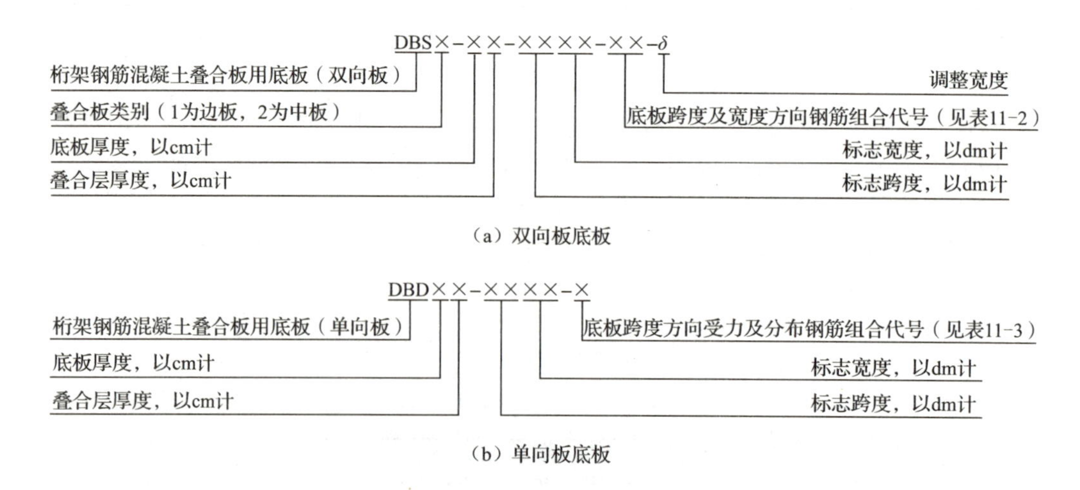

图 11.8　底板编号规则

表 11-2 双向板底板跨度及宽度方向钢筋组合代号表

宽度方向钢筋	跨度方向钢筋			
	⌀8@200	⌀8@150	⌀10@200	⌀10@150
⌀8@200	11	21	31	41
⌀8@150	—	22	32	42
⌀8@100	—	—	—	43

表 11-3 单向板底板跨度方向受力及分布钢筋组合代号表

分布钢筋	受力钢筋			
	⌀8@200	⌀8@150	⌀10@200	⌀10@150
⌀6@200	1	—	—	—
⌀6@200	—	2	—	—
⌀6@200	—	—	3	—
⌀6@200	—	—	—	4

任务实施

试写出图 11.9 所示的叠合板底板编号。

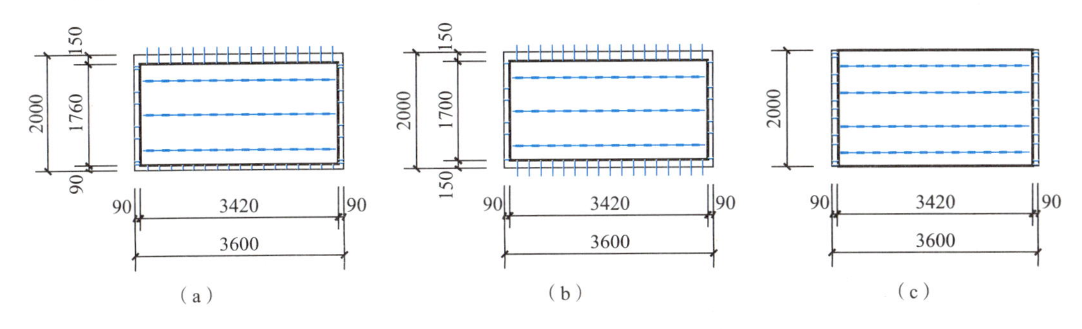

图 11.9 任务实施——叠合板底板编号

7. 选用方法

根据叠合板尺寸、底板尺寸及接缝构造，叠合板可按照单向板或双向板进行设计，如图 11.10 所示。当按照双向板设计时，同一叠合板板块内，可采用整块的底板或几块底板通过整体式接缝组合；当按照单向板设计时，几块底板可各自作为单向板底板进行设计，板侧采用分离式接缝即可。当底板不能布满叠合板板块时，可在边板板侧预留后浇板带，后浇板带宽度一般用“δ”表示。

应对叠合板进行承载能力极限状态和正常使用极限状态设计，根据板厚和配筋进行底板的选型，绘制底板布置平面图，并另行绘制楼板叠合层配筋平面图。布置底板时，应尽量选用标准板型；当采用非标准板型时，应另行设计。单向板底板之间采用分离式接缝，可在任意位置拼接；双向板底板之间采用整体式接缝，接缝位置宜设置在叠合板的次要受力方向上的受力较小处。

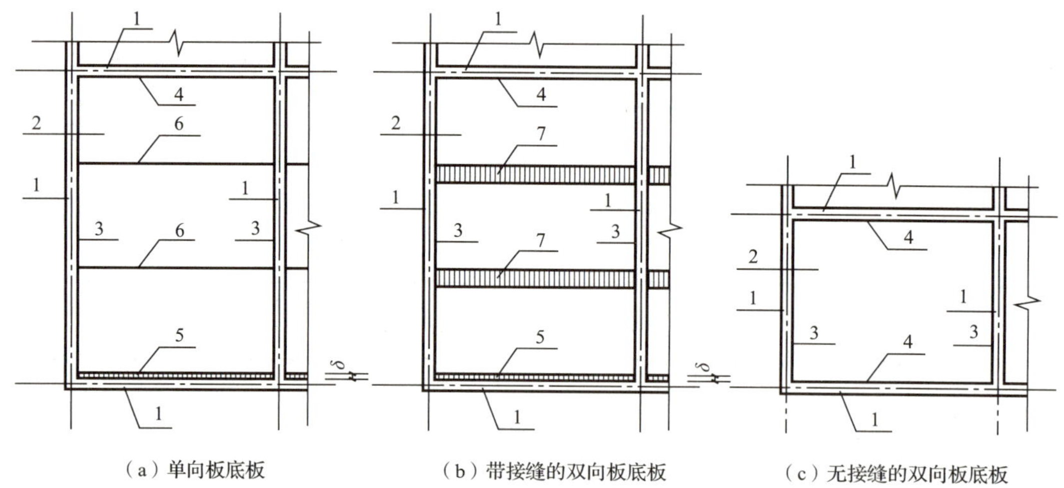

（a）单向板底板　（b）带接缝的双向板底板　（c）无接缝的双向板底板

1—梁或墙；2—底板；3—底板板端；4—底板板侧；
5—边板预留后浇板带；6—板侧分离式接缝；7—板侧整体式接缝。

图 11.10　叠合板底板布置形式

8. 连接构造

叠合板的连接构造主要包括叠合板板端支座构造、叠合板板侧支座构造、叠合悬挑板连接构造、整体式接缝连接构造、分离式接缝连接构造，以及底板与叠合层的结合面构造。

1）叠合板板端支座构造

单向板和双向板板端连接构造相同，按位置不同可分为端支座和中间支座。底板内的纵向钢筋从板端伸出并锚入支承梁或墙的后浇混凝土中，锚固长度不小于 5*d*（*d* 为纵向受力钢筋直径），且伸过支座中心线。图 11.11(a)所示为叠合板板端支座为端支座时的构造，图 11.11(b)所示为叠合板板端为中间支座时的构造。

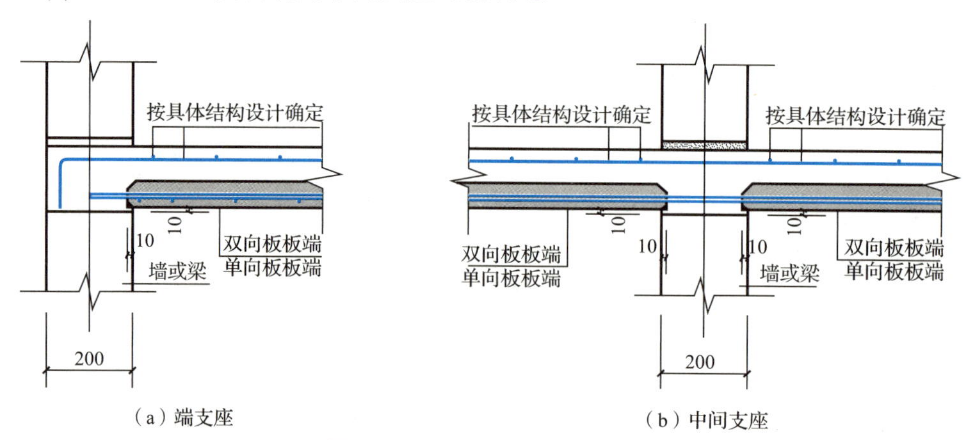

（a）端支座　（b）中间支座

图 11.11　叠合板板端支座构造

2）叠合板板侧支座构造

在双向板的板侧，底板钢筋同样需伸入支承梁或墙的后浇混凝土中，其支座构造与板端构造相同。

单向板底板分布钢筋一般不伸出板边，为了加工及施工方便，通常采用附加钢筋的形式，以保证楼面的整体性及连续性。如图 11.12(a)所示，在紧邻底板顶面的叠合层中设置附加钢筋，附加钢筋截面面积不宜小于底板内的同向分布钢筋面积，间距不宜大于 600mm，在叠合层内锚固长度不应小于 15*d*，在支座内锚固长度不应小于 15*d*（*d* 为附加钢筋直径），且伸过支座中心线。当在边板板侧预留后浇板带时，同样需在紧邻底板顶面的现浇层中设置附加钢筋，并在后浇板带内按结构设计要求配置板底钢筋网片，如图 11.12（b）所示。

图 11.12 所示均为单向板板侧支座为端支座时的构造，如为中间支座，附加钢筋及板面受力钢筋拉通即可。

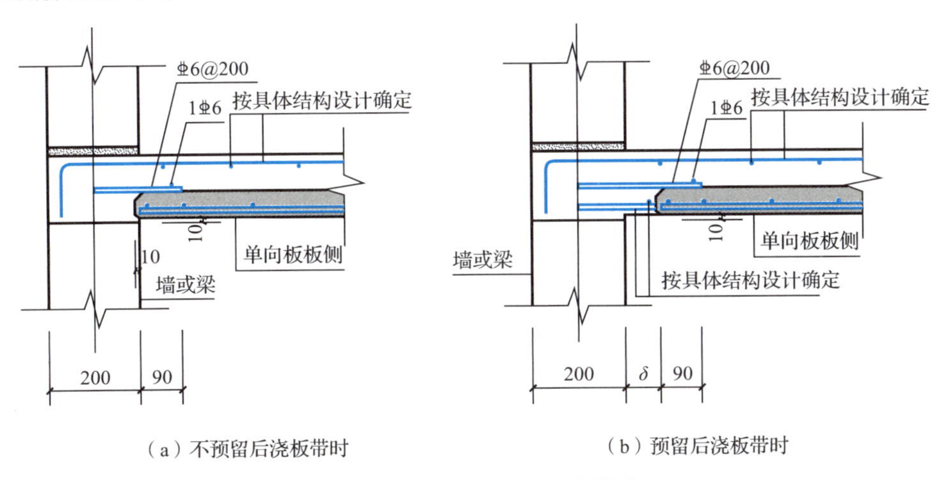

（a）不预留后浇板带时　　（b）预留后浇板带时

图 11.12　单向板板侧支座构造

3）叠合悬挑板连接构造

叠合板式阳台等预制构件实际上为叠合悬挑板。叠合悬挑板的负弯矩钢筋应在相邻叠合板的叠合层中可靠锚固。叠合悬挑板中预制板底钢筋为构造配筋时，纵向钢筋从板端伸出并锚入支承梁或墙的后浇混凝土中，锚固长度不小于 15*d*（*d* 为纵向受力钢筋直径），且伸过支座中心线；当板底为计算要求配筋时，钢筋应满足受拉钢筋的锚固要求。构造详图详见本书任务 11.6。

知识链接

全预制悬挑板连接构造

全预制板式阳台、预制空调板等全预制悬挑板，应与主体结构可靠连接，预制板中伸出的上部负弯矩钢筋锚入后浇混凝土中或与后浇混凝土中的钢筋搭接连接，下部纵向钢筋从板端伸出并锚入支承梁或墙的后浇混凝土中，锚固长度不小于 15*d*（*d* 为纵向受力钢筋直径），且伸过支座中心线。

4）整体式接缝连接构造

双向板板侧的整体式接缝宜设置在叠合板的次要受力方向上，且宜避开最大弯矩截面。接缝可采用后浇带形式，后浇带宽度不宜小于 200mm；后浇带两侧板底纵向受力钢筋可在后浇带中焊接连接、搭接连接[图 11.13(a)]或弯折锚固[图 11.13(b)]。

如图 11.13(b)所示，弯折锚固时，叠合板厚度不应小于 10*d*（*d* 为弯折钢筋直径的较大值），且不应小于 120mm；接缝处底板侧伸出的纵向受力钢筋应在叠合层内锚固，且锚固长度不应小于 l_a；两侧钢筋在接缝处重叠的长度不应小于 10*d*，钢筋弯折角度不应大于 30°，弯折处沿接缝方向应配置不少于两根通长构造钢筋，且直径不应小于该方向底板内钢筋直径。

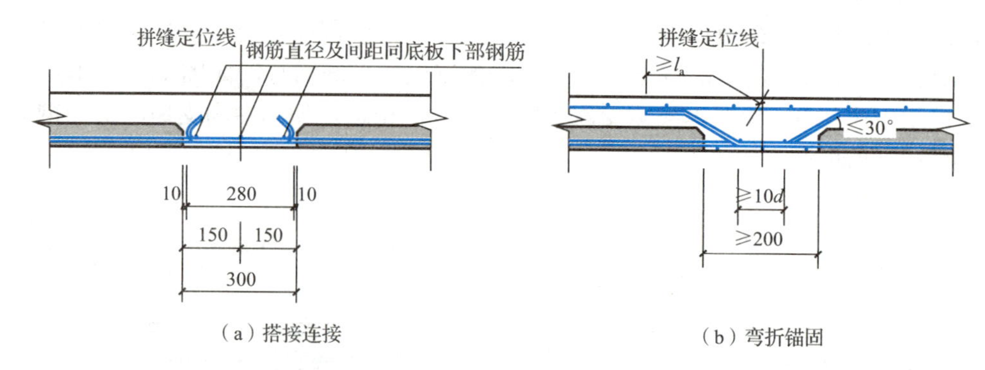

图 11.13　双向板整体式接缝连接构造

5）分离式接缝连接构造

如图 11.14 所示，单向板板侧的分离式接缝宜紧邻底板顶面设置垂直于板缝的附加钢筋，附加钢筋伸入两侧现浇层的锚固长度不应小于 15d（d 为附加钢筋直径）；附加钢筋截面面积不宜小于底板中该方向钢筋面积，钢筋直径不宜小于 6mm、间距不宜大于 250mm。

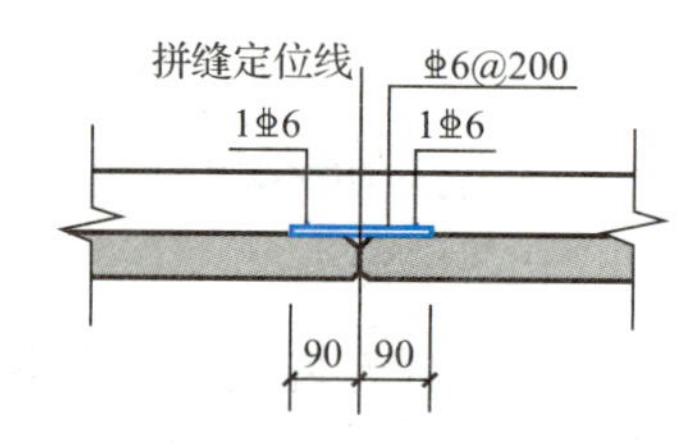

图 11.14　单向板分离式接缝连接构造

6）底板与叠合层的结合面构造

在叠合板跨度较大、有相邻悬挑板的上部钢筋锚入等情况下，以及在外力、温度等作用下，底板与叠合层的结合面上会产生较大的水平剪力，除需在底板板面设置凹凸深度不小于 4mm 的粗糙面外，还需配置抗剪构造钢筋来保证水平结合面的抗剪能力。当有钢筋桁架时，可不单独配置抗剪钢筋；当没有钢筋桁架时，配置的抗剪钢筋可采用马镫形状，钢筋直径、间距及锚固长度应满足结合面抗剪的需求。

任务 11.4　识读叠合板构件详图

引导问题

识读编号为 DBD68-3620-4、DBS1-68-3620-31 和 DBS2-68-3620-31 的叠合板模板图和配筋图。

叠合板构件详图包括模板图和配筋图。现以图 11.15 所示的单向板模板及配筋图、图 11.16 所示的双向板边板模板及配筋图，以及图 11.17 所示的双向板中板模板及配筋图为例，讲解叠合板构件详图中的主要信息。

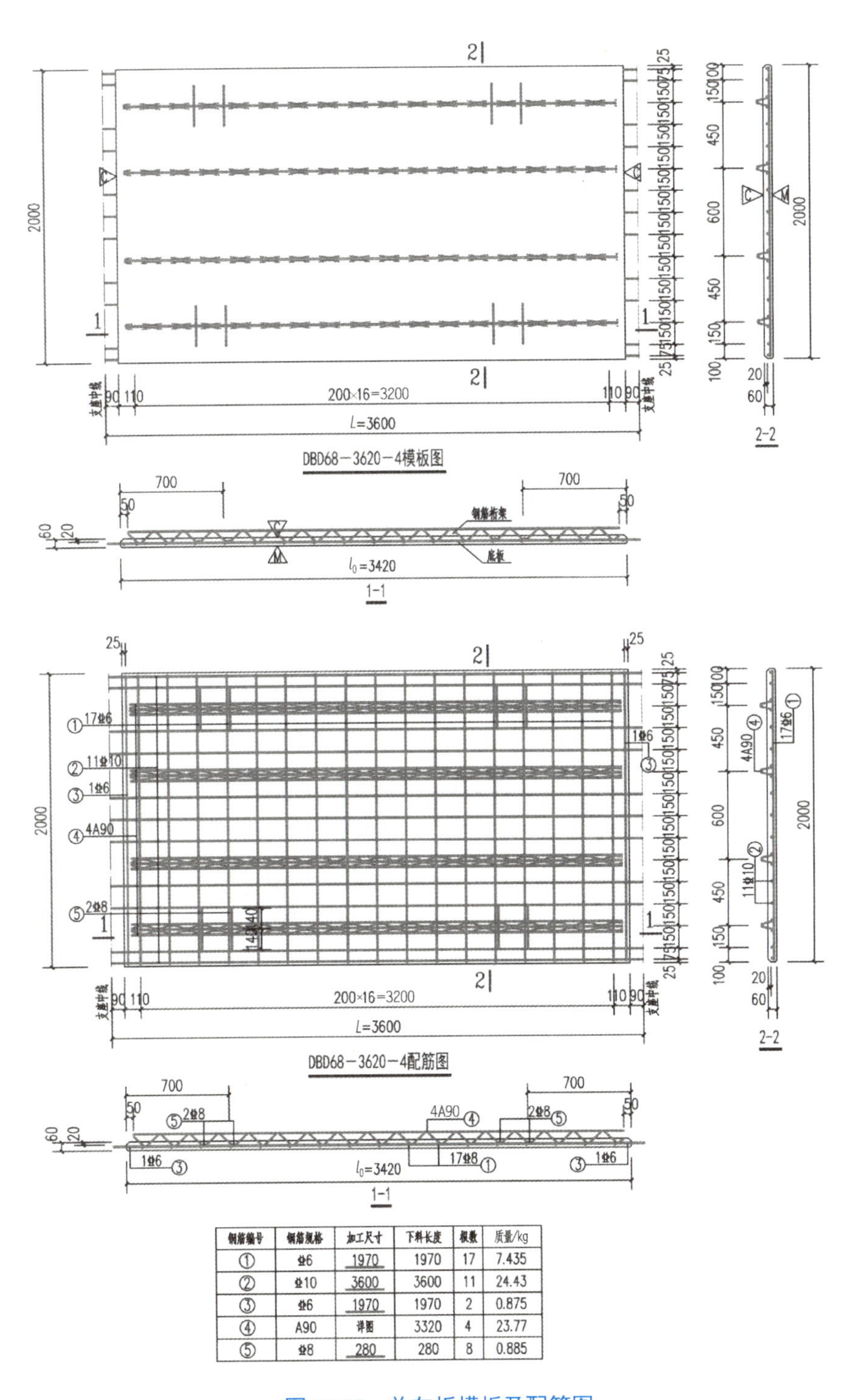

钢筋编号	钢筋规格	加工尺寸	下料长度	根数	质量/kg
①	Φ6	1970	1970	17	7.435
②	Φ10	3600	3600	11	24.43
③	Φ6	1970	1970	2	0.875
④	A90	详图	3320	4	23.77
⑤	Φ8	280	280	8	0.885

图 11.15　单向板模板及配筋图

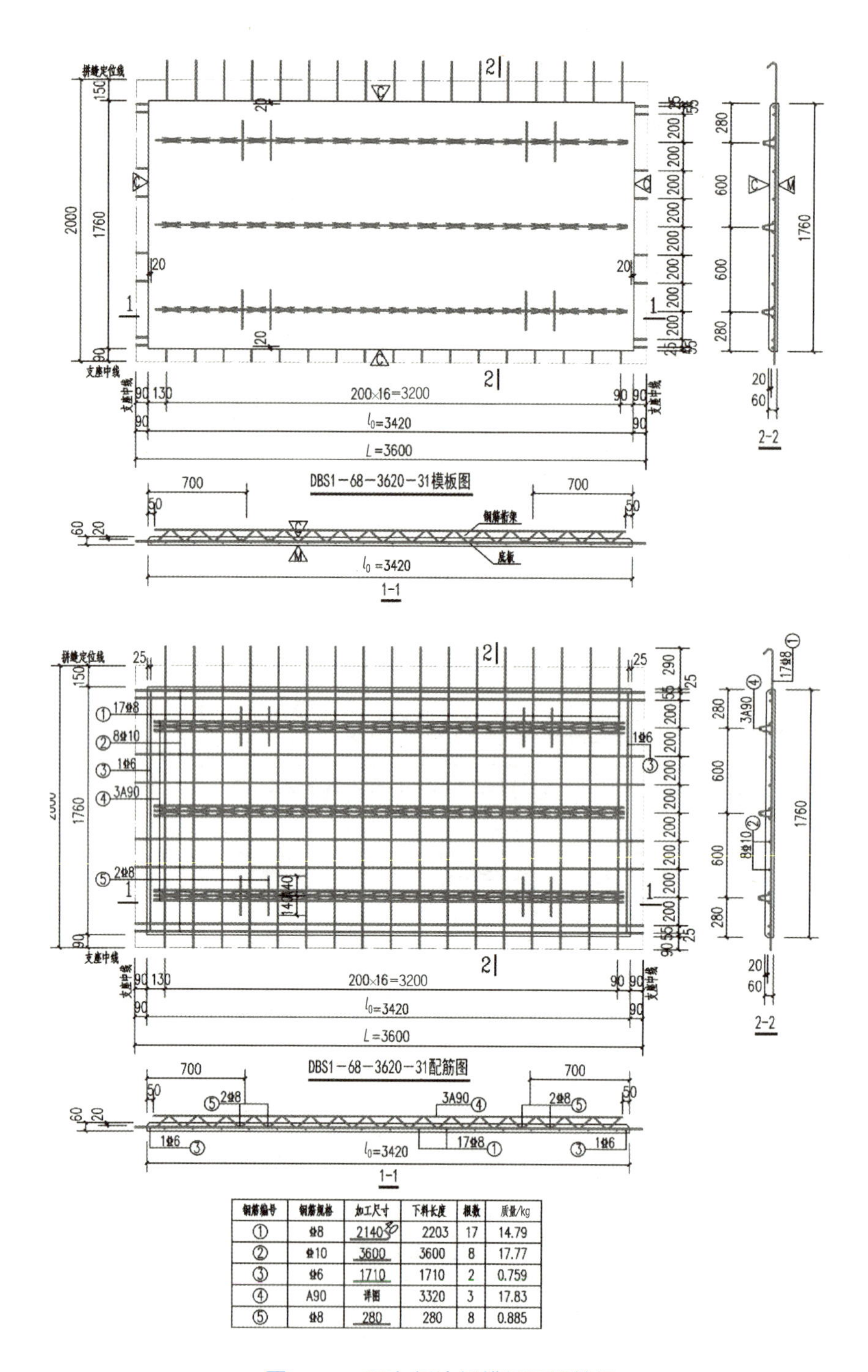

钢筋编号	钢筋规格	加工尺寸	下料长度	根数	质量/kg
①	⌀8	2140	2203	17	14.79
②	⌀10	3600	3600	8	17.77
③	⌀6	1710	1710	2	0.759
④	A90	详图	3320	3	17.83
⑤	⌀8	280	280	8	0.885

图 11.16　双向板边板模板及配筋图

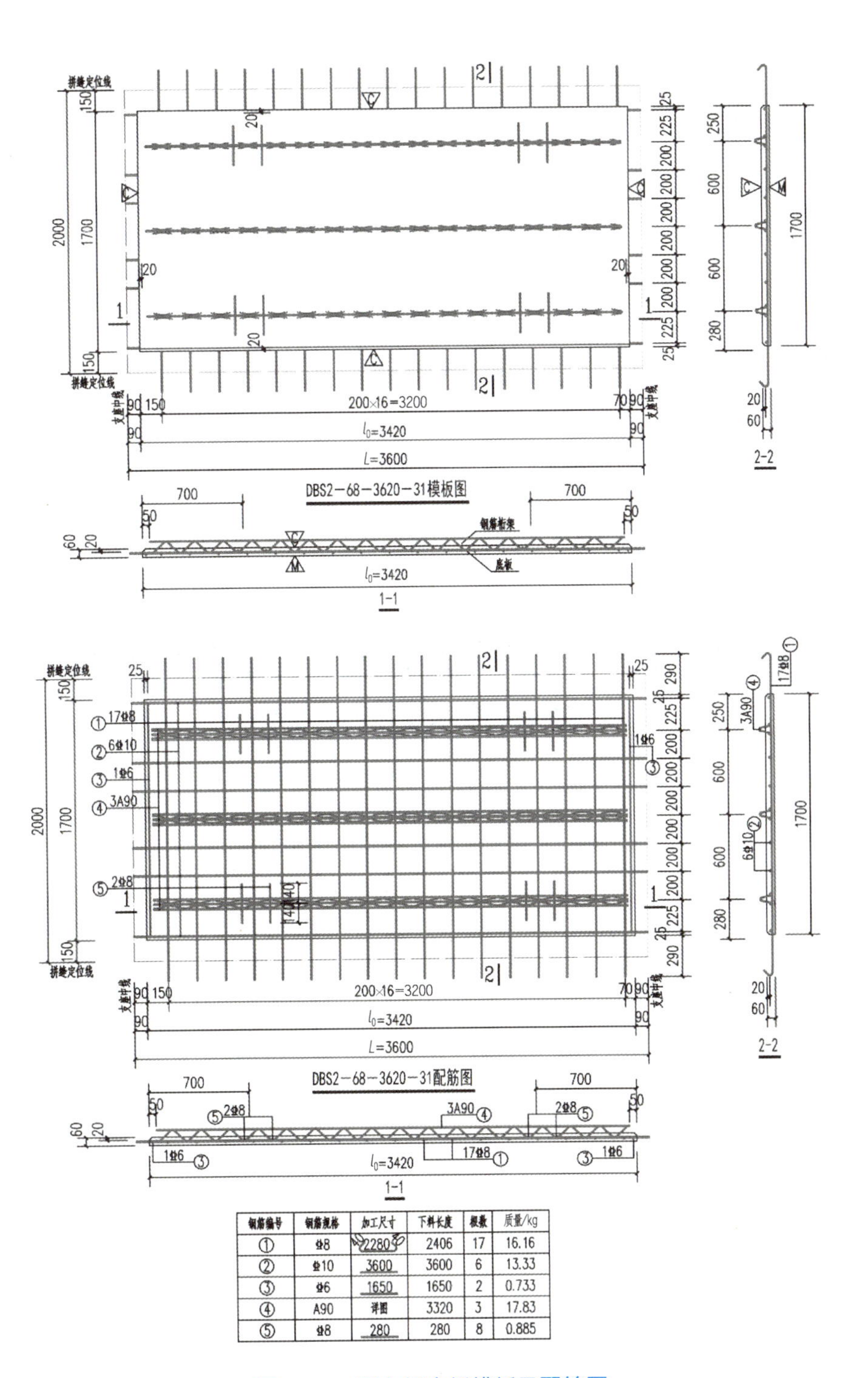

钢筋编号	钢筋规格	加工尺寸	下料长度	根数	质量/kg
①	⌀8	2280	2406	17	16.16
②	⌀10	3600	3600	6	13.33
③	⌀6	1650	1650	2	0.733
④	A90	详图	3320	3	17.83
⑤	⌀8	280	280	8	0.885

图 11.17　双向板中板模板及配筋图

DBD68-3620-4：表示单向受力叠合板用底板；底板厚度为60mm，叠合层厚度为80mm；底板的标志跨度为3600mm，标志宽度为2000mm；根据配筋图或组合钢筋代号“4”可知，底板跨度方向配筋为⌀10@150，分布钢筋为⌀6@200；钢筋桁架代号为A90，具体规格见表11-1；⑤号钢筋为叠合板吊点相邻的两个钢筋桁架下弦钢筋节点处的加强钢筋。

DBS1-68-3620-31：表示双向受力叠合板用底板，拼装位置为边板；底板厚度为60mm，叠合层厚度为80mm；底板的标志跨度为3600mm，标志宽度为2000mm；根据配筋图或组合钢筋代号“31”可知，底板跨度方向配筋为⌀10@200，宽度方向配筋为⌀8@200；钢筋桁架及吊点加强钢筋的配置与上述相同。

DBS2-68-3620-31：表示双向受力叠合板用底板，拼装位置为中板；底板厚度为60mm，叠合层厚度为80mm；底板的标志跨度为3600mm，标志宽度为2000mm；根据配筋图或组合钢筋代号“31”可知，底板跨度方向配筋为⌀10@200，宽度方向配筋为⌀8@200；钢筋桁架及吊点加强钢筋的配置与上述相同。

任务11.5 理解剪力墙结构楼板结构平面图制图规则

引导问题

1. 楼板结构平面图中叠合板底板、水平后浇带（或圈梁）、底板接缝、叠合板叠合层表示方法分别是什么？

2. 掌握楼板结构平面图制图编号规则。

3. 楼板结构平面图的叠合板底板表中包括什么内容？

图11.18～图11.20所示分别为楼板结构平面图中的底板布置平面图、叠合层配筋平面图和水平后浇带平面布置图。现以图11.18～图11.20为例讲解楼板结构平面图制图规则（楼板结构平面图中的预制阳台板及空调板平面布置部分见任务11.10）。

1. 楼板结构平面图表示方法

叠合板底板、水平后浇带（或圈梁）一般采用列表注写方法表达；底板接缝采用列表注写或绘制大样图的方法表达；叠合板叠合层注写方法与《混凝土结构施工图平面整体表示方法制图规则和构造详图（现浇混凝土框架、剪力墙、梁、板）》（22G101-1）中的有梁楼盖板平法施工图的表示方法相同，并标注叠合板编号。此外，楼板结构平面图应附有结构楼层标高表，表中注明上部结构嵌固部位位置。

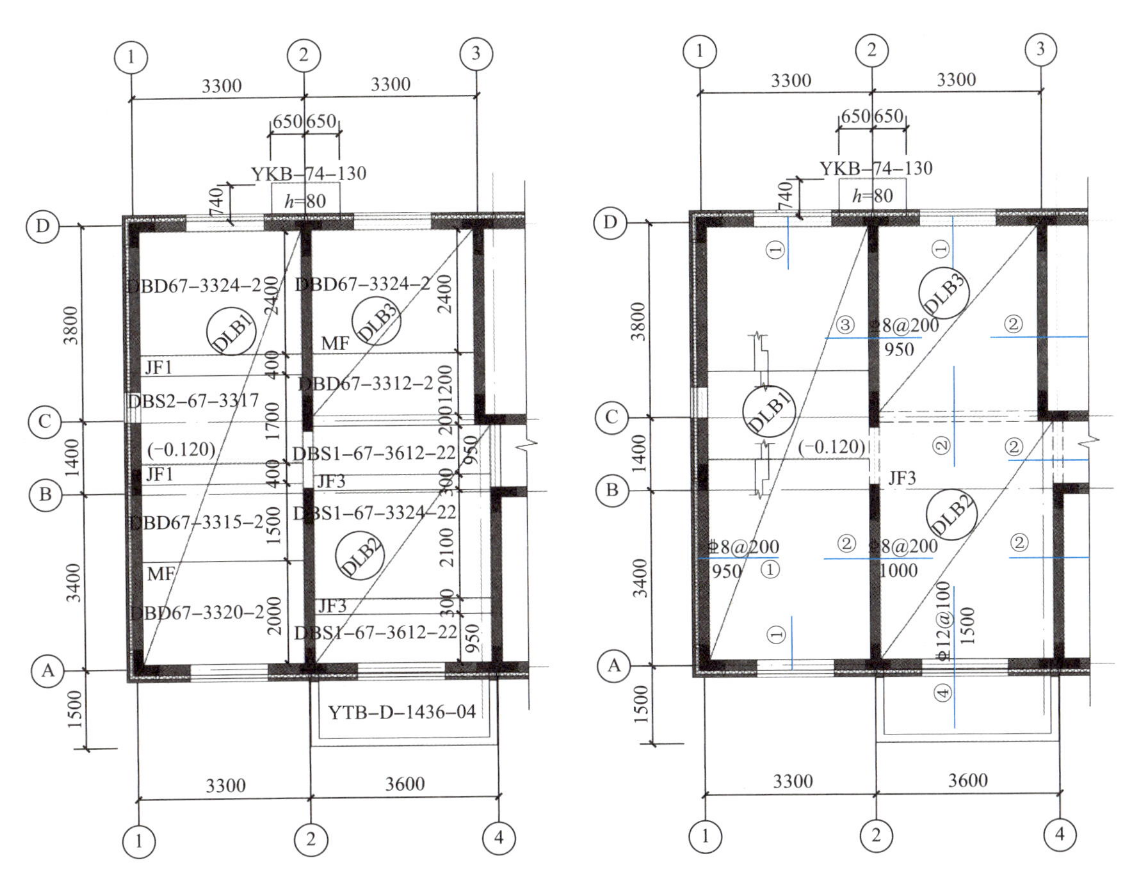

图 11.18 底板布置平面图　　　　图 11.19 叠合层配筋平面图

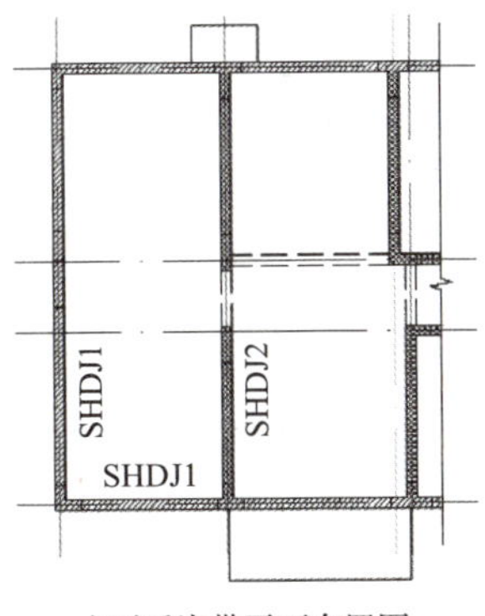

水平后浇带平面布置图

SHDJ1，外墙部分水平后浇带

SHDJ2，内墙部分水平后浇带

图 11.20 水平后浇带平面布置图

2. 编号规则

1）叠合板

所有叠合板板块应逐一编号，相同编号的板块可择其一做集中标注，其他仅注写置于圆圈内的板编号。叠合板编号，由叠合板类型代号和序号组成，表达形式见表 11-4。

表 11-4 叠合板编号

叠合板类型	类型代号	序号
叠合楼面板	DLB	××
叠合屋面板	DWB	××
叠合悬挑板	DXB	××

注：序号可为数字或数字加字母。

【例 11-1】DLB3，表示叠合楼面板，序号为 3。
【例 11-2】DWB2，表示叠合屋面板，序号为 2。
【例 11-3】DXB1，表示叠合悬挑板，序号为 1。

特别提示

当选用 15G366-1 图集中的叠合板底板时，可直接在板块上标注标准图集中的底板编号；当自行设计叠合板底板时，可参照标准图集的编号规则进行编号，并由设计单位进行构件详图设计。

2）叠合板底板接缝

叠合板底板接缝需要在底板布置平面图上标注其编号、尺寸和位置，并需绘出接缝的详图。编号由代号和序号组成，编号规则见表 11-5。

表 11-5 叠合板底板接缝编号

名称	代号	序号
叠合板底板接缝	JF	××
叠合板底板密拼接缝	MF	—

【例 11-4】JF1，表示叠合板底板接缝，序号为 1。

3）水平后浇带（或圈梁）

水平后浇带（或圈梁）平面布置图上标注有水平后浇带（或圈梁）的编号和分布位置。编号由代号和序号组成，编号规则见表 11-6。

表 11-6 水平后浇带（或圈梁）编号

名称	代号	序号
水平后浇带	SHJD	××
圈梁	QL	××

【例 11-5】SHJD3，表示水平后浇带，序号为 3。

3. 构件表达

1）叠合板

（1）叠合板底板。

底板布置平面图中需绘出叠合板并标注其编号，选用底板及其编号，各块底板尺寸和定位，底板接缝编号、水平投影及定位，如图 11.18 所示。叠合板底板为单向板底板时，还应标注板边调节缝和定位；叠合板底板为双向板底板时，还应标注接缝尺寸和定位。当板面标高不同时，在叠合板编号的斜线下标注标高高差（板面标高下降时，标高高差为负数）。同时应附有叠合板底板表。

叠合板底板表中包括叠合板编号、选用底板编号、所在楼层、构件质量、构件数量、构件详图页码（自行设计时为构件详图所在图号）、构件设计补充内容（线盒、留洞位置等）。表 11-7 所示为叠合板底板表。

表 11-7 叠合板底板表

叠合板编号	选用底板编号	所在楼层	构件质量/t	构件数量/块	构件详图页码	构件设计补充内容
DLB1	DBD67-3320-2	3～21	0.93	19	15G366-1，65	
	DBD67-3315-2	3～21	0.7	19	15G366-1，63	
	DBS2-67-3317	3～21	0.87	19	结施-35	
	DBD67-3324-2	3～21	1.23	19	15G366-1，66	
DLB2	DBS1-67-3612-22	3～21	0.56	38	15G366-1，12	
	DBS2-67-3624-22	3～21	1.23	19	15G366-1，16	
DLB3	DBD67-3312-2	3～21	0.62	19	15G366-1，62	
	DBD67-3324-2	3～21	1.23	19	15G366-1，66	

注：未注明的板底标高为本层标高减去叠合板板厚。降板部分的板底标高为叠合板底板标高减去降板高度。

（2）叠合板叠合层。

叠合层配筋平面图中需绘出叠合板并标注其编号，叠合层配筋及钢筋编号，底板接缝编号、水平投影及定位，如图 11.19 所示。当板面标高不同时，在叠合板编号的斜线下（整块叠合板板面标高不同）或底板上（部分底板板面标高不同）标注标高高差，还要在平面图相应位置画断面表示高差变化。

（3）叠合板底板接缝。

如前所述，底板布置平面图和叠合层配筋平面图中均绘出并标注了底板接缝编号、水平投影及定位，还需单独给出叠合板底板接缝表，如表 11-8 所示。

表 11-8　叠合板底板接缝表

叠合板底板接缝编号	所在楼层	节点详图页码
MF	3～21	15G310-1，28，B6-1；A_{sd}为 ⌀8@200，附加通长构造钢筋为 ⌀6@200
JF2	3～21	15G310-1，20，B1-2；A_{sa}为 3⌀8@150
JF3	3～21	15G366-1，82

当叠合板底板接缝选用标准图集时，可在接缝选用表中写明节点选用图集号、页码、节点号和相关参数；当自行设计叠合板底板接缝时，需由设计单位绘出节点详图。图 11.21 所示为叠合板底板接缝节点详图示例。

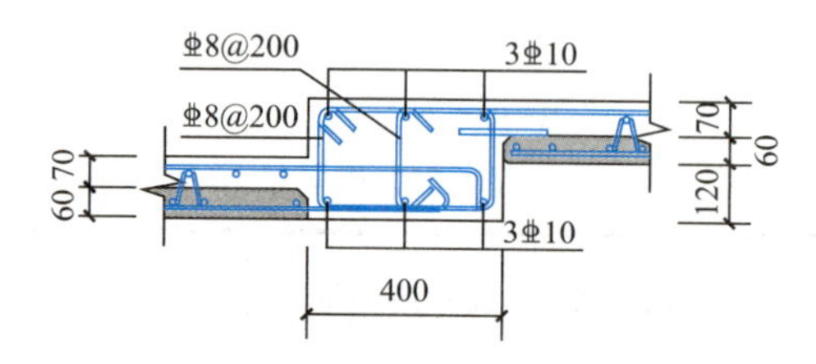

图 11.21　叠合板底板接缝节点详图示例

2）水平后浇带（或圈梁）

水平后浇带（或圈梁）平面布置图应通过图例表达不同编号的水平后浇带的分布位置，并标注编号，如图 11.20 所示。水平后浇带构件大样需绘制详图或列表表达。水平后浇带表的内容包括水平后浇带编号、所在平面位置、所在楼层、配筋（纵向钢筋和箍筋/拉筋），如表 11-9 所示。

表 11-9　水平后浇带表

水平后浇带编号	所在平面位置	所在楼层	纵向钢筋	箍筋/拉筋
SHJD1	外墙	3～21	2⌀14	⌀8@250
SHJD2	内墙	3～21	2⌀14	⌀8@250

任务 11.6　识读预制阳台板标准图集

引导问题

1. 预制阳台板包括哪些形式？
2. 掌握识读预制阳台板编号的方法。

3. 掌握根据阳台的建筑、结构参数，选用《预制钢筋混凝土阳台板、空调板及女儿墙》（15G368-1）中预制阳台板的方法。

本节将根据标准图集《预制钢筋混凝土阳台板、空调板及女儿墙》（15G368-1），讲解预制阳台板的识图知识。

1. 规格

15G368-1 图集规定，预制阳台板包括叠合板式阳台、全预制板式阳台和全预制梁式阳台 3 种形式，如图 11.22 所示。

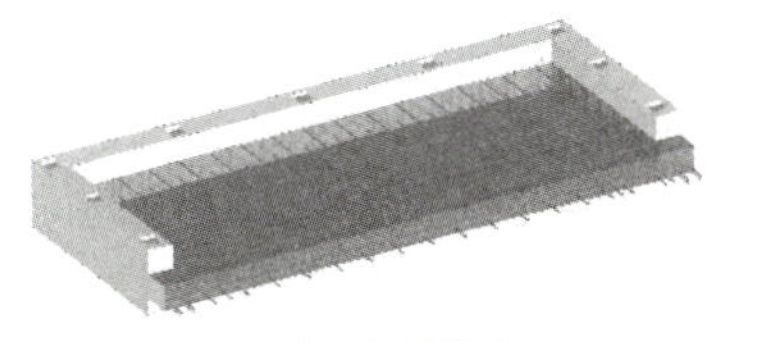

（a）叠合板式阳台

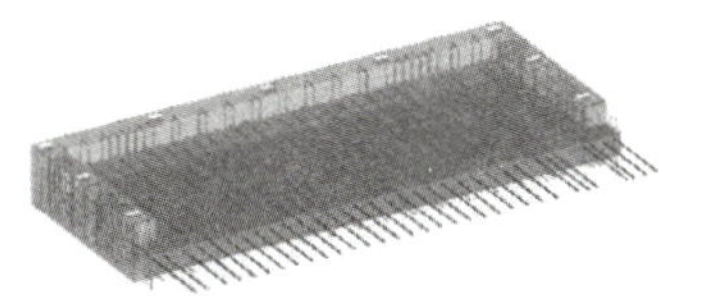

（b）全预制板式阳台

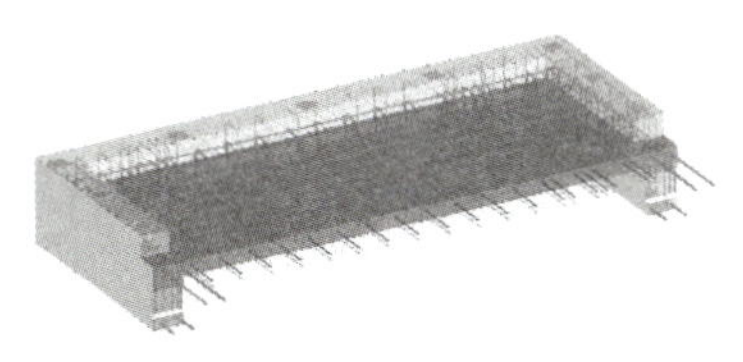

（c）全预制梁式阳台

图 11.22 预制阳台板的类型

（1）预制阳台板适用于非抗震设计和抗震设防烈度为 6～8 度地区的多、高层装配整体式剪力墙结构住宅，用于封闭式阳台和开敞式阳台，不适用于建筑屋面层。其他类型的建筑也可以参考选用。

（2）15G368-1 图集中的预制阳台板的结构安全等级为二级、结构设计工作年限为 50 年。预制阳台板的混凝土强度等级均为 C30；连接节点区混凝土强度等级与建筑主体结构相同，且不低于 C30。预制阳台板的配筋采用 HRB400 和 HPB300 级钢筋。梁类构件钢筋混凝土保护层厚度为 25mm，板类构件钢筋混凝土保护层厚度为 20mm。预埋铁件钢板一般采用 Q235-B 钢材，内埋式吊杆一般采用 Q345 钢材。吊环应采用 HPB300 级钢筋制作，严禁采用冷加工钢筋。其他连接件、预埋件、连接材料要求详见 15G368-1 图集。

（3）预制阳台板沿悬挑方向按建筑模数 2M 设计，其中叠合板式阳台、全预制板式阳台为 1000mm、1200mm、1400mm，全预制梁式阳台为 1200mm、1400mm、1600mm、1800mm；沿房间开间方向按建筑模数 3M 设计，包括 2400mm、2700mm、3000mm、3300mm、3600mm、3900mm、4200mm、4500mm。

（4）叠合板式阳台、全预制板式阳台适用于采用外叶墙板厚度为 60mm、保温层厚度为 30～80mm 的预制夹心外墙板的装配整体式剪力墙结构住宅。

（5）封闭式阳台结构标高与室内楼面结构标高相同或比室内楼面结构标高低 20mm，开放式阳台结构标高比室内楼面结构标高低 50mm。施工时应起拱，起拱高度为 $6l_0/1000$。

（6）预制阳台板开洞位置在预制构件深化图纸中指出，15G368-1 图集中预制阳台板模板及配筋图示意了雨水管、地漏预留孔洞位置。

（7）表 11-10 所示为 15G368-1 图集中各类型的预制阳台板荷载设计取值，设计时可根据设计需求和实际荷载对应选取标准图集中的预制阳台板。

表 11-10　预制阳台板荷载设计取值

<table>
<tr><th rowspan="2">阳台形式</th><th colspan="2">恒荷载</th><th rowspan="2">活荷载</th></tr>
<tr><th>板上均布荷载</th><th>封边线荷载</th></tr>
<tr><td>叠合板式，
封边 400mm</td><td rowspan="7">$3.2kN/m^2$</td><td rowspan="3">4.3kN/m</td><td rowspan="7">1. 栏杆顶部的水平推力 1.0kN/m；
2. 验算承载能力极限状态和正常使用极限状态时均布可变面荷载取 $2.5kN/m^2$；
3. 施工安装时施工荷载 $1.5kN/m^2$</td></tr>
<tr><td>全预制板式，
封边 400mm</td></tr>
<tr><td>全预制梁式</td></tr>
<tr><td>叠合板式，
封边 800mm</td><td rowspan="2">2.5kN/m</td></tr>
<tr><td>全预制板式，
封边 800mm</td></tr>
<tr><td>叠合板式，
封边 1200mm</td><td rowspan="2">1.2kN/m</td></tr>
<tr><td>全预制板式，
封边 1200mm</td></tr>
</table>

2. 编号

预制阳台板的编号方法如图 11.23 所示。

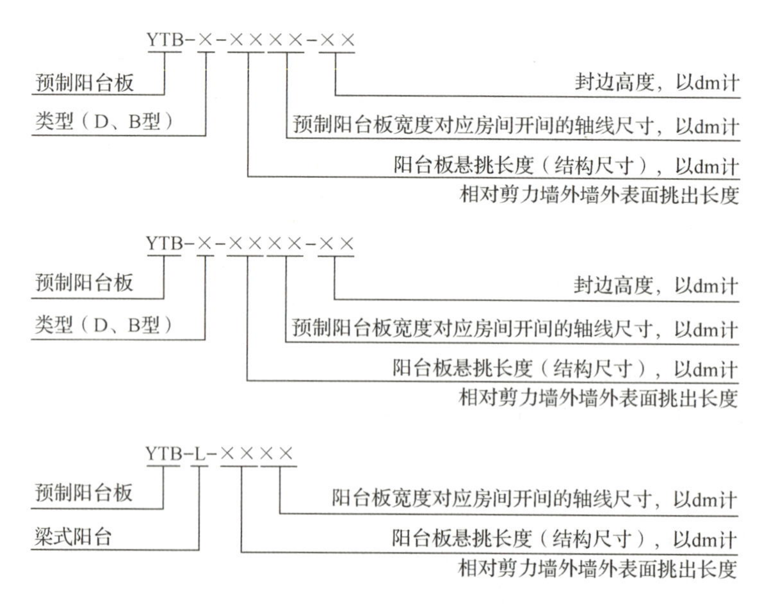

图 11.23　预制阳台板的编号方法

图中封边高度包括“04”“08”“12”3 种，“04”代表阳台封边高度为 400mm；“08”代表阳台封边高度为 800mm；“12”代表阳台封边高度为 1200mm。

3. 设计方法

选用 15G368-1 图集中的预制阳台板进行阳台设计的方法如下。

（1）确定要设计的阳台的建筑、结构各参数与标准图集选用范围要求是否一致，混凝土强度等级、建筑面层厚度、保温层厚度应在结构施工图中统一说明。

（2）核对要设计的阳台的荷载取值不大于标准图集设计取值。

（3）根据建筑平、立面图的阳台尺寸确定预制阳台板编号，确定预埋件。

（4）根据标准图集中预制阳台板模板图及预制构件选用表中已标明的吊点位置及吊重要求，设计人员与生产、施工单位协调选用满足规范要求的吊装预埋件。

（5）如需补充预制阳台板预留设备孔洞的位置及大小，需结合设备专业图纸补充。

（6）此外，还需补充预制阳台板相关制作及施工要求。

【例 11-6】根据已知条件，选用 15G368-1 图集中的预制阳台板。

已知条件：某住宅开敞式阳台平面图如图 11.24 所示，阳台对应房间开间轴线尺寸为 3300mm。阳台板相对剪力墙外表面挑出长度为 1400mm，阳台封边高度为 400mm，根据计算得阳台板面均布恒荷载为 3.2kN/m^2，封边处栏杆线荷载为 1.2kN/m，板面均布活荷载 2.5kN/m^2。

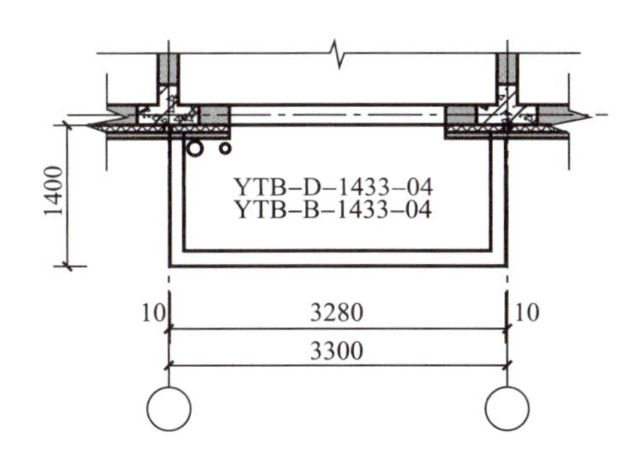

图 11.24 预制阳台板选用示例 1

选用结果：阳台建筑、结构各参数与标准图集选用范围要求一致，荷载不大于标准图集荷载取值，设计选用编号为 YTB-D-1433-04 的叠合板式阳台或编号为 YTB-B-1433-04 的全预制板式阳台。

【例 11-7】根据已知条件，选用 15G368-1 图集中的预制阳台板。

已知条件：已知某住宅开敞式阳台平面图如图 11.25 所示，阳台对应房间开间轴线尺寸为 3300mm，阳台板相对剪力墙外表面挑出长度为 1400mm，拟采用全预制梁式阳台。根据计算得阳台板面均布恒荷载为 3.2kN/m^2，封边处栏杆线荷载为 1.2kN/m，板面均布活荷载 2.5kN/m^2。

选用结果：阳台建筑、结构各参数与标准图集选用范围要求一致，荷载不大于标准图集荷载取值，设计选用编号为 YTB-L-1433 的全预制梁式阳台。

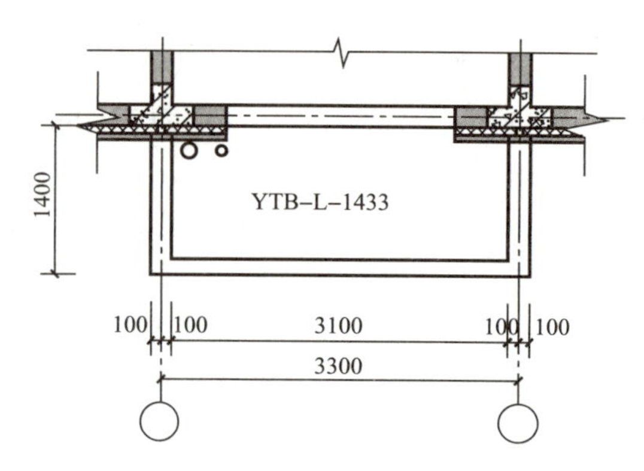

图 11.25　预制阳台选用示例 2

4. 构造

1）叠合板式阳台

叠合板式阳台底板的厚度均为 60mm，当阳台长度为 1000mm 或 1200mm 时，叠合层厚度取 70mm；当阳台长度为 1400mm 时，叠合层厚度取 90mm；阳台板周边应设置封边，封边宽度为 150mm，封边高度可取 400mm、800mm 或 1200mm。预制底板内的钢筋包括钢筋桁架和钢筋网片，钢筋桁架的高度根据叠合层厚度确定，可取 80mm 或 100mm，沿阳台长度方向的钢筋伸出混凝土的长度为 12*d*，且至少伸过墙（梁）中线，与封边相连的钢筋锚入封边长度为 100mm。封边内设置纵向钢筋和箍筋，吊点位置处箍筋应加密为 ⌀6@60。此外，还需要在阳台外侧连梁内锚入钢筋，与叠合层内配置的钢筋搭接，叠合层内配筋截面积由设计人员计算确定。

2）全预制板式阳台

当阳台长度为 1000mm 或 1200mm 时，全预制板式阳台预制板的厚度为 130mm；当阳台长度为 1410mm 时，预制板的厚度为 150mm；阳台板周边应设置封边，封边宽度为 150mm，封边高度可取 400mm、800mm 或 1200mm。预制板内的钢筋包括上下层钢筋网片，沿阳台长度方向的上层钢筋伸出混凝土长度为 $1.1l_a$，下层钢筋伸出混凝土长度为 12*d*，且至少伸过墙（梁）中线，与封边相连的钢筋锚入封边。封边内设置纵向钢筋和箍筋，吊点位置处箍筋应加密为 ⌀6@60。

3）全预制梁式阳台

15G368-1 图集中的全预制梁式阳台一般用于外墙不采用预制夹心外墙板的装配式结构。全预制梁式阳台在周边设置截面尺寸为 200mm×400mm 的预制梁，并在其上设置高度为 150mm 的翻边。两侧预制梁伸出钢筋锚入后浇混凝土中，上部钢筋的长度为 $1.1l_a$，下部钢筋的长度为 15*d*。阳台预制板厚度为 100mm，双面双向配筋，钢筋锚入梁和后浇混凝土中，钢筋沿阳台长度方向伸出混凝土的长度为 5*d*，且至少伸过墙（梁）中线。

5. 预埋件

叠合板式阳台、全预制板式阳台和全预制梁式阳台的脱模与吊装采用相同吊点，位置在构件详图中表示。吊点可采用内埋式吊杆或预埋吊环，如图 11.26 所示。

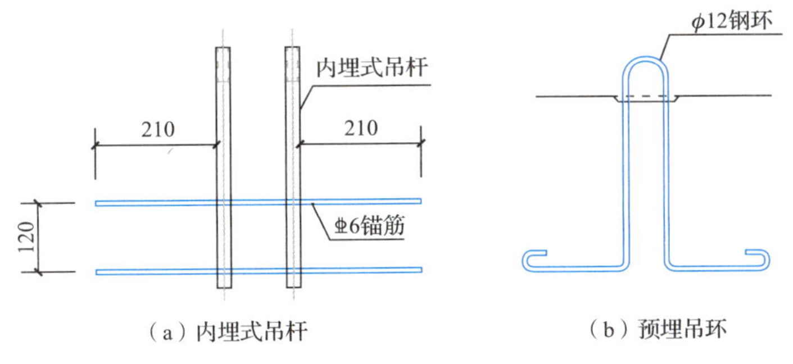

图 11.26　阳台板吊装预埋件详图

阳台栏杆预埋件详细如图 11.27 所示。

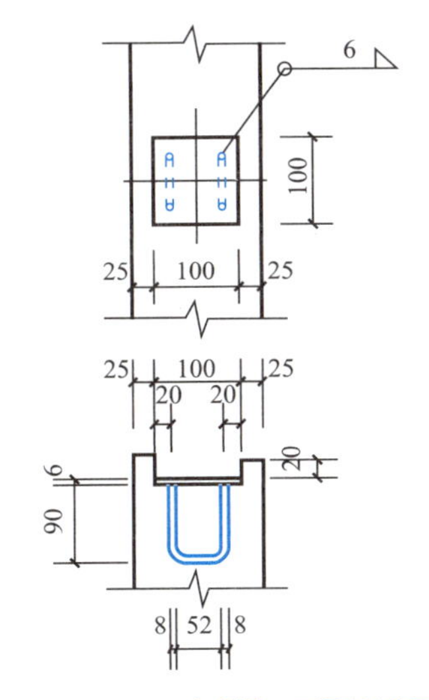

图 11.27　阳台栏杆预埋件详图

6. 连接构造

叠合板式阳台、全预制板式阳台和全预制梁式阳台与主体结构的连接构造如图 11.28 所示。

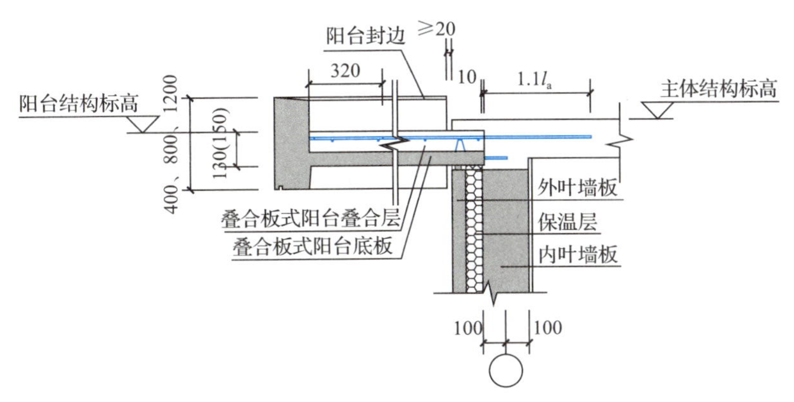

图 11.28　预制阳台板连接构造

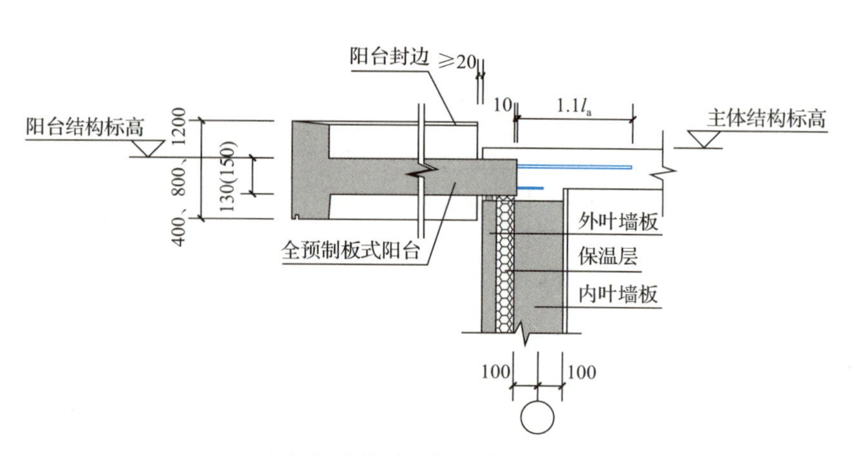

（b）全预制板式阳台与主体结构连接

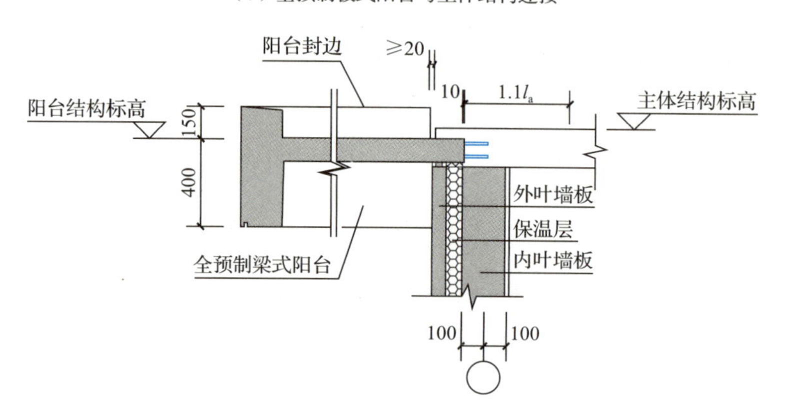

（c）全预制梁式阳台与主体结构（板）连接

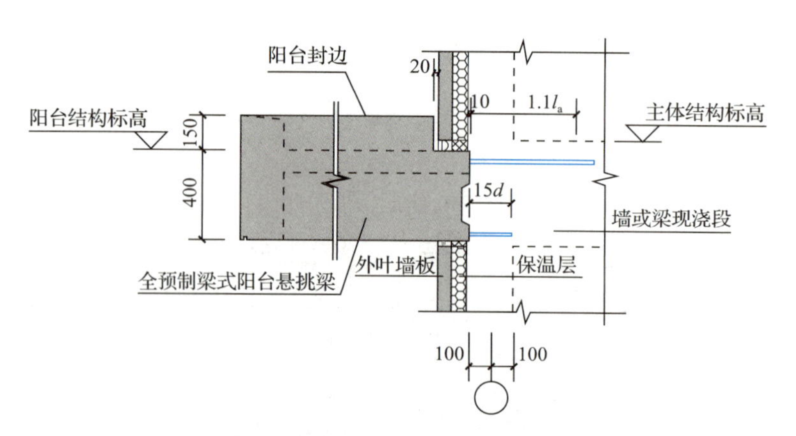

（d）全预制梁式阳台与主体结构（墙或梁）连接

图 11.28　预制阳台板连接构造（续）

任务 11.7 识读预制阳台板构件详图

引导问题

试述 3 种预制阳台板的尺寸和配筋情况。

1. 叠合板式阳台

图 11.29 所示为编号为 YTB-D-1436-04 的叠合板式阳台底板模板图，图 11.30 所示为其底板配筋图（一），图 11.31 所示为其底板配筋图（二）。

识读图 11.29，可知叠合板式阳台底板的厚度为 60mm，叠合层厚度为 90mm；周边封边宽度为 150mm，高度为 400mm。预埋件表中列出的预埋件包括阳台吊装预埋件（吊件）MJ1、阳台栏杆预埋件 MJ2 和线盒。

识读图 11.30，可知底板内配筋为沿悬挑方向的③24⌀8 和沿宽度方向的④6⌀10 组成的钢筋网片，③号钢筋伸出混凝土长度为 100mm；叠合层板面预留①16⌀8 与受力钢筋搭接；钢筋桁架的高度为 100mm。

识读图 11.31，可知叠合板式阳台封边内设置纵向钢筋和箍筋，结合图 11.29 所示吊点位置，可知吊点处封边内箍筋加密为 ⌀6@60。

2. 全预制板式阳台

图 11.32 所示为编号为 YTB-B-1436-04 的全预制板式阳台预制板模板图，图 11.33 所示为其预制板配筋图（一），图 11.34 所示为其预制板配筋图（二）。

识读图 11.32，可知预制板的厚度为 150mm；周边封边宽度为 150mm，高度为 400mm。

识读图 11.33，可知预制板内配筋包括上下层钢筋网片，上层钢筋网片由沿阳台长度方向的①36⌀12 和沿宽度方向的分布钢筋②10⌀8 组成，①号钢筋伸出混凝土长度为 465mm；下层钢筋网片由沿阳台长度方向的③24⌀8 和沿宽度方向的分布钢筋④10⌀10 组成，③号钢筋伸出混凝土长度为 100mm。

3. 全预制梁式阳台

图 11.35 所示为编号为 YTB-L-1436 的全预制梁式阳台预制板模板图，图 11.36 所示为其配筋图（一），图 11.37 所示为其配筋图（二）。

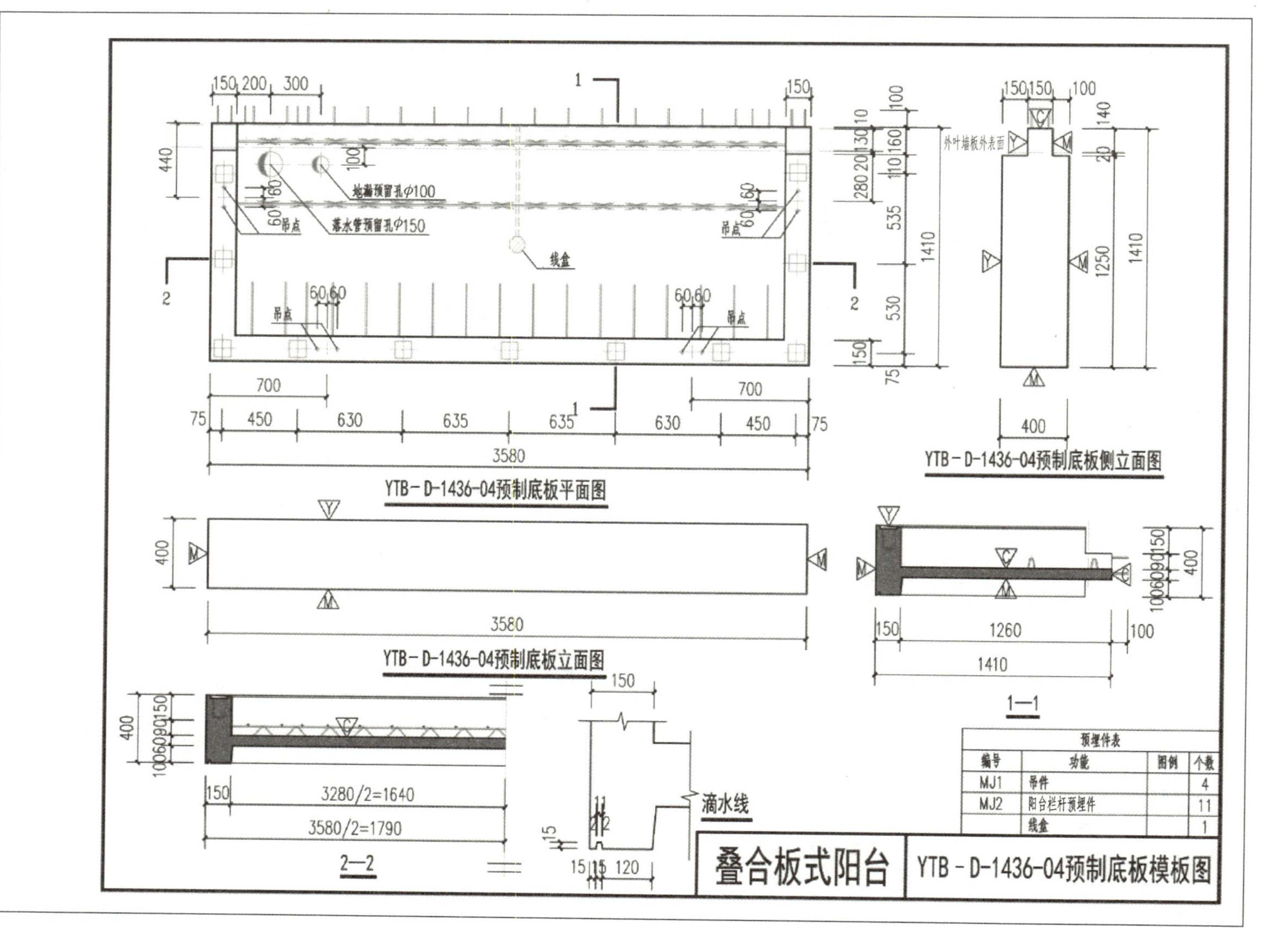

图 11.29　叠合板式阳台底板模板图

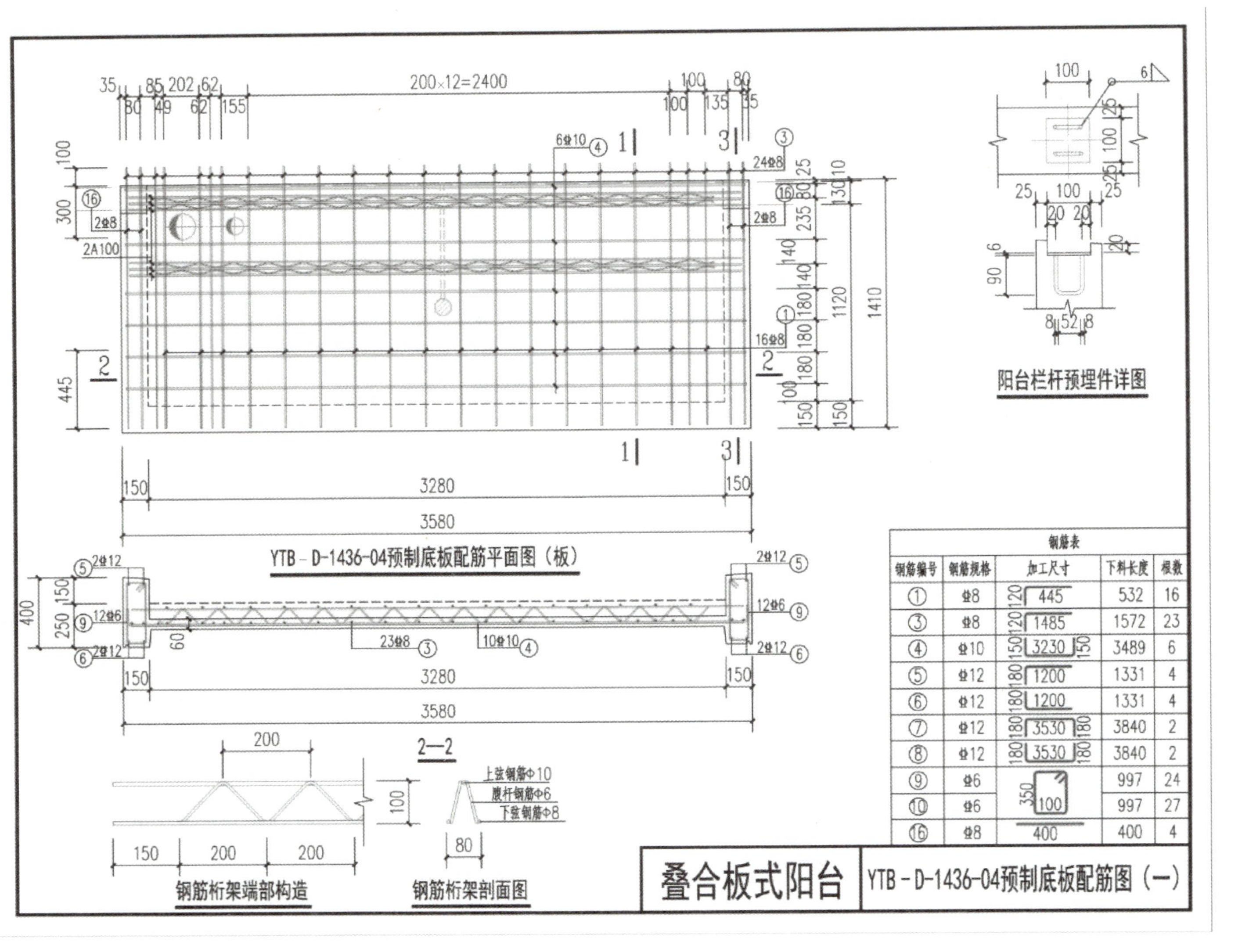

图 11.30 叠合板式阳台底板配筋图（一）

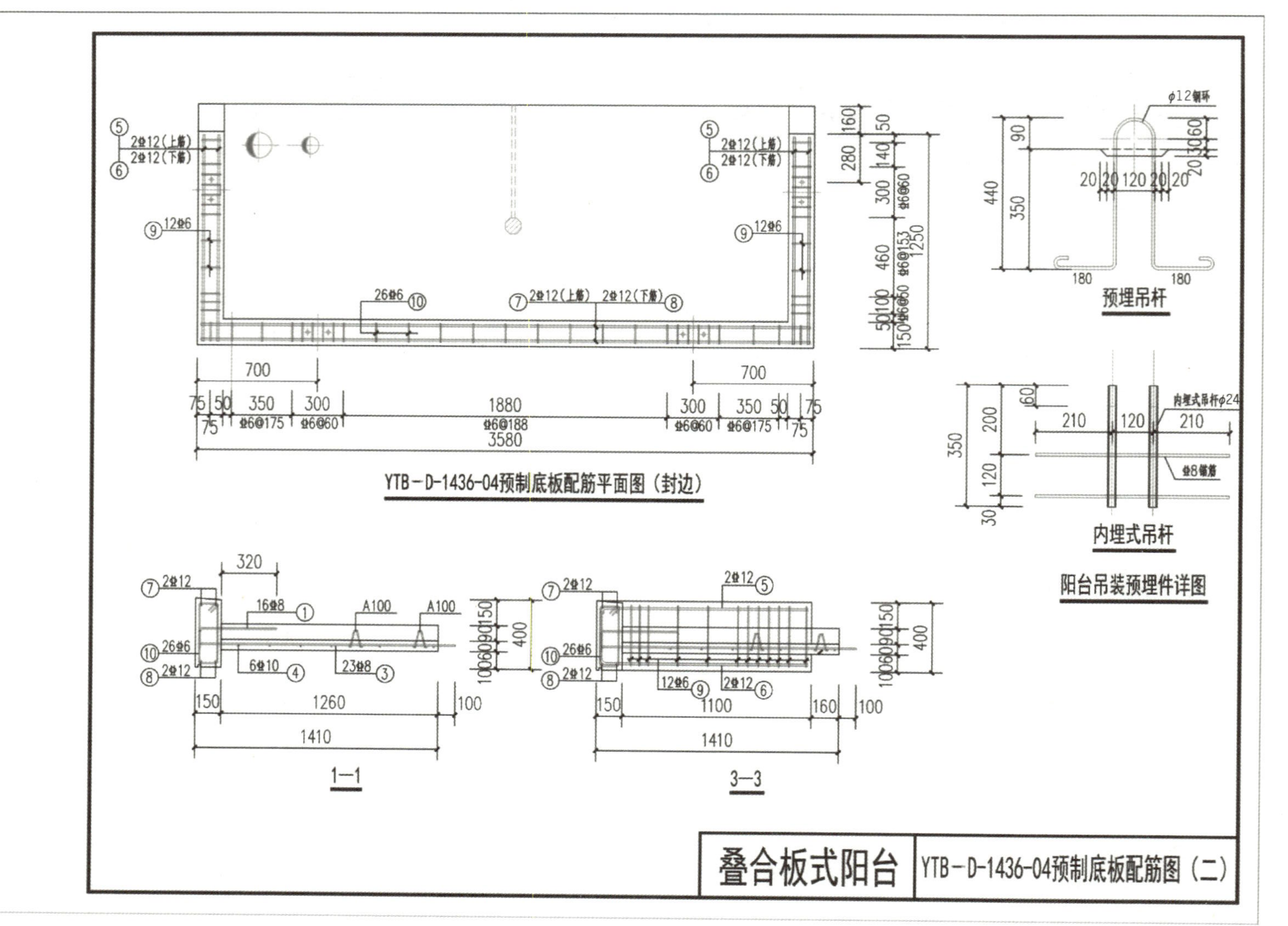

图 11.31 叠合板式阳台底板配筋图（二）

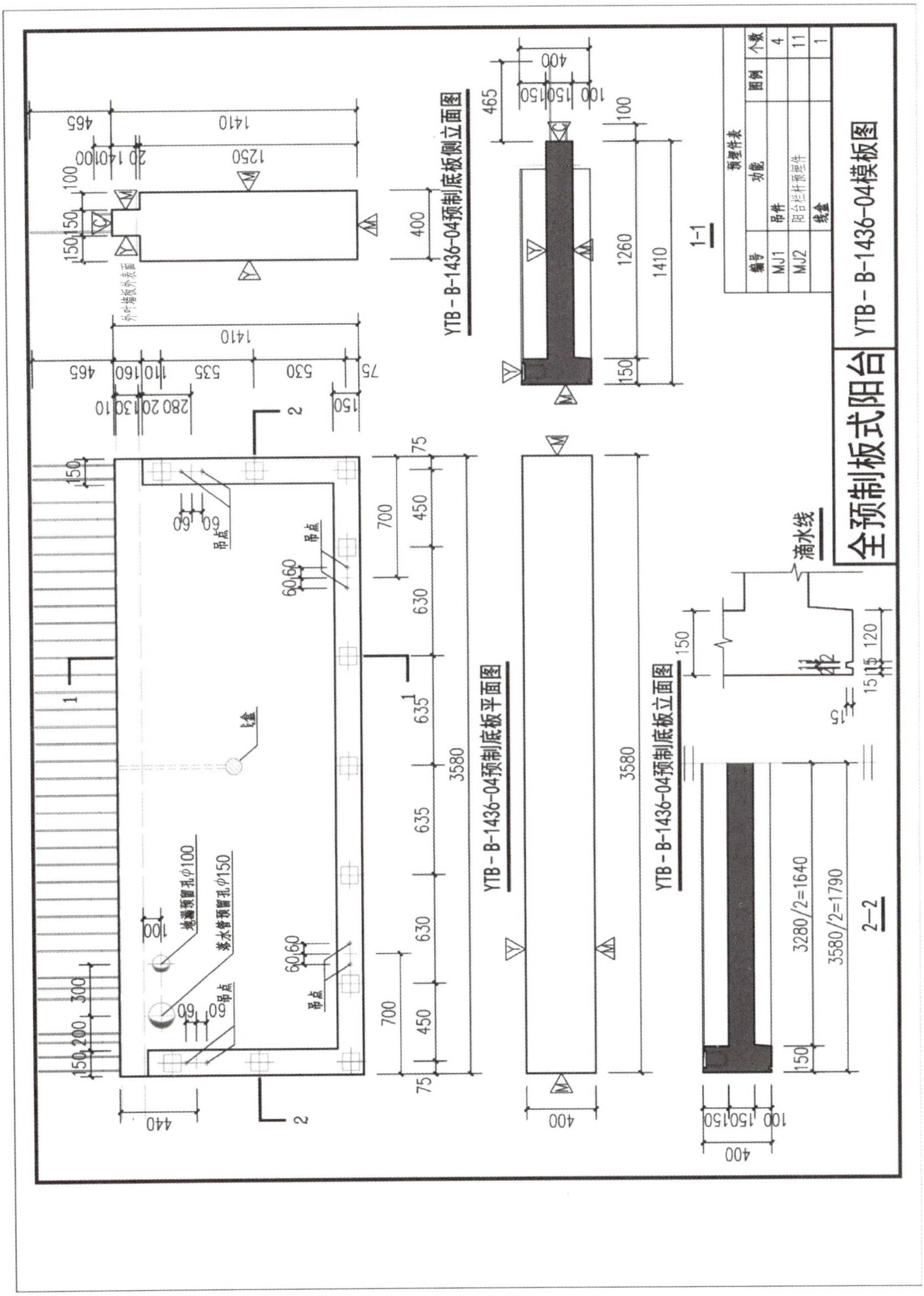

全预制板式阳台

YTB-B-1436-04模板图

预埋件表

编号	功能	图例	个数
MJ1	吊件		4
MJ2	阳台栏杆预埋件		11
	线盒		1

YTB-B-1436-04预制底板平面图

YTB-B-1436-04预制底板立面图

YTB-B-1436-04预制底板侧立面图

1-1

2-2

滴水线

地漏预留孔φ100

落水管预留孔φ150

吊点

线盒

图 11.32　全预制板式阳台预制板模板图

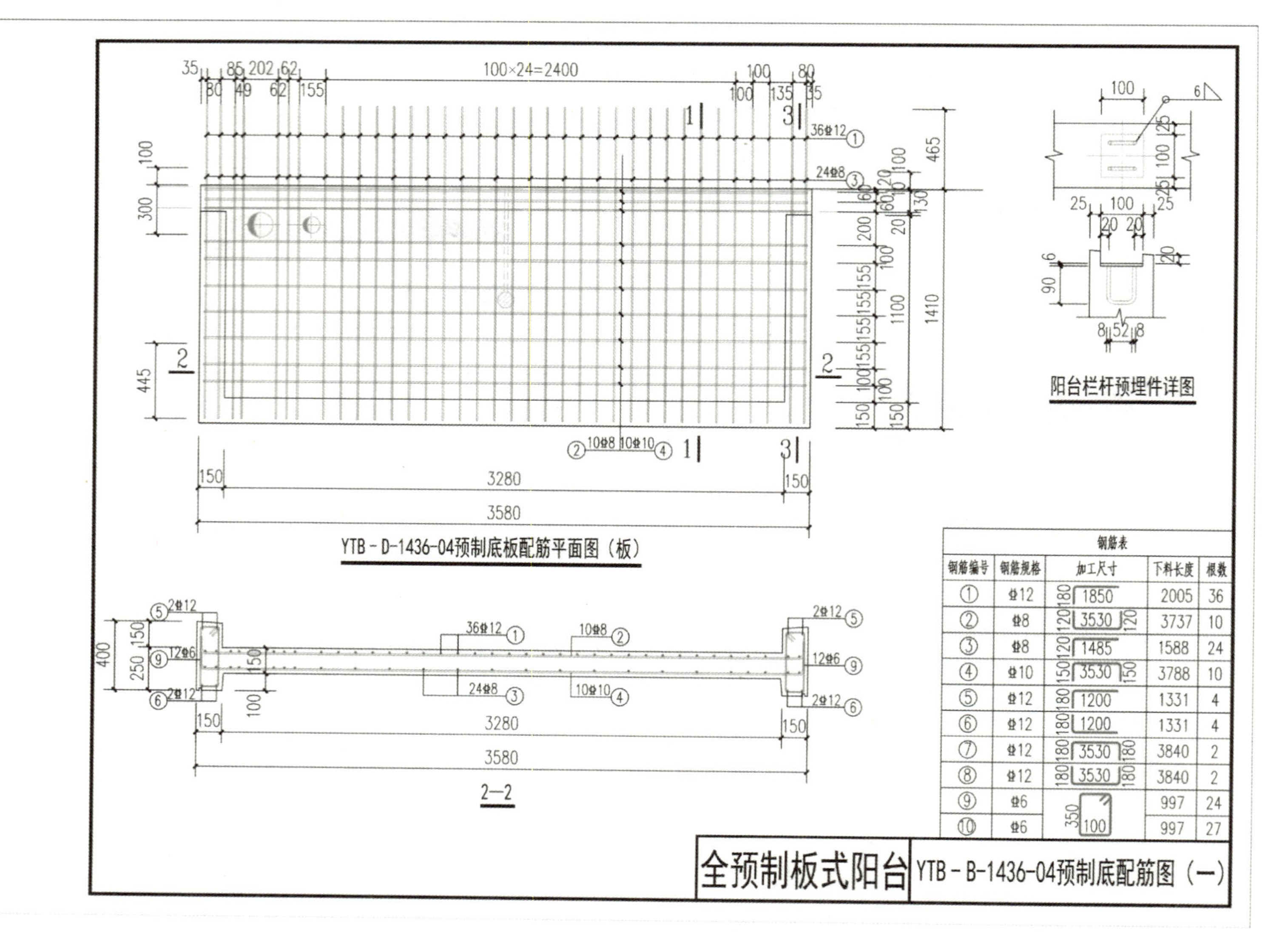

钢筋表

钢筋编号	钢筋规格	加工尺寸	下料长度	根数
①	Φ12	180 1850	2005	36
②	Φ8	120 3530 120	3737	10
③	Φ8	120 1485	1588	24
④	Φ10	150 3530 150	3788	10
⑤	Φ12	180 1200	1331	4
⑥	Φ12	180 1200	1331	4
⑦	Φ12	180 3530 180	3840	2
⑧	Φ12	180 3530 180	3840	2
⑨	Φ6	350 100	997	24
⑩	Φ6		997	27

图 11.33　全预制板式阳台预制板配筋图（一）

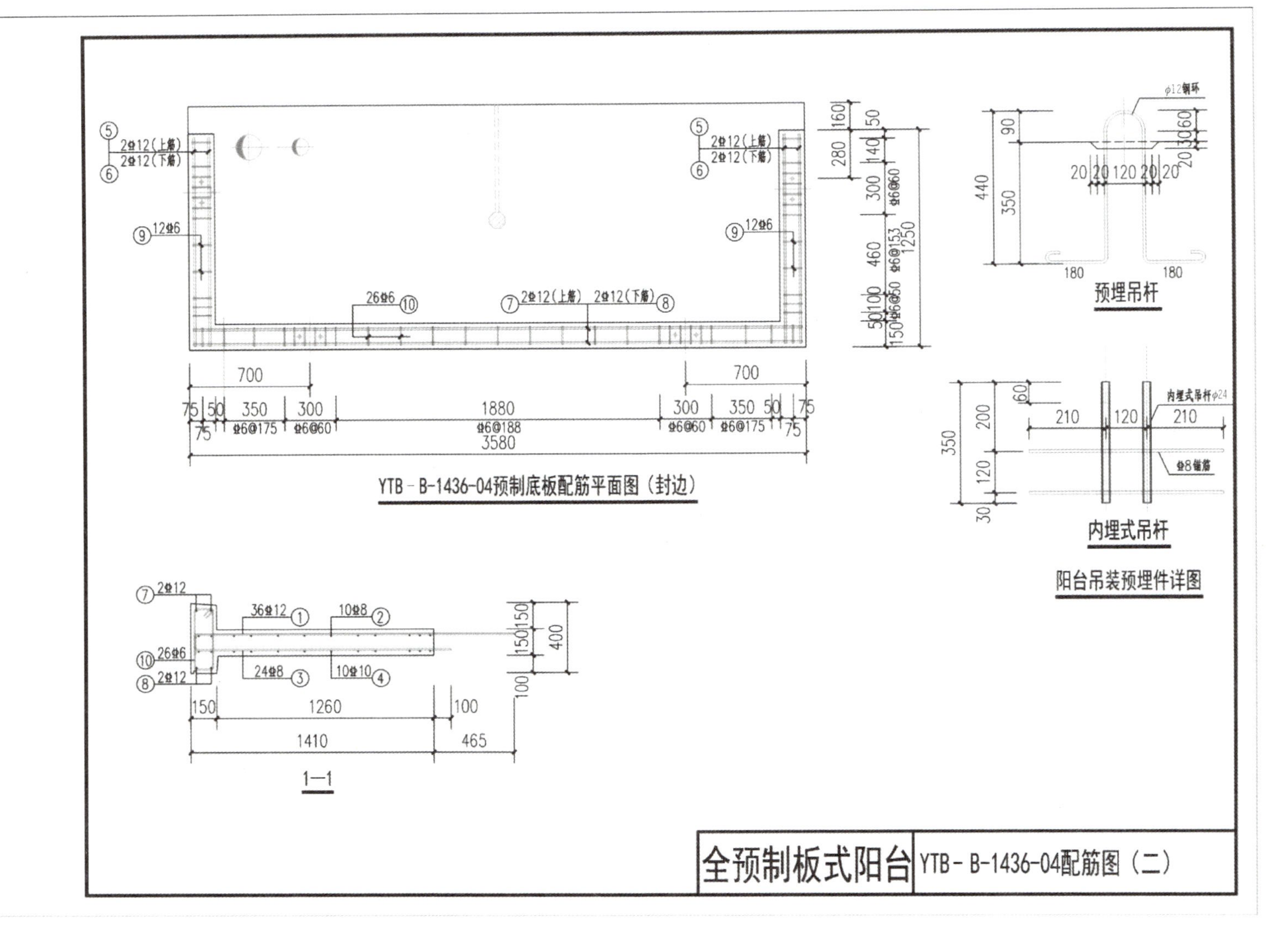

图 11.34　全预制板式阳台预制板配筋图（二）

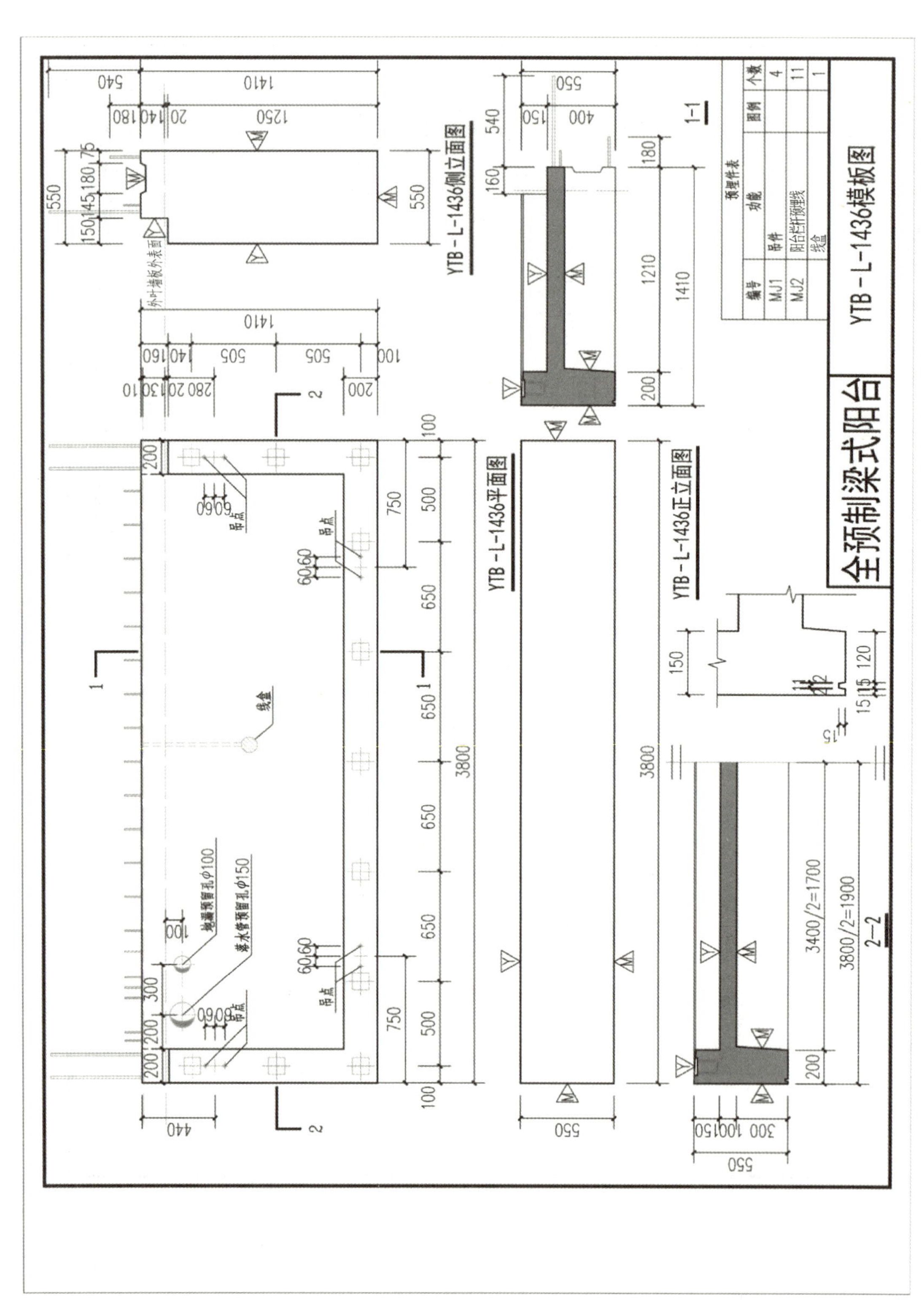

图 11.35　全预制梁式阳台预制板模板图

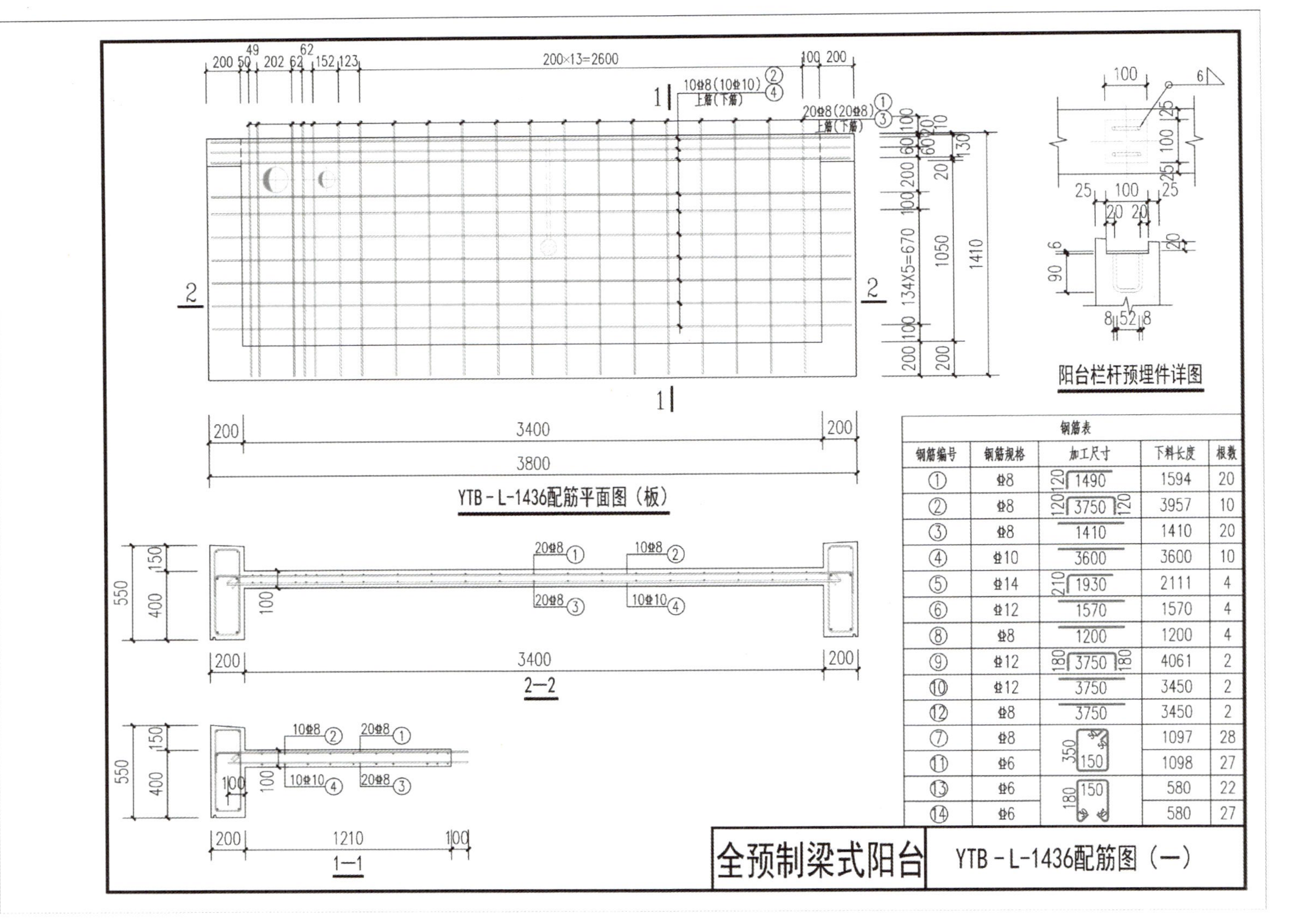

钢筋表

钢筋编号	钢筋规格	加工尺寸	下料长度	根数
①	⌀8	120 1490	1594	20
②	⌀8	120 3750 120	3957	10
③	⌀8	1410	1410	20
④	⌀10	3600	3600	10
⑤	⌀14	210 1930	2111	4
⑥	⌀12	1570	1570	4
⑧	⌀8	1200	1200	4
⑨	⌀12	180 3750 180	4061	2
⑩	⌀12	3750	3450	2
⑫	⌀8	3750	3450	2
⑦	⌀8	350 150	1097	28
⑪	⌀6		1098	27
⑬	⌀6	180 150	580	22
⑭	⌀6		580	27

图 11.36　全预制梁式阳台预制板配筋图（一）

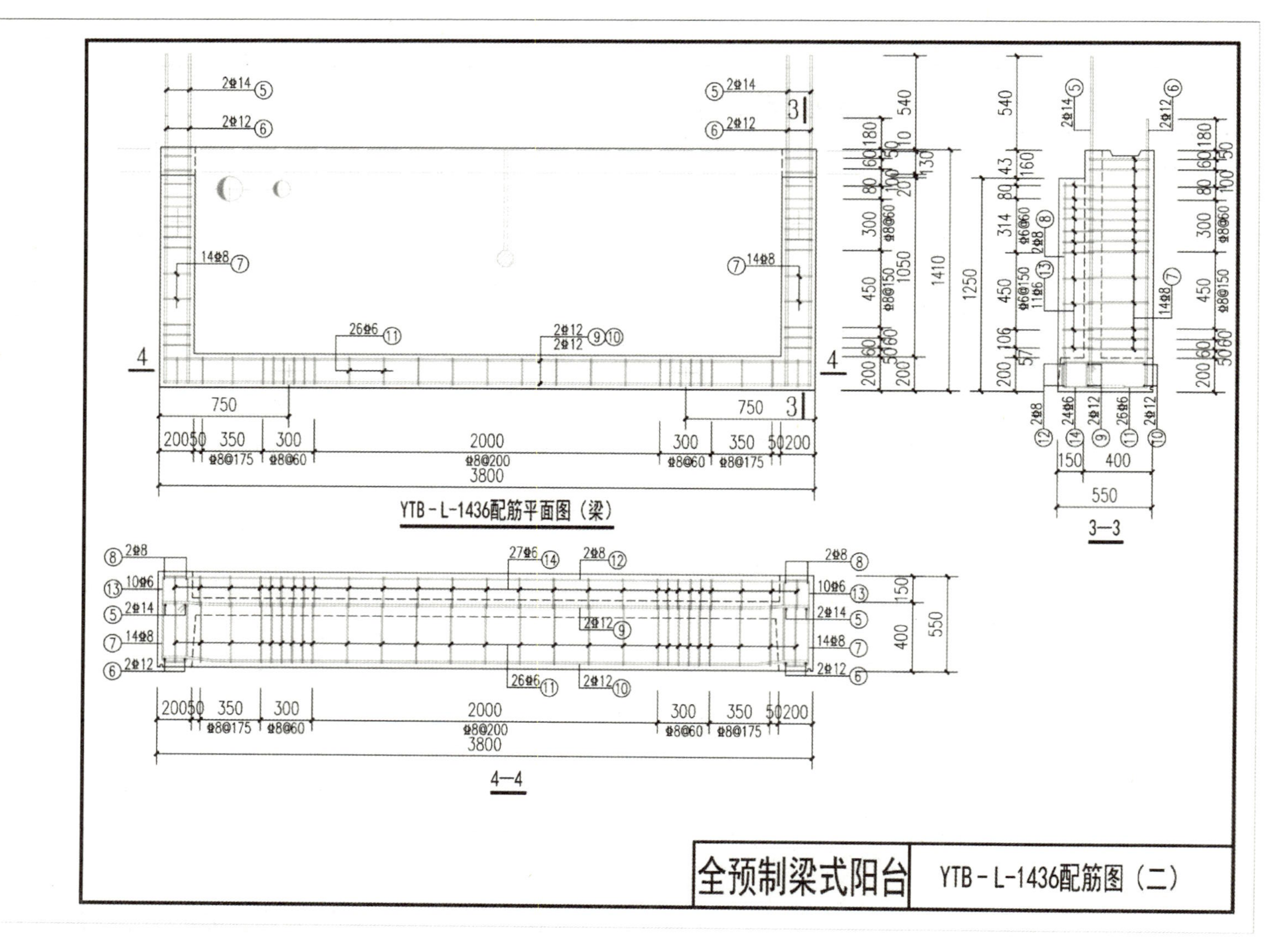

图 11.37　全预制梁式阳台预制板配筋图（二）

识读图 11.35，可知全预制梁式阳台在周边设置了 200mm×400mm 的梁，梁上翻边高度为 150mm。

识读图 11.36，可知板厚为 100mm，双面双向配筋，钢筋伸出混凝土长度为 100mm。

识读图 11.37，可知梁上部纵向钢筋为⑤2⌀14，伸出混凝土长度为 540mm；下部纵向钢筋为⑥2⌀12，伸出混凝土长度为 180mm。

任务 11.8 识读预制空调板标准图集

引导问题

1. 预制空调板由于外围护结构形式的不同，板面预埋件有哪两种做法？
2. 掌握预制空调板编号的方法。
3. 试述预制空调板标准构件的选用方法。

本节将根据标准图集 15G368-1，讲解预制空调板的识图知识。

1. 规格

标准图集中的预制空调板为全预制混凝土结构，由于外围护结构形式的不同，板面预埋件有两种做法，包括安装铁艺栏杆板面预埋钢板或安装百叶板面预埋螺栓孔。

如图 11.38 所示，预制空调板构件长度 L 取挑出长度 L_1+10mm，挑出长度从剪力墙外表面起计算，预制空调板构件长度 L 有 630mm、730mm、740mm 和 840mm 共 4 种规格；宽度 B 有 1100mm、1200mm、1300mm 共 3 种规格；厚度均为 80mm。与预制空调板配套的预制夹心外墙板，其保温层厚度取 70mm，外叶墙板厚度取 60mm。

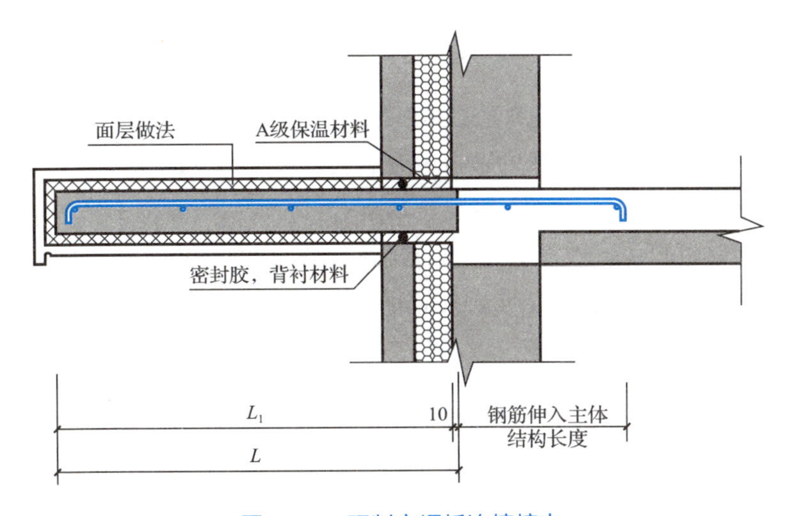

图 11.38 预制空调板连接接点

预制空调板钢筋的混凝土保护层厚度按 20mm 设计。

预制空调板板顶结构标高应与楼板板顶结构标高一致，预留负弯矩筋伸入主体结构后浇层，并与主体结构梁板钢筋可靠绑扎，浇筑成整体，负弯矩筋伸入主体结构水平段长度应不小于 $1.1l_a$。

2. 编号

图 11.39 所示为预制空调板编号方法。表 11-11 所示为部分预制空调板规格编号示例。

KTB-××-×××

预制空调板

预制空调板宽度，以cm计

预制空调板长度，以cm计

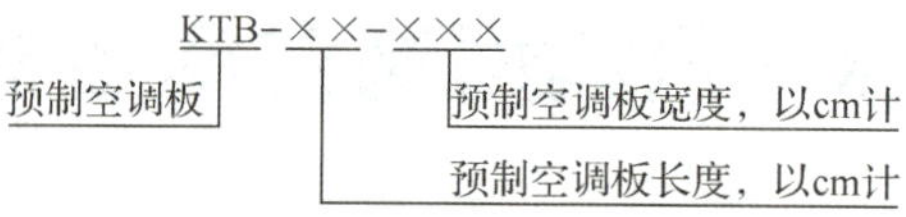

图 11.39　预制空调板的编号方法

表 11-11　部分预制空调板规格编号示例

长度 L/mm	宽度 B/mm			备注
	1100	1200	1300	
630	KTB-63-110	KTB-63-120	KTB-63-130	一般用于南方铁艺栏杆做法
730	KTB-73-110	KTB-73-120	KTB-73-130	一般用于南方百叶做法
740	KTB-74-110	KTB-74-120	KTB-74-130	一般用于北方铁艺栏杆做法
840	KTB-84-110	KTB-84-120	KTB-84-130	一般用于北方百叶做法

3. 选用

选用预制空调板，首先要确定各参数与标准图集选用范围要求是否保持一致，核对预制空调板的荷载是否符合标准图集规定；然后根据所在地区、外围护结构形式、构件尺寸确定预制空调板编号，选择预埋件；最后根据设备专业设计确定预留孔的尺寸、位置和数量。

【例 11-8】根据已知条件，选用 15G368-1 图集中的预制空调板。

已知条件：某北方地区民用住宅采用的预制空调板如图 11.40 所示，该预制空调板外围护结构形式采用百叶做法，混凝土强度等级为 C30，钢筋的混凝土保护层厚度为 20mm，永久均布荷载按照 4.0kN/m^2 设计，百叶的荷载按照 1.0kN/m 设计，可变均布荷载按照 2.5kN/m^2 设计，施工和检修荷载按照 1.0kN/m^2 设计。

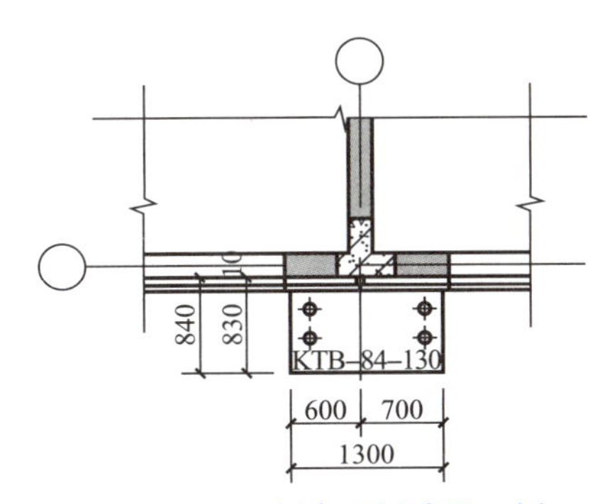

图 11.40　预制空调板选用示例

选用结果：该北方地区民用住宅所选用预制空调板编号为 KTB-84-130。

4．构造

预制空调板板面预埋有一对吊装吊环和安装铁艺栏杆用的预埋钢板或安装百叶用的预埋螺母，此外还需设置用于排水的ϕ100mm 预留孔。

预制空调板构造简单，钢筋配置同现浇混凝土悬臂板，仅在板面配置钢筋网片，预制空调板钢筋的混凝土保护层厚度按 20mm 设计。受力钢筋伸出板根部不小于 $1.1l_a$，并伸入主体结构后浇层。预制空调板与后浇混凝土连接的部位需设置粗糙面。由于板面设置了预留孔，钢筋排放需避开预留孔。

任务 11.9　识读预制空调板构件详图

引导问题

试述编号为 KTB-74-130 的预制空调板的尺寸、配筋和预埋件设置情况。

识读图 11.41 所示的编号为 KTB-74-130 的预制空调板（铁艺栏杆）模板图和配筋图、图 11.42 所示的编号为 KTB-84-130 的预制空调板（百叶）模板图和配筋图。

1．预制空调板的模板图

KTB-74-130 对应的板厚、板长和板宽分别是 80mm、1300mm 和 740mm，对应的预制空调板悬挑长度为 730mm，即预制空调板伸入预制夹心外墙板的内叶墙板上方 10mm。

KTB-74-130 的预埋件包括 2 个预埋吊环（吊件）、4 块预埋钢板，此外还设置了 4 个预留孔。

2．预制空调板的配筋图

KTB-74-130 中的钢筋共两种，其中①号钢筋为受力筋，规格为 8⌀8，其混凝土保护层厚度为 20mm，水平投影长度为 1028mm，伸出板根部 308mm，伸出的长度相当于 $1.1l_a$；②号钢筋为分布筋，配置在受力筋的下方，规格为 4⌀6，水平投影长度为 1260mm；受力钢筋和分布钢筋的两端，均设置 90° 弯钩，弯钩长度为 40mm。

KTB-84-130 中的钢筋共两种，其中①号钢筋下料长度为 1175mm，②号钢筋的下料长度为 1315mm。

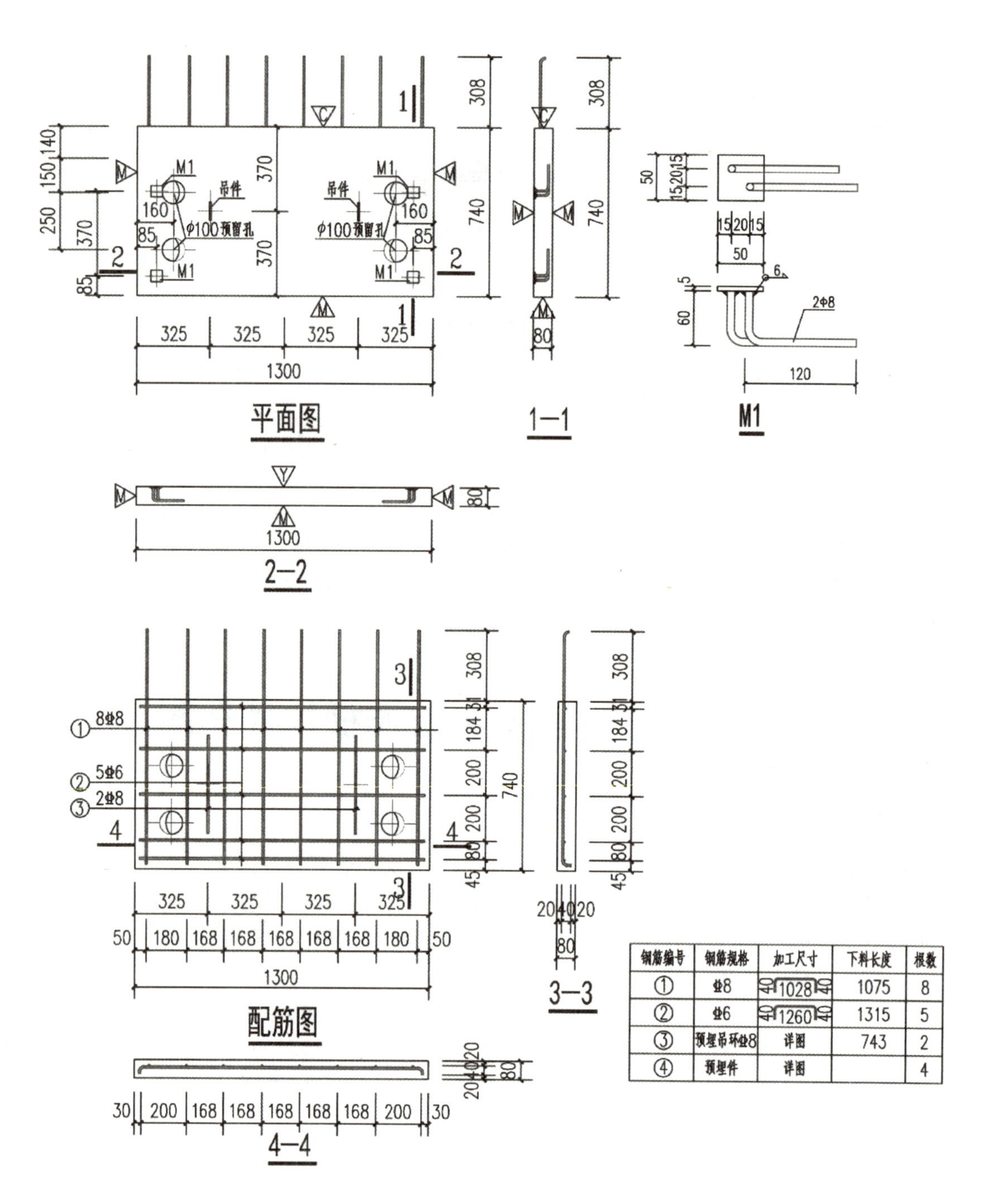

钢筋编号	钢筋规格	加工尺寸	下料长度	根数
①	⏀8	40 1028 40	1075	8
②	⏀6	40 1260 40	1315	5
③	预埋吊环⏀8	详图	743	2
④	预埋件	详图		4

图 11.41 预制空调板（铁艺栏杆）模板图和配筋图

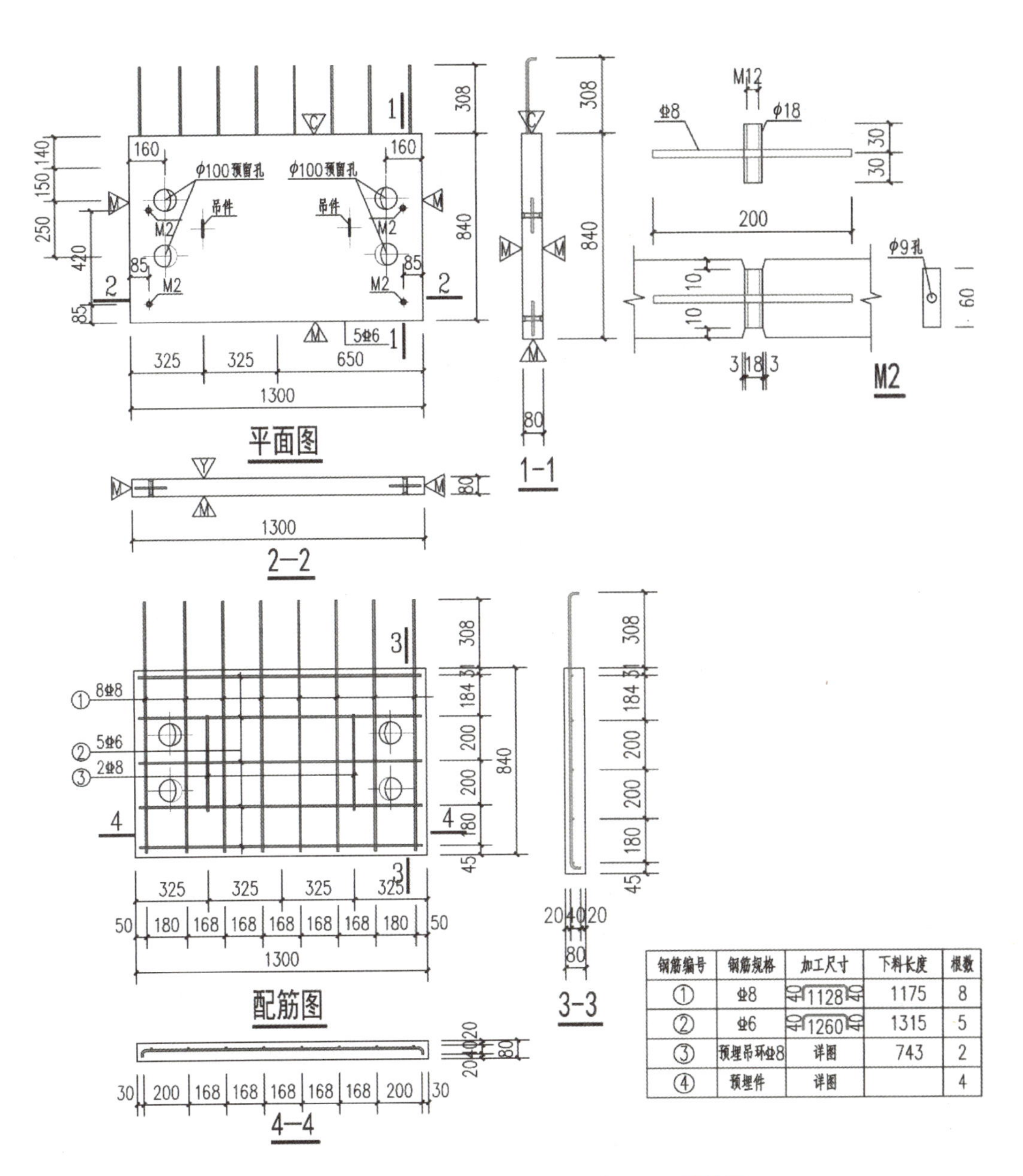

钢筋编号	钢筋规格	加工尺寸	下料长度	根数
①	Φ8	40 1128 40	1175	8
②	Φ6	40 1260 40	1315	5
③	预埋吊环Φ8	详图	743	2
④	预埋件	详图		4

图 11.42 预制空调板（百叶）模板图和配筋图

任务 11.10　理解预制阳台板及空调板制图规则

引导问题

1. 预制阳台板、空调板施工图包括什么内容？
2. 预制阳台板、空调板平面布置图中需要注写什么内容？

识读图 11.43 所示的预制阳台板平面布置图和图 11.44 所示的预制空调板平面布置图。

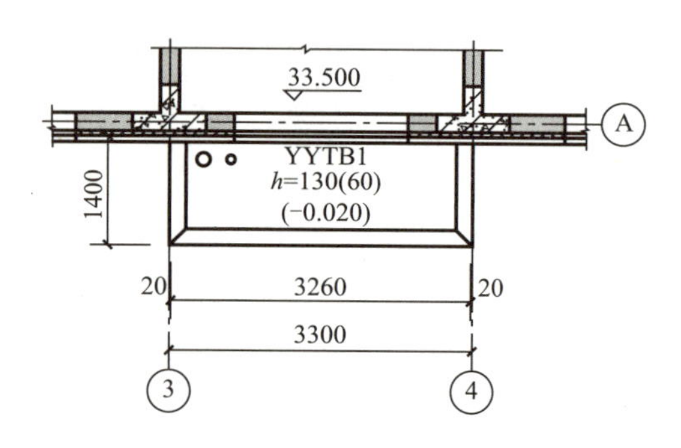

图 11.43　预制阳台板平面布置图

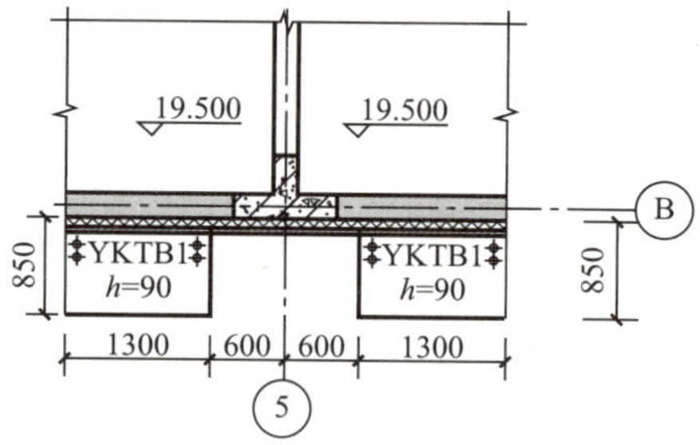

图 11.44　预制空调板平面布置图

1. 施工图表示方法

预制阳台板、空调板施工图包括按标准层绘制的平面布置图和预制构件表。如选用叠合板式阳台，叠合层注写方法与 22G101-1 中的“有梁楼盖板平法施工图制图规则”相同，同时应标注叠合层编号。

2. 构件编号

预制阳台板、空调板编号应由构件代号、序号组成，其表达形式见表 11-12。

表 11-12　预制阳台板、空调板编号

预制构件类型	代号	序号
预制阳台板	YYTB	××
预制空调板	YKTB	××

【例 11-9】YKTB2，表示预制空调板，序号为 2。

【例 11-10】YYTB3a，表示某工程有一块预制阳台板与已编号的 YYTB3，除洞口位置外，其他参数均相同，为方便起见，将该预制阳台板序号编为 3a。

3. 平面布置图注写内容

预制阳台板、空调板平面布置图主要注写以下内容。

（1）预制构件编号。

（2）各预制构件的平面尺寸、定位尺寸。

（3）预留孔尺寸及相对于构件本身的定位（与标准构件中预留孔位置一致时可不注写）。

（4）楼层结构标高。

（5）预制阳台板、空调板结构完成面与结构标高不同时的标高高差。

4. 预制构件表

预制阳台板、空调板一般采用列表注写方法表达，主要内容如下。

（1）预制构件在平面布置图中的编号。

（2）选用标准构件编号，自行设计构件可不注写。

（3）板厚。叠合板式阳合还需注写预制底板厚度，表示方法为“×××(××)”，如“130(60)”表示叠合板式阳合厚度为130mm，底板厚度为60mm。

（4）构件质量。

（5）构件数量。

（6）所在层号。

（7）构件详图页码。选用标准构件需注写所引用图集编号和相应页码；自行设计构件需注写所在施工图图号。

（8）备注中可标明该预制构件是“标准构件”或“自行设计”。

预制阳台板、空调板表示例见表 11-13。

表 11-13　预制阳台板、空调板表

预制构件	选用标准构件编号	板厚/mm	构件质量/t	构件数量	所在层号	构件详图页码（图号）	备注
YYTB1	YTB-D-1224-04	130(60)	0.97	51	4～20	15G368-1，B05	标准构件
YKTB1	—	90	1.59	17	4～20	结施-38	自行设计

项目 12 剪力墙结构预制女儿墙构件施工图

项目描述

对基于 BIM 技术的预制女儿墙三维模型和预制女儿墙平面布置图进行展示和介绍。解读标准图集 15G368-1 中关于预制女儿墙的内容，并对预制女儿墙的标准构件详图进行讲解。

学习目标

1. 掌握装配整体式剪力墙结构的预制女儿墙平面布置图的识读方法。
2. 熟悉标准图集 15G368-1 中关于预制女儿墙的内容，重点掌握预制女儿墙的规格、编号、选用方法及连接构造。
3. 能够识读预制女儿墙构件详图，理解预制女儿墙构造要求。

任务 12.1　识读预制女儿墙三维模型

引导问题

通过识读本节的预制女儿墙三维模型，熟悉预制女儿墙构造。

图 12.1 所示为预制女儿墙三维模型，该模型展示了预制女儿墙在空间中的布置及构造。

图 12.1(a)所示为预制女儿墙在空间中的布置。

图 12.1(b)和图 12.1(c)所示为预制女儿墙墙身、压顶及二者的配筋构造，包括直板和转角板两种类型。

图 12.1(d)和图 12.1(e)所示为预制女儿墙竖向后浇段构造，包括平接和转角两种情况。

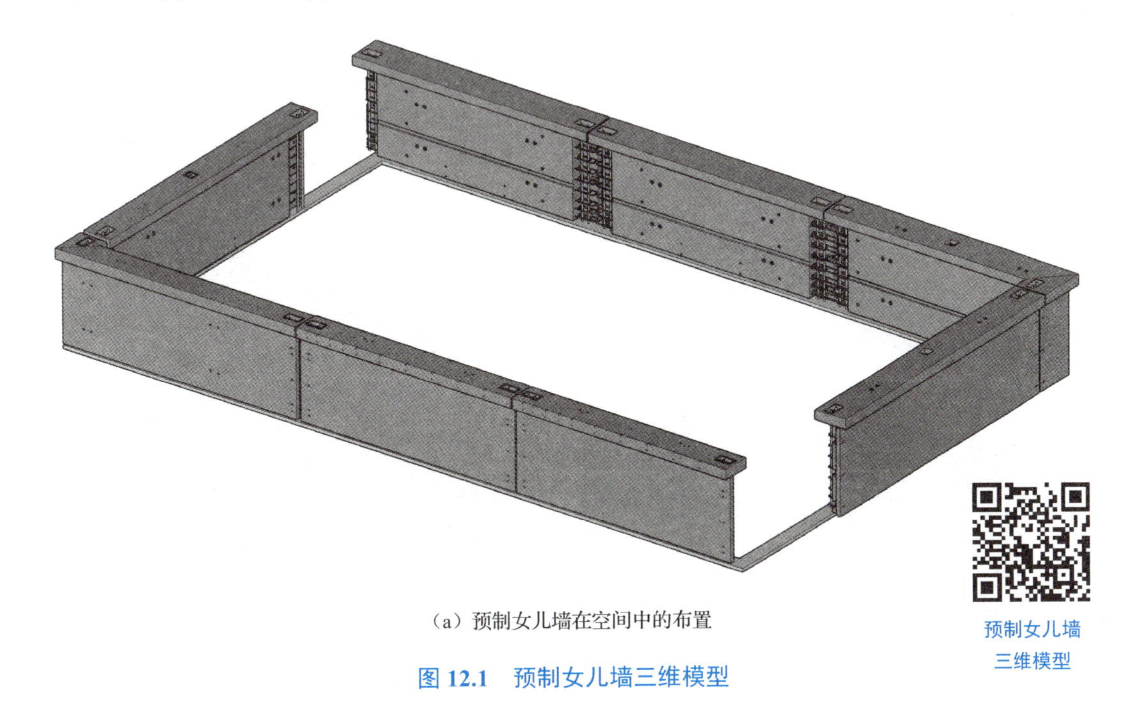

（a）预制女儿墙在空间中的布置

预制女儿墙三维模型

图 12.1　预制女儿墙三维模型

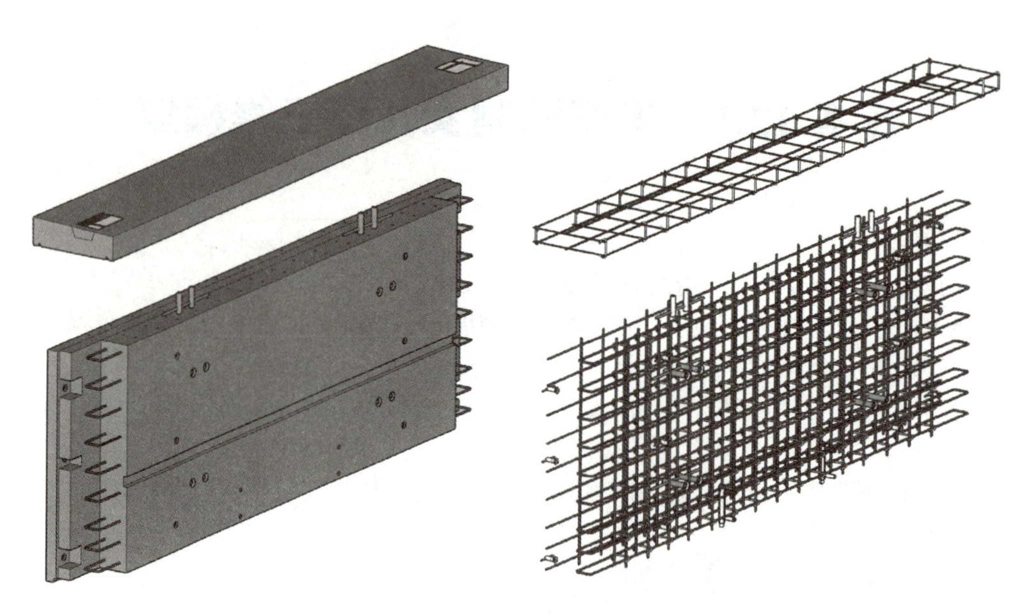

（b）预制女儿墙墙身、压顶及二者的配筋构造（直板）

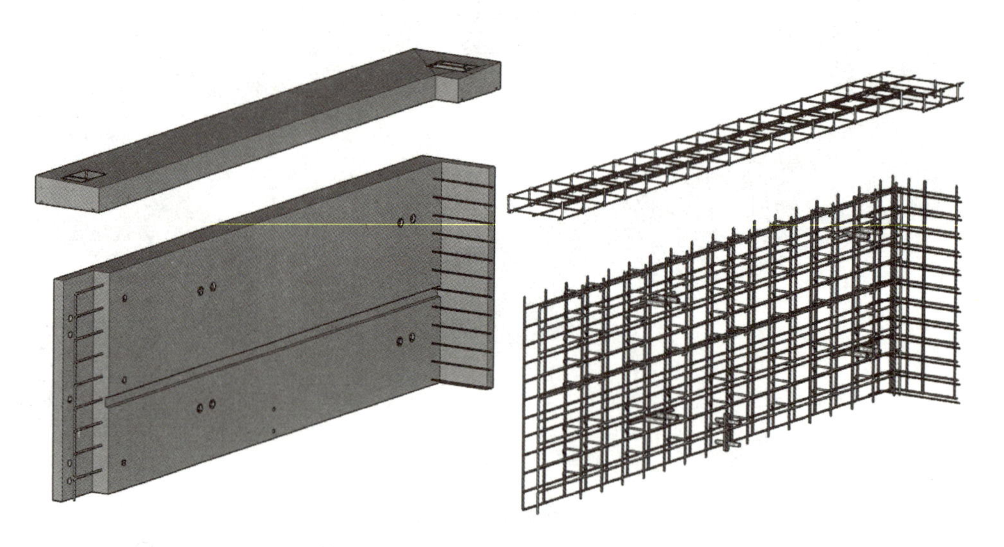

（c）预制女儿墙墙身、压顶及二者的配筋构造（转角板）

图 12.1 预制女儿墙三维模型（续）

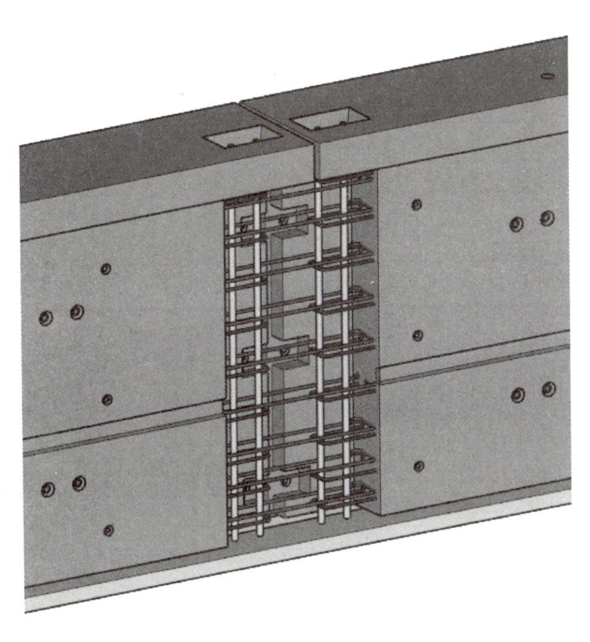

（d）预制女儿墙竖向后浇段构造（平接）

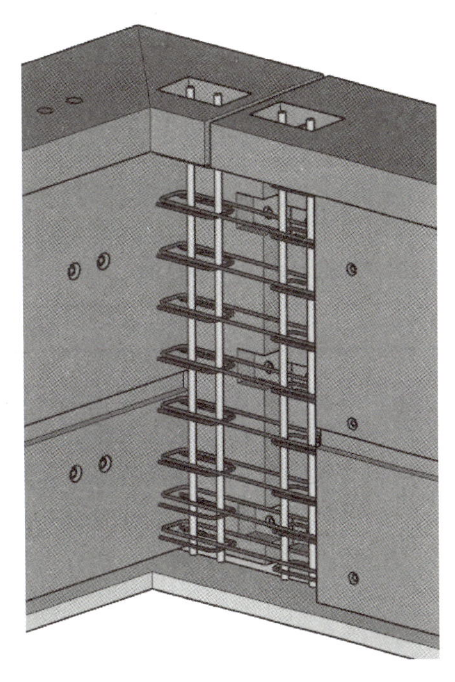

（e）预制女儿墙竖向后浇段构造（转角）

图 12.1　预制女儿墙三维模型（续）

任务 12.2　识读预制女儿墙平面布置图

引导问题

预制女儿墙平面布置图中需要注写的内容包括什么？

预制女儿墙平面布置图如图 12.2 所示，完整的施工图中还会附有预制女儿墙表，如表 12-1 所示。

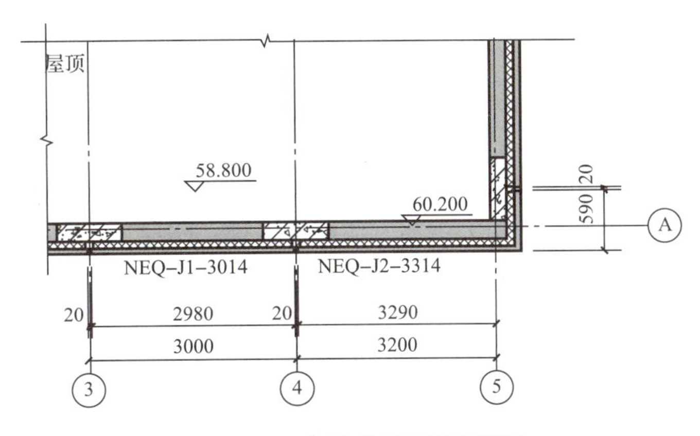

图 12.2　预制女儿墙平面布置图

表 12-1　预制女儿墙表

预制构件编号	选用标准构件编号	外叶墙板调整/mm	所在层号	所在轴号	墙厚（内叶墙板）/mm	构件质量/t	构件数量	构件详图页码（图号）
YNEQ2	NEQ-J2-3614	—	屋面 1	①～②/Ⓑ	160	2.44	1	15G368-1，D08～D11
YNEQ5	NEQ-J1-3914	a=190，b=230	屋面 1	②～③/Ⓒ	160	2.90	1	15G368-1，D04、D05
YNEQ6	—	—	屋面 1	③～⑤/Ⓙ	160	3.70	1	结施-74

预制女儿墙平面布置图中需要注写的具体内容包括：预制构件编号，各预制女儿墙的平面尺寸及沿长度和厚度方向的定位尺寸，楼层结构标高，女儿墙顶标高。

预制女儿墙表的主要内容如下。

（1）预制女儿墙在平面布置图中的编号。

（2）选用标准构件编号，自行设计构件可不注写。

（3）预制女儿墙的外叶墙板调整尺寸。

（4）所在层号和轴号，其中所在轴号标注方法与外墙相同。

（5）墙厚。默认为内叶墙板厚度。

（6）构件质量。

（7）构件数量。

（8）构件详图页码。选用标准构件需注写所引用图集编号和相应页码；自行设计构件需注写施工图图号。

任务 12.3　识读预制女儿墙标准图集

引导问题

1. 简述预制女儿墙的连接做法。
2. 预制女儿墙如何分类？
3. 掌握预制女儿墙编号的方法。

本节将根据标准图集 15G368-1，讲解预女儿墙的识图知识。

1. 规格

图 12.3 所示为预制女儿墙构造，包括预制女儿墙墙身及与之配套的压顶。墙身通过下端的螺纹盲孔与建筑顶层墙体伸出的钢筋浆锚搭接连接；墙身之间通过后浇段连接；压顶与墙身之间通过螺栓连接并用砂浆填充。

预制女儿墙按外形分为直板和转角板，标准图集编制了适用于开间为 3000mm、3300mm、3600mm、3900mm、4200mm、4500mm、4800mm 共 7 种尺寸的直板和开间为 2400mm、2700mm、3000mm、3300mm、3600mm、3900mm、4200mm 共 7 种尺寸的转角板。

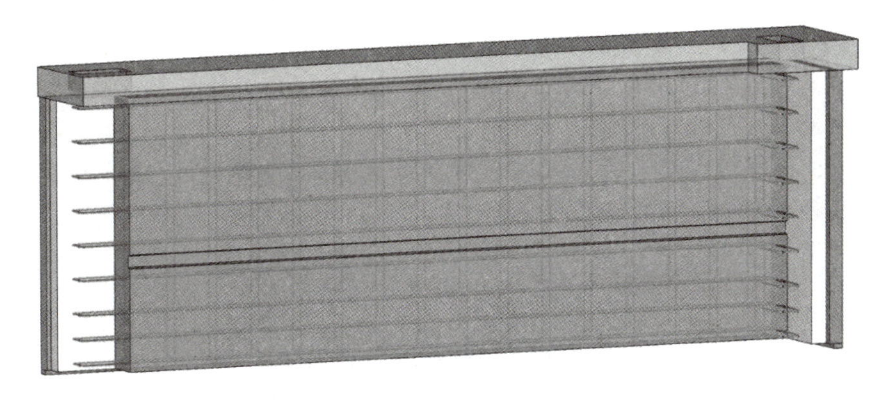

图 12.3 预制女儿墙示构造

预制女儿墙按构造分为夹心保温式女儿墙和非保温式女儿墙，标准图集均编制了适用于设计高度为 1.4m 和 0.6m 的两种规格。预制女儿墙设计高度为从屋顶结构标高算起，到预制女儿墙压顶的顶面为止的尺寸，即设计高度＝预制女儿墙墙身高度＋预制女儿墙压顶高度＋接缝高度。

当风荷载标准值 $w_k \leqslant 3.69\text{kN/m}^2$ 时，标准构件能满足计算要求；若实际需求大于该值，需另行设计。

2. 编号

预制女儿墙按图 12.4 所示方法编号。

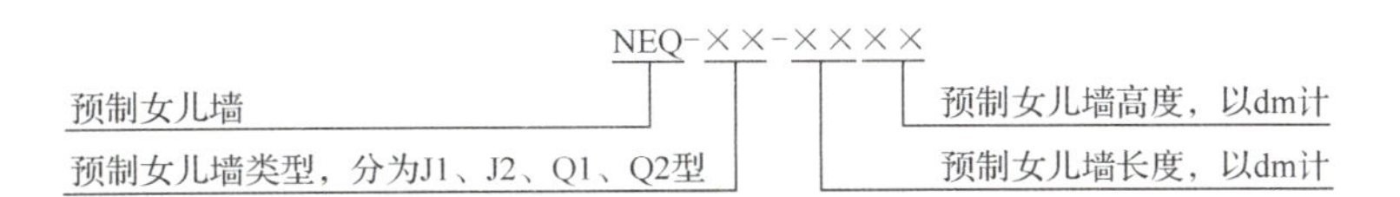

图 12.4 预制女儿墙编号方法

预制女儿墙类型中，J1 型代表夹心保温式女儿墙（直板）；J2 型代表夹心保温式女儿墙（转角板）；Q1 型代表非保温式女儿墙（直板）；Q2 型代表非保温式女儿墙（转角板）。预制女儿墙高度从屋顶结构标高算起，600mm 高表示为“06”，1400mm 高表示为“14”。

【例 12-1】NEQ-J2-3314：该编号预制女儿墙是指夹心保温式女儿墙（转角板），单块女儿墙放置的轴线尺寸为 3300mm（女儿墙长度包括直段 3520mm，转角段 590mm），高度为 1400mm。

【例 12-2】NEQ-Q1-3006：该编号预制女儿墙是指全预制式女儿墙（直板），单块女儿墙长度为 2980mm，高度为 600mm。

3. 选用

选用预制女儿墙，首先要确定各参数与标准图集选用范围是否保持一致，核对预制女儿墙的荷载条件，明确女儿墙的两侧支座为结构顶层剪力墙后浇段向上延伸段；然后根据建筑顶层预制外墙板的布置、建筑轴线尺寸和后浇段尺寸，确定预制女儿墙编号，选定预埋件，明确吊装预埋件类型及尺寸；如需补充预制女儿墙预留设备孔洞及管线，需结合设备图纸补充；此外，内、外叶墙板拉结件需补充设计。

【例 12-3】已知条件：某住宅女儿墙采用夹心保温式女儿墙，安全等级为二级，从屋顶结构标高算起高度为 1400mm，风荷载标准值 w_k 为 3.5kN/m^2，女儿墙长度如图 12.5 所示，配筋为构造配筋。

选用结果：根据图 12.5 所示的尺寸，标准图集编号为 NEQ-J1-4214 和 NEQ-J2-3314 的预制女儿墙符合要求，可直接选用。

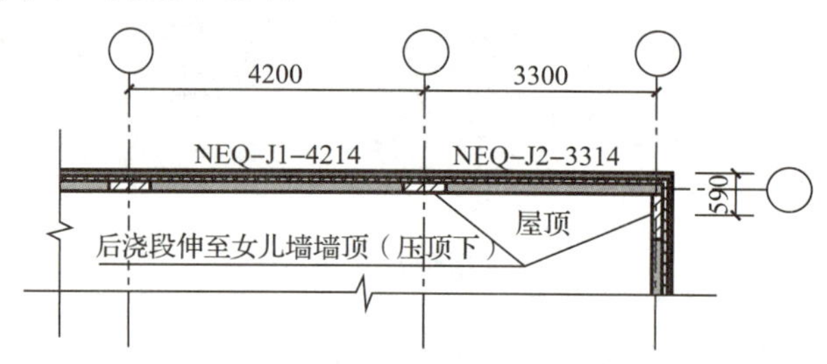

图 12.5　预制女儿墙选用示例

4. 连接构造

现以夹心保温式女儿墙为例展示其连接构造。图 12.6 所示为夹心保温式女儿墙直板连接平面节点详图，图 12.7 所示为夹心保温式女儿墙直板与转角板连接平面节点详图，图 12.8 所示为夹心保温式女儿墙连接立面节点详图。连接构造包括墙身与屋面的连接（图 12.8）、竖向后浇段的连接（图 12.6 和图 12.7）、压顶与墙身的连接（图 12.6～图 12.8）。

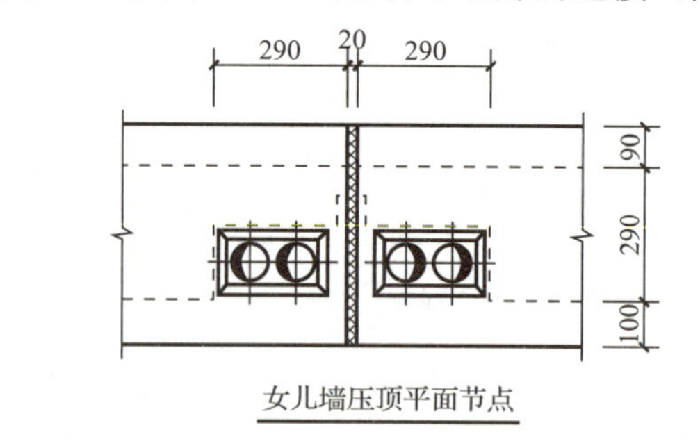

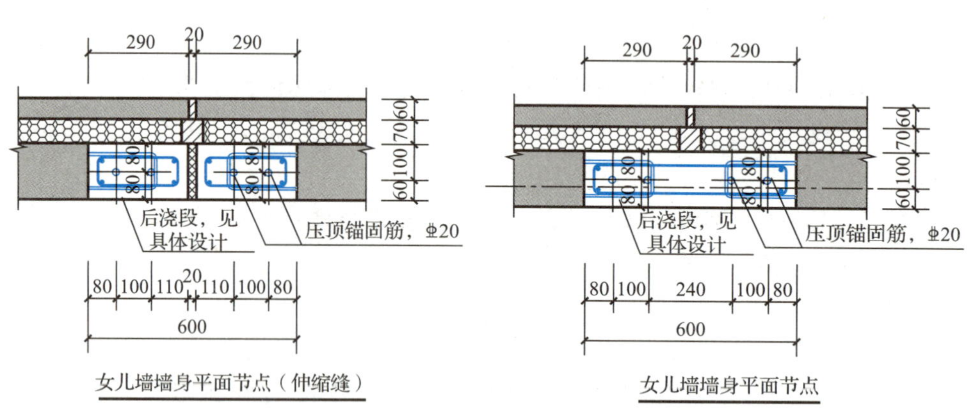

图 12.6　夹心保温式女儿墙直板连接平面节点详图

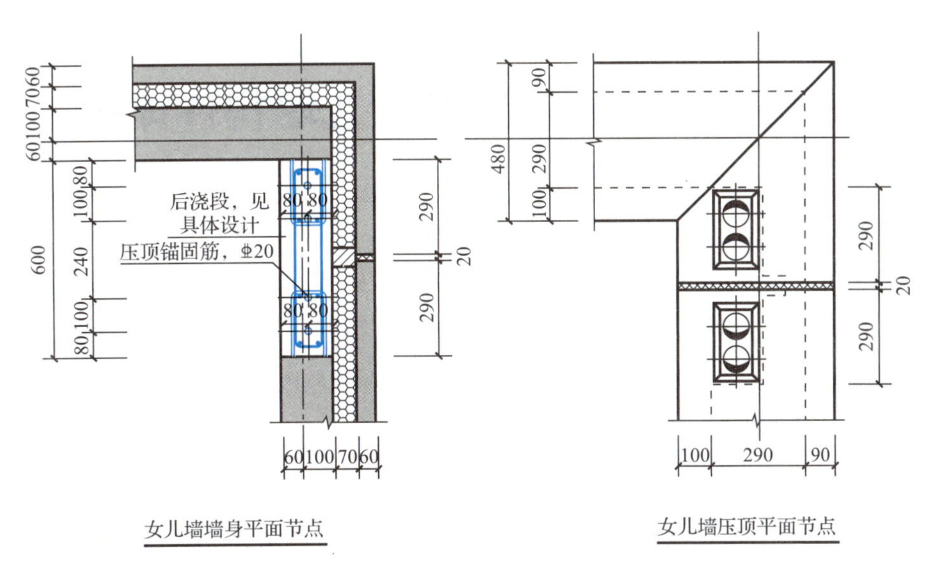

图 12.7 夹心保温式女儿墙直板与转角板连接平面节点详图

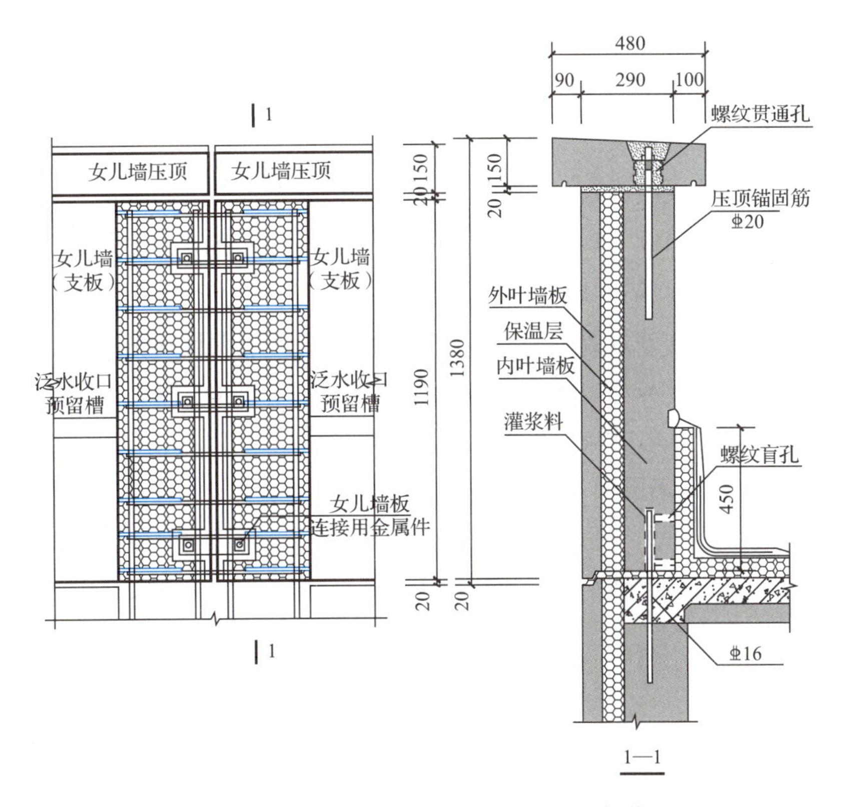

图 12.8 夹心保温式女儿墙连接立面节点详图

任务 12.4 识读预制女儿墙构件详图

引导问题

结合标准构件详图，试述预制女儿墙的预埋预留做法。

现以夹心保温式女儿墙为例讲解预制女儿墙构造详图。图 12.9 所示为 NEQ-J1-4214 墙身模板图、配筋图，图 12.10 所示为 NEQ-J2-3314 墙身模板图、配筋图，图 12.11 所示为 NEQ-J1-4214 和 NEQ-J2-3314 压顶模板图、配筋图。

1. 夹心保温式女儿墙墙身

通过识读图 12.9 和图 12.10 可知，与预制夹心外墙板相似，夹心保温式女儿墙同样由内叶墙板、保温层和外叶墙板 3 个部分组成。

预制女儿墙外叶墙板与保温层伸出内叶墙板，用作后浇段的外模板。外叶墙板为 60mm 厚单层双向配筋钢筋混凝土板，需设置连接件与内叶墙板可靠连接。为保证女儿墙与顶层外墙的平整，其保温层厚度一般应与预制外墙板一致，标准构件的保温层厚度为 70mm。

预制女儿墙内叶墙板板厚为 160mm，配置双层双向钢筋网片，水平钢筋伸出混凝土与后浇段可靠连接。内叶墙板下端设置螺纹盲孔与伸出顶层的 ⌀16 钢筋浆锚搭接连接。当墙身长度≥4m 时，墙身上端需伸出 ⌀20 端部带螺纹钢筋与压顶连接。

一般在内叶墙板顶面外设置吊装用（预）埋件，内侧需设置脱膜斜撑用（预）埋件，两侧靠近端部处设置板（与）板连接用（预）埋件，外叶墙板两侧靠近端部处设置模板拉结用（预）埋件。此外，内叶墙板需设置泛水收口预留槽。

2. 夹心保温式女儿墙压顶

通过识读图 12.11 可知，女儿墙压顶设置在墙身上方，断面为直角梯形，顶面为斜面，坡向屋面，底面两侧需预留滴水线。后浇段内的压顶锚固钢筋伸入螺纹贯通孔与压顶螺栓连接，并用砂浆填充。

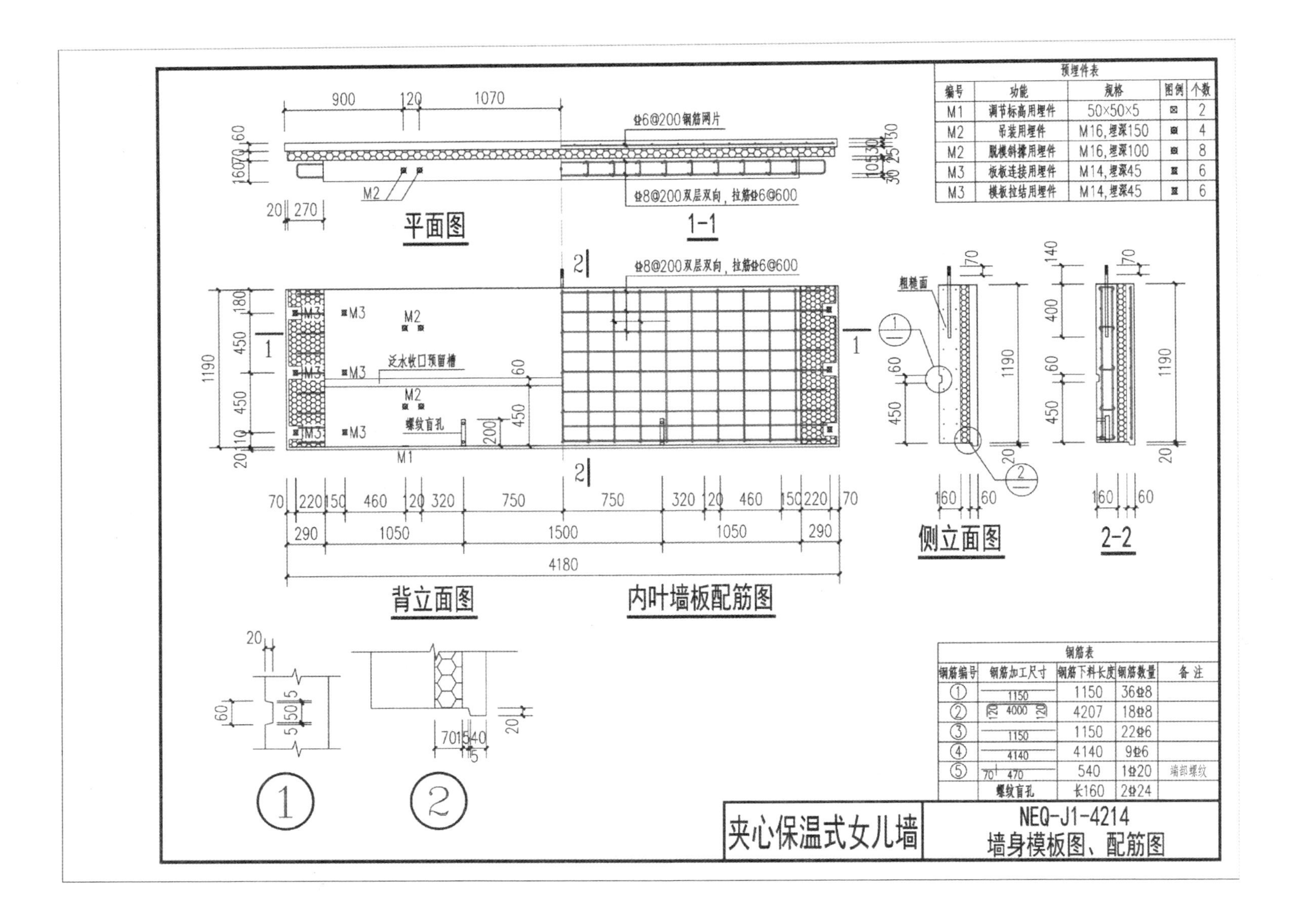

预埋件表

编号	功能	规格	图例	个数
M1	调节标高用埋件	50×50×5	⊠	2
M2	吊装用埋件	M16,埋深150	◙	4
M2	脱模斜撑用埋件	M16,埋深100	◙	8
M3	板板连接用埋件	M14,埋深45	◙	6
M3	模板拉结用埋件	M14,埋深45	◙	6

钢筋表

钢筋编号	钢筋加工尺寸	钢筋下料长度	钢筋数量	备注
①	1150	1150	36Φ8	
②	120 4000 120	4207	18Φ8	
③	1150	1150	22Φ6	
④	4140	4140	9Φ6	
⑤	70 470	540	1Φ20	端部螺纹
	螺纹盲孔	长160	2Φ24	

夹心保温式女儿墙

NEQ-J1-4214

墙身模板图、配筋图

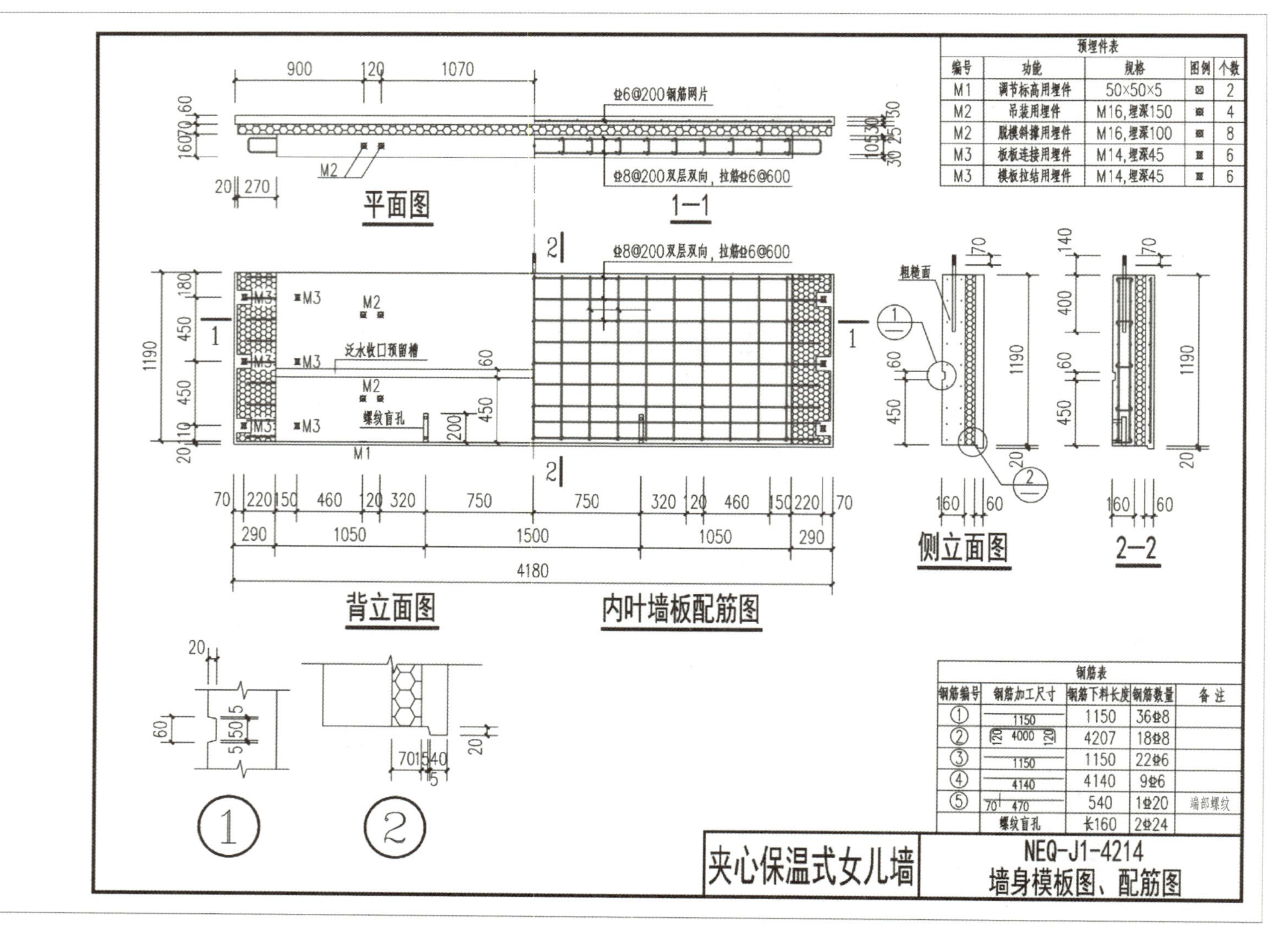

图 12.10　NEQ-J2-3314　墙身模板图、配筋图

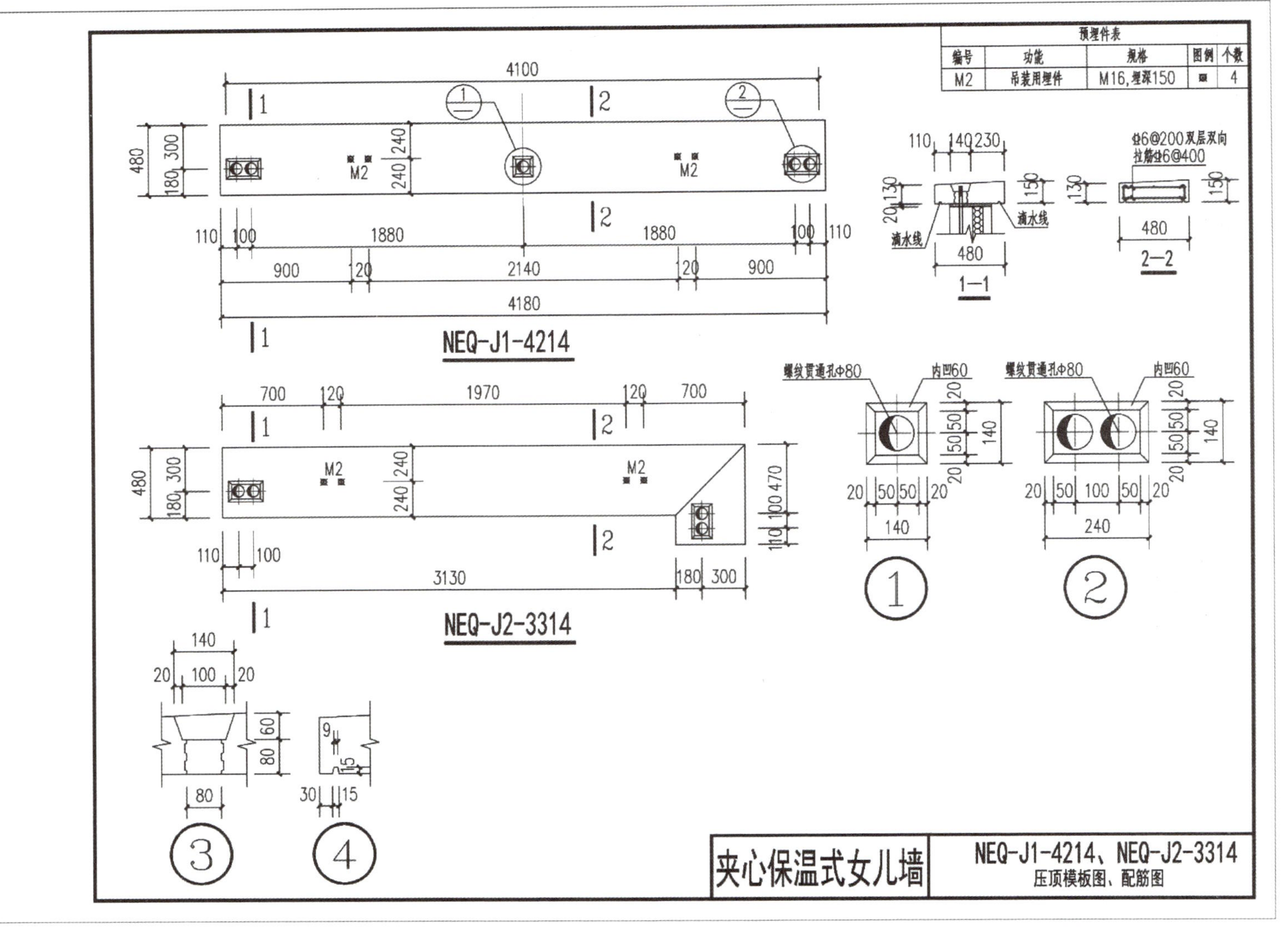

图 12.11 NEQ-J1-4214 和 NEQ-J2-3314 压顶模板图、配筋图

剪力墙结构预制板式楼梯构件施工图

对基于BIM技术的预制板式剪刀楼梯三维模型和楼梯平面图、剖面图进行展示和介绍。解读标准图集《预制钢筋混凝土板式楼梯》(15G367-1)，介绍预制板式楼梯的构造知识，并对其标准构件详图进行讲解。

1. 掌握装配整体式剪力墙结构的楼梯平面图、剖面图的识读方法。
2. 熟悉标准图集15G367-1的内容，重点掌握预制板式楼梯的规格、编号及选用方法。
3. 能够识读预制板式楼梯构件详图，理解预制板式楼梯构造要求。

13

引导问题

通过识读本节的预制板式剪刀楼梯三维模型，熟悉预制板式楼梯构造。

图 13.1 所示为预制板式剪刀楼梯三维模型，该模型展示了预制板式剪刀楼梯在空间中的布置及构造。

图 13.1(a)所示为预制板式剪刀楼梯在空间中的布置。

图 13.1(b)所示为梯段及其配筋构造。图 13.1(c)所示为销键和钢筋、防滑条、栏杆插槽及吊环构造。

图 13.1(d)和图 13.1(e)分别为楼梯连接构造，分为楼梯上部连接构造和楼梯下部连接构造。

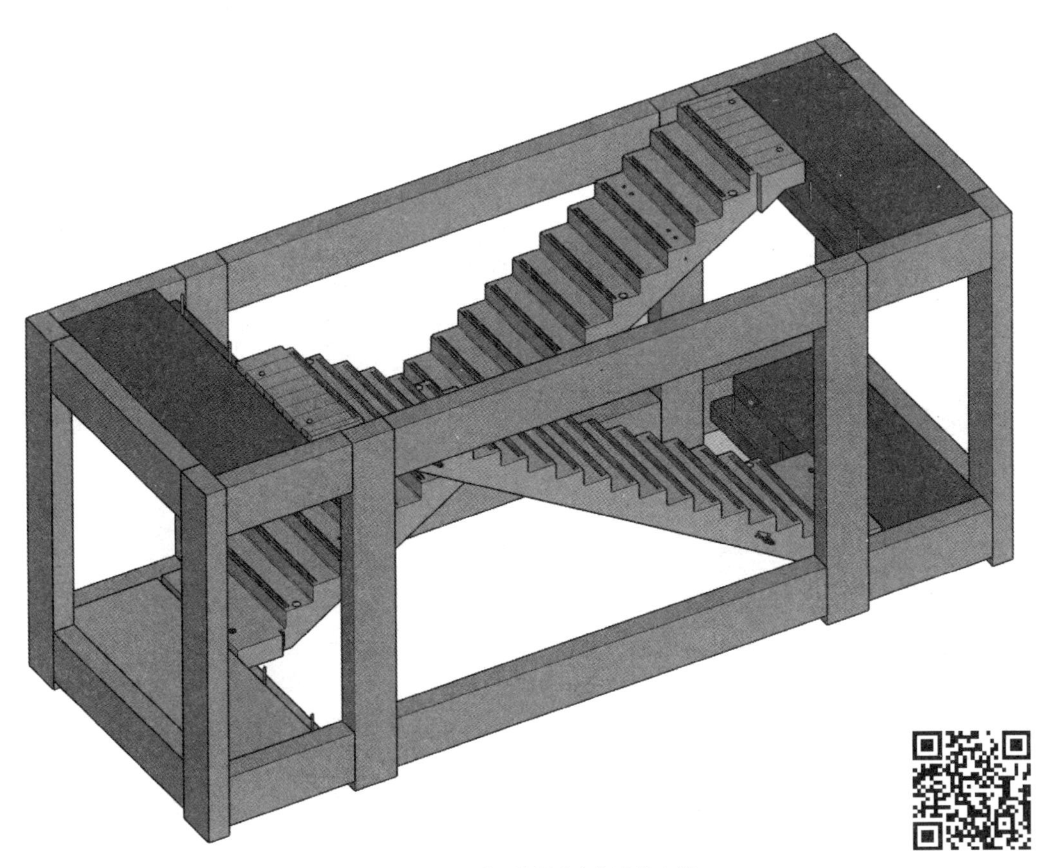

（a）预制板式剪刀楼梯在空间中的布置

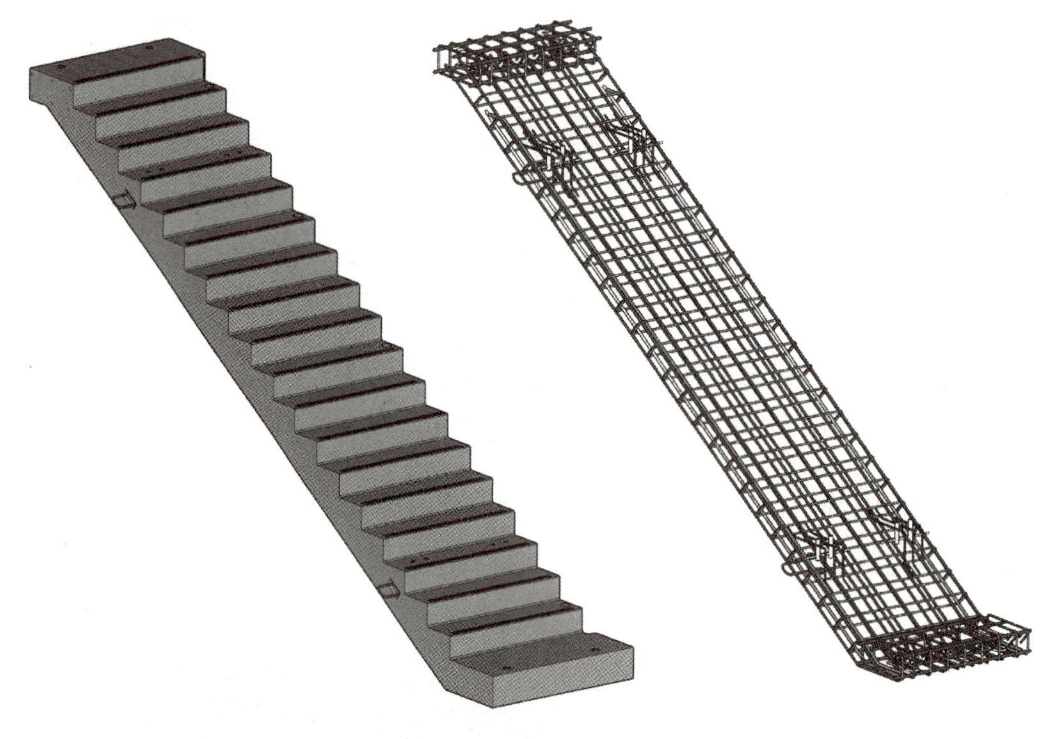

（b）梯段及其配筋构造

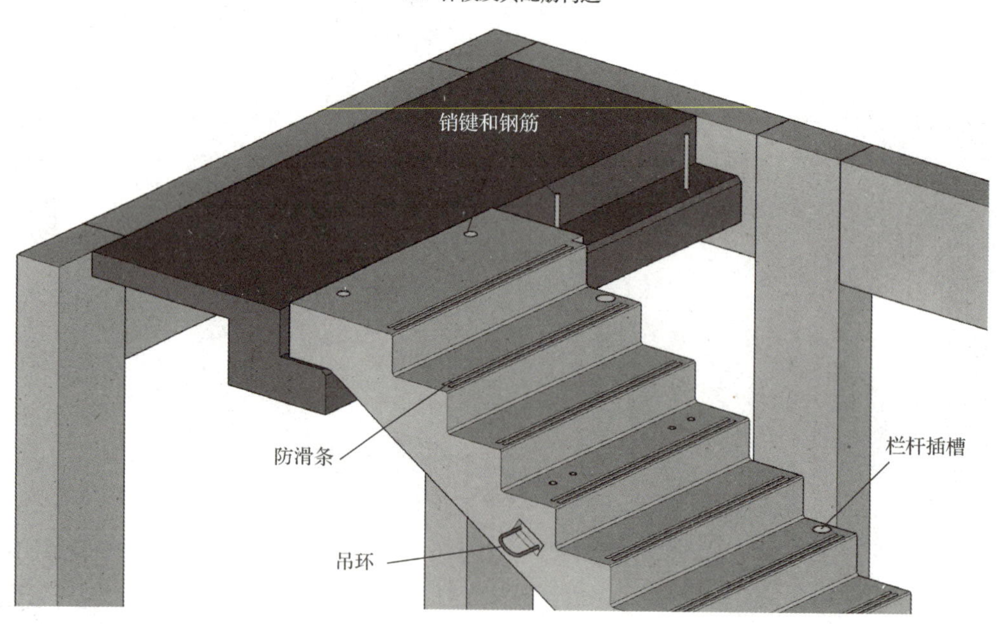

（c）销键和钢筋、防滑条、栏杆插槽及吊环构造

图 13.1　预制板式剪刀楼梯三维模型（续）

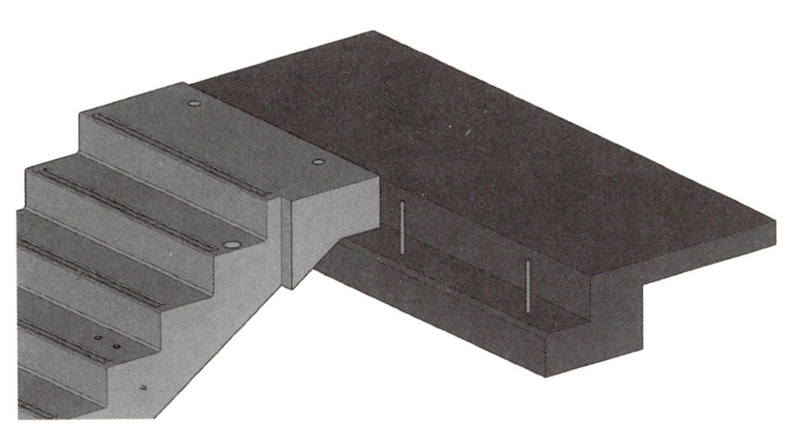

（d）楼梯上部连接构造

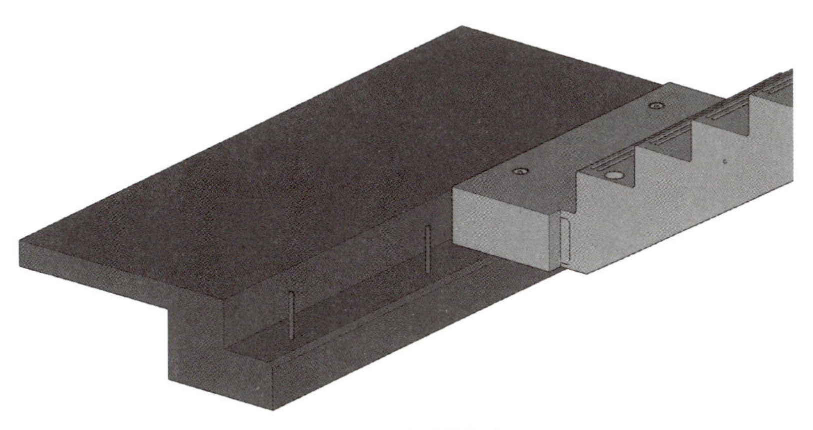

（e）楼梯下部连接构造

图 13.1 预制板式剪刀楼梯三维模型（续）

任务 13.2 识读剪力墙结构楼梯平面图、剖面图

引导问题

1. 预制楼梯平面图注写内容包括什么？
2. 预制楼梯剖面图注写内容包括什么？

1. 预制楼梯施工图表示方法

1）预制楼梯平面图

预制楼梯平面图中的注写内容包括楼梯间的定位与平面尺寸、楼层结构标高、楼梯的上下方向、预制楼梯的平面几何尺寸、预制楼梯的类型及编号和连接做法索引符号等。当设计采用剪刀楼梯时，还需要标注防火用预制隔墙板的编号、定位尺寸及做法。

选用标准图集《预制钢筋混凝土板式楼梯》（15G367-1）中的预制楼梯时，可在平面图上直接标注标准预制楼梯编号。如果设计所需的预制楼梯与标准图集中预制楼梯尺寸、配筋不同，应由设计单位自行设计。

预制隔墙板编号由预制隔墙板代号和序号组成。

2）预制楼梯剖面图

3）预制楼梯表

预制楼梯表的主要内容包括预制构件编号、所在层号、构件质量、构件数量、构件详图页码（选用标准构件需注写具体图集编号和相应页码；自行设计的构件需注写施工图图号）、节点链接索引（标准节点应注写具体图集编号、相应页码和节点号；自行设计的节点与预制楼梯表不在同一页施工图时需注写节点所在施工图页码），此外，也可添加备注栏，在备注栏目中标明该预制构件是“标准构件”或“自行设计”。

1）识读预制楼梯平面图

图 13.2 所示为预制楼梯的标准层平面图，识读时首先根据定位轴线编号和定位尺寸确定该楼梯的位置。

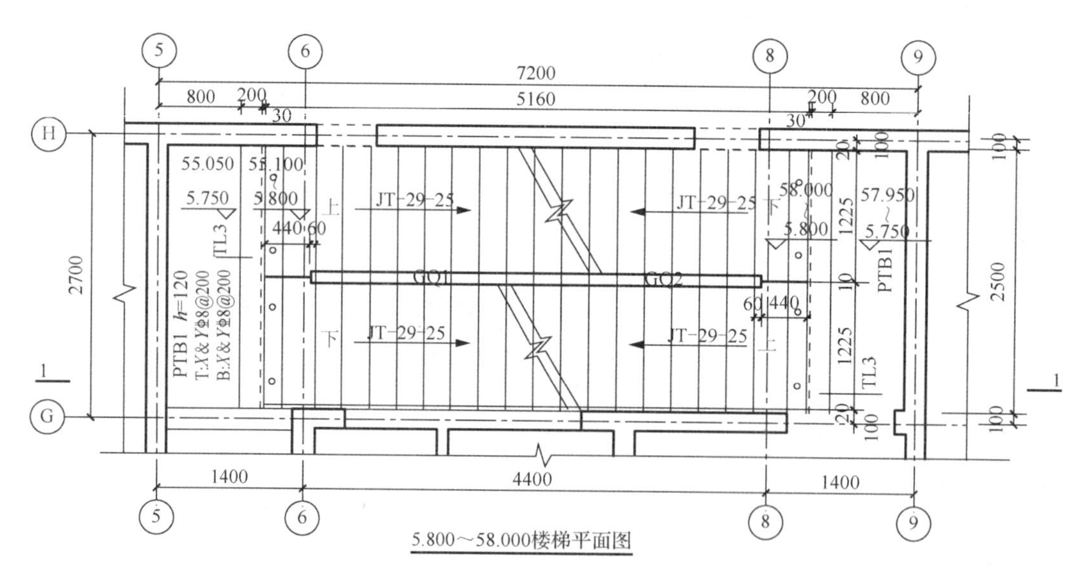

5.800～58.000楼梯平面图

楼梯间开间为 2700mm，进深为 7200mm，墙厚为 200mm。梯段水平投影长 5160mm。楼梯休息平台采用现浇混凝土结构，板厚为 120mm，板面和板底配置双向 Φ8@200 钢筋。

标准层楼梯选用标准构件编号为 JT-29-25，表示预制板式剪刀楼梯，所对应的建筑层高为 2900mm，楼梯间净宽为 2500mm。

预制板式剪刀楼梯的两跑之间设置预制隔墙板，图中预制隔墙板共两块，分别用 GQ1、GQ2 表示。

2）预制楼梯剖面图

预制楼梯剖面图如图 13.3 所示，主要表示预制楼梯与梯梁和平台之间的位置关系。

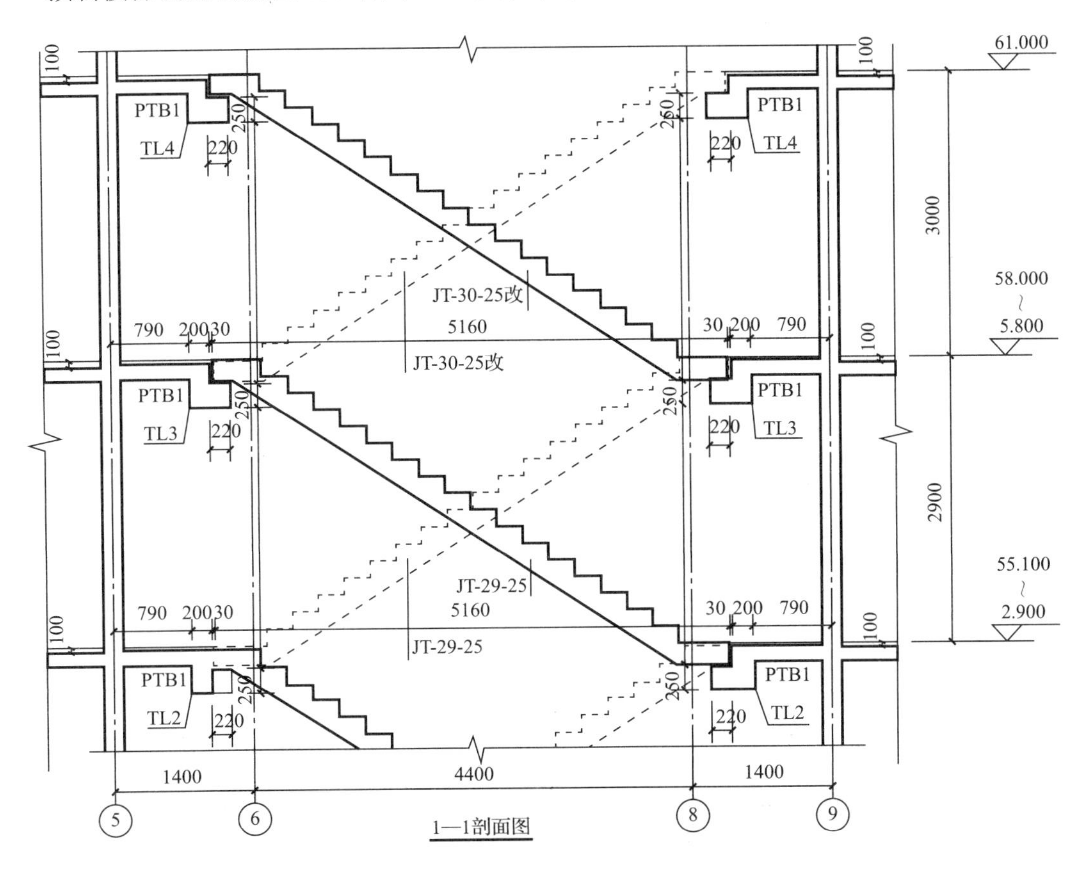

1—1剖面图

该建筑首层（±0.000～2.900m）楼梯为现浇混凝土楼梯，标准层（2.900～58.000m）楼梯为预制楼梯，顶层（58.000～61.000m）楼梯为预制楼梯。标准层楼梯直接选用标准图集中的预制楼梯，顶层楼梯参照标准图集中的预制楼梯修改而得。

标准层层高为 2900mm，每层共 17 个踏步（踢面数）。踏步宽为 260mm，高为 170.6mm。结合图 13.2 和图 13.3 中注写的标高高差可知，建筑面层厚度为 50mm。

3）梯梁大样图

预制楼梯剖面图中通常会绘有梯梁大样图，如图 13.4 所示。其中梯梁挑耳作为梯段的支承构件，需要考虑受弯、受剪、受扭组合作用，需专门设计梯梁挑耳的计算构造措施，带挑耳和不带挑耳的梯梁的钢筋构造见图 13.4。

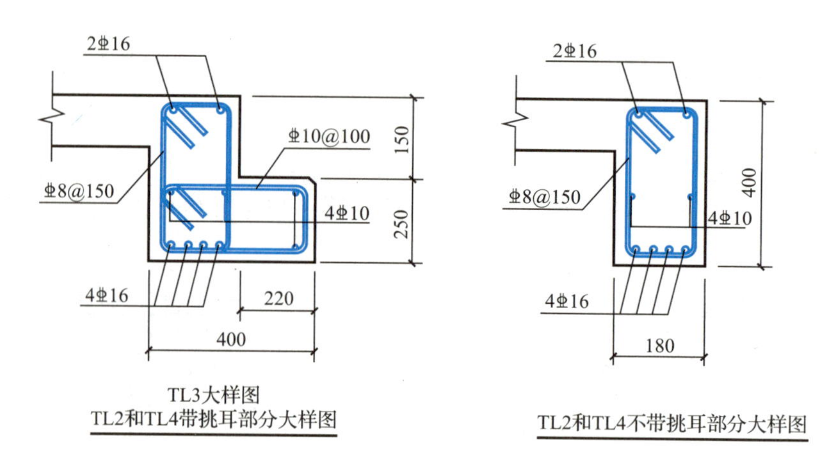

图 13.4 梯梁大样图

4）预制楼梯表

表 13-1 所示为预制楼梯表。

表 13-1 预制楼梯表

选用预制构件编号	所在楼层	构件质量/t	构件数量	构件详图页码（图号）	节点链接索引
JT-29-25	3～20	4.64	34	15G367-1, 34～36	—
JT-30-25 改	21	4.98	2	结施-76	15G367-1, 47, ③ ④
GQ1	3～20	1.6	19	结施-77	—
GQ2	3～20	1.6	19	结施-77	—

预制楼梯表中的选用构件包括预制楼梯和预制隔墙板，其中 JT-29-25 为标准图集中的预制楼梯，JT-30-25 改为参照标准图集修改而得的预制楼梯。

任务 13.3 识读预制板式楼梯标准图集

引导问题

1. 预制板式楼梯适用于什么条件？
2. 预制板式楼梯有哪两种类型？
3. 试述预制板式楼梯的连接构造做法。
4. 掌握预制板式楼梯的编号方法。

本节将根据标准图集 15G367-1 讲解预制板式楼梯的识图知识。

1. 适用范围

标准图集 15G367-1 中的预制板式楼梯适用于非抗震设计和抗震设防烈度为 6、7、8 度地区的多、高层剪力墙结构体系的住宅，包括预制板式双跑楼梯和剪刀楼梯两种类型。其他类型的建筑，当满足该图集要求时，也可参考选用。

2. 编制原则

标准图集规定预制板式楼梯安全等级为二级，结构重要性系数 $\gamma_0=1.0$，建筑设计合理工作年限为 50 年。钢筋的混凝土保护层厚度按 20mm 设计，环境类别为一类，各地区按环境类别可进行相应调整。施工阶段活荷载为 1.5kN/m^2，正常使用阶段活荷载为 2.7kN/m^2，栏杆顶部的水平荷载为 1.0kN/m。

梯段支座处为销键连接，上端支承处为固定铰支座，下端支承处为滑动铰支座，梯段按简支计算模型考虑，可不参与结构整体抗震计算。标准图集中给出了支座销键的连接方式，也可采用其他可靠的连接方式，如焊接连接等。

3. 材料

梯段混凝土强度等级为 C30；采用 HRB400 级钢筋。

同条件养护的混凝土立方体试件抗压强度达到设计混凝土强度等级值的 75%时，方可脱模；预制构件吊装时，混凝土强度实测值不应低于设计要求。

4. 规格

标准图集中的预制板式楼梯规格见表 13-2。

表 13-2 预制板式楼梯规格表

楼梯类型	楼梯间净宽	层高		
		2.8m	2.9m	3.0m
双跑楼梯	2.4m	ST-28-24	ST-29-24	ST-30-24
	2.5m	ST-28-25	ST-29-25	ST-30-25
剪刀楼梯	2.5m	JT-28-25	JT-29-25	JT-30-25
	2.6m	JT-28-26	JT-29-26	JT-30-26

预制板式楼梯梯段为预制构件，采用立模生产工艺，其平台梁、板可采用现浇混凝土构件。标准图集规定的建筑面层做法为：楼梯入户处建筑面层厚度为 50mm，楼梯平台板处建筑面层厚度为 30mm。当具体工程项目中预制楼梯尺寸与上述规定不同时，可参考 15G367-1 另行设计。选用剪刀楼梯时，预制隔墙板需设计人员另行设计。

5. 编号

预制板式楼梯按图 13.5 所示方法编号。

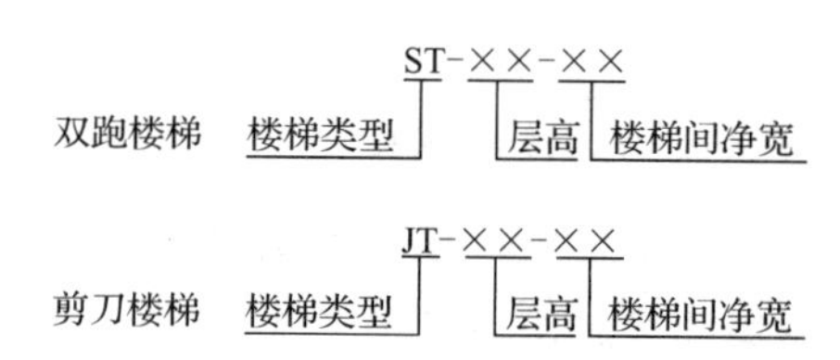

【例 13-1】ST-30-25 表示预制板式双跑楼梯，所对应的建筑层高为 3.0m、楼梯间净宽为 2.5m。

【例 13-2】JT-28-25 表示预制板式剪力楼梯，所对应的建筑层高为 2.8m、楼梯间净宽为 2.5m。

预制板式楼梯的选用，首先确定各设计参数与标准图集选用范围要求是否一致，混凝土强度等级、建筑面层厚度等参数需在施工图中统一说明；然后根据楼梯间净宽、建筑层高，确定预制板式楼梯编号，并核对预制板式楼梯的结构计算结果；选用预埋件，并根据具体工程实际增加其他预埋件，预埋件可参考标准图集中的样式；再根据标准图集中给出的构件质量及吊点位置，结合构件生产单位、施工安装要求确定吊装预埋件类型及尺寸；最后补充预制板式楼梯相关制作施工要求。

若构件单体设计与标准图集中楼梯类型、配筋相差较大，设计人员可参考标准图集中相关梯段类型构造重新进行设计。

【例 13-3】已知条件：如图 13.6 所示，某预制板式剪刀楼梯，所对应的建筑层高为 2800mm，楼梯间净宽为 2500mm，活荷载为 $2.7kN/m^2$，入户处楼梯建筑面层厚度为 50mm。

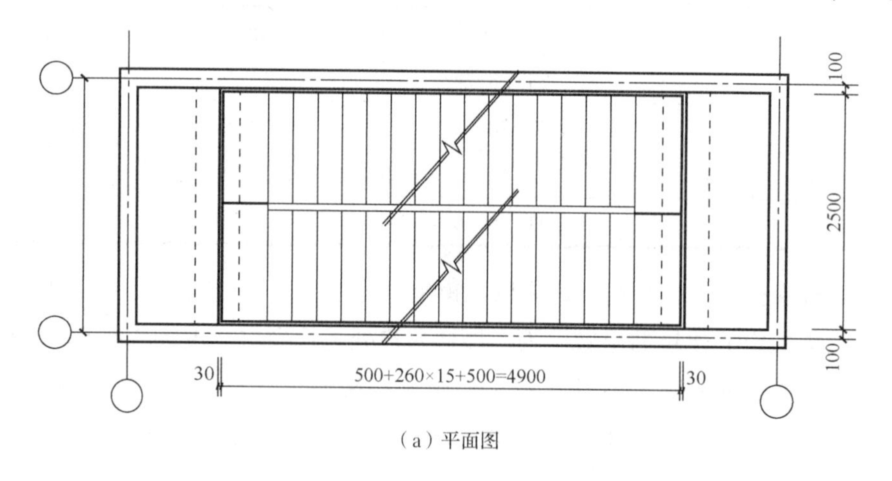

（a）平面图

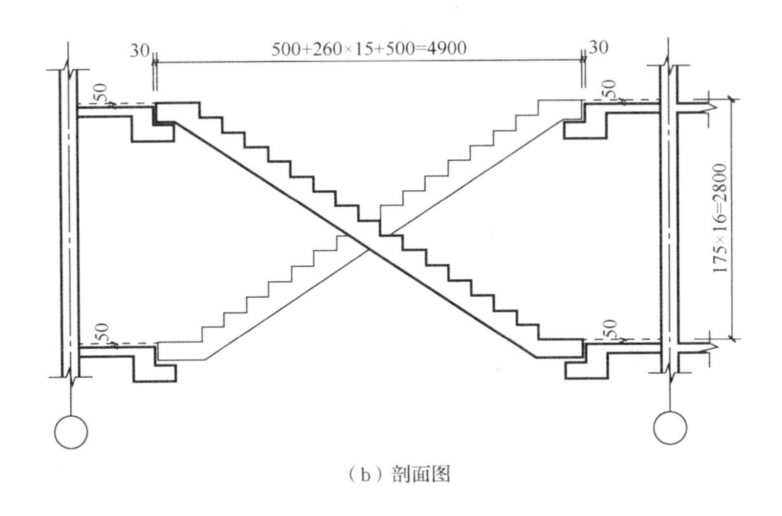

（b）剖面图

选用结果：图 13.6 中标注参数符合 15G367-1 中 JT-28-25 的楼梯模板及配筋参数，根据标准图集的楼梯选用表直接选用。

引导问题

试述预制板式楼梯的连接构造做法。

装配整体式混凝土结构住宅常采用预制板式楼梯，包括多层住宅的双跑楼梯和用于高层住宅的剪刀楼梯两种情况。

预制板式楼梯的梯段因在加工、运输及安装过程中受力状况比较复杂，标准图集规定其板面宜配置通长钢筋，配筋量可根据加工、运输、吊装过程中的承载力及裂缝控制验算结果确定，最小构造配筋率可参照楼板的相关规定。当楼梯两端均不能滑动时，建筑在受侧向力作用时，楼梯会起到斜撑的作用，楼梯中会产生轴向拉力，因此规定其板面和板底均应配置通长钢筋。

在预制板式楼梯的两侧需配置加强钢筋，同样也是考虑到楼梯在加工、运输、吊装过程中的承载力。此外，预制板式楼梯的配筋构造还包括上下端销键预留洞口加强钢筋，如图 13.7 所示。

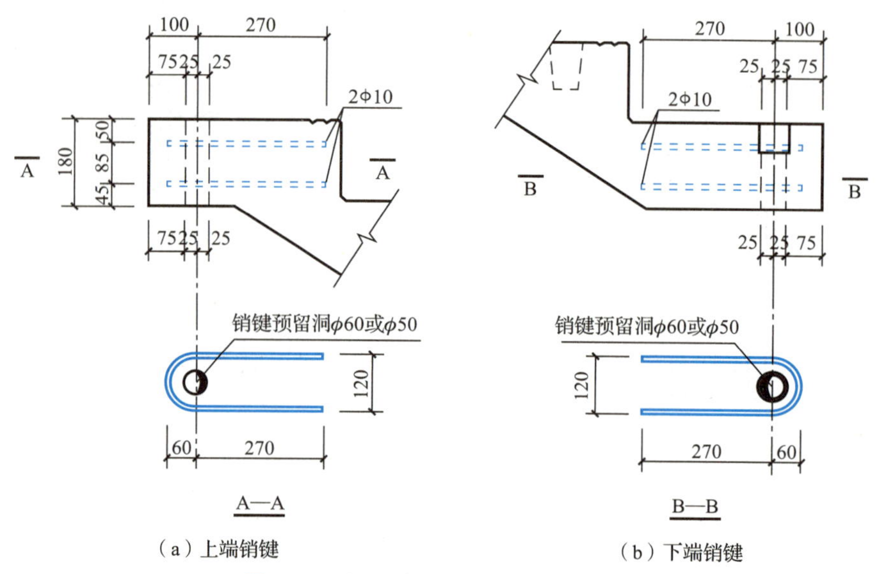

（a）上端销键　　（b）下端销键

图 13.7　上下端销键预留洞口加强筋

2. 连接构造

预制板式楼梯的连接构造主要包括上端（固定铰端）和下端（滑动铰端）连接构造。

1）固定铰端连接构造

楼梯的上端采用固定铰端连接构造，做法是在梯梁的挑耳上预留螺栓，挑耳上表面用水泥砂浆找平，梯段上端销键套在螺栓上，用灌浆料填实，表面用砂浆封堵，楼梯与梯梁间的空隙用聚苯等材料填充，并注胶封闭。图 13.8(a)所示为双跑楼梯固定铰端安装节点大样，剪刀楼梯该节点做法基本相同。

2）滑动铰端连接构造

楼梯的下端采用滑动铰端连接构造，做法是在梯梁的挑耳上预留螺栓，挑耳上表面用水泥砂浆找平，梯段上端销键套在螺栓上，用螺母固定，表面用砂浆封堵，此时销键内为空腔，以保证下端的自由滑动。楼梯与梯梁间的空隙用聚苯等材料填充，并注胶封闭。图 13.8(b)所示为双跑楼梯固定铰端安装节点大样，剪刀楼梯该节点做法基本相同。

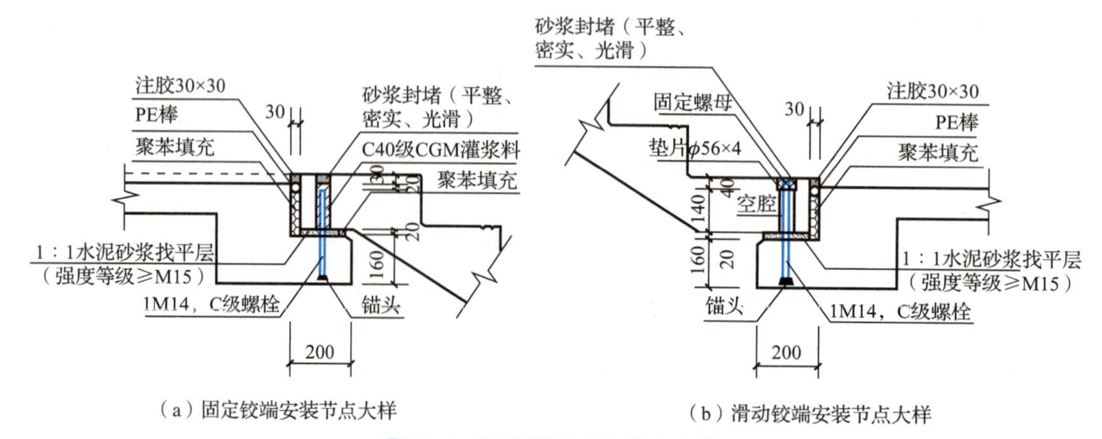

（a）固定铰端安装节点大样　　（b）滑动铰端安装节点大样

图 13.8　双跑楼梯安装节点大样

3. 其他构造

1）防滑槽

锯齿形踏步的边缘宜设置防滑槽，如图 13.9 所示。

2）吊装预埋件

梯段吊装预埋件包括踏步表面的内埋式吊杆和板侧的预埋吊环，如图 13.10 和图 13.11 所示。梯段预埋内埋式吊杆的部位应设置加强钢筋。

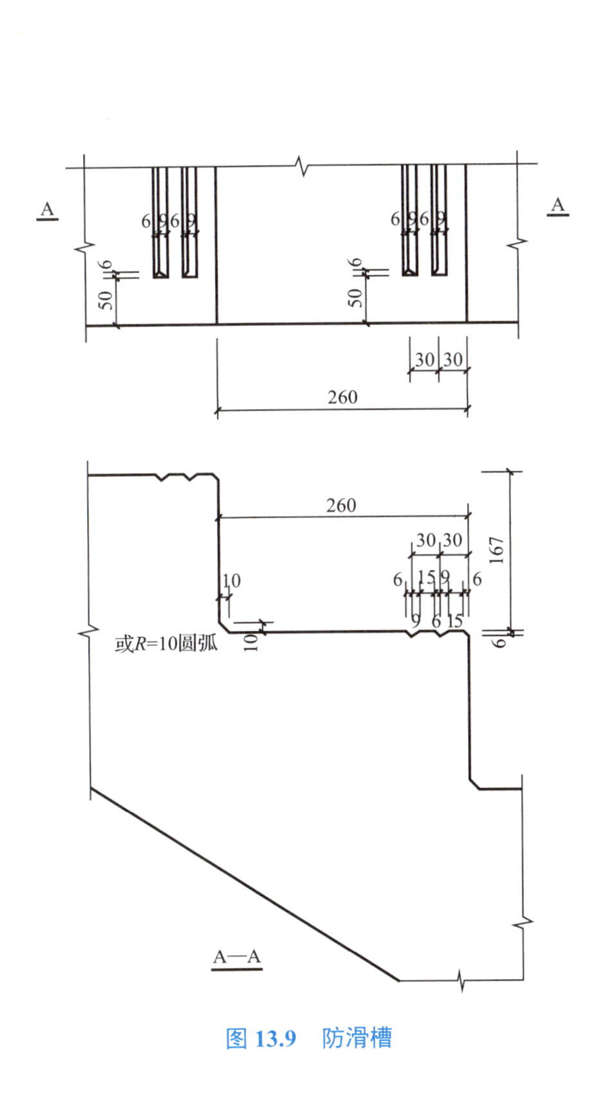

图 13.9 防滑槽

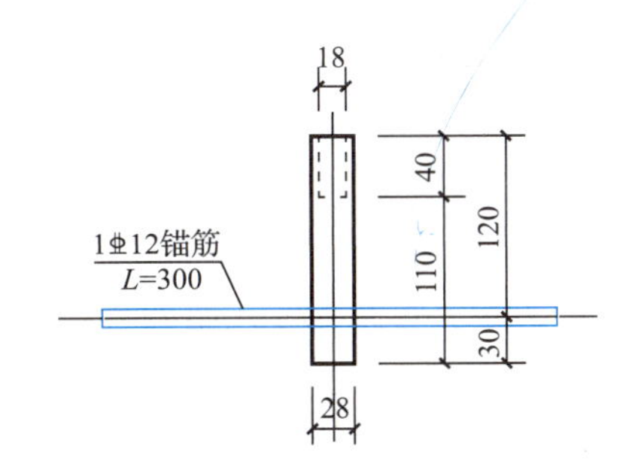

图 13.10 内埋式吊杆

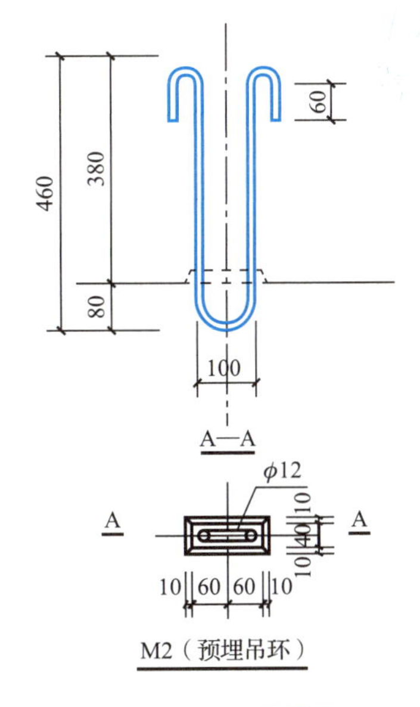

图 13.11 预埋吊环

3）栏杆预留洞口

为便于安装楼梯扶手栏杆，在梯段两侧应预留洞口（或预埋件）。

引导问题

试述预制板式剪刀楼梯的预埋预留做法。

现以剪刀楼梯为例讲解预制板式楼梯详图。图 13.12 所示为预制板式剪刀楼梯模板图，图 13.13 所示为预制板式剪刀楼梯配筋图。

预制板式楼梯模板图一般包括平面图、立面图和剖面图。

识读平面图可知，梯段平面投影尺寸为 1225mm×5420mm，每个梯段由 18 个踏步面组成；

预制板式楼梯配筋图一般通过梯板剖面图表达，选择上下梯梁销键预留孔洞所在剖切面。

预制板式楼梯可分为上梯梁、下梯梁和梯段 3 部分。梯梁的配筋包括纵向钢筋和箍筋，梯段的配筋包括板面纵向钢筋、板底纵向钢筋、板侧加强钢筋和分布钢筋。此外，在吊装预埋件两侧和销键预留孔洞周边需配置加强钢筋。图中吊装预埋件两侧配置的加强钢筋共 12 根；销键预留孔洞周边配置的加强钢筋共 8 根。

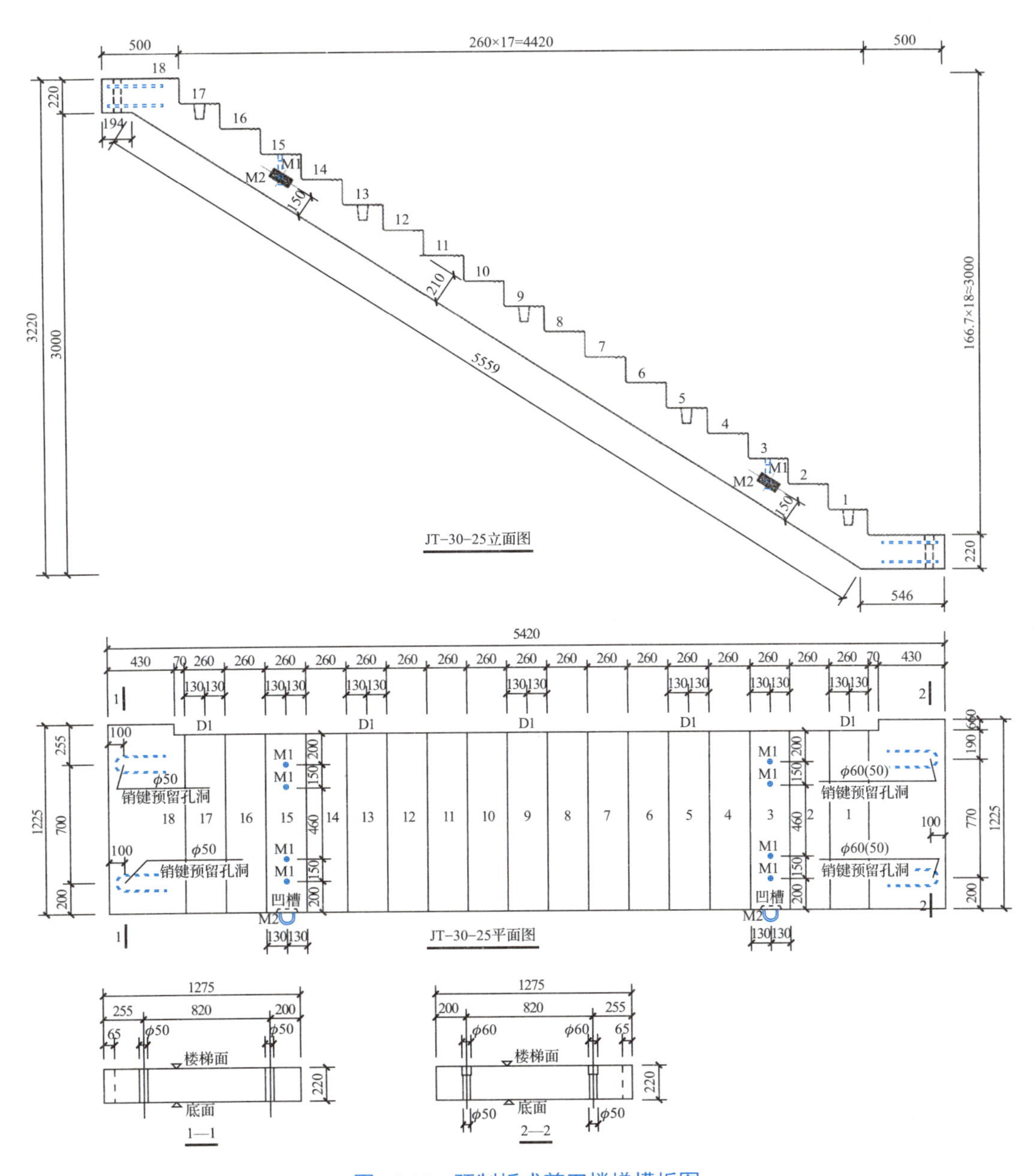

图 13.12 预制板式剪刀楼梯模板图

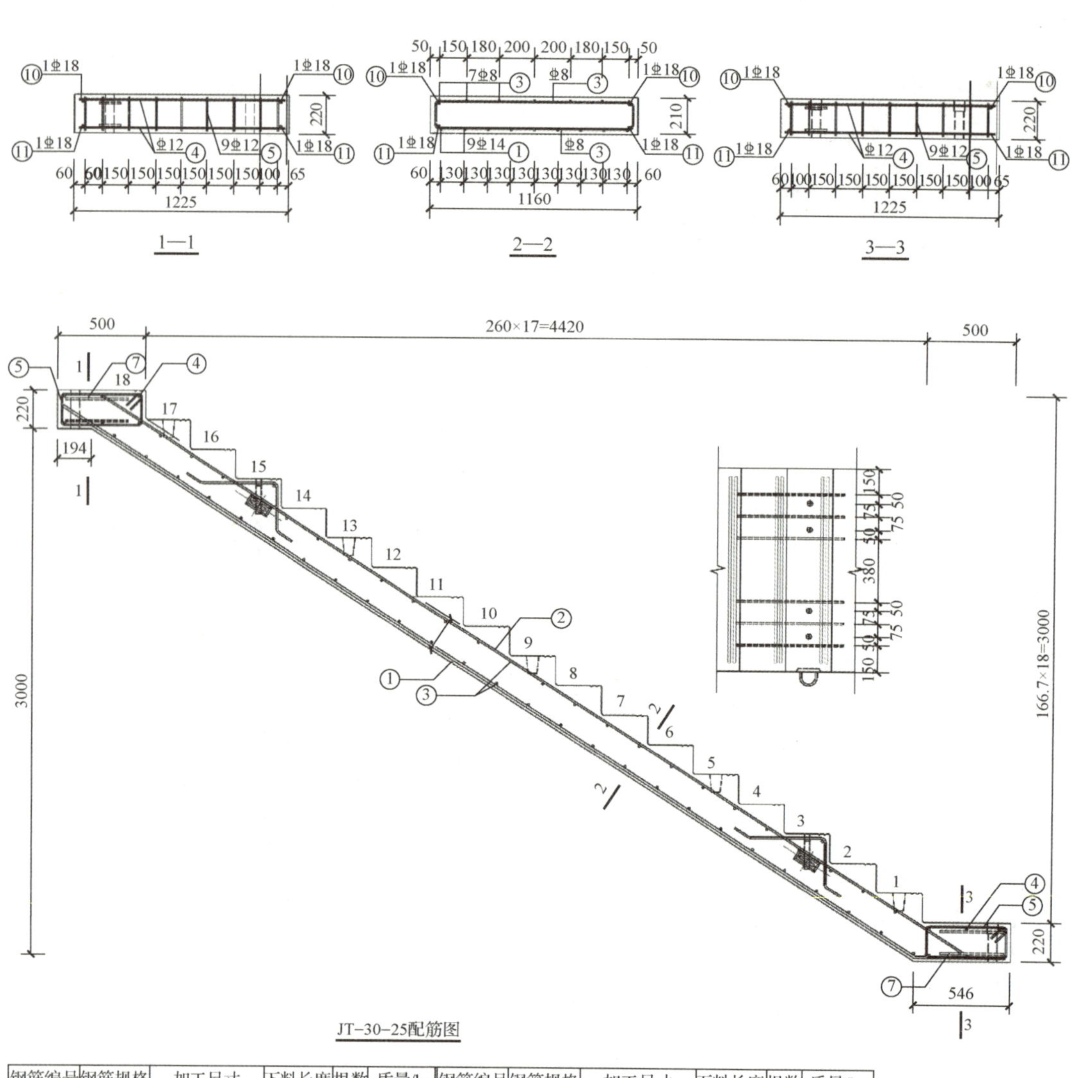

钢筋编号	钢筋规格	加工尺寸	下料长度	根数	质量/kg	钢筋编号	钢筋规格	加工尺寸	下料长度	根数	质量/kg
①	Φ14	5700 473	5970	9		⑧	Φ8	100 383 170 100	580	12	
②	Φ10	5800	5800	7							
③	Φ8	150 1120 150	1386	56		⑨	Φ10	1120	1120	2	
④	Φ12	1185	1185	12		⑩	Φ18	180 5668 397	5888	2	
⑤	Φ12	60 460 180	1382	9							
⑥	Φ12	60 500 180	1462	9		⑪	Φ18	5763 606	6100	2	
⑦	Φ10	300	788	8							

图 13.13　预制板式剪刀楼梯配筋图

第三篇

装配整体式混凝土框架结构施工图

项目14 框架结构建筑设计专项说明

项目描述

对典型装配整体式框架结构办公楼建筑施工图设计总说明中的装配式建筑设计专项说明的进行解读。

学习目标

1. 能够对装配式建筑设计专项说明进行识读。
2. 理解装配式建筑设计专项说明的编制方法。

任务 14.1 识读框架结构建筑设计专项说明

引导问题

1. 装配式建筑设计专项说明包括什么内容？
2. 试述装配整体式框架结构办公楼的外墙做法。
3. 试述装配整体式框架结构办公楼的内墙做法。

装配式建筑的建筑施工图设计总说明总体一致，对于不同结构形式的装配式建筑，其区别主要在于装配式建筑设计专项说明。装配整体式框架结构建筑设计专项说明内容包括装配式建筑设计概况、总平面设计、建筑设计、预制构件设计、一体化装修设计和节能设计要点。

通过识读图 14.1 所示的装配整体式框架结构办公楼建筑设计专项说明，可以获得以下关键信息。

装配式建筑设计专项说明

1 装配式建筑设计概况

1.1 本工程采用装配整体式框架结构，符合标准化设计、工厂化生产、装配化施工、信息化管理的建筑基本特征。

1.2 装配整体式框架结构具体配置见表 1。

表 1 装配整体式框架结构配置表

项目名称	预制夹心外墙板	预制内墙板	叠合板	预制女儿墙	预制楼梯	预制外墙挂板	装饰混凝土饰面	模数协调	整体外墙	无外架施工	装配式内装修	太阳能热水	绿色景观场地	绿色星级标准
本栋	—	●	●	●	●	●	●	●	●	●	—	—	●	—

注：●实施；—不采用。

2 总平面设计

2.1 外部运输条件。预制构件的运输距离宜控制在 150km 以内，本项目建设地点距预制构件厂运输距离为 35km，外部道路交通条件便捷，构件运输中应综合考虑限高、限宽和限重的影响。

2.2 内部运输条件。场地内部消防环路宽度为 6m，既可作为施工临时通道使用，也能满足构件运输车辆的要求，施工单位在施工现场及道路硬化工程中，应保证构件运输通道满足运输车辆的荷载要求。如通道上有地下建、构筑物，应校核其顶板荷载。推荐采用 200mm 厚的预制混凝土施工垫块，实现循环使用，减少材料浪费及建筑垃圾。

2.3 构件存放要求。总平面设计除应考虑日照及防火要求外，同时应预留合理场地，满足预制构件的现场临时存放的需求。预制构件现场临时存放应封闭管理，并设置安全可靠的临时存放设施，避免预制构件翻覆、掉落造成安全事故。

图 14.1 装配整体式框架结构办公楼建筑设计专项说明

2.4 构件吊装要求。总平面图中塔式起重机位置和塔式起重机悬臂半径以安全、经济、合理为原则，本工程结合周边场地情况，以及构件质量和塔式起重机悬臂半径的条件，建议塔式起重机位置和预制构件堆放场地均设置在本栋楼南侧，塔式起重机位置的最终确定应根据现场施工方案进行调整。预制构件吊装过程中应制定施工保护措施，避免构件翻覆、掉落造成安全事故。

3 建筑设计

3.1 标准化设计。

3.1.1 建筑设计依据国家标准《建筑模数协调标准》(GB/T 50002—2013)，办公功能开间、进深采用 3*n*M 和 2*n*M 模数进行平面尺寸控制。

3.1.2 单间办公设计采用标准套型的不同组合，重复利用率高。

3.1.3 平面规整，没有过大凹凸变化，框架柱、预制外墙挂板上下贯通，符合结构抗震安全要求。

3.1.4 构件连接节点采用标准化设计，符合安全、经济、方便施工的要求。

3.1.5 预制构件种类、数量及用量占同类构件用量比例如下。

(1) 重复使用最多的一种预制外墙挂板个数占同类构件总个数比例为 65%。

(2) 重复使用最多的一种预制内墙板个数占同类构件总个数比例为 60%。

(3) 叠合板总面积占同类构件总面积比例为 78%。

(4) 预制楼梯为一种，占同类构件总个数比例为 83%。

3.1.6 建筑部品设计采用标准化设计。

外窗在单体建筑中使用最多的两个规格为 C1429-1、C1429-2，总个数占外窗总数量的比例为 96%。

3.2 建筑构件、部品装配率。

3.2.1 内隔墙采用 200mm 厚加气混凝土条板，装配率为 100%。

3.2.1 本工程采用成品栏杆扶手，装配率为 100%。

3.3 建筑集成技术设计。

3.3.1 本工程采用预制外墙挂板，由 50mm 厚外叶墙板、50mm 厚阻燃型挤塑聚苯板保温层和 120mm 厚内叶墙板组成，其中外叶墙板采用金属釉反打面砖饰面，保温装饰一体化。

3.3.2 机电设备管线系统采用集中布置，管线及点位预留，预埋到位。

(1) 叠合板预留预埋灯头盒、设备套管、地漏等。

(2) 预制墙板预留预埋开关、线盒、线管等。

(3) 预制楼梯预留预埋扶手栏杆安装埋件等。

3.4 本项目由甲方另行委托构件加工图设计，施工图设计单位与构件加工图设计单位须建立协同机制，具体项目施工图设计单位另行提供的预制构件尺寸控制图、设备点位综合详图等供构件加工图设计参考。

3.5 协同设计。

3.5.1 本项目依据甲方委托的内装修设计单位提供的室内装修设计进行施工图设计。

3.5.2 对管线相对集中、交叉、密集的部位（如强弱电箱、集水器等）进行管线综合，并在建筑设计和结构设计中加以体现，同时依据内装修施工图纸进行整体机电设备管线的预留预埋。

3.5.3 通过模数协调，确立结构钢筋模数网格，与机电管线布线形成协同，保证预留预埋避让结构钢筋。

4 预制构件设计

4.1 预制外墙挂板设计。

4.1.1 本项目外墙全部采用预制外墙挂板，取消使用脚手架，预制外墙挂板外叶墙板为 50mm 厚混凝土墙板，中间为 50mm 厚阻燃型挤塑聚苯板保温层，内叶墙板为 120mm 厚钢筋混凝土墙板。

4.1.2 本项目采用预制外墙挂板构造满足建筑保温隔热要求。保温材料连接件应采用专业厂家生产并符合相关标准的高强度连接件，避免热桥的同时，保证内、外叶墙板连接安全可靠。

4.1.3 外墙节点设计。

(1) 预制外墙挂板接缝（包括屋面女儿墙、勒脚等处的竖缝，水平缝，十字缝，以及窗口处的接缝）根据不同部位接缝特点及当地气候条件选用构造防水、材料防水或构造防水与材料防水相结合的防、排水系统，挑出外墙的雨篷等构件的周边应在板底设置滴水线。

(2) 预制外墙挂板水平缝采用高低缝，建筑外墙的接缝及门窗洞口等防水薄弱部位设计应采用材料防水和构造防水相结合的做法，板缝防水构造详见节点大样图。

图 14.1 装配整体式框架结构办公楼建筑设计专项说明（续）

（3）预制外墙挂板接缝采用材料防水时，必须用防水性能可靠的嵌缝材料，主要采用发泡聚乙烯棒与建筑密封胶，板缝宽度不宜大于 35mm，材料防水的嵌缝深度不得小于 20mm。

（4）预制外墙挂板接缝密封材料选用硅酮、聚氨酯、聚硫建筑密封胶，应分别符合现行标准《硅酮和改性硅酮建筑密封胶》（GB/T 14683—2017）、《聚氨酯建筑密封胶》（JC/T 482—2022）、《聚硫建筑密封胶》（JC/T 483—2022）的规定。

（5）预制外墙挂板接缝防水工程应由专业人员进行施工，以保证外墙的防、排水质量。

4.1.4 预制女儿墙采用与下部墙板结构相同的分块方式和节点做法，女儿墙内侧在要求的泛水高度处设置屋面防水的收头。

4.1.5 门窗安装。

（1）门窗洞口应在工厂预制定型，其尺寸偏差宜控制在±2mm 以内，外门窗应按此误差缩尺加工并做到精确安装。

（2）预制外墙挂板采用后装法安装门窗框，在预制外墙挂板的门窗洞口处预埋经防火防腐处理的木砖连接件。

4.2 叠合板设计。

4.2.1 本工程的办公，会议等空间楼板采用叠合板，保证结构内敷设厚度。

4.2.2 本项目叠合板预制底板厚度为 60mm，叠合层厚度为 70mm，电气专业在叠合层内进行预埋管线布线，保证电管布线的合理性及施工质量。

4.2.3 本项目建筑垫层厚度为 60mm，设备专业的给水管布置在建筑垫层中，通过管线综合设计，保证管线布置的合理、经济和安全可靠。

4.3 内墙设计。

4.3.1 本项目所有内墙为非承重内墙。预制内墙板采用 200mm 厚加气混凝土条板；卫生间、楼梯间、管井采用 100mm 或 200mm 厚的页岩多孔砖。所有内墙满足各功能房间的隔声要求。

4.3.2 用作卫生间等潮湿房间的隔墙，下设 100mm 高 C20 细石混凝土防水反坎。

4.3.3 各部品与预制内墙板的连接（如管线支架、卫生洁具等）应牢固可靠。

4.4 预制楼梯设计。

4.4.1 预制楼梯设计遵循模数化、标准化、系列化。

4.4.2 本工程楼梯采用双跑楼梯。

4.4.3 预制楼梯采用清水混凝土饰面，采取措施加强成品保护。楼梯踏面的防滑构造应在工厂预制时一次成型。

4.5 预制构件施工安全保障措施。

4.5.1 本项目采用的上述各类预制构件，均应选用可靠的支撑和防护工艺，避免构件翻覆、掉落。

4.5.2 在构件加工图中，应考虑施工安全防护措施预留预埋，施工防护围挡高度应满足国家相关施工安全防护规范的要求，严禁让工人在无保护的情况下临空作业，避免高空坠落造成安全事故。

5 一体化装修设计

5.1 建筑装修材料、设备在需要与预制构件连接时宜采用预留预埋的安装方式，当采用膨胀螺栓栓接、自攻螺钉钉接、粘接等固定方法后期安装时，应在预制构件允许的范围内，不得剔凿预制构件及其现浇节点，以免影响结构安全。

5.2 应结合房间使用功能要求，选取耐久、防水、防火、防腐及不易污染的构配件、饰面材料及建筑部品，体现装配整体式建筑的特色。

6 节能设计要点

6.1 装配整体式框架结构办公楼外围护结构热工设计应符合国家现行建筑节能设计标准，并符合下列要求。

6.1.1 预制外墙挂板保温层厚度依据《湖南省公共建筑节能设计标准》（DBJ 43/003—2017）进行设计，经计算本项目采用 50mm 厚阻燃型挤塑聚苯板保温层，保温层连续，避免热桥。

6.1.2 安装保温时材料重量含水率应符合相关国家标准的规定，穿过保温层的连接件应采取与结构耐久性相当的防腐蚀措施，如采用金属连接件，宜优先选用不锈钢材料并考虑其对保温性能的影响。

6.1.3 预制外墙挂板有产生结露倾向的部位，应采取提高保温材料性能或在板内设置排除湿气的孔槽。

6.2 带有外门窗的预制混凝土外墙挂板，其门窗洞口与门窗框间的密闭性不应低于门窗的密闭性。

图 14.1 装配整体式框架结构办公楼建筑设计专项说明（续）

（1）本工程采用装配整体式框架结构，符合标准化设计、工厂化生产、装配化施工、信息化管理的建筑基本特征。

（2）预制构件的运输距离宜控制在 150km 以内，本项目建设地点距预制构件厂运输距离为 35km；场地内部消防环路宽度为 6m，既可作为施工临时通道使用，也能满足构件运输车辆的要求。

（3）本项目外墙全部采用预制外墙挂板，取消使用脚手架，预制外墙挂板外叶墙板为 50mm 厚混凝土墙板，中间为 50mm 厚阻燃型挤塑聚苯板保温层，内叶墙板为 120mm 厚钢筋混凝土墙板。

（4）本项目叠合板预制底板厚度为 60mm，叠合层厚度为 70mm，电气专业在叠合层内进行预埋管线布线，保证电管布线的合理性及施工质量。

（5）本项目所有内墙为非承重内墙。预制内墙板采用 200mm 厚加气混凝土条板；卫生间、楼梯间、管井采用 100mm 或 200mm 厚的页岩多孔砖。用作卫生间等潮湿房间的隔墙，下设 100mm 高 C20 细石混凝土防水反坎。

（6）本工程楼梯采用双跑楼梯。

拓展讨论

党的二十大报告指出，发展绿色低碳产业，健全资源环境要素市场化配置体系，加快节能降碳先进技术研发和推广应用。“绿色化”“工业化”“智能化”已经成为建筑领域低碳转型、绿色发展、实现“双碳”目标的重要方向。结合本任务学习的装配式建筑设计专项说明节能设计要点，请查阅相关资料，列举更多装配式建筑涉及的节能减排措施。

项目 15 框架结构建筑施工图

项目描述

对典型装配整体式框架结构办公楼建筑施工图的识读方法进行讲解，介绍建筑平面图、建筑立面图与剖面图、楼梯详图、预制外墙挂板墙身详图的表达方法。

学习目标

1. 能够对装配式建筑的建筑施工图进行识读。

2. 具备对包括建筑平面图、建筑立面图与剖面图、楼梯详图、预制外墙挂板墙身详图在内的各类建筑施工图的识读能力。

3. 理解装配式建筑各类型构造在建筑施工图中的表达方法。

任务 15.1 识读框架结构建筑平面图

引导问题

1. 试述图 15.1 所示装配整体式框架结构办公楼的结构平面布置特点。
2. 结合表 15-1，说明图 15.1 所示装配整体式框架结构办公楼的墙体构成。

图 15.1 所示为装配整体式框架结构办公楼标准层平面图，表 15-1 所示为该建筑平面图图例。

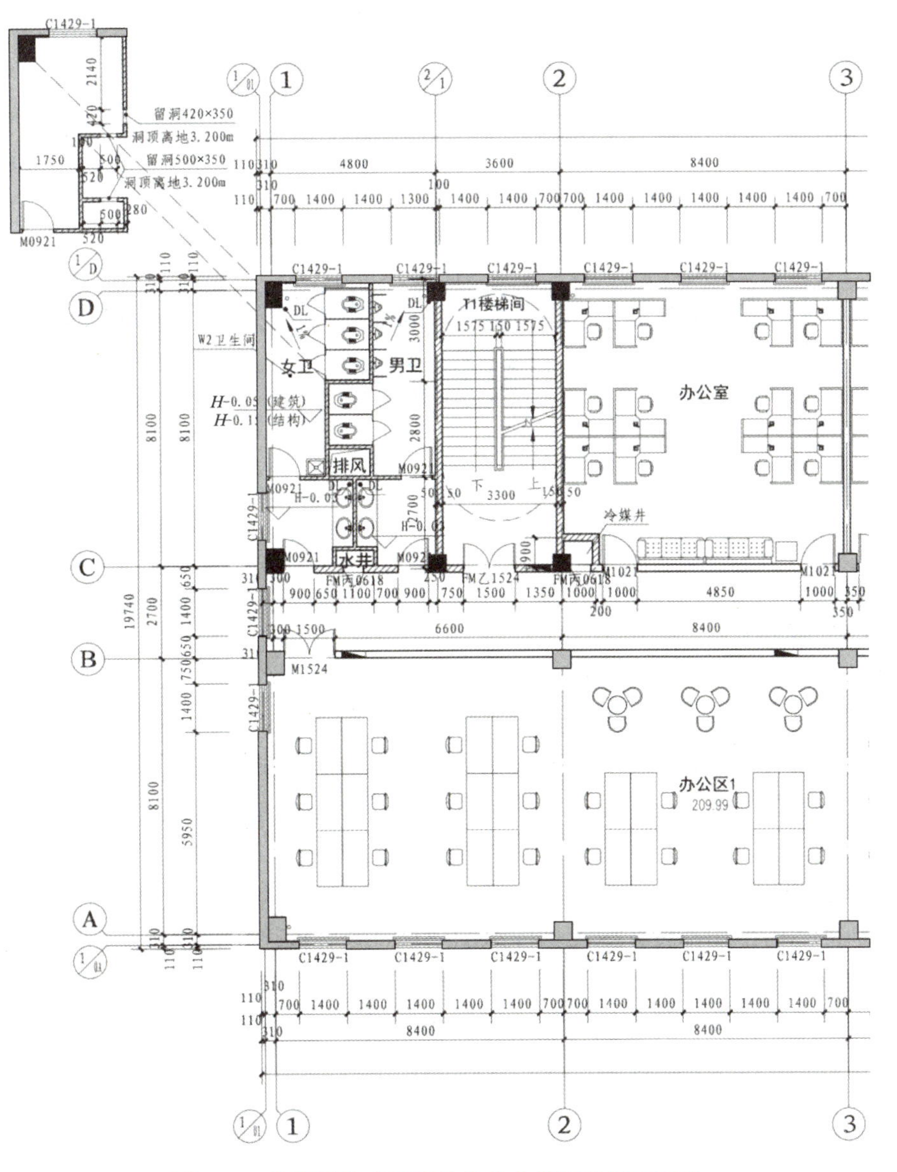

图 15.1 装配整体式框架结构办公楼标准层平面图

表 15-1 建筑平面图图例

名称	图例	名称	图例
现浇混凝土柱	▬	加气混凝土条板隔墙	▭
预制外墙挂板、预制柱	▬	页岩多孔砖	▨

结合表 15-1 识读图 15.1，可知以下关键信息。

（1）图示装配整体式框架结构办公楼为典型大柱网内廊式建筑，柱网柱距为 8400mm，长跨跨度（房间进深）为 8100mm，短跨跨度（走廊宽度）为 2700mm。

（2）图示装配整体式框架结构办公楼卫生间及楼梯间的柱采用现浇混凝土柱，其他柱均为预制柱。

（3）依据装配式建筑设计专项说明，本项目外墙全部采用预制外墙挂板，内隔墙采用 200mm 厚加气混凝土条板；卫生间、楼梯间、管井采用 100mm 或 200mm 厚的页岩多孔砖。

任务 15.2　识读框架结构建筑立面图与剖面图

引导问题

1. 建筑立面图应包括哪些内容？
2. 建筑剖面图应包括哪些内容？

1. 建筑立面图

各种立面图应按正投影法绘制，建筑立面图应包括投影方向可见的建筑外轮廓线和墙面线脚、构件、墙面做法及必要的尺寸、标高等。在建筑立面图上，外墙表面分格线应表示清楚。应用文字说明各部位所用面材及色彩。有定位轴线的建筑物，通常根据两端定位轴线号标注立面图名称；无定位轴线的建筑物，可按其各面的朝向确定名称。

图 15.2 所示为装配式混凝土框架结构房屋建筑立面图（局部）示例。

2. 建筑剖面图

建筑剖面图的剖切部位，应根据图纸的用途或设计深度，在建筑平面图上选择能反映全貌、构造特征及有代表性的部位剖切。各种剖面图应按正投影法绘制。建筑剖面图应包括剖切面和投影方向可见的建筑构造、构件及必要的尺寸、标高等。剖切符号可用阿拉伯数字、罗马数字或拉丁字母编号。

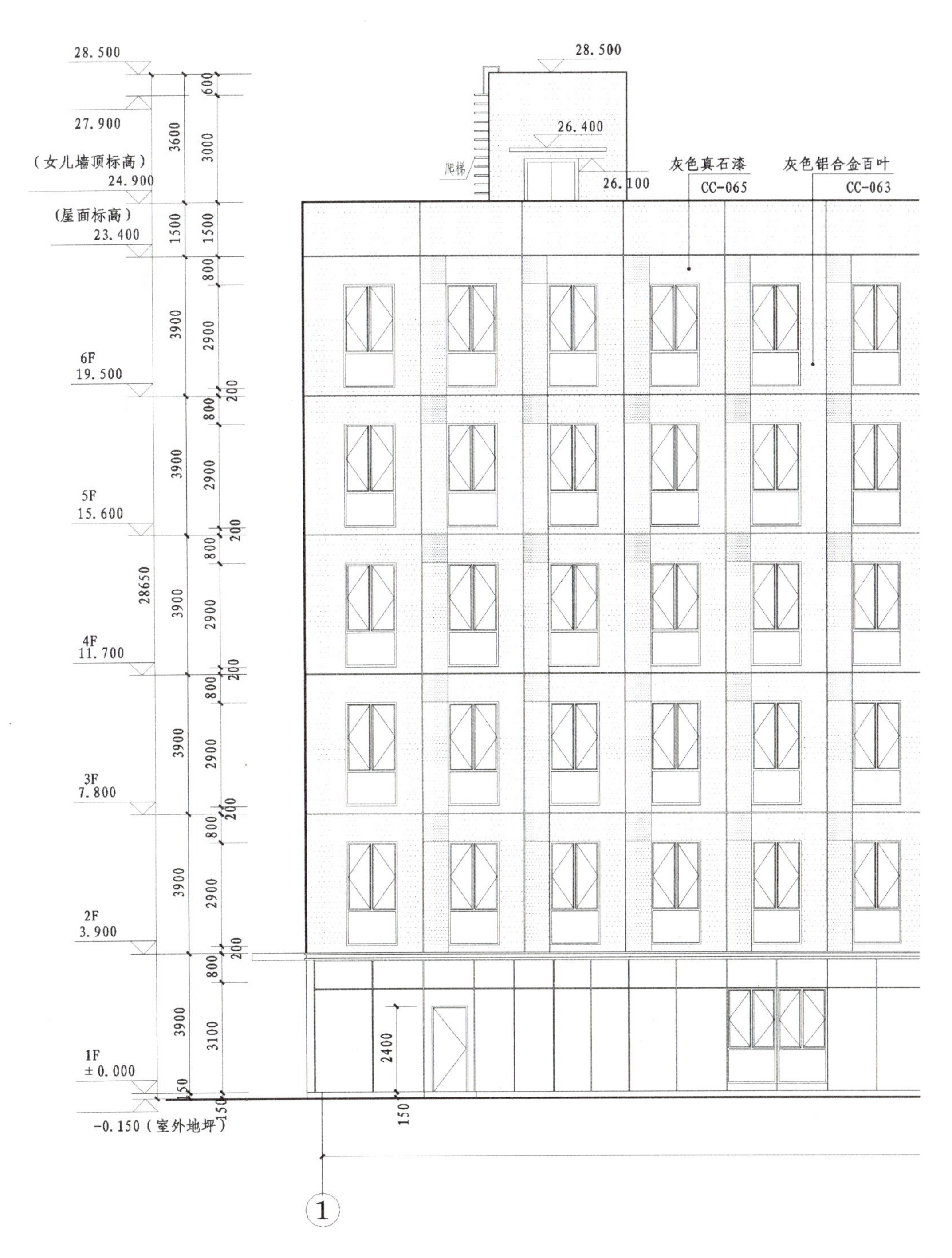

图 15.2 装配式混凝土框架结构房屋建筑立面图（局部）

图 15.3 所示为装配整体式框架结构办公楼建筑剖面图示例。装配整体式框架结构的剖面图是通过图例区分现浇混凝土部分和预制部分的。识读图 15.3 可知，本工程 1 层采用现浇混凝土楼梯，2 层及以上各层采用预制楼梯。

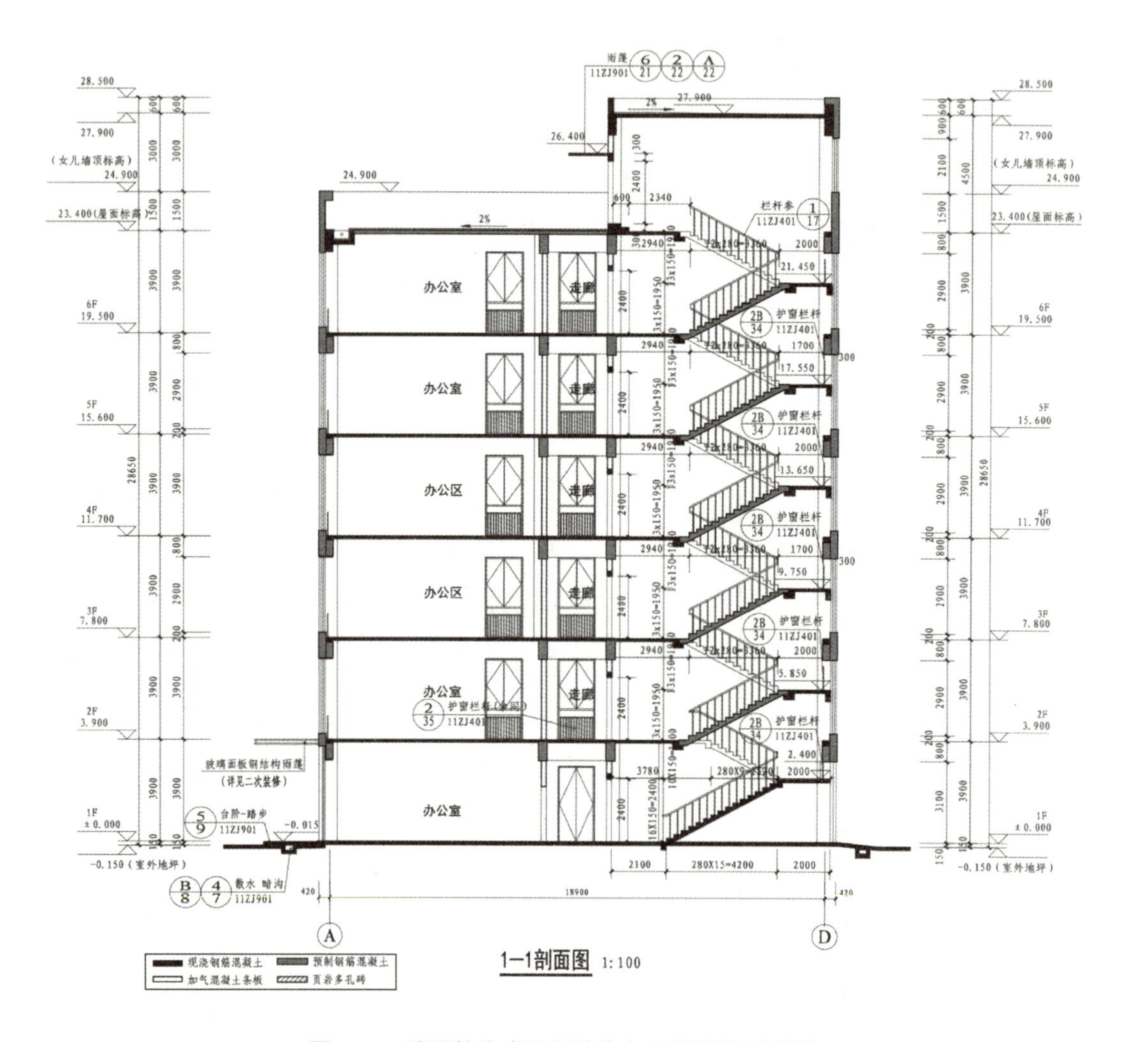

图 15.3　装配整体式框架结构办公楼建筑剖面图

任务 15.3　识读框架结构楼梯详图

引导问题

1. 楼梯节点详图包括哪些内容？
2. T2 楼梯间各层防火门的开启方向是如何设计的？
3. 部分楼梯投影线用虚线表示是为什么？

1. 楼梯详图表达方法

楼梯详图包括楼梯平面图、楼梯剖面图及楼梯节点详图。

楼梯平面图是楼梯间部分的局部放大图，通常包括底层平面图、中间各层平面图和顶层平面图。当建筑中间各层为标准层时，楼梯中间各层平面图可合并绘出。楼梯平面图中要标注楼梯间的开间和进深尺寸、梯段的长度和宽度、踏步面数和宽度、各层楼（地）面面层做法、休息平台的标高，以及其他细部尺寸等。

一般在楼梯间底层平面图标注剖切符号，得到的楼梯剖面图是楼梯间部分的垂直剖面图，其剖切位置应通过各层的一个梯段和门窗洞口，是向另一未剖切到的梯段方向投影所得到的剖面。楼梯剖面图主要表达楼梯的梯段数、踏步数、类型及结构形式和各梯段、平台、栏杆等的构造及它们的相互关系。

楼梯节点详图一般包括踏步、扶手、栏杆详图和现浇梯段与平台连接处的节点构造详图及预制楼梯上下端连接节点。依据内容的不同，楼梯节点详图可采用不同的比例，以反映它们的断面形式、细部尺寸、所用材料、构件连接及面层做法等。

2．识读楼梯详图

图 15.4～图 15.7 所示为某项目编号为 T2 的楼梯间的各层平面图与剖面图，识读可知以下信息。

（1）T2 楼梯间的一层为底层，二～六层为标准层，七层为顶层。

（2）T2 楼梯间各层防火门的开启方向为：底层朝外，标准层朝里，顶层出屋面朝外，表示朝向疏散方向。

（3）图 15.4 中 T2 楼梯间一层平面图中的部分楼梯投影线为虚线，表示一层上方楼梯投影线。

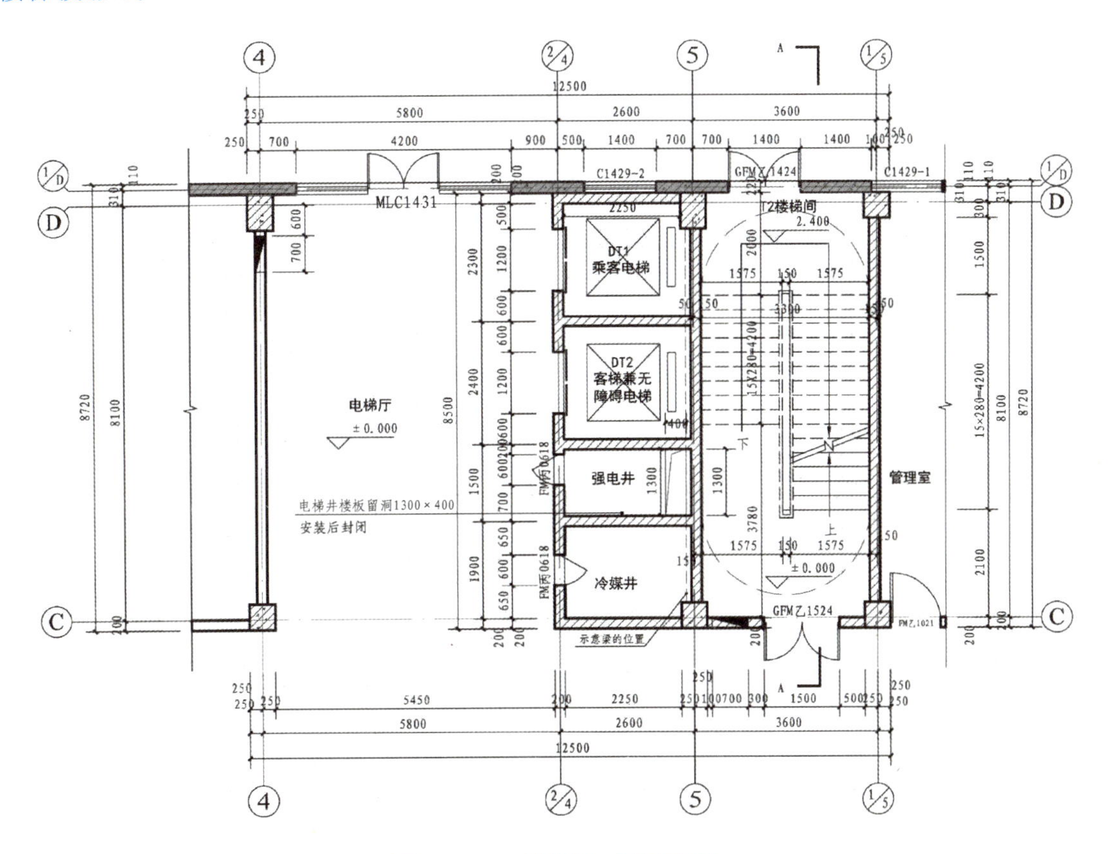

图 15.4　T2 楼梯间一层平面图

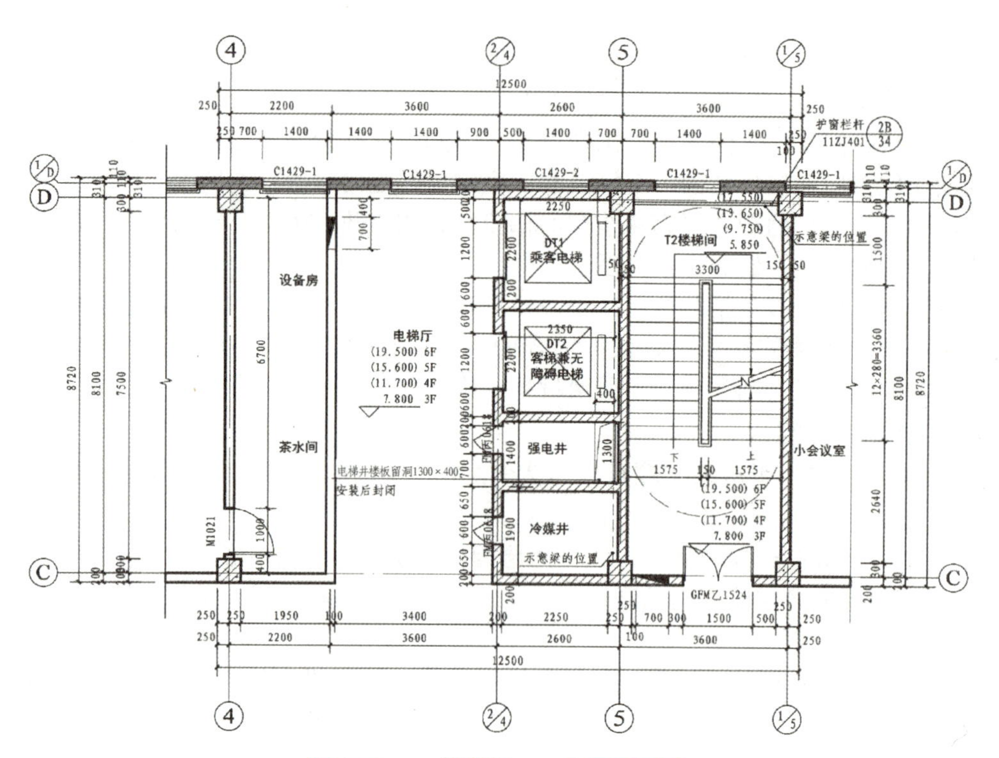

图 15.5　T2 楼梯间二～六层平面图

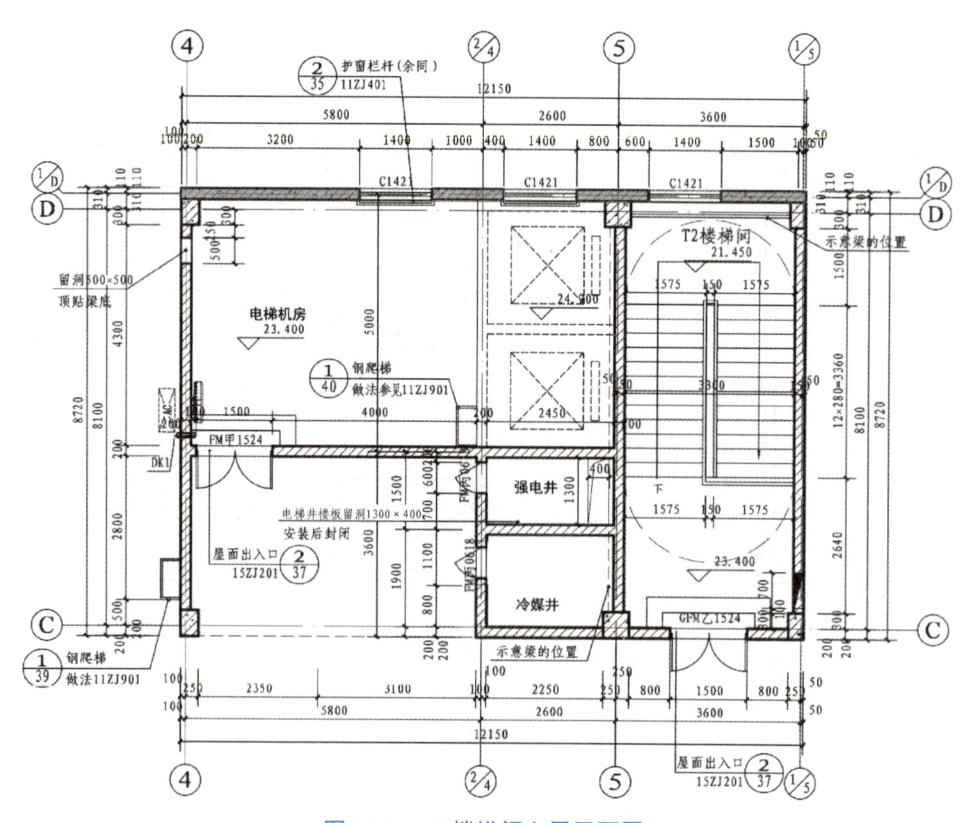

图 15.6　T2 楼梯间七层平面图

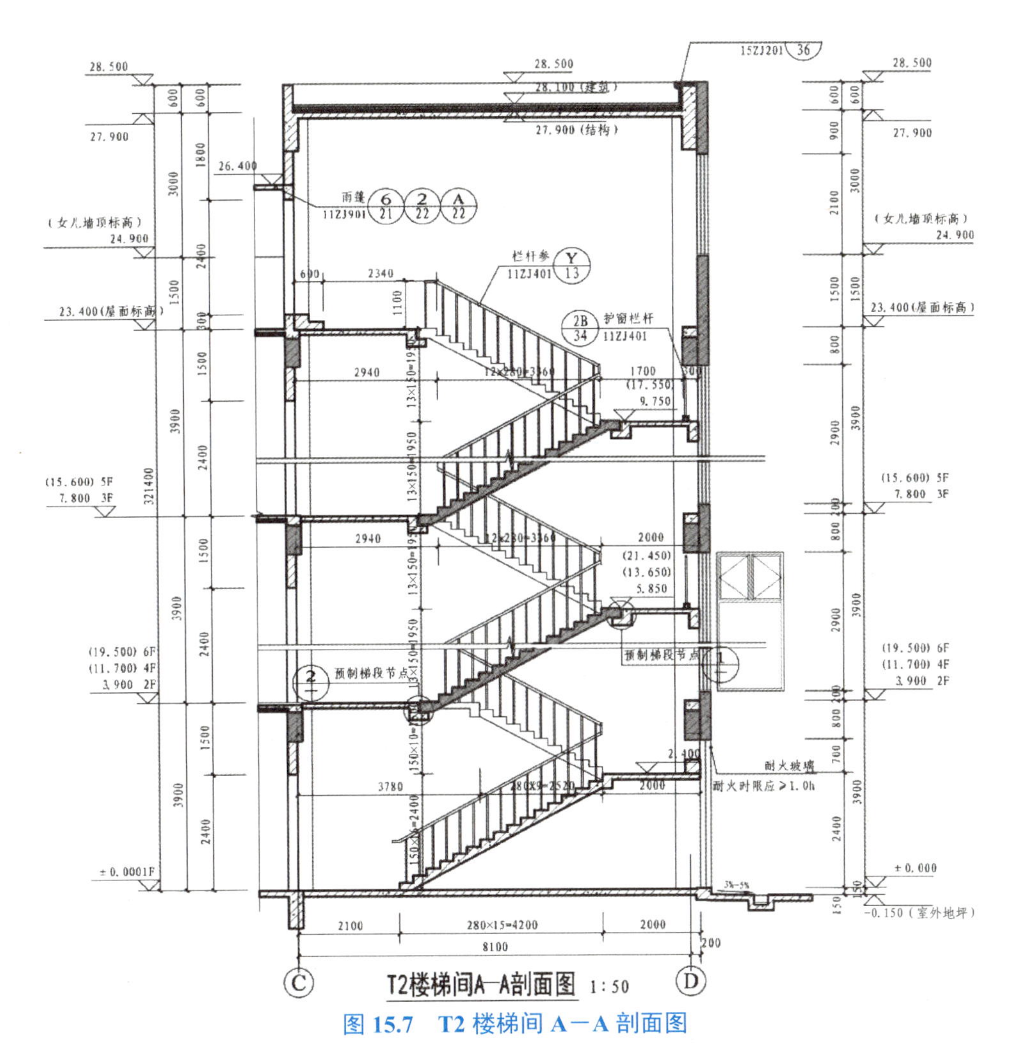

图 15.7 T2 楼梯间 A—A 剖面图

（4）根据图 15.7 中的剖面图例，一层楼梯采用的是现浇混凝土楼梯，其他层采用的是预制楼梯。

（5）楼梯间六层所在平面的标高为 23.400m，从六层平面处上屋面还需上 2 个踏步，并跨过门槛。

任务 15.4 识读框架结构预制外墙挂板墙身详图

引导问题

1. 采用预制外墙挂板的墙身，其保温类型按构造分为哪几类？
2. 预制外墙挂板的防水薄弱部位是哪里？

采用预制外墙挂板的墙身，其保温类型按构造可分为夹心保温系统、内保温系统和外保温系统 3 种类型。预制外墙挂板自身防水性能良好，薄弱部位是门窗洞口周边接缝和相邻预制外墙挂板之间的接缝处，设计时要根据使用环境和设计工作年限要求，选用合理的防水构造及防水材料。

预制外墙挂板的接缝应满足保温、防火和隔声的要求。板缝宽度应根据极限温度变形、风荷载及地震作用下的层间位移、密封材料最大拉伸-压缩变形量及施工安装误差等因素设计，且宜在 10～30mm 范围内。密封胶的厚度应按缝宽尺寸的 1/2 且不小于 8mm 设计。

图 15.8 所示为采用夹心保温系统的预制外墙挂板墙身详图，图 15.9 所示为墙身节点详图。

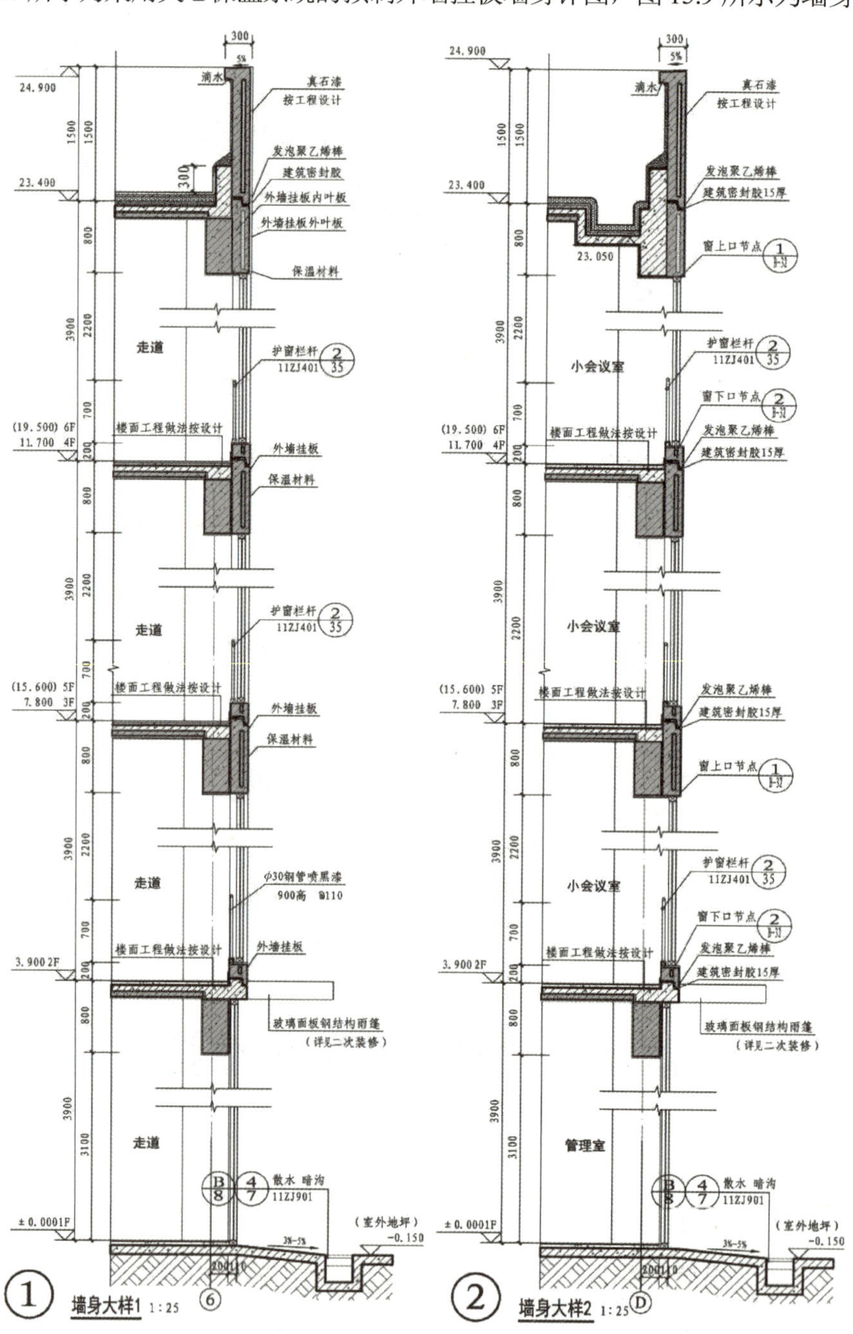

图 15.8　预制外墙挂板墙身详图

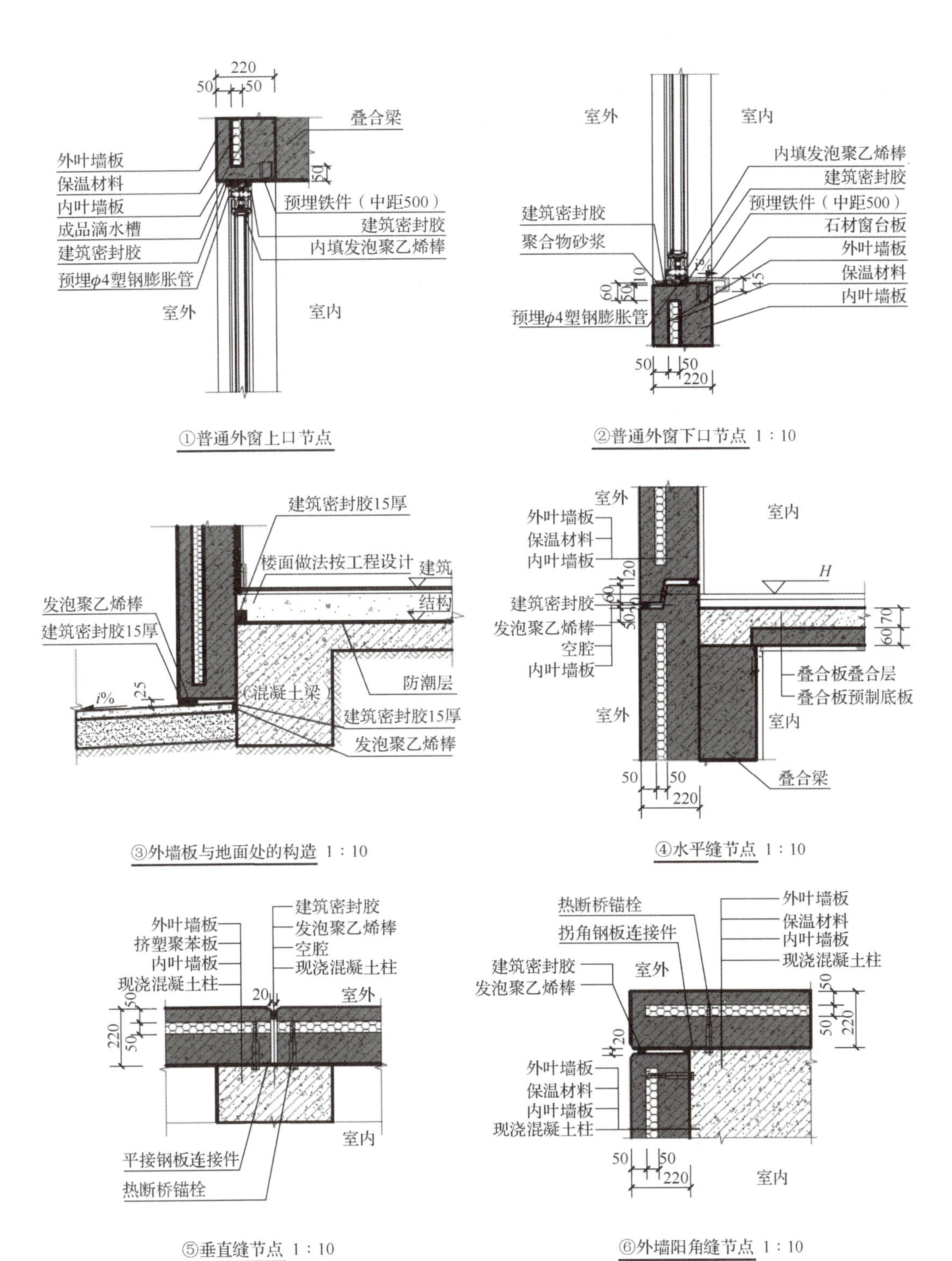
220
50
50
叠合梁
外叶墙板
保温材料
内叶墙板
成品滴水槽
建筑密封胶
预埋φ4塑钢膨胀管
预埋铁件（中距500）
建筑密封胶
内填发泡聚乙烯棒
室外
室内
①普通外窗上口节点
室外
室内
内填发泡聚乙烯棒
建筑密封胶
预埋铁件（中距500）
石材窗台板
外叶墙板
保温材料
内叶墙板
建筑密封胶
聚合物砂浆
预埋φ4塑钢膨胀管
②普通外窗下口节点 1：10
建筑密封胶15厚
楼面做法按工程设计
建筑
结构
发泡聚乙烯棒
建筑密封胶15厚
混凝土梁
防潮层
建筑密封胶15厚
发泡聚乙烯棒
③外墙板与地面处的构造 1：10
室外
室内
外叶墙板
保温材料
内叶墙板
建筑密封胶
发泡聚乙烯棒
空腔
内叶墙板
叠合板叠合层
叠合板预制底板
叠合梁
④水平缝节点 1：10
外叶墙板
挤塑聚苯板
内叶墙板
现浇混凝土柱
建筑密封胶
发泡聚乙烯棒
空腔
现浇混凝土柱
室外
室内
平接钢板连接件
热断桥锚栓
⑤垂直缝节点 1：10
热断桥锚栓
拐角钢板连接件
建筑密封胶
发泡聚乙烯棒
外叶墙板
保温材料
内叶墙板
现浇混凝土柱
室外
室内
⑥外墙阳角缝节点 1：10

图 15.9 墙身节点详图

项目 16 框架结构结构设计专项说明

项目描述

对典型装配整体式框架结构办公楼结构施工图设计总说明中的结构设计专项说明进行解读。

学习目标

1. 能够对结构设计专项说明进行识读。
2. 理解结构设计专项说明的编制方法。

任务 16.1 识读框架结构结构设计专项说明

引导问题

1. 深化设计文件一般包括哪些内容？
2. 试述各类预制构件在现场施工中的允许误差。

1. 结构设计专项说明的主要内容

结构设计专项说明一般包括总则、预制构件的生产与检验、预制构件的运输与堆放、现场施工、验收。

（1）总则包括装配式结构图纸使用说明、主要配套标准图集、材料要求、预制构件的设计及预制构件的深化设计。

（2）预制构件的生产与检验包括预制构件模具的尺寸允许偏差与检验方法、粗糙面粗糙度要求、预制构件的允许尺寸偏差、钢筋套筒灌浆连接的检验、预制构件外观要求、结构性能检验要求等。

（3）预制构件的运输要求包括运输车辆要求、构件装车要求；堆放要求包括场地要求，靠放时的方向和叠放的支垫要求与层数限制。

（4）现场施工包括预制构件进场检查要求、预制构件安装要求与现场施工中的允许误差，以及附着式塔式起重机水平支撑和外用电梯水平支撑与主体结构的连接要求等。

（5）装配式结构部分应按混凝土结构子分部工程进行验收，并需提供相关材料。

2. 结构设计专项说明的识读

识读图 16.1 所示装配整体式框架结构办公楼结构设计专项说明。

装配式结构设计专项说明

1 总则

1.1 本说明应与结构平面图、预制构件详图及节点详图等配合使用。

1.2 主要配套标准图集。

《桁架钢筋混凝土叠合板（60mm 厚底板）》（15G366-1）。

《预制钢筋混凝土板式楼梯》（15G367-1）。

《预制钢筋混凝土阳台板、空调板及女儿墙》（15G368-1）。

《装配式混凝土结构连接节点构造（楼盖结构和楼梯）》（15G310-1）。

《混凝土结构施工图平面整体表示方法制图规则和构造详图（现浇混凝土框架、剪力墙、梁、板）》（22G101-1）。

《混凝土结构施工图平面整体表示方法制图规则和构造详图（现浇混凝土板式楼梯）》（22G101-2）。

《混凝土结构施工图平面整体表示方法制图规则和构造详图（独立基础、条形基础、筏形基础、桩基础）》（22G101-3）。

图 16.1 装配整体式框架结构办公楼结构设计专项说明

1.3 材料要求。

1.3.1 混凝土。

（1）混凝土强度等级应满足结构设计总说明规定。

（2）对水泥、骨料、矿物掺合料、外加剂等的设计要求详见结构设计总说明，应特别保证骨料级配的连续性，未经设计单位批准，混凝土中不得掺加早强剂或早强型减水剂。

（3）混凝土配合比除满足设计强度外，尚需根据预制构件的生产工艺、养护措施等因素确定。

（4）脱模起吊时，预制构件的同条件养护混凝土立方体抗压强度应满足设计要求，且不应小于15N/mm²。

1.3.2 钢筋、钢材和连接材料。

（1）预制构件使用的钢筋和钢材牌号及性能详见结构设计总说明。

（2）预制柱纵向受力钢筋连接采用钢筋套筒灌浆连接，接头性能应符合《钢筋机械连接技术规程》（JGJ 107—2016）中I级接头的要求；灌浆套筒应符合《钢筋连接用灌浆套筒》（JG/T 398—2019）的有关规定，灌浆料性能应符合《钢筋连接用套筒灌浆料》（JG/T 408—2019）的有关规定。

（3）钢筋锚固板的材料应符合《钢筋锚固板应用技术规程》（JGJ 256—2011）的规定。

（4）施工用预埋件的性能指标应符合相关产品标准，且应满足预制构件吊装和临时支撑等需要。

1.3.3 预制构件连接部位座浆料的强度等级不应低于被连接构件混凝土强度等级，且应满足：砂浆流动度为130～170mm，1d抗压强度值为30MPa；预制楼梯与主体结构的找平层采用干硬性砂浆，其强度等级不低于M15。

1.3.4 预制外墙挂板中保温层材料采用挤塑聚苯板（XPS），且应满足国家现行有关标准的要求。

1.3.5 预制外墙挂板的拉结应采用符合国家现行标准的FRP或不锈钢连接件。

1.4 预制构件的设计。

1.4.1 纵向钢筋采用钢筋套筒灌浆连接时，应符合下列规定。

（1）接头应满足JGJ 107—2016中I级接头的性能要求，并应符合国家现行有关标准的规定。

（2）预制柱中钢筋接头处灌浆套筒外侧箍筋的混凝土保护层厚度不应小于20mm。

（3）灌浆套筒之间的净距不应小于25mm。

（4）应在构件生产前进行钢筋套筒灌浆连接接头的抗拉强度试验，每种规格的连接接头试件数量不应少于3个。

1.4.2 预制构件与后浇混凝土、灌浆料、座浆料的结合面应设置粗糙面、键槽，并应符合下列规定。

（1）预制底板与叠合层之间的结合面应设置粗糙面。

（2）预制梁与叠合层之间的结合面应设置粗糙面；预制梁端面应设置键槽且宜设置粗糙面。键槽的尺寸和数量应满足国家现行有关规范要求；键槽的深度 t 不宜小于30mm，宽度 w 不宜小于深度的3倍，且不宜大于深度的10倍；键槽可贯通截面，当不贯通时槽口距离截面边缘不宜小于50mm；键槽间距宜等于键槽宽度；键槽端部斜面倾角不宜大于30°。

（3）预制柱的底部应设置键槽，且宜设置粗糙面。键槽应均匀布置，键槽深度不宜小于30mm，键槽端部斜面倾角不宜大于30°。预制柱顶部应设置粗糙面。

（4）粗糙面的面积不宜小于结合面的80%。预制板的粗糙面凹凸深度不应小于4mm，预制梁端、预制柱端、预制墙端的粗糙面凹凸深度不应小于6mm。

（5）预制外墙挂板预留洞口时，需在预留洞口周边设置补强钢筋。

1.4.3 叠合单向板底板开洞应在制作时预留，开洞位置应避开钢筋桁架的位置。当洞口直径 ϕ（或边长 b）小于300mm时，受力钢筋绕过洞口，不得切断；当300mm≤ϕ（b）<1000mm时，应设洞边附加钢筋，洞口每侧各两根，其截面积不小于被洞口截断之钢筋面积，且不小于2⌀12；洞边有集中荷载或 ϕ（b）≥1000mm时，洞边应设梁，见结施图。

1.5 预制构件的深化设计。

1.5.1 预制构件制作前应进行深化设计，深化设计文件应根据本项目施工图设计文件及选用的标准图集、生产制作工艺、运输条件和安装施工要求等进行编制。

1.5.2 预制构件详图中的各类预留孔洞、预埋件和机电预留管线须与相关专业图纸仔细核对无误后方可下料制作。

1.5.3 深化设计文件应经设计单位书面确认后方可作为生产依据。

图16.1 装配整体式框架结构办公楼结构设计专项说明（续）

1.5.4 深化设计文件应包括（但不限于）下述内容。

（1）预制构件平面和立面布置图。

（2）预制构件模板图、配筋图、材料和配件明细表。

（3）预埋件布置图和细部构造详图。

（4）带瓷砖饰面构件的排砖图。

（5）内外叶墙板拉结件布置图和保温板排板图。

（6）计算书。根据《混凝土结构工程施工规范》(GB 50666—2011）的有关规定，应根据设计要求和施工方案对脱模、吊运、运输、安装等环节进行施工验算，如预制构件、预埋件、吊具等的承载力、变形和裂缝等。

1.5.5 预制构件加工单位应根据设计要求、施工要求和相关规定制定生产方案，编制生产计划。

1.5.6 施工总承包单位应根据设计要求、预制构件制作要求和相关规定制定施工方案，编制施工组织设计。

1.5.7 上述生产方案和施工方案尚应符合国家、行业、建设所在地的相关标准、规范、规程，应提交建设单位、管理单位审查，取得书面批准函后方可作为生产和施工依据。

1.5.8 监理单位应对工程全过程进行质量监督和检查，并取得完整、真实的工程检测资料。本项目需要实施现场专人质量监督和检查的特殊环节如下。

（1）预制构件在构件生产单位的生产过程、出厂检验及验收环节。

（2）预制构件进入施工现场的质量复检和资料验收环节。

（3）预制构件安装与连接的施工环节。

1.5.9 预制构件深化设计单位、生产单位、施工总承包单位和监理单位及其他与本工程相关的产品供应厂家，均应严格执行本说明的各项规定。

1.5.10 预制构件生产单位、运输单位和工程施工总承包单位应结合本工程生产方案和施工方案采取相应的安全操作和防护措施。

2 预制构件的生产与检验

2.1 预制构件模具的尺寸允许偏差与检验方法应符合《装配式混凝土结构技术规程》(JGJ 1—2014）的相关规定。

2.2 所有预制构件与现浇混凝土的结合面应做粗糙面，无特殊规定时其凹凸度不小于 4mm，且外露粗骨料的凹凸应沿整个结合面均匀连续分布。

2.3 预制构件的允许尺寸偏差除满足 JGJ 1—2014 的有关规定外，尚应满足如下要求。

2.3.1 预留钢筋允许偏差应符合表 1 的规定。

表 1 预留钢筋允许偏差

<table>
<tr><th colspan="2">项目</th><th>允许偏差/mm</th><th colspan="2">项目</th><th>允许偏差/mm</th></tr>
<tr><td rowspan="4">构件内钢筋的混凝土保护层厚度</td><td>预制梁、柱</td><td>+5，-3</td><td colspan="2">外伸钢筋长度</td><td>+5，-0</td></tr>
<tr><td>叠合板</td><td>+5，-3</td><td colspan="2">钢筋竖向、水平间距</td><td>±10</td></tr>
<tr><td>预制楼梯</td><td>+5，-3</td><td colspan="2">钢筋网片的钢筋间距</td><td>±3</td></tr>
<tr><td>其他预制构件</td><td>±3</td><td rowspan="2">锚固钢筋</td><td>钢筋长度</td><td>+5，-0</td></tr>
<tr><td colspan="2">外伸钢筋中心定位</td><td>±2</td><td>钢筋间距</td><td>±3</td></tr>
</table>

2.3.2 与现浇结构相邻部位 200mm 宽度范围内的表面平整度允许偏差应不超过 1mm。预制楼梯与主体结构的找平层采用干硬性砂浆，其强度等级不低于 M15。

2.3.3 预制墙板的误差控制应考虑相邻楼层的墙板及同层相邻墙板的误差，应避免累积误差。

2.4 本工程预制柱纵向受力钢筋采用钢筋套筒灌浆连接，应在构件生产前进行钢筋套筒灌浆连接接头的抗拉强度试验，每种规格的连接接头试件数量不应少于 3 个。灌浆套筒进场时应抽取灌浆套筒并采用与之匹配的灌浆料制作对中连接接头试件，并进行抗拉强度检验（同一批号、同一类型、同一规格的灌浆套筒，不超过 1000 个为一批，每批随机插取不少于 3 个灌浆套筒制作对中连接接头试件）。经检验合格后，方可进行灌浆作业。

2.5 预制构件外观应光洁平整，不应有严重缺陷，不宜有一般缺陷；生产单位应根据不同的缺陷制定相应的修补方案，修补方案应包括材料选用、缺陷类型及对应修补方法、操作流程、检查标准等内容应经过监理单位和设计单位书面批准后方可实施。

图 16.1 装配整体式框架结构办公楼结构设计专项说明（续）

2.6 本工程采用的预制构件应按《混凝土结构工程施工质量验收规范》(GB 50204—2015)的有关规定进行结构性能检验。

2.7 预制构件的质量检验除符合上述要求外，还应符合现行国家、行业、建设所在地的相关标准、规范、规程。

3 预制构件的运输与堆放

预制构件在运输与堆放中应采取可靠措施进行成品保护，如因运输与堆放环节造成预制构件严重缺陷，应视为不合格品，不得安装；预制构件应在其显著位置设置标识，标识内容应包括使用部位、构件编号等，在运输和堆放过程中不得损坏。

3.1 预制构件的运输。

3.1.1 预制构件运输宜选用低平板车，车上应设有专用架，且有可靠的稳定构件措施。

3.1.2 预制外墙挂板宜采用竖直立放式运输，叠合板预制底板、预制楼梯可采用平放运输，并采取正确的支垫和固定措施。

3.2 预制构件的堆放。

3.2.1 堆放场地应进行场地硬化，并设置良好的排水设施。

3.2.2 预制外墙挂板采用靠放时，外饰面应朝内。

3.2.3 叠合板预制底板、预制楼梯可采用水平叠放方式，层与层之间应垫平、垫实，最下面一层支垫应通长设置。叠合板预制底板水平叠放层数不应大于6层，预制楼梯水平叠放层数不应大于6层。

4 现场施工

4.1 预制构件进场时，须进行处观检查，并核收相关质量文件。

4.2 施工单位应编制详细的施工组织设计和专项施工方案。

4.3 施工单位应对钢筋套筒灌浆连接施工工艺进行必要的试验，对操作人员进行培训、考核、施工现场派有专人值守和记录，并留有影像的资料；注意对具有瓷砖饰面的预制构件的成品保护。

4.4 预制柱、外墙挂板的安装。

4.4.1 安装前应对连接钢筋与预制柱灌浆套筒的配合度进行检查，不允许在吊装过程中对连接钢筋进行校正。

4.4.2 预制外墙挂板应采用有分配梁或分配桁架的吊具，吊点合力作用线应与预制构件重心重合。

4.4.3 起吊前应先检查预制外墙挂板型号，整理预埋铁件，清除浮浆使其外露；缺棱掉角损坏严重的墙板，不得吊装；起吊前应进行试吊，经检查无误后，方可正式吊装。

4.5 叠合板施工应设置临时支撑。

4.5.1 第一道横向支撑距墙边不大于0.5m。

4.5.2 最大支撑间距不大于2m。

4.6 悬挑构件应层层设置支撑，待结构达到设计承载力要求时方可拆除。

4.7 施工操作面应设置安全防护围栏或外架，严格按照施工规程执行。

4.8 预制构件在施工中的允许误差除满足JGJ 1—2014有关规定外，还应满足表2的要求。

表2 预制构件在现场施工中的允许误差

项目	允许偏差/mm	项目	允许偏差/mm
预制墙板下现浇结构顶面标高	±2	预制墙板水平/竖向缝宽度	±2
预制墙板中心偏移	±2	同一轴线相邻叠合板/预制墙板高差	±3
预制柱、墙板垂直度(2m靠尺)	l/1500且<2		

4.9 附着式塔式起重机水平支撑和外用电梯水平支撑与主体结构的连接方式应由施工单位确定专项方案，由设计单位审核。

5 验收

5.1 装配式结构部分应按照混凝土结构子分部工程进行验收。

5.2 装配式结构子分部工程进行验收时，除应满足JGJ 1—2014的有关规定外，还应提供如下资料。

5.2.1 提供预制构件的质量证明文件。

5.2.2 饰面瓷砖与预制构件基面的黏结强度值。

图16.1 装配整体式框架结构办公楼结构设计专项说明（续）

（1）装配式混凝土结构设计专项说明应与结构平面图、预制构件详图及节点详图等配合使用。

（2）脱模起吊时，预制构件的同条件养护混凝土立方体抗压强度应满足设计要求，且不应小于 15N/mm^2。

（3）深化设计文件一般应包括预制构件平面和立面布置图，预制构件模板图、配筋图、材料和配件明细表，预埋件布置图和细部构造详图，带瓷砖饰面构件的排砖图，内外叶墙板拉结件布置图和保温板排板图，计算书。

（4）预制构件连接部位座浆料的强度等级不应低于被连接构件混凝土强度等级，且应满足：砂浆流动度为 130～170mm，1d 抗压强度值为 30MPa。

（5）预制梁、柱，叠合板，预制楼梯内钢筋的混凝土保护层厚度允许偏差值为（+5，−3）mm，其他预制构件为±3mm；外伸钢筋中心定位允许偏差为±2mm；外伸钢筋长度允许偏差为（+5，−0）mm；钢筋竖向、水平间距允许偏差为±10mm。

（6）纵向钢筋采用钢筋套筒灌浆连接时，预制柱中钢筋接头处灌浆套筒外侧箍筋的混凝土保护层厚度不应小于 20mm；灌浆套筒之间的净距不应小于 25mm；并应在构件生产前进行钢筋套筒灌浆连接接头的抗拉强度试验，每种规格的连接接头试件数量不应少于 3 个。

（7）叠合板预制底板、预制楼梯可采用水平叠放方式，层与层之间应垫平、垫实，最下面一层支垫应通长设置。叠合板预制底板水平叠放层数不应大于 6 层，预制楼梯水平叠放层数不应大于 6 层。

（8）叠合板施工时应设置临时支撑，支撑第一道横向支撑距墙边不大于 0.5m，最大支撑间距不大于 2m。

（9）预制构件在现场施工中，预制墙板下现浇结构顶面标高允许误差为±2mm；预制墙板水平/竖向缝宽度允许误差为±2mm；预制墙板中心偏移允许误差为±2mm；同一轴线相邻叠合板/预制墙板高差允许误差为±3mm；预制柱、墙板垂直度（2m 靠尺）允许误差为 $l/1500$ 且$<$ 2mm。

项目 17 框架结构预制柱构件施工图

项目描述

对基于 BIM 技术的预制柱三维模型进行展示，讲解预制柱的构造和预制柱平面布置图的识图知识，对预制柱构件详图进行重点讲解。

学习目标

1. 理解预制柱的构造。
2. 掌握装配整体式框架结构的预制柱平面布置图的识读方法。
3. 能够识读预制柱构件详图。

任务 17.1　识读框架结构预制柱三维模型

引导问题

通过识读本节的预制柱三维模型，熟悉预制柱构造。

图 17.1 所示为预制柱三维模型，该模型展示了预制柱在空间中的布置及构造。

图 17.1（a）所示为预制柱在空间中的布置。

图 17.1（b）所示为预制柱及其配筋构造。

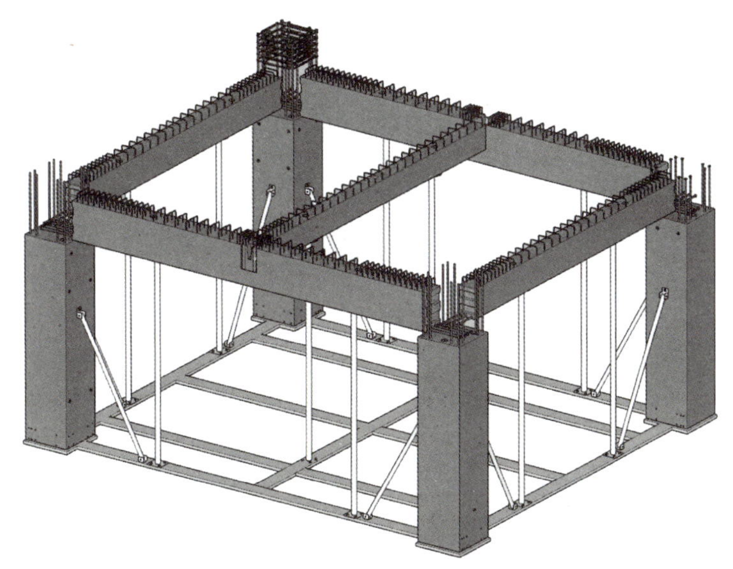

（a）预制柱在空间中的布置

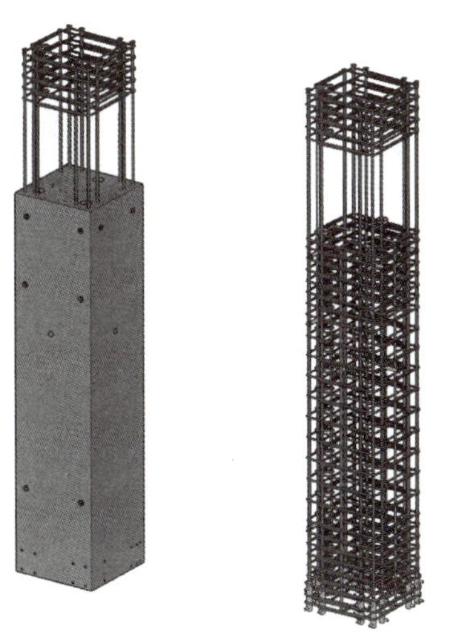

预制柱三维模型

（b）预制柱及其配筋构造

图 17.1　预制柱三维模型

任务 17.2 理解框架结构预制柱构造

引导问题

1. 预制柱的纵向钢筋和箍筋应如何配置？
2. 预制柱的键槽和粗糙面应如何设置？

1. 柱身构造

1）截面形状与尺寸

预制柱的截面形状一般为正方形或矩形，边长不宜小于 400mm，且不宜小于同方向梁宽的 1.5 倍。

2）纵向钢筋

预制柱纵向受力钢筋直径不宜小于 20mm，间距不宜大于 200mm，且不应大于 400mm。纵向受力钢筋可沿截面四周均匀布置，如图 17.2(a)所示。当柱边长大于 600mm 时，柱纵向受力钢筋也可集中于四角，并在柱中设置纵向辅助钢筋。纵向辅助钢筋直径不宜小于 12mm，且不宜小于箍筋直径。纵向辅助钢筋一般不伸入框架节点，在预制柱端部锚固，如图 17.2(b)所示。

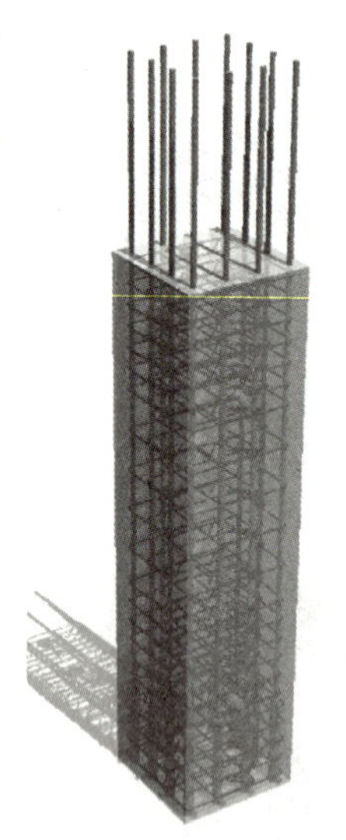

（a）柱边长不大于600mm时的纵向钢筋布置

（b）柱边长大于600mm时的纵向钢筋布置

●—纵向受力钢筋；●—纵向辅助钢筋。

图 17.2 预制柱纵向钢筋

3）箍筋

预制柱箍筋通常采用普通复合式箍筋或连续复合式箍筋，如图 17.3 所示。柱箍筋加密区高度除应满足现浇混凝土框架结构要求外，当纵向受力钢筋在柱底采用钢筋套筒灌浆连接时，不应小于纵向受力钢筋连接区域长度与 500mm 之和，且灌浆套筒上端第一道箍筋距离套筒顶部不应大于 50mm，如图 17.4 所示。

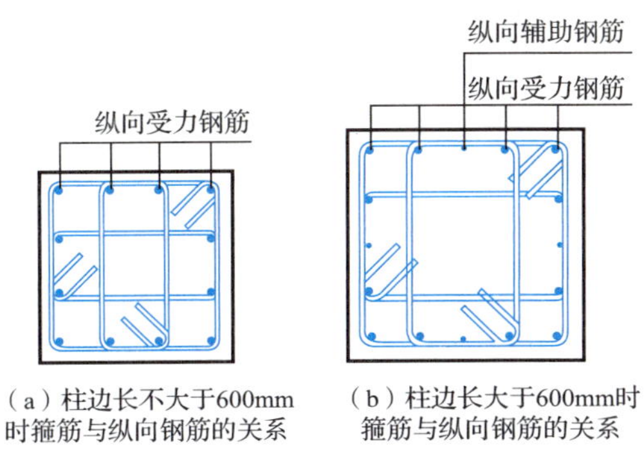

图 17.3 预制柱箍筋

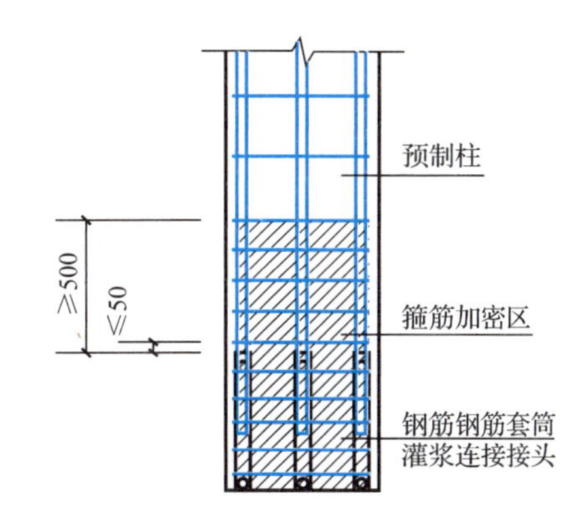

图 17.4 钢筋采用钢筋套筒灌浆连接时柱底箍筋加密区域构造

4）键槽与粗糙面设置

预制柱的底部应设置键槽，且宜设置粗糙面。键槽应均匀布置，键槽深度不宜小于 30mm，键槽端部斜面倾角不宜大于 30°；粗糙面凹凸深度不小于 6mm。柱底键槽与粗糙面设置如图 17.5 所示。

柱顶键槽与粗糙面均应设置，做法与柱底相同。

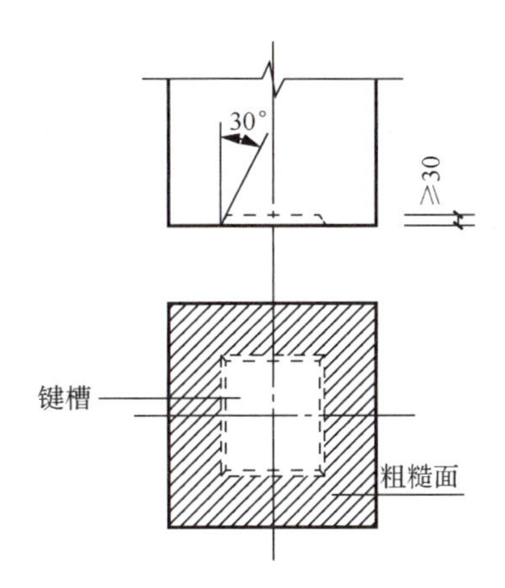

图 17.5 柱底键槽与粗糙面设置

5）预埋件设置

预制柱需设置吊装预埋件与临时支撑预埋件。竖向吊装预埋件设置在柱顶，一般设置 3 个，呈三角形，也可设置 2 个，居中对齐布置或沿截面对角布置；水平吊装预埋件设置在正面，对称布置，一般设置 4 个或 2 个。临时支撑预埋件设置在柱正面及相邻侧面中间部位。

柱顶部有时需设置支模套筒。

柱底部中心部位需设置灌浆排气孔，排气孔应高于灌浆套筒出浆孔 100mm。

2. 连接构造

预制柱的纵向钢筋宜采用钢筋套筒灌浆连接。采用预制柱及叠合梁的框架中，柱底接缝宜设置在楼面标高处。预制柱连接构造如图 17.6 所示，柱纵向受力钢筋应贯穿后浇节点区，伸入上层柱灌浆套筒内。柱底接缝厚度宜为 20mm，并应采用灌浆料填实。

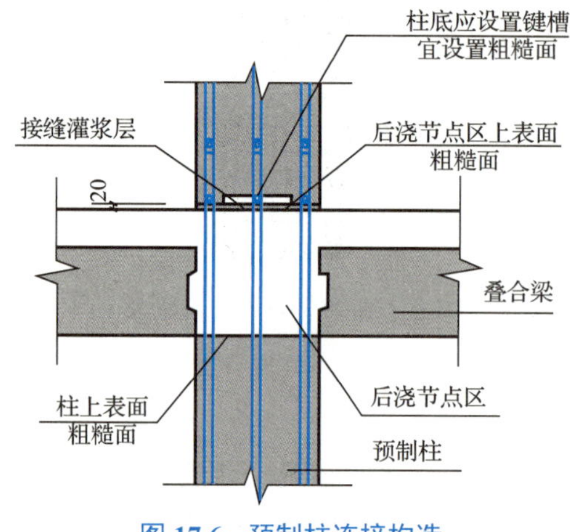

图 17.6 预制柱连接构造

框架顶层中柱纵向钢筋采用直线锚固；当锚固长度不足时，宜采用锚固板锚固，如图 17.7(a)所示。框架顶层边柱纵向钢筋宜伸出屋面并锚固在伸出段内，伸出段长度不宜小于 500mm，伸出段内箍筋间距不应大于 $5d$（d 为柱纵向受力钢筋间距），且不应大于 100mm，此时柱纵向钢筋宜采用锚固板锚固，锚固长度不应小于 $40d$，如图 17.7(b)所示。

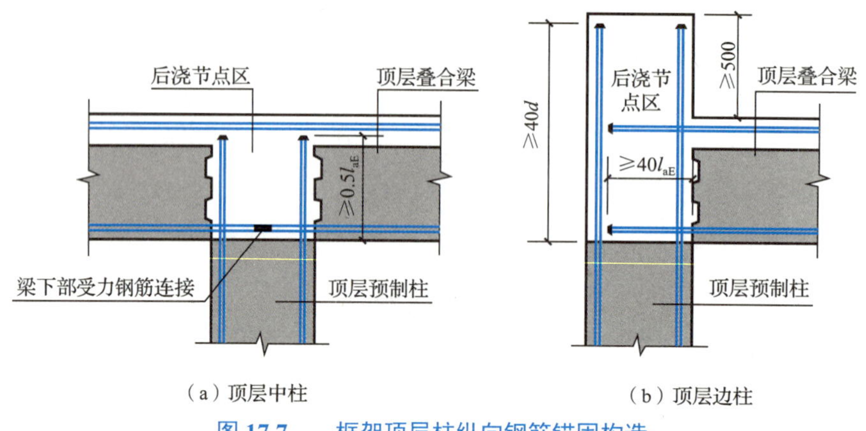

图 17.7 框架顶层柱纵向钢筋锚固构造

任务 17.3 识读框架结构预制柱平面布置图

引导问题

1. 试区分图 17.8 中的预制柱和现浇混凝土柱。
2. 对预制柱进行编号时，预制框架柱的代号是什么？

装配整体式框架结构的底层柱一般为现浇混凝土柱，二层及以上全部或部分采用预制柱。框架柱通过按标准层绘制的柱平法施工图和深化设计图表达，深化设计图包括预制柱平面布置图和预制柱构件详图。装配整体式框架-现浇剪力墙结构、装配整体式框架-现浇核心筒结构中的框架柱同样采用这种方法表达。

图 17.8 所示为柱平法施工图，图 17.9 所示为预制柱平面布置图。

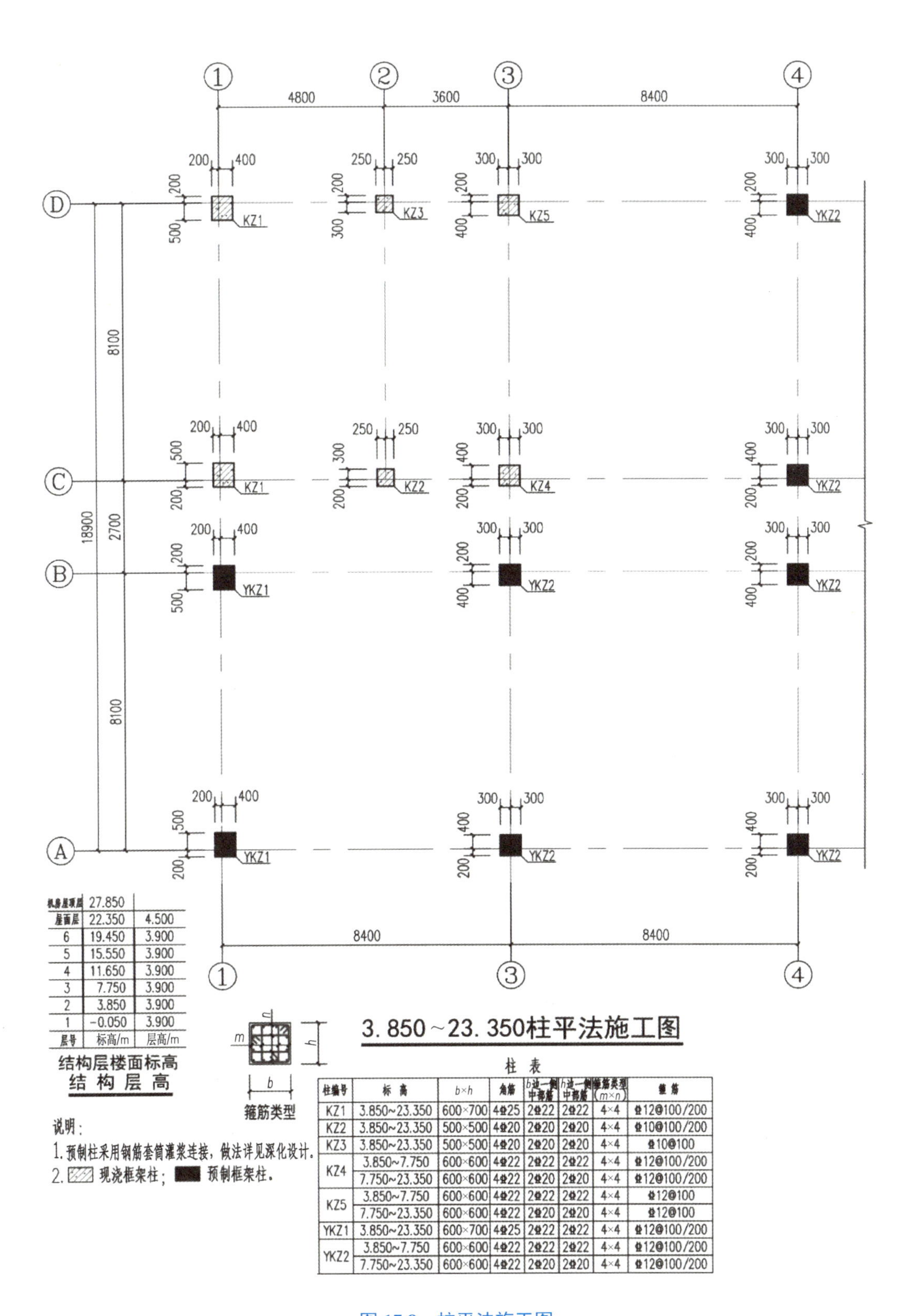

机房屋顶层	27.850	
屋面层	22.350	4.500
6	19.450	3.900
5	15.550	3.900
4	11.650	3.900
3	7.750	3.900
2	3.850	3.900
1	-0.050	3.900
层号	标高/m	层高/m

柱表

柱编号	标高	b×h	角筋	b边一侧中部筋	h边一侧中部筋	箍筋类型(m×n)	箍筋
KZ1	3.850~23.350	600×700	4⌀25	2⌀22	2⌀22	4×4	⌀12@100/200
KZ2	3.850~23.350	500×500	4⌀20	2⌀20	2⌀20	4×4	⌀10@100/200
KZ3	3.850~23.350	500×500	4⌀20	2⌀20	2⌀20	4×4	⌀10@100
KZ4	3.850~7.750	600×600	4⌀22	2⌀22	2⌀22	4×4	⌀12@100/200
	7.750~23.350	600×600	4⌀22	2⌀20	2⌀20	4×4	⌀12@100/200
KZ5	3.850~7.750	600×600	4⌀22	2⌀22	2⌀22	4×4	⌀12@100
	7.750~23.350	600×600	4⌀22	2⌀20	2⌀20	4×4	⌀12@100
YKZ1	3.850~23.350	600×700	4⌀25	2⌀22	2⌀22	4×4	⌀12@100/200
YKZ2	3.850~7.750	600×600	4⌀22	2⌀22	2⌀22	4×4	⌀12@100/200
	7.750~23.350	600×600	4⌀22	2⌀20	2⌀20	4×4	⌀12@100/200

图 17.8 柱平法施工图

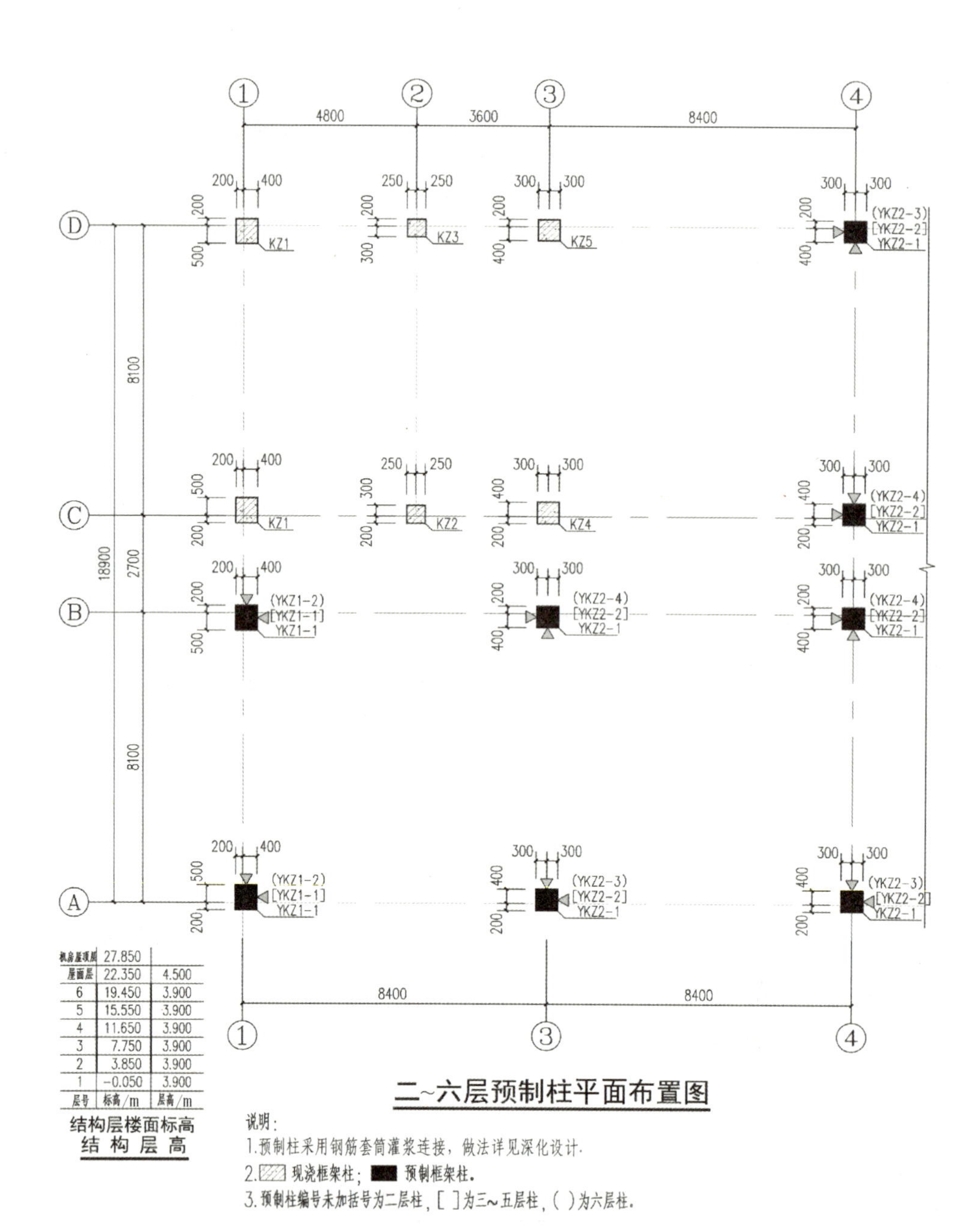

图 17.9　预制柱平面布置图

预制柱平面布置图的绘制方法与现浇混凝土柱基本相同，需绘制出柱的轮廓，再进行编号，标注预制柱或现浇柱与轴线的定位关系、截面尺寸，并按规定标注结构楼层标高表，注明上部结构嵌固部位位置。为区分现浇柱和预制柱，二者采用不同的图例。柱钢筋配置及细部构造在构件详图中绘制。

预制柱的编号与现浇柱有所不同，应对预制柱的每一段进行编号，作为框架柱的预制柱编号方法见表 17-1。

表 7-1 预制柱编号

名称	代号	序号
预制框架柱	YKZ（PCZ、PCKZ）	××

预制柱平面布置图中另附有预制柱表，表示图中各种预制柱的数量、截面尺寸、纵向钢筋、箍筋、柱顶钢筋连接或锚固方式，如表 17-2 所示。

表 17-2 预制柱表

编号	数量	截面尺寸 b×h/mm×mm	纵向钢筋	箍筋	柱顶钢筋连接或锚固方式
YKZ1-1	8	600×700	4⌀25＋8⌀22	⌀12@100/200	钢筋套筒灌浆连接
YKZ2-1	6	600×600	12⌀22	⌀12@100/200	钢筋套筒灌浆连接
YKZ2-2	18	600×600	4⌀22＋8⌀20	⌀12@100/200	钢筋套筒灌浆连接
YKZ1-2	2	600×600	4⌀25＋8⌀22	⌀12@100/200	顶层边柱锚固
YKZ2-3	3	600×600	4⌀22＋8⌀20	⌀12@100/200	顶层边柱锚固
YKZ2-4	3	600×600	4⌀22＋8⌀20	⌀12@100/200	顶层中柱锚固

注：柱顶钢筋连接或锚固方式包括钢筋套筒灌浆连接、顶层边柱锚固、顶层中柱锚固。

任务 17.4 识读框架结构预制柱构件详图

引导问题

1. PCZ1 设置有哪些类型的预埋件？
2. 试述 PCZ2 的钢筋配置情况。

1. PCZ1 构件详图

预制柱构件详图包括模板图和配筋图。识读图 17.10 所示的 PCZ1 模板图和图 17.11 所示的 PCZ1 配筋图，可知以下信息。

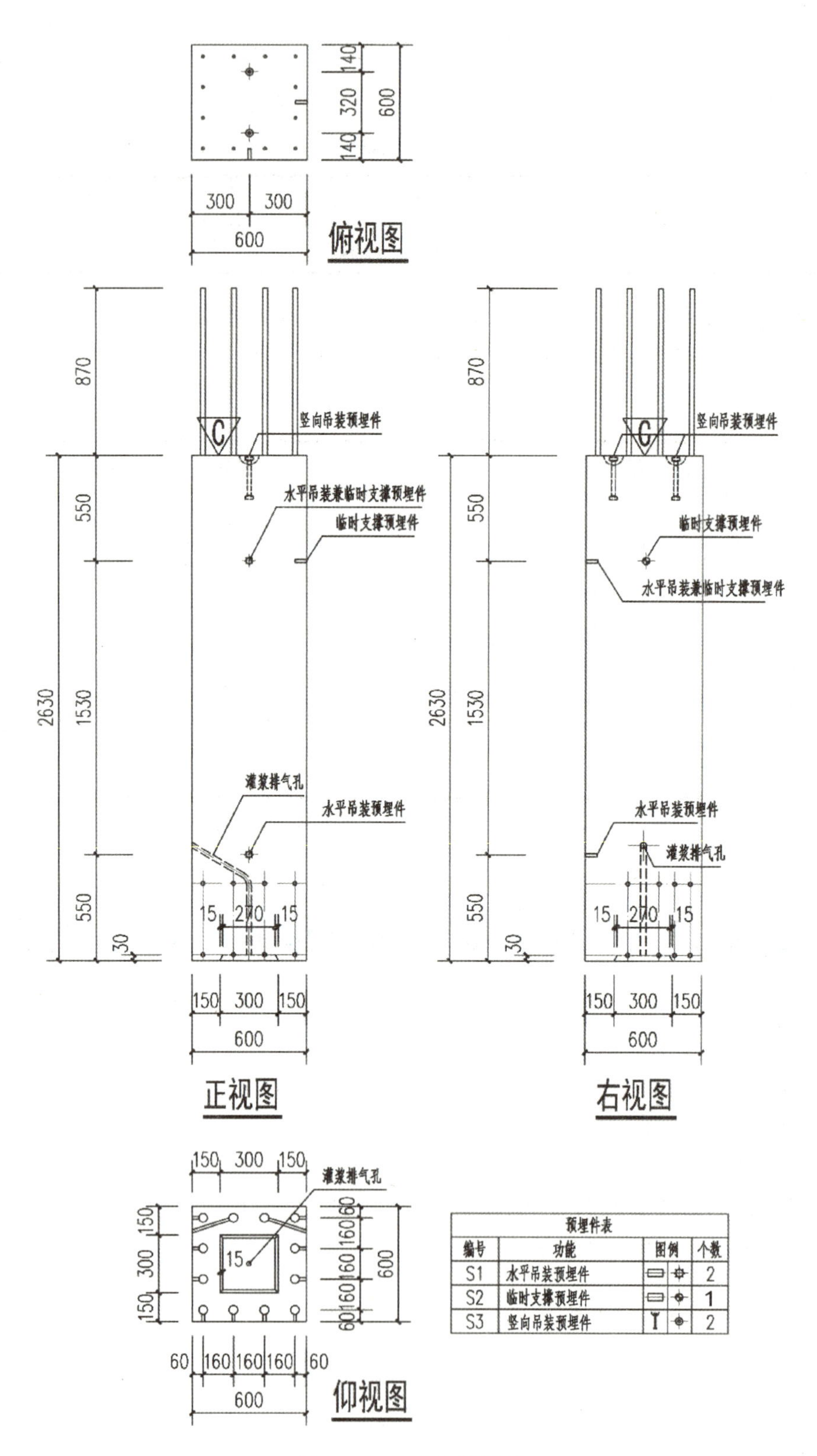

预埋件表				
编号	功能	图例		个数
S1	水平吊装预埋件			2
S2	临时支撑预埋件			1
S3	竖向吊装预埋件			2

图 17.10　PCZ1 模板图

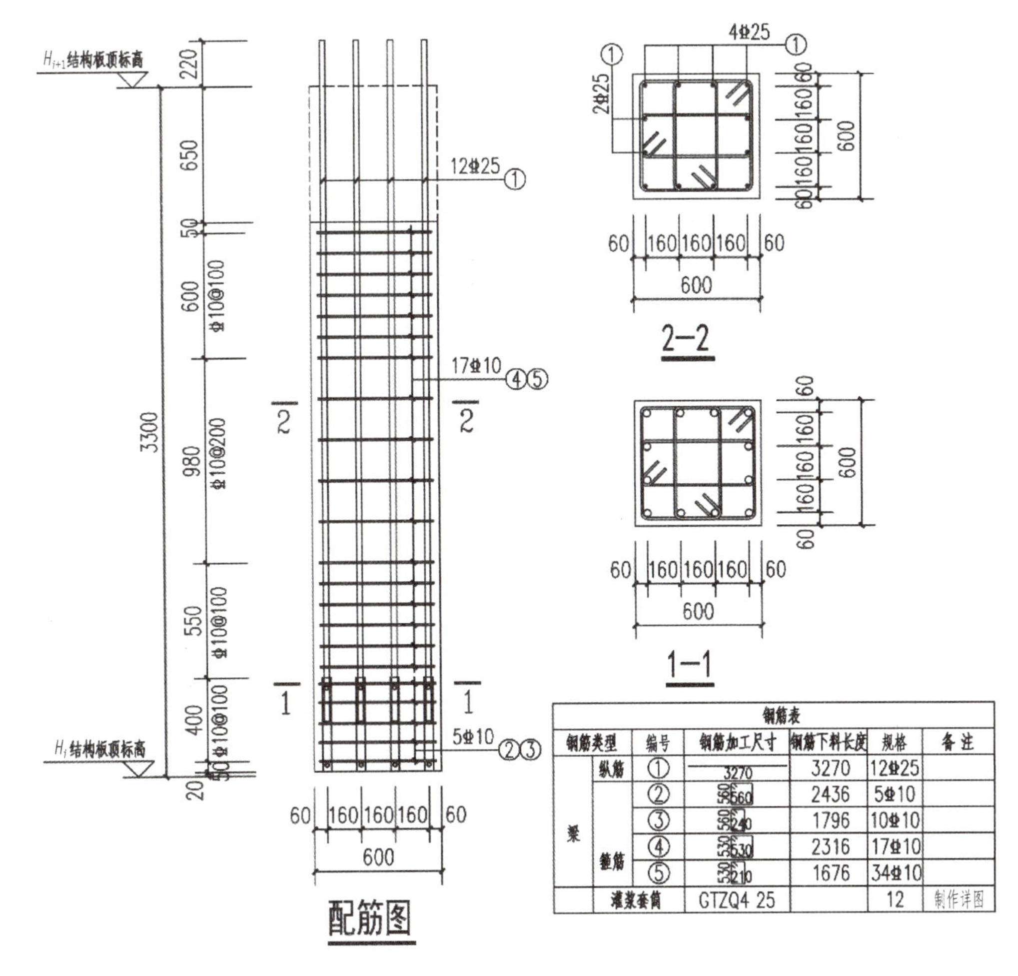

钢筋表						
钢筋类型		编号	钢筋加工尺寸	钢筋下料长度	规格	备注
梁	纵筋	①	3270	3270	12⌀25	
	箍筋	②	560 560	2436	5⌀10	
		③	560 240	1796	10⌀10	
		④	530 530	2316	17⌀10	
		⑤	530 210	1676	34⌀10	
	灌浆套筒		GTZQ4 25		12	制作详图

图 17.11　PCZ1 配筋图

（1）PCZ1 的截面尺寸为 600mm×600mm，柱净高为 2630mm。

（2）PCZ1 柱底设置键槽，柱顶面设置粗糙面。

（3）PCZ1 预埋件 S1、S2、S3 的功能分别为水平吊装预埋件、临时支撑预埋件、竖向吊装预埋件。

（4）预制柱的灌浆排气孔应较灌浆套筒的出浆孔高不小于 100mm。

（5）PCZ1 模板图中，灌浆套筒的灌浆孔和排浆孔设置在 3 个面上，构件浇筑对应的台模面不设置灌浆孔和排浆孔。

（6）PCZ1 的纵向受力钢筋为 12⌀25，沿周边均匀布置。

（7）PCZ1 的箍筋为 ⌀10@100/200，其中在灌浆套筒位置共设 5⌀10@100。

（8）PCZ1 的灌浆套筒为 12GTZQ 25。

（9）PCZ1 中纵向钢筋的下料长度是 3270mm，其中节点区长度为 650mm，接缝灌浆层厚度为 20mm，锚入上层灌浆套筒的长度为 200mm。

2．PCZ2 构件详图

识读图 17.12 所示的 PCZ2 模板图和图 17.13 所示的 PCZ2 配筋图，可知以下信息。

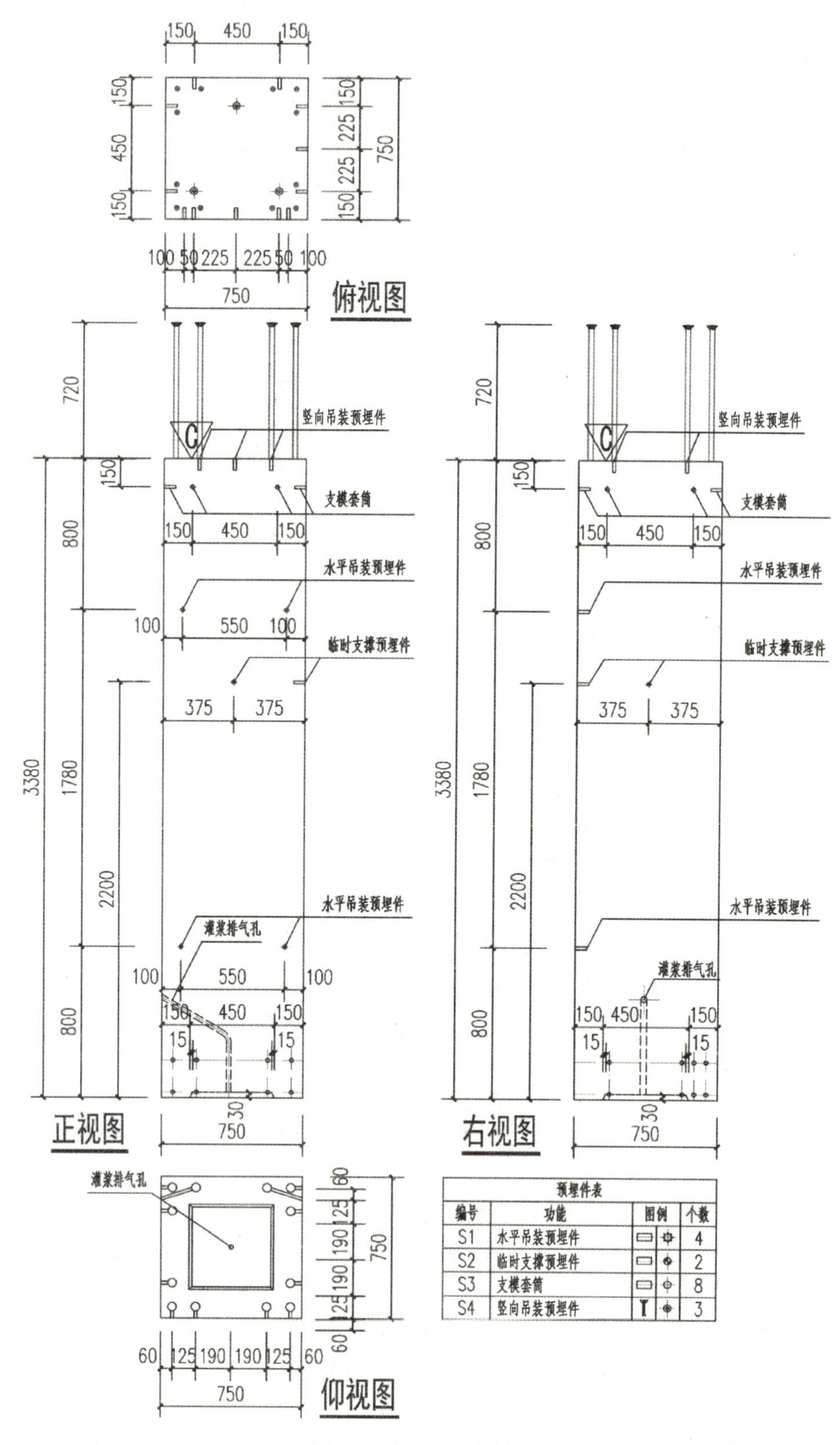

预埋件表

编号	功能	图例	个数
S1	水平吊装预埋件		4
S2	临时支撑预埋件		2
S3	支模套筒		8
S4	竖向吊装预埋件		3

图 17.12　PCZ2 模板图

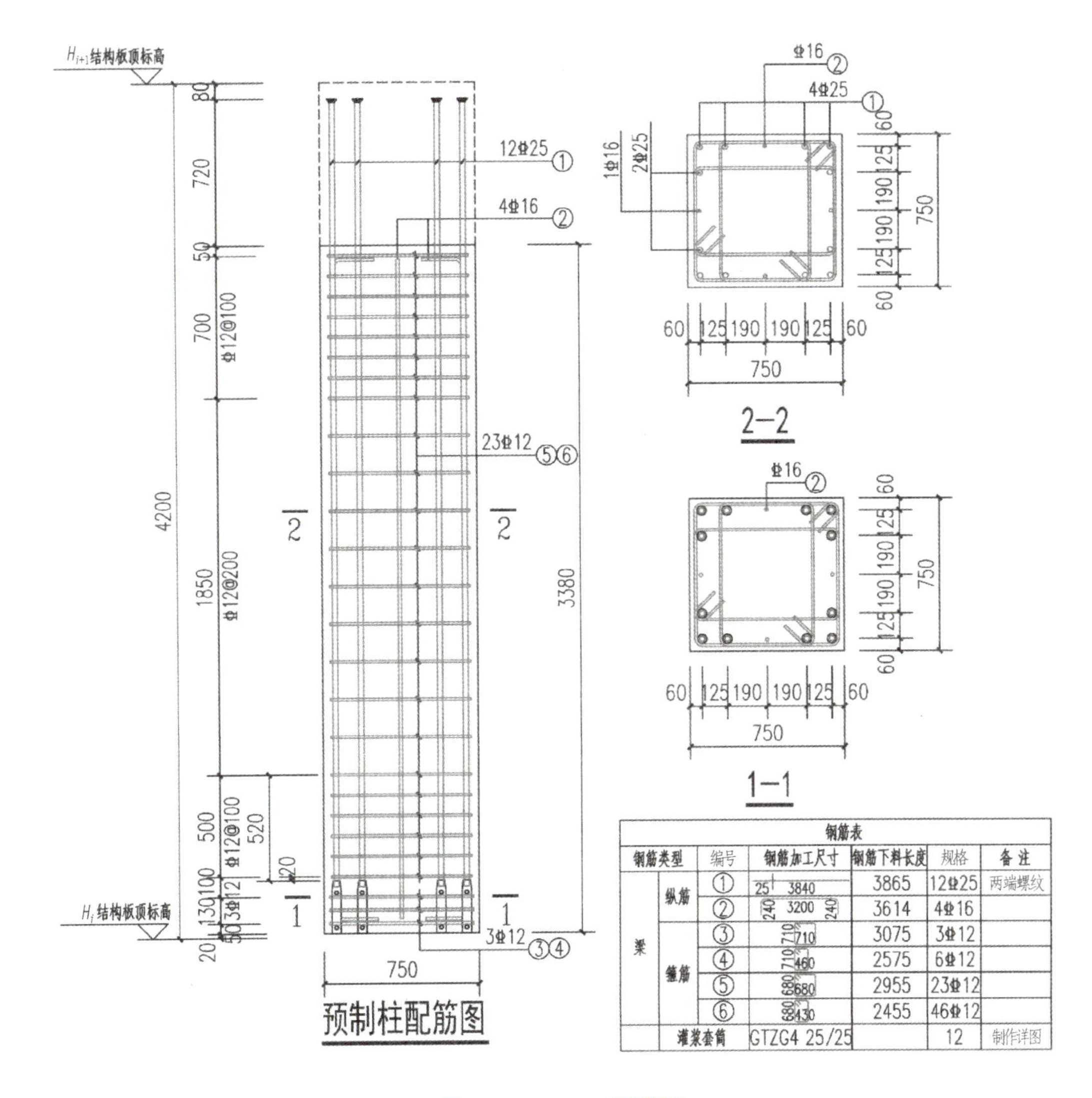

钢筋表						
钢筋类型		编号	钢筋加工尺寸	钢筋下料长度	规格	备注
梁	纵筋	①	25 3840	3865	12Φ25	两端螺纹
		②	240 3200 240	3614	4Φ16	
	箍筋	③	710 710	3075	3Φ12	
		④	710 460	2575	6Φ12	
		⑤	680 680	2955	23Φ12	
		⑥	680 430	2455	46Φ12	
	灌浆套筒		GTZG4 25/25		12	制作详图

图 17.13　PCZ2 配筋图

（1）与标准层柱 PCZ1 不同，PCZ2 为顶层中柱，其纵向钢筋设置钢筋锚固板，钢筋锚固长度为 720mm，满足 $0.5l_{aE}$ 的锚固要求。

（2）PCZ2 的纵向受力钢筋为 12Φ25，集中在四角布置，并在柱中设置 4Φ12 的纵向辅助钢筋，纵向辅助钢筋不伸出预制柱，在柱内弯锚。

（3）柱箍筋加密区高度除应满足现浇混凝土框架结构的计算和构造要求外，当纵向受力钢筋在柱底采用钢筋套筒灌浆连接时，不应小于纵向受力钢筋连接区域长度与 500mm 之和，且套筒上端第一道箍筋距离灌浆套筒顶部不应大于 50mm。

（4）PCZ2 的灌浆套筒为 12GTZG4 25/25。

任务实施

结合预制柱平面布置图和预制柱构件详图的识图知识，识读图 17.9 并完成以下练习。

（1）图 17.9 中的 YKZ2-1，假定其双向梁的截面高度均为 800mm，则柱净高为多少？纵向钢筋伸出柱顶面长度为多少？其中锚入上层灌浆套筒的长度为多少？

（2）分别按设置全灌浆套筒和半灌浆套筒来考虑，图 17.9 中的 YKZ2-1 的箍筋数量是多少？

（3）试说明图 17.9 中的 YKZ2-3 与 YKZ2-4 的不同之处。

项目 18 框架结构叠合梁构件施工图

项目描述

对基于BIM技术的叠合梁三维模型进行展示，讲解叠合梁平面布置图的识图知识，对叠合梁构造及其各类连接节点构造进行重点讲解，并展示多种连接形式的叠合梁构件详图。

学习目标

1. 掌握装配整体式框架结构的叠合梁平面布置图的识读方法。
2. 理解叠合梁构造及其各类连接节点构造。
3. 能够识读叠合梁构件详图。

任务 18.1　识读框架结构叠合梁三维模型

引导问题

通过识读本节的叠合梁三维模型，熟悉叠合梁构造。

图 18.1 所示为叠合梁三维模型，该模型展示了叠合梁构造。

图 18.1(a)所示为叠合梁及其配筋构造。

图 18.1(b)所示为框架结构的梁柱连接构造。

图 18.1(c)所示为框架结构的主次梁连接构造。结合图 17.1(a)，可知框架结构中叠合梁与预制柱在空间中的布置。

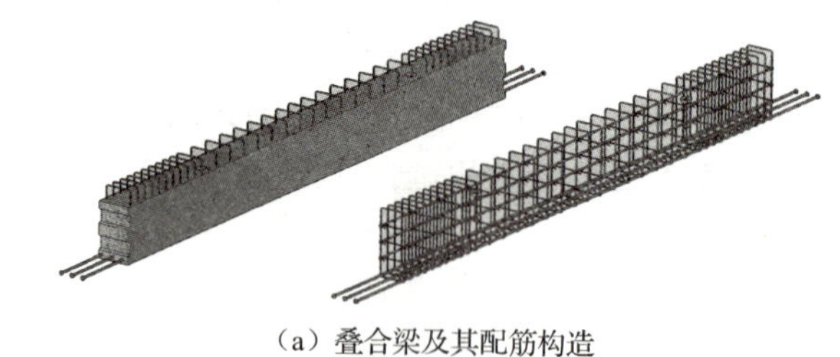

（a）叠合梁及其配筋构造

叠合梁三维模型

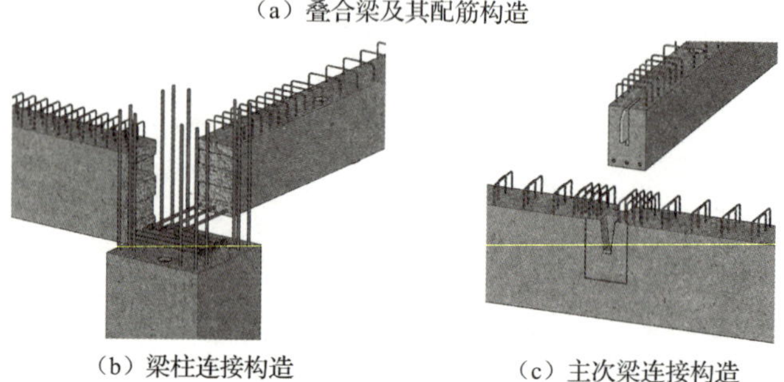

（b）梁柱连接构造　　（c）主次梁连接构造

图 18.1　叠合梁三维模型

任务 18.2　识读框架结构叠合梁平面布置图

引导问题

1. 装配整体式框架结构的框架梁如何表达？
2. 梁平法施工图如何表达？
3. 梁集中标注需要注写哪些内容？

装配整体式框架结构中的框架梁通常全部或部分采用叠合梁。框架梁通过按标准层绘制的梁平法施工图和深化设计图表达，其中深化设计图包括预制梁平面布置图和叠合梁构件详图（平面布置图中只表示叠合梁的预制梁部分）。装配整体式框架-现浇剪力墙结构、装配整体式框架-现浇核心筒结构中的框架梁同样采用这种方法表达。

梁平法施工图的绘制与现浇混凝土梁基本相同，需绘制出全部现浇混凝土梁和预制梁，标注梁与轴线的定位，标注截面尺寸与配筋，并按规定标注结构楼层标高表，注明上部结构嵌固部位位置。

1. 梁平法施工图的识读

梁平法施工图如图 18.2 所示。

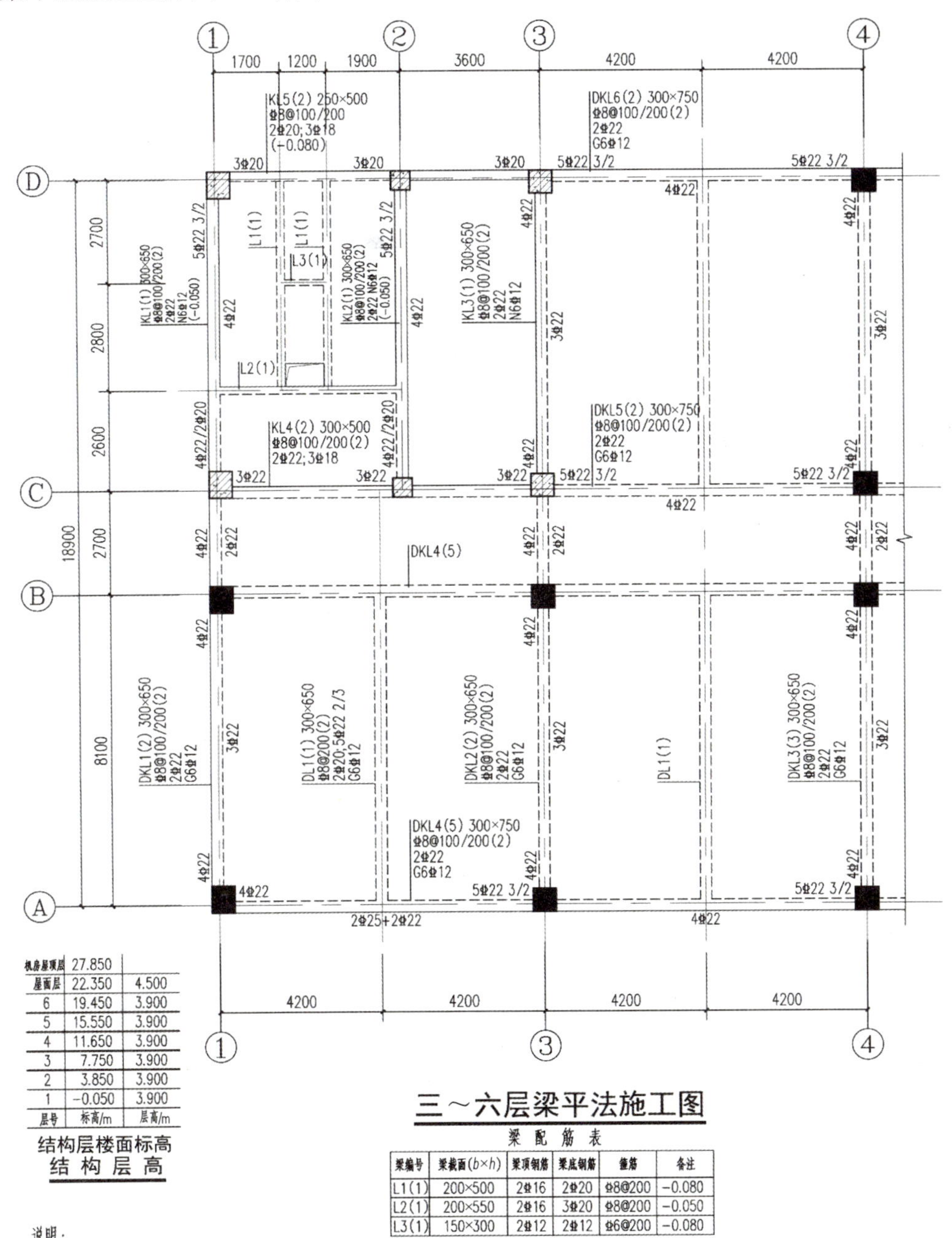

机房屋顶层	27.850	
屋面层	22.350	4.500
6	19.450	3.900
5	15.550	3.900
4	11.650	3.900
3	7.750	3.900
2	3.850	3.900
1	-0.050	3.900
层号	标高/m	层高/m

结构层楼面标高
结构层高

梁配筋表

梁编号	梁截面(b×h)	梁顶钢筋	梁底钢筋	箍筋	备注
L1(1)	200×500	2Φ16	2Φ20	Φ8@200	-0.080
L2(1)	200×550	2Φ16	3Φ20	Φ8@200	-0.050
L3(1)	150×300	2Φ12	2Φ12	Φ6@200	-0.080

说明：

1. 主次梁交接处，主梁内次梁两侧均设置3组附加箍筋，直径及肢数同主梁内箍筋。
2. DL搁置在DKL上，底筋均不伸入支座，支座负筋按铰接锚固要求。

图 18.2　梁平法施工图

梁平法施工图在梁平面布置图上采用平面注写方式或截面注写的方式表达。

平面注写包括集中标注与原位标注，集中标注表达梁的通用数值，原位标注表达梁的特殊数值。

梁的编号方法见标准图集 22G101-1 的要求，梁编号由梁类型代号、序号、跨数及有无悬挑代号几项组成，如 DKL4(5)表示叠合框架梁，序号为 4，共 5 跨，DL1(1)表示叠合非框架梁，序号为 1，共 1 跨。叠合梁编号方法如表 18-1 所示。

表 18-1　叠合梁编号方法

名称	代号	序号
叠合（楼面）框架梁	DKL	××
叠合非框架梁	DL	××
叠合屋面框架梁	DWKL	××

梁集中标注的内容，有 5 项必注值及 1 项选注值。必注值包括梁编号、梁截面尺寸、梁箍筋、梁上部通长筋或架立筋、梁侧面纵向构造钢筋或受扭钢筋；选注值为梁顶面标高高差。

梁原位标注的内容，一般有梁支座上部纵向钢筋、梁下部纵向钢筋、附加箍筋或吊筋。此外，当在梁上集中标注的内容不适用于某跨或某悬挑部分时，则将其不同数值原位标注在该跨或该悬挑部位，施工时应按原位标注数值取用。

拓展讨论

20 世纪 80 年代，工程师陈青来在实际工作中感觉到传统的设计方法效率低，而且设计质量难以控制。在总结了实际工作中经验和出国学习考察的成果后，一种新型标准化的施工图设计思路在他脑海中成形。1991 年 10 月，陈青来首次将建筑结构施工图平面整体设计方法运用于济宁工商银行营业楼项目。1996 年，《混凝土结构施工图平面整体表示方法制图规则和构造详图》（96G101）开始施行，随后 G101 系列标准图集经历了 00 版、03（04）版、11 版、16 版、22 版多次修订。目前，能够熟练识读平面整体表示方法已经是每一位从事建筑行业的工程技术人员的必备技能。党的二十大报告指出，必须坚持科技是第一生产力、人才是第一资源、创新是第一动力。陈青来发明平面整体表示方法的事迹很好地体现了这一思想。请查阅相关资料，并讨论还有哪些科技、人才或创新深刻地影响了建筑行业。

2. 预制梁平面布置图的识读

深化设计图包括预制梁平面布置图和预制梁构件详图。预制梁平面布置图应绘制出全部预制梁，并进行平面定位，给出每段预制梁的编号，相同的预制梁采用同一编号。预制梁平面布置图如图 18.3 所示，配套的预制梁表如表 18-2 所示。

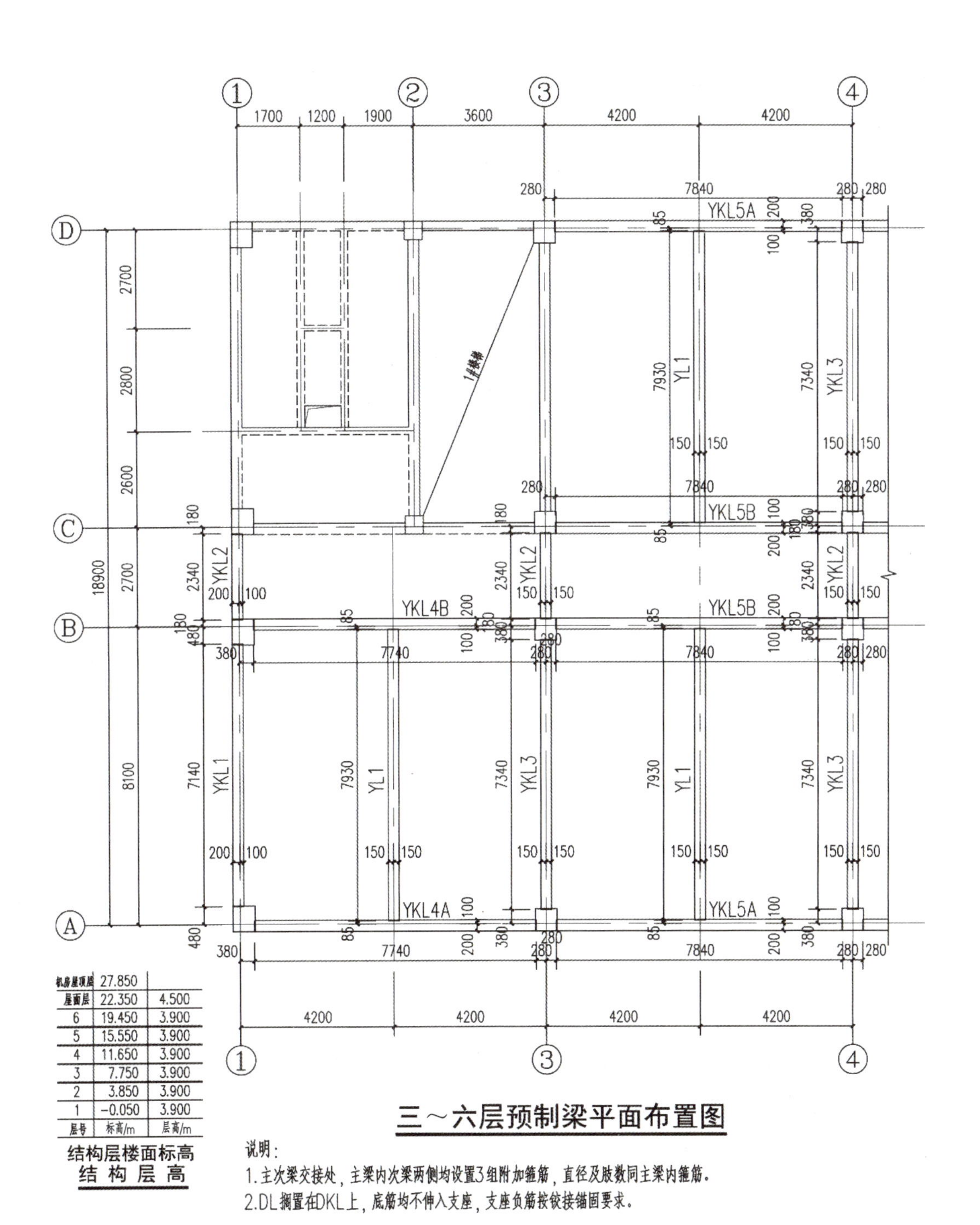

机房屋顶层	27.850	
屋面层	22.350	4.500
6	19.450	3.900
5	15.550	3.900
4	11.650	3.900
3	7.750	3.900
2	3.850	3.900
1	−0.050	3.900
层号	标高/m	层高/m

图 18.3　预制梁平面布置图

表 18-2　预制梁表

预制梁编号	预制梁截面尺寸/mm×mm	梁长/mm	数量	梁下纵向钢筋	箍筋
YKL1	300×500	7140	1	3⌀22	⌀8@100/200(2)
YKL2	300×500	2340	3	2⌀22	⌀8@100/200(2)
YKL3	300×500	7340	3	3⌀22	⌀8@100/200(2)
YKL4A	300×600	7740	1	2⌀25+2⌀22	⌀8@100/200(2)
YL1	300×500	7930	3	5⌀22 2/3	⌀8@200(2)

任务 18.3　理解叠合梁构造

引导问题

1. 识读图 18.5 所示各种叠合梁截面构造形式，理解各类情况下叠合梁构造。
2. 试述主次梁连接采用次梁上设置牛担板形式时的具体做法。
3. 采用预制柱及叠合梁的装配整体式框架节点的钢筋如何锚固？

1. 构造要求

叠合梁包括预制梁和叠合层，可用作框架梁和非框架梁。叠合梁用作框架梁和非框架梁时的预制梁如图 18.4 所示。

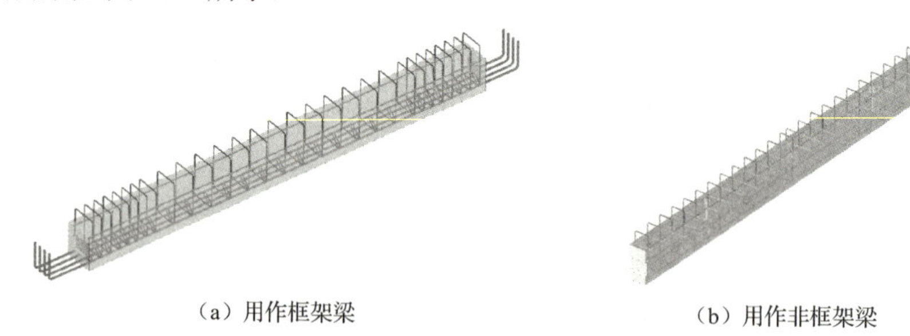

（a）用作框架梁　　（b）用作非框架梁

图 18.4　预制梁

1）叠合梁截面形状与尺寸

采用叠合梁时，楼板一般采用叠合板，梁、板的叠合层同时浇筑。叠合梁通常采用矩形截面，用作框架梁时后浇混凝土叠合层厚度不宜小于 150mm，用作非框架梁时后浇混凝土叠合层厚度不宜小于 120mm，如图 18.5(a)所示。当板的总厚度较小，小于梁的最小叠合层厚度时，为增加梁的叠合层厚度，可采用如图 18.5(b)所示矩形凹口截面预制梁或如图 18.5(c)所示梯形凹口截面预制梁，凹口深度不宜小于 50mm，凹口边厚度不宜小于 60mm。

用于边梁的叠合梁，其预制梁可在临边处浇筑混凝土至叠合层顶面，以避免支模，上边缘厚度不宜小于 60mm，如图 18.5(d)所示。也可采用如图 18.5(e)所示矩形凹口截面预制梁或如图 18.5(f)所示梯形凹口截面预制梁。

预制梁的梁长一般为梁的净跨度加上两端各伸入支座 10～20mm 长度。当梁长较长或搁置次梁时，也可分段预制，现场拼接。

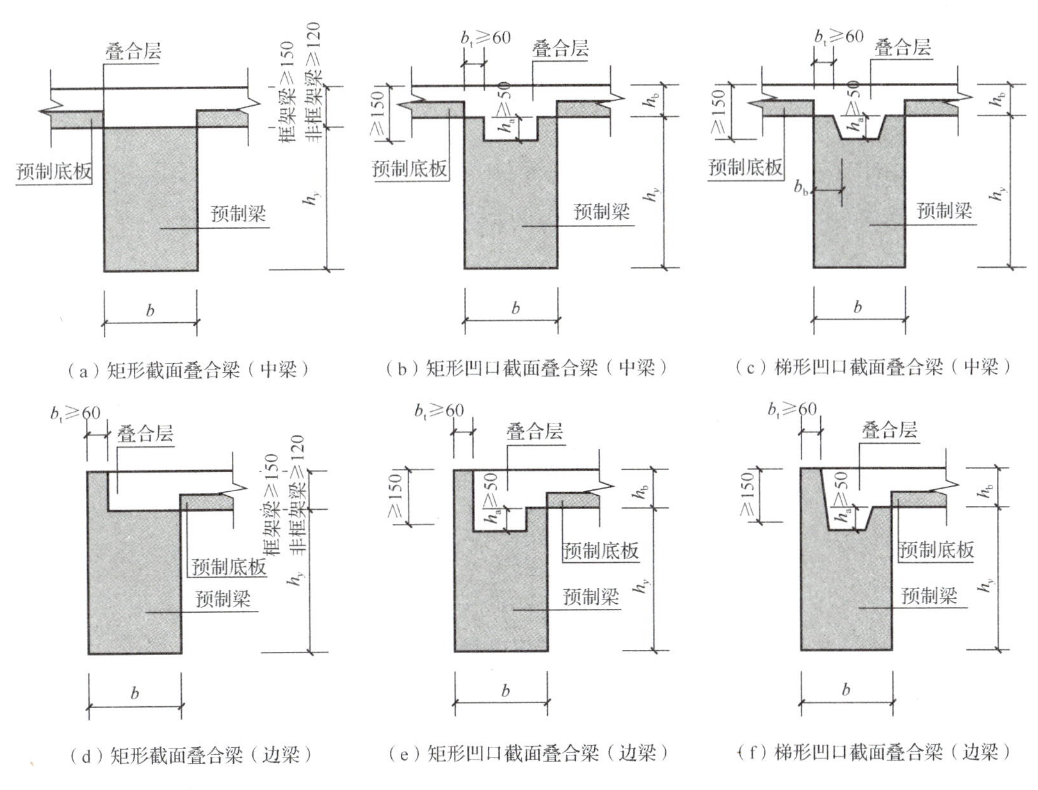

（a）矩形截面叠合梁（中梁）（b）矩形凹口截面叠合梁（中梁）（c）梯形凹口截面叠合梁（中梁）

（d）矩形截面叠合梁（边梁）（e）矩形凹口截面叠合梁（边梁）（f）梯形凹口截面叠合梁（边梁）

图 18.5　叠合梁截面

2）预制梁的顶面和端面构造

预制梁与叠合层之间的结合面应设置粗糙面；预制梁的端面应设置键槽，且宜设置粗糙面。粗糙面凹凸深度不应小于 6mm。键槽可采用贯通截面和不贯通截面的形式。键槽的设置需满足计算及构造设计要求：键槽深度 t 不宜小于 30mm，宽度 w 不宜小于深度的 3 倍，且不宜大于深度的 10 倍；键槽间距宜等于键槽宽度；键槽端部斜面倾角不宜大于 30°；非贯通键槽槽口距离边缘不宜小于 50mm，如图 18.6 所示。

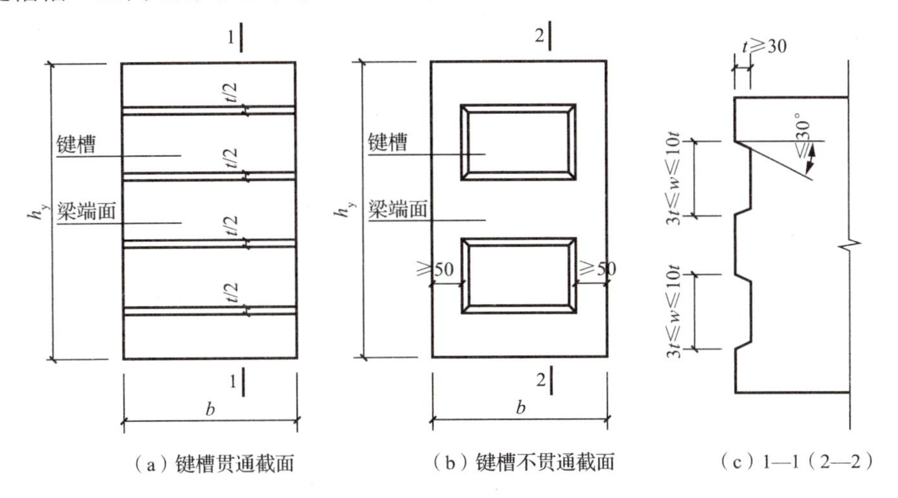

（a）键槽贯通截面　（b）键槽不贯通截面　（c）1—1（2—2）

图 18.6　梁端键槽构造

3）配筋

叠合梁的配筋按计算和构造要求确定，包括纵向钢筋、箍筋和拉筋。

（1）纵向钢筋。

预制梁的纵向钢筋包括梁下部受力纵向钢筋、上部构造纵向钢筋、梁侧构造纵向钢筋。当为边梁时，往往还需配置一根上部受力纵向钢筋，如图 18.7 所示。叠合梁上部受力纵向钢筋配置在后浇层中。

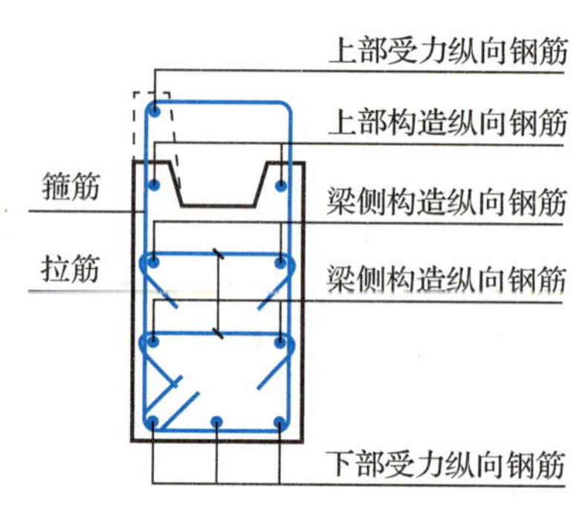

图 18.7　预制梁纵向钢筋配置示意

预制梁下部受力纵向钢筋一般伸出两端，在后浇节点区内锚固或与对侧钢筋对接连接。为保证钢筋锚固强度，外伸钢筋有时还需要弯折或在端部设置锚固板；对接连接的形式有钢筋端部机械连接、焊接连接或绑扎搭接连接、钢筋套筒灌浆连接等。用作非框架梁的下部受力纵向钢筋也可不伸出预制梁，但应在钢筋端部设置机械套筒，安装就位后连接锚固钢筋。梁侧构造纵向钢筋一般不伸入后浇节点区；如需伸入，可在构造纵向钢筋端部设置机械套筒，以连接伸入后浇节点区的钢筋。

图 18.8(a)为框架梁端支座采用弯锚锚固节点。由于节点区长度往往不足锚固长度，框架梁端支座一般不采用直锚锚固的形式，为施工方便，常采用图 18.8(b)所示锚固板锚固节点，这种节点锚固长度仅需≥$0.4l_{aE}$。非框架梁的端部节点构造如图 18.8(c)所示，采用直锚锚固，下部受力钢筋伸出支座 $12d$ 即可；对于中间支座，可将下部钢筋伸出必要长度在支座内连接，也可采用端支座节点构造形式。叠合层内上部纵向受力钢筋应在节点锚固（边节点）或贯穿节点区（中间节点），具体构造要求同现浇混凝土结构。

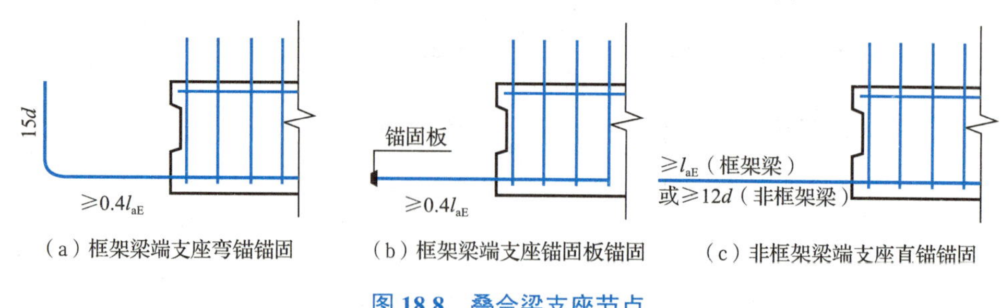

图 18.8　叠合梁支座节点

（2）箍筋。

在施工条件允许的情况下，叠合梁箍筋宜采用闭口箍筋，如图 18.9(a)所示。在抗震等级为一、二级的叠合框架梁梁端加密区中应尽量采用闭口箍筋。当采用闭口箍筋不便安装上部纵向钢筋时，可采用组合封闭箍筋，即开口箍筋加箍筋帽的形式，如图 18.9(b)所示。开口箍筋及箍筋帽两端均采用 135° 弯钩；抗震构件箍筋弯钩端头平直段长度不应小于 10 *d*，非抗震构件不应小于 5*d*。箍筋常采用双肢箍或四肢箍，采用四肢箍时，为便于纵向钢筋定位，设计应明确箍筋肢距。

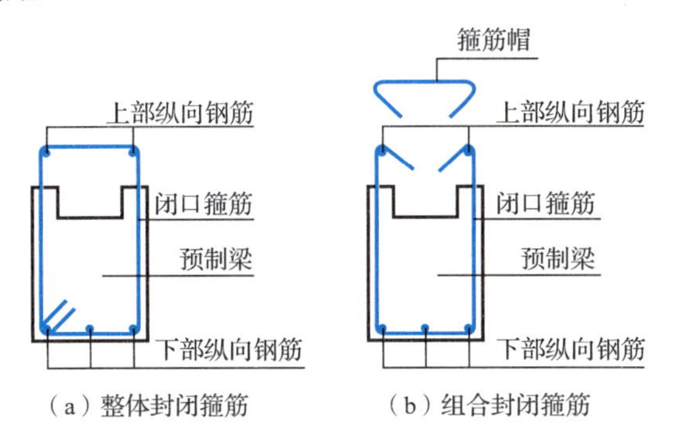

图 18.9 叠合梁箍筋构造

（3）拉筋。

叠合梁的拉筋配置可参照现浇混凝土构件。

4）预埋件设置

叠合梁的预埋件主要有吊装预埋件、支模套筒和构造柱插筋。吊装预埋件设置在预制梁顶面，支模套筒的位置一般在边梁的外侧。

2. 叠合梁连接构造

1）叠合梁的分段与对接连接构造

叠合梁如采用对接连接，连接处应设置后浇段，后浇段的长度应满足梁下部纵向钢筋连接作业的空间需求；梁下部纵向钢筋在后浇段内宜采用机械连接、钢筋套筒灌浆连接或焊接连接；后浇段内的箍筋应加密，箍筋间距不应大于 5*d*（*d* 为纵向钢筋直径），且不应大于 100mm，如图 18.10 所示。

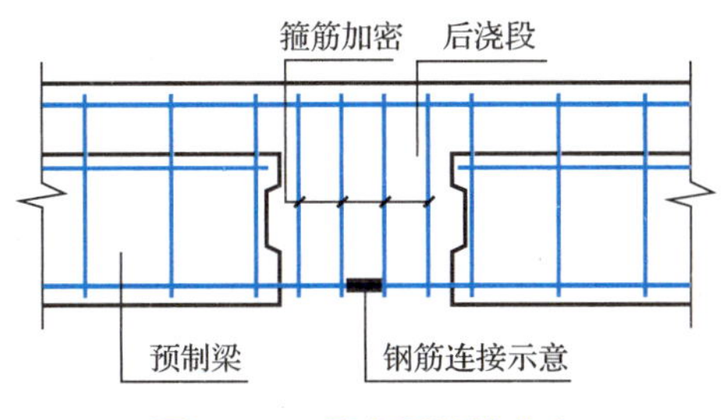

图 18.10 叠合梁连接节点

2）主次梁节点构造

主次梁交接处，可在主梁预留槽口或后浇段，具体构造如图 18.11 所示。在端部节点处，次梁下部纵向钢筋伸入主梁后浇段内的长度不应小于 12*d*，次梁上部纵向钢筋应在主梁后浇段内锚固。当采用弯折锚固时，锚固直段长度不应小于 $0.6l_{ab}$；当钢筋应力不大于钢筋强度设计值的 50%时，锚固直段长度不应小于 $0.35l_{ab}$；弯折锚固的弯折后直段长度不应

小于 12d（d 为纵向钢筋直径），如图 18.12(a)所示。在中间节点处，两侧次梁的下部纵向钢筋伸入主梁后浇段内长度不应小于 12d（d 为纵向钢筋直径）；次梁上部纵向钢筋应在叠合层内贯通，如图 18.12(b)所示。

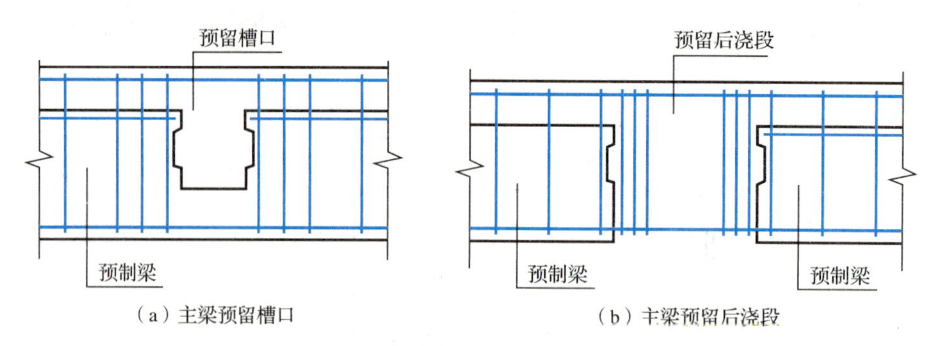

图 18.11　主次梁交接处预留槽口或后浇段

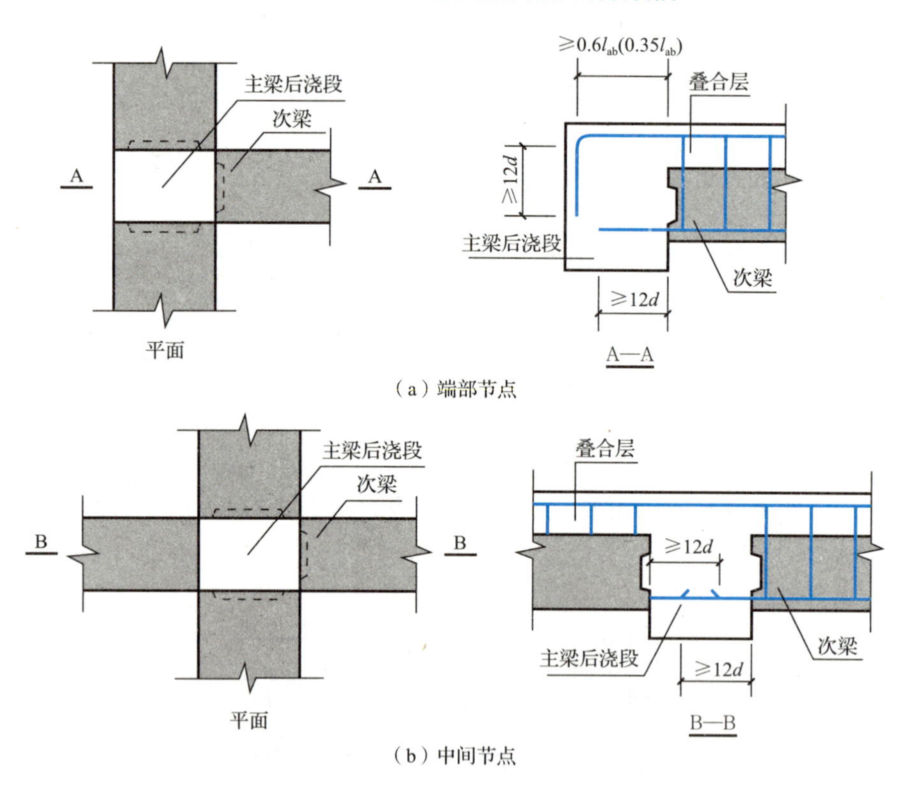

图 18.12　主次梁连接节点构造

主次梁连接构造也常采用如图 18.13 所示次梁上设置牛担板的形式。在主梁上预留槽口，预留钢板预埋件，在次梁端部设置牛担板，搁置在槽口上。这种做法次梁端部的箍筋需加密，下筋不伸出梁端面，上筋需贯穿节点区或锚入节点区。

主次梁连接节点除在主梁上预留槽口、后浇段、次梁上设置牛担板外，还有其他形式，如表 18-3 所示，具体构造详图可查阅相关资料，此处不再一一赘述。

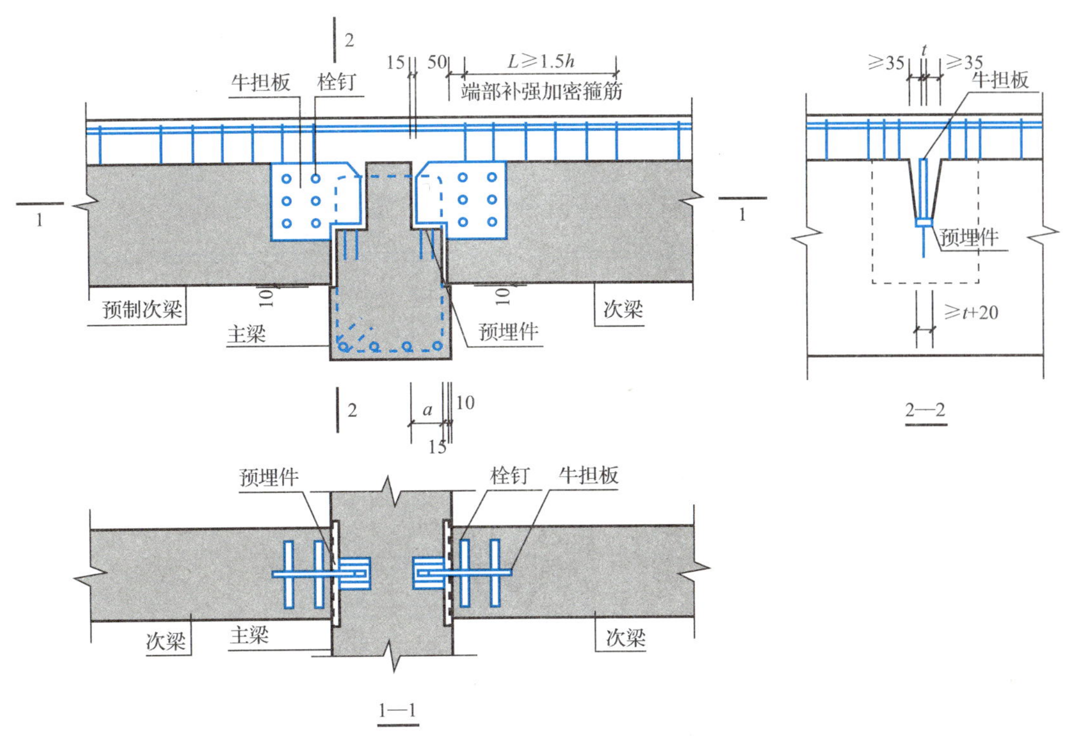

图 18.13 次梁上设置牛担板的主次梁连接节点

表 18-3 主次梁节点构造

主次梁节点类型	主梁构造	次梁构造
主梁预留后浇槽口	预留后浇槽口	钢筋锚入长度≥12d
次梁端设后浇段	预留外伸钢筋或钢筋套筒接外伸钢筋	下部受力钢筋伸出梁端面，与主梁钢筋连接
次梁端设槽口	预留外伸钢筋或钢筋套筒接外伸钢筋	下部受力钢筋伸出梁端面，伸入槽口下方，与主梁钢筋搭接连接
主梁设钢牛腿	设置钢牛腿	下部受力钢筋梁内弯锚，梁端搁置在钢筋牛腿上
主梁设挑耳	主梁设挑耳	下部受力钢筋梁内弯锚，梁端搁置在钢筋挑耳上；次梁为缺口梁
次梁设牛担板	主梁预留缺口和预埋件	次梁端设牛担板，端部补强加密箍筋

3）框架梁柱节点

采用预制柱及叠合梁的装配整体式框架节点，梁纵向受力钢筋应伸入后浇节点区内锚固或连接，各节点构造要求如下。

（1）框架中间层中节点。

如图 18.14 所示，节点两侧的梁下部纵向受力钢筋宜锚固在后浇节点区内，也可采用机械连接或焊接连接的方式直接连接；梁的上部纵向受力钢筋应贯穿后浇节点区。

（2）框架中间层端节点。

如图 18.15 所示，当柱截面尺寸不满足梁纵向受力钢筋的直线锚固要求时，宜采用锚固板锚固，也可采用 90° 弯折锚固。

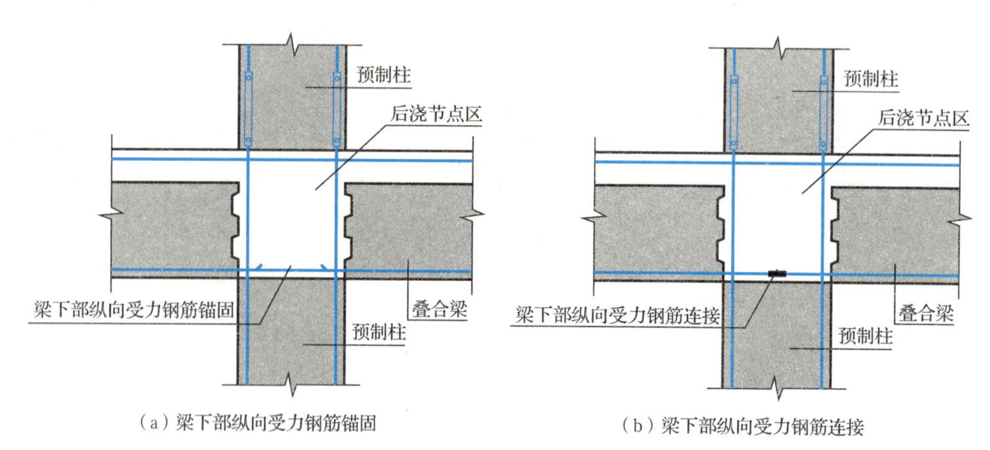

（a）梁下部纵向受力钢筋锚固　　（b）梁下部纵向受力钢筋连接

图 18.14　预制柱及叠合梁框架中间层中节点构造

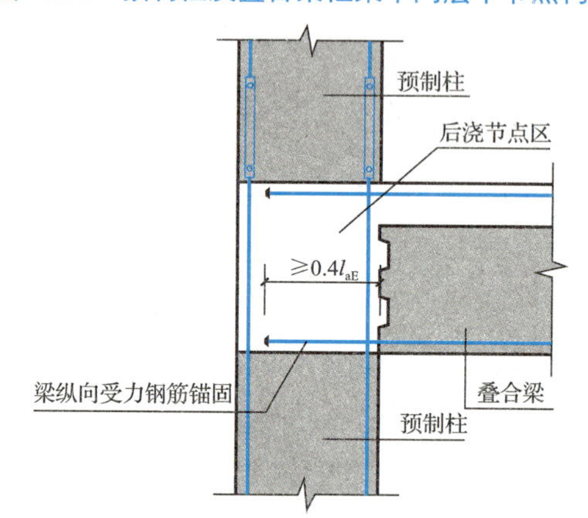

图 18.15　预制柱及叠合梁框架中间层端节点构造

（3）框架顶层中节点。

如图 18.16 所示，节点两侧的梁下部纵向受力钢筋宜锚固在后浇节点区内，也可采用机械连接或焊接连接的方式直接连接；梁的上部纵向受力钢筋应贯穿后浇节点区。柱纵向受力钢筋宜采用直线锚固；当梁截面尺寸不满足直线锚固要求时，宜采用锚固板锚固。

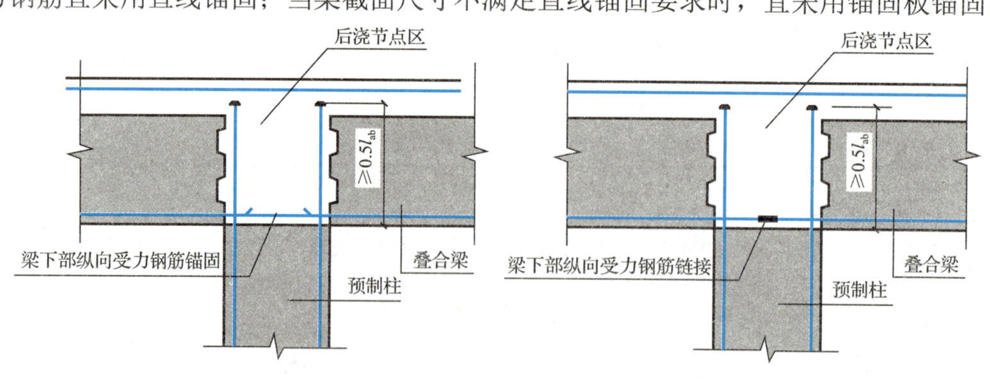

（a）梁下部纵向受力钢筋锚固　　（b）梁下部纵向受力钢筋连接

图 18.16　预制柱及叠合梁框架顶层中节点构造

（4）框架顶层端节点。

如图 18.17 所示，梁下部纵向受力钢筋应锚固在后浇节点区内，且宜采用锚固板的锚固方式。柱宜伸出屋面并将柱纵向受力钢筋锚固在伸出段内，伸出段长度不宜小于 500mm，伸出段内箍筋间距不应大于 $5d$（d 为柱纵向受力钢筋直径），且不应大于 100mm；柱纵向钢筋宜采用锚固板锚固，锚固长度不应小于 $40d$；梁上部纵向受力钢筋宜采用锚固板锚固。柱外侧纵向受力钢筋也可与梁上部纵向受力钢筋在后浇节点区搭接连接，柱内侧纵向受力钢筋宜采用锚固板锚固。

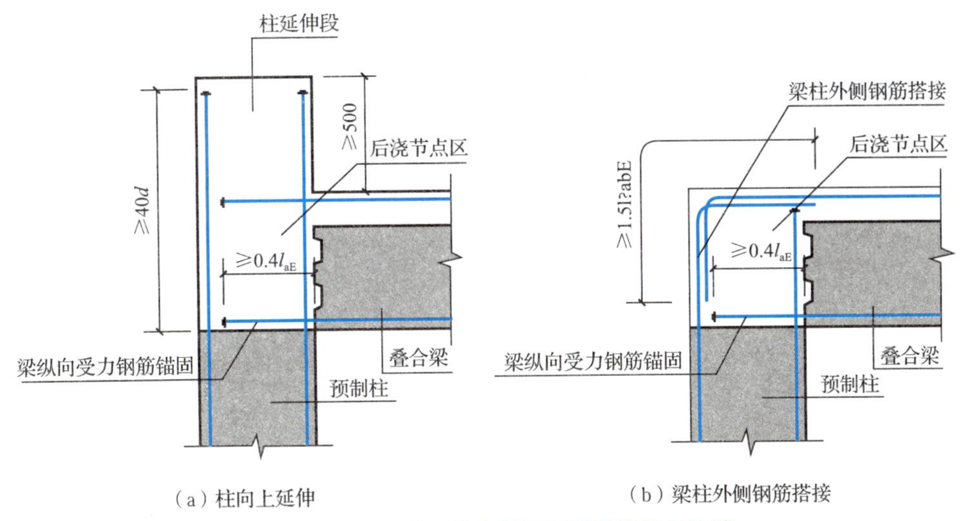

图 18.17　预制柱及叠合梁框架顶层端节点构造

4）梁纵向钢筋在节点区外的后浇段内连接构造

采用预制柱及叠合梁的装配整体式框架节点，梁下部纵向受力钢筋也可伸至节点区外的后浇段内连接，如图 18.18 所示，连接接头与节点区的距离不应小于 $1.5h_0$（h_0 为梁截面有效高度）。

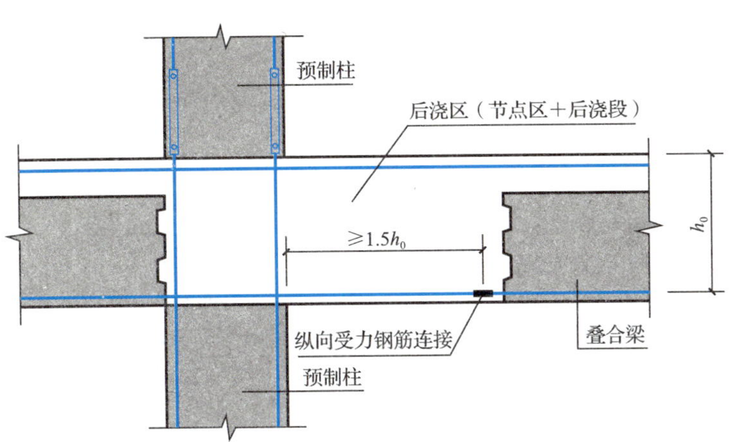

图 18.18　梁纵向钢筋在节点区外的后浇段内连接构造

任务实施

结合前文所学的构造知识，识读图 18.19 ~ 图 18.23 所示的无次梁的框架梁模板图与配筋图、设置次梁槽口的框架梁模板图与配筋图、端部设置钢筋套筒的次梁模板图与配筋图、设置次梁牛担板的框架梁模板图与配筋图、端部设置牛担板的次梁模板图与配筋图。

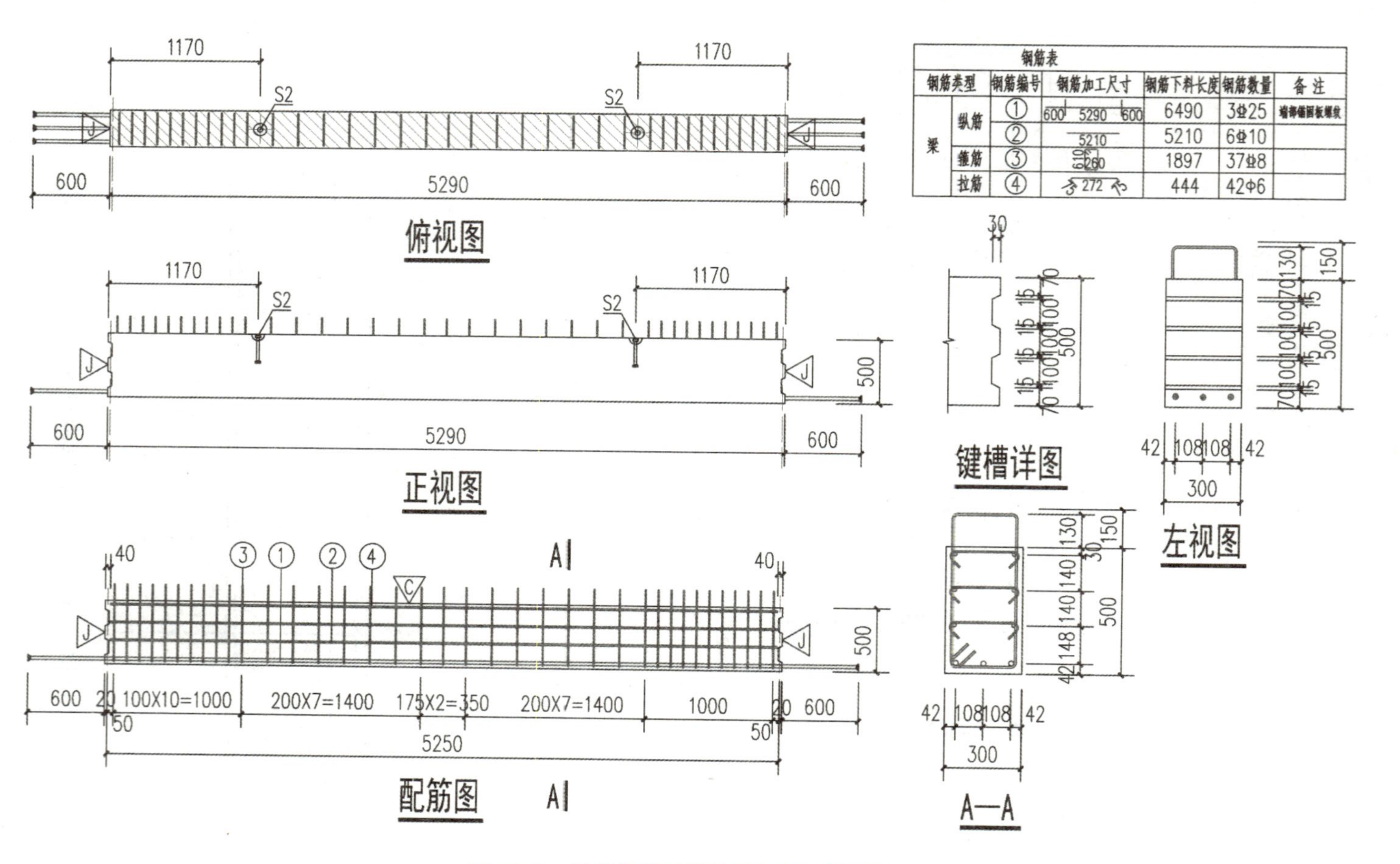

钢筋表

钢筋类型		钢筋编号	钢筋加工尺寸	钢筋下料长度	钢筋数量	备注
梁	纵筋	①	600 5290 600	6490	3⌀25	端部锚固板螺纹
		②	5210	5210	6⌀10	
	箍筋	③	610 260	1897	37⌀8	
	拉筋	④	272	444	42Φ6	

图 18.19　无次梁的框架梁模板图与配筋图

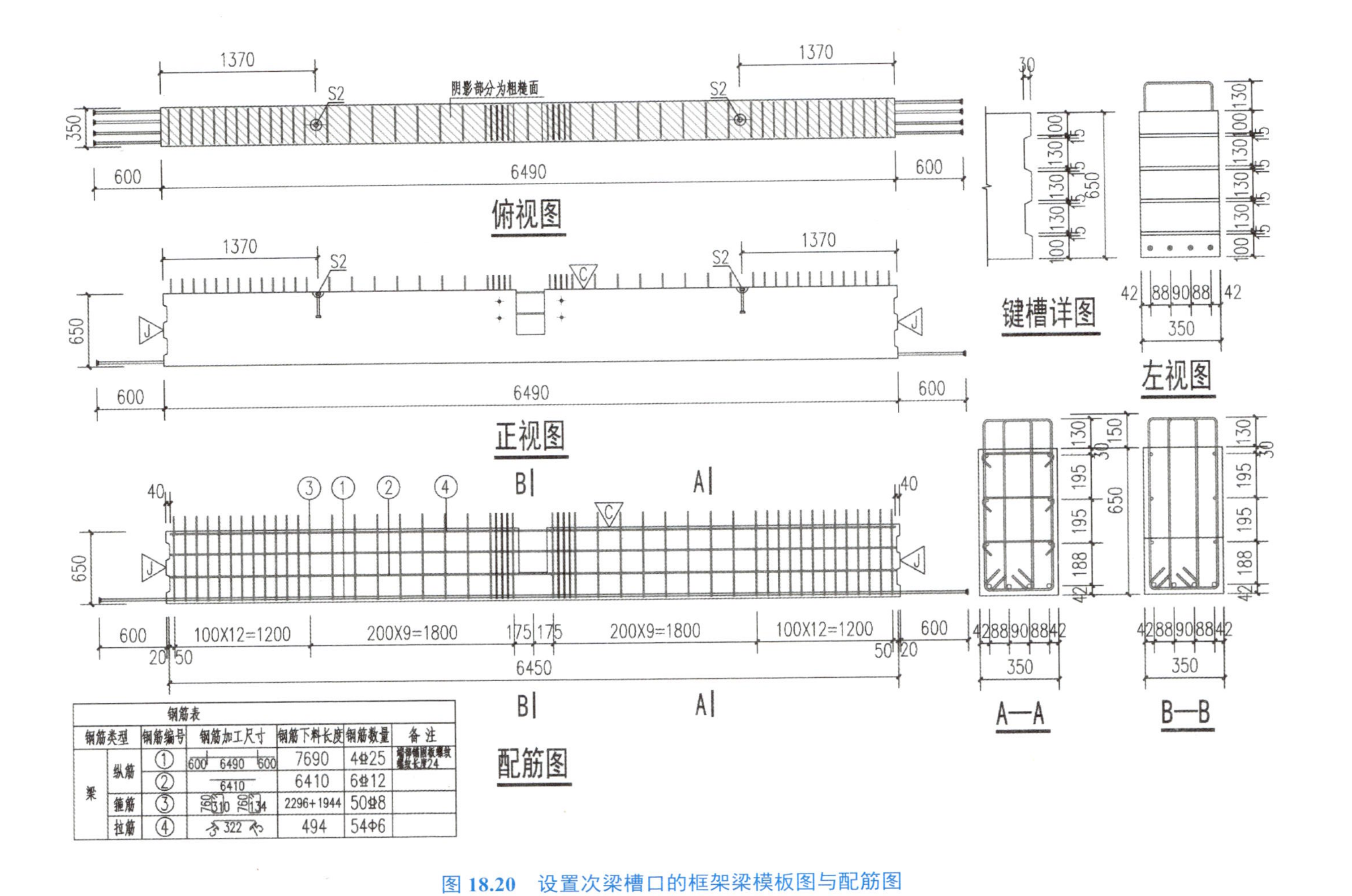

钢筋表						
钢筋类型		钢筋编号	钢筋加工尺寸	钢筋下料长度	钢筋数量	备 注
梁	纵筋	①	600 6490 600	7690	4⌀25	端部锚固板螺纹螺纹长度24
		②	6410	6410	6⌀12	
	箍筋	③	760 310 760 134	2296+1944	50⌀8	
	拉筋	④	322	494	54Φ6	

图 18.20 设置次梁槽口的框架梁模板图与配筋图

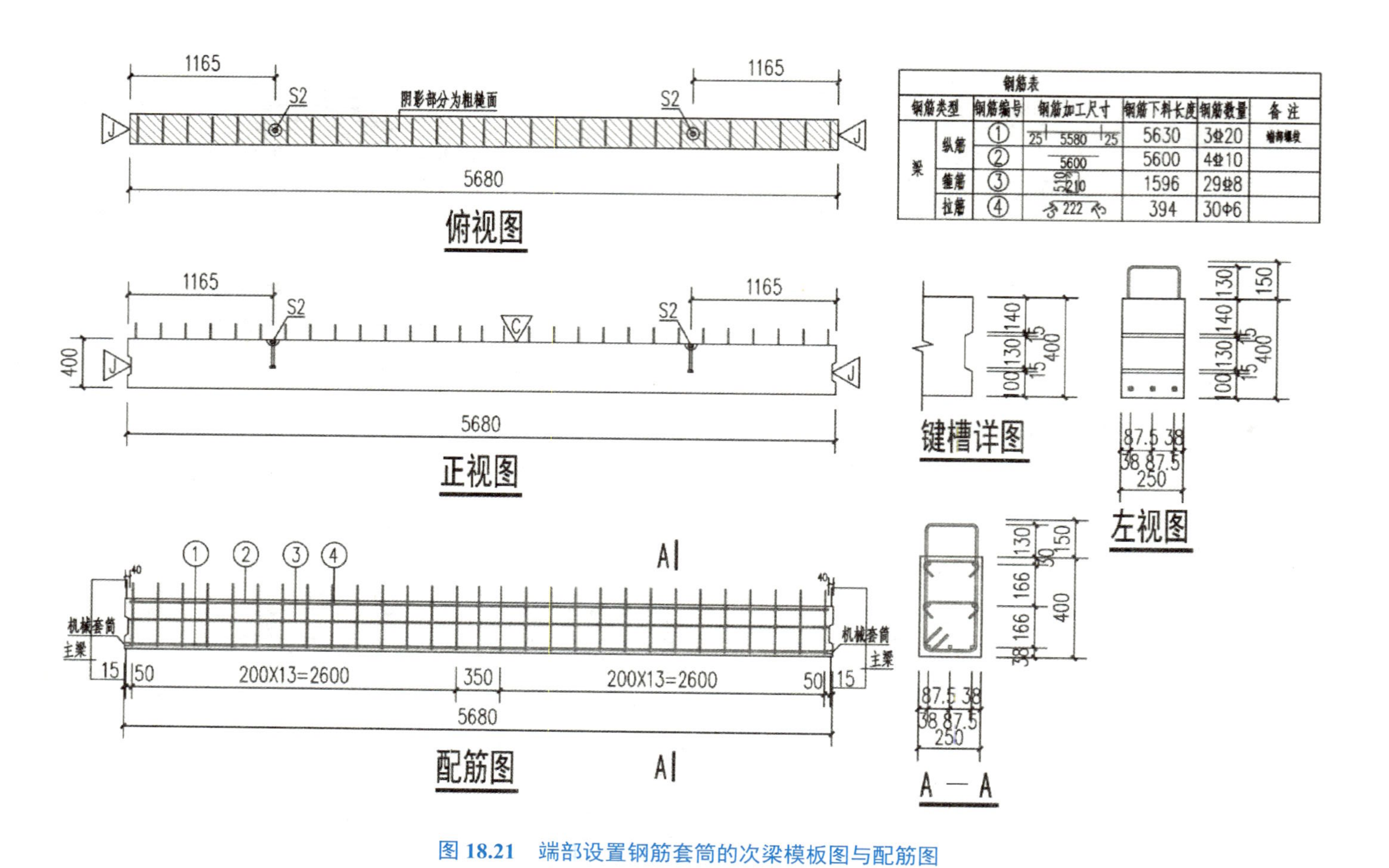

钢筋表

钢筋类型		钢筋编号	钢筋加工尺寸	钢筋下料长度	钢筋数量	备注
梁	纵筋	①	25 5580 25	5630	3⌀20	[illegible]
		②	5600	5600	4⌀10	
	箍筋	③	510 210	1596	29⌀8	
	拉筋	④	222	394	30Φ6	

图 18.21　端部设置钢筋套筒的次梁模板图与配筋图

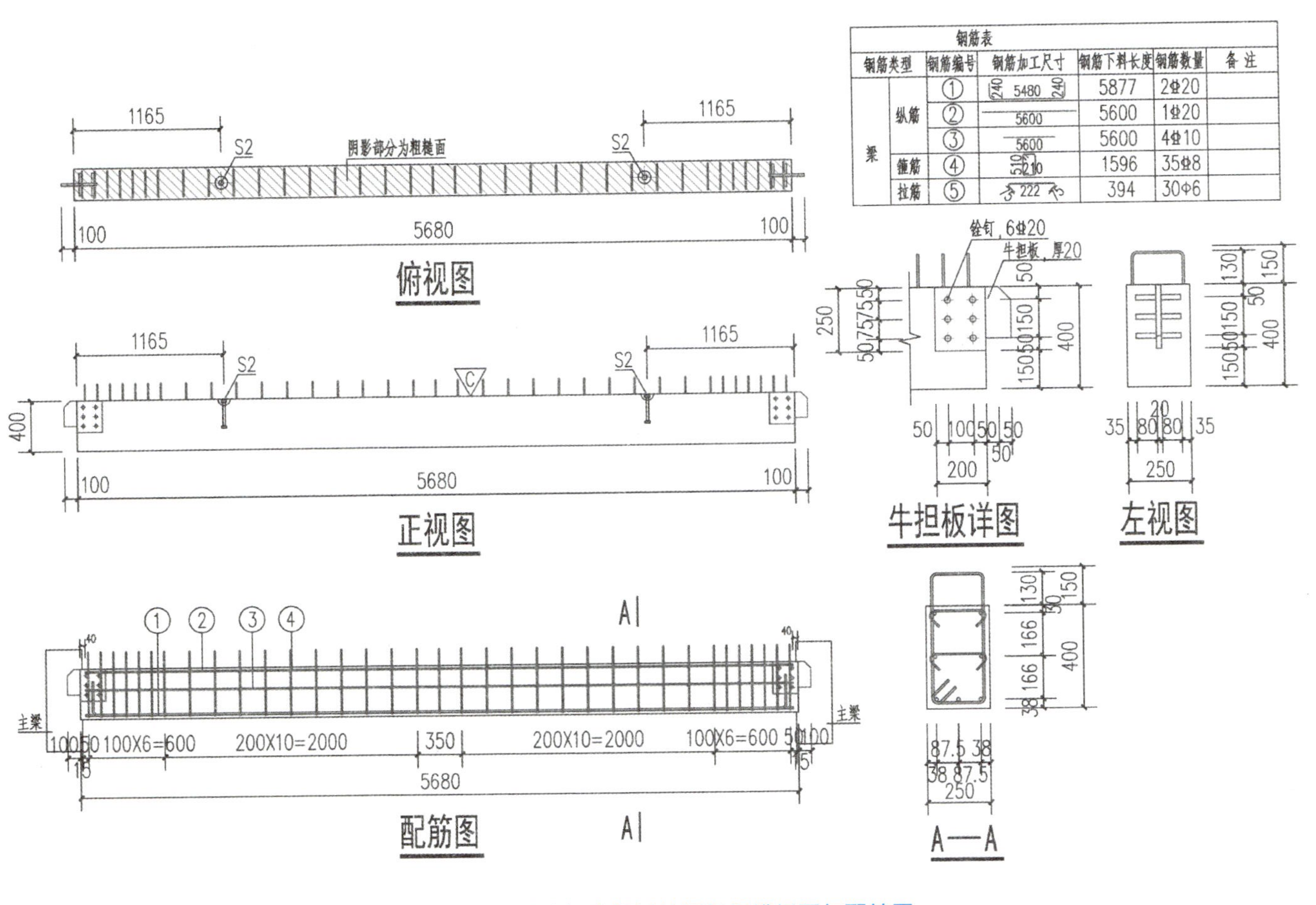

钢筋表

钢筋类型		钢筋编号	钢筋加工尺寸	钢筋下料长度	钢筋数量	备注
梁	纵筋	①	240 5480 240	5877	2⌀20	
		②	5600	5600	1⌀20	
		③	5600	5600	4⌀10	
	箍筋	④	510 210	1596	35⌀8	
	拉筋	⑤	222	394	30Φ6	

图 18.22　设置次梁牛担板的框架梁模板图与配筋图

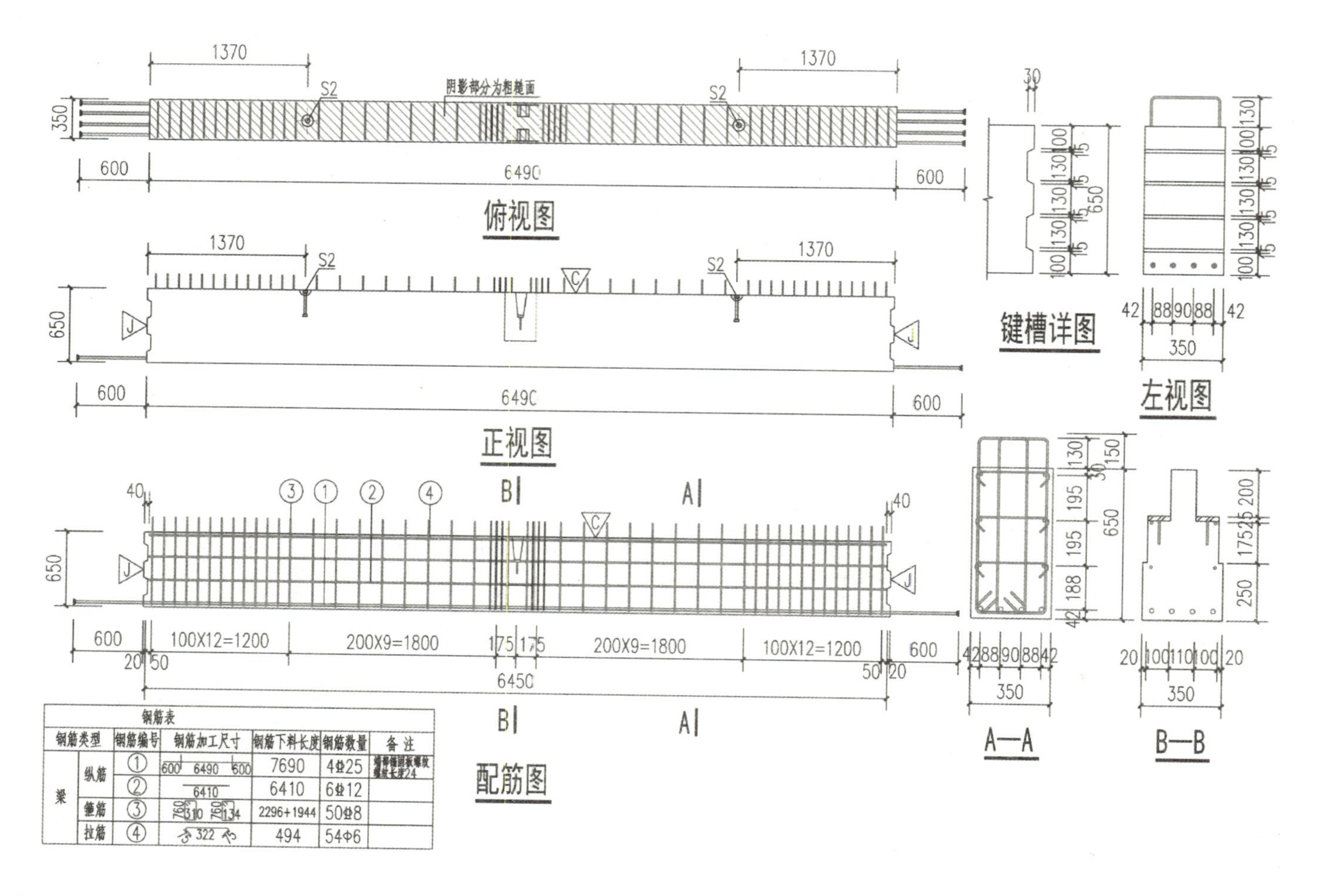

钢筋表

钢筋类型		钢筋编号	钢筋加工尺寸	钢筋下料长度	钢筋数量	备注
梁	纵筋	①	600 6490 600	7690	4⊈25	[illegible]螺纹长度24
		②	6410	6410	6⊈12	
	箍筋	③	760 310 760 134	2296+1944	50⊈8	
	拉筋	④	322	494	54Φ6	

图 18.23　端部设置牛担板的次梁模板图与配筋图

项目19 框架结构叠合楼盖施工图

项目描述

本项目讲解的叠合楼盖由之前学习过的叠合板和叠合梁组成。对基于BIM技术的叠合楼盖预制部分三维模型进行展示，对其中叠合板部分的预制底板平面布置图和整体的叠合楼盖现浇层平法施工图进行解读。

学习目标

1. 掌握预制底板平面布置图的识读方法。
2. 掌握叠合楼盖现浇层平法施工图的识读方法。

任务 19.1　识读框架结构叠合楼盖预制部分三维模型

引导问题

通过识读本节的叠合楼盖预制部分三维模型，熟悉叠合楼盖预制部分构造。

图 19.1 所示为装配整体式框架结构的叠合楼盖预制部分三维模型，包括叠合梁的预制梁及叠合板的预制底板。

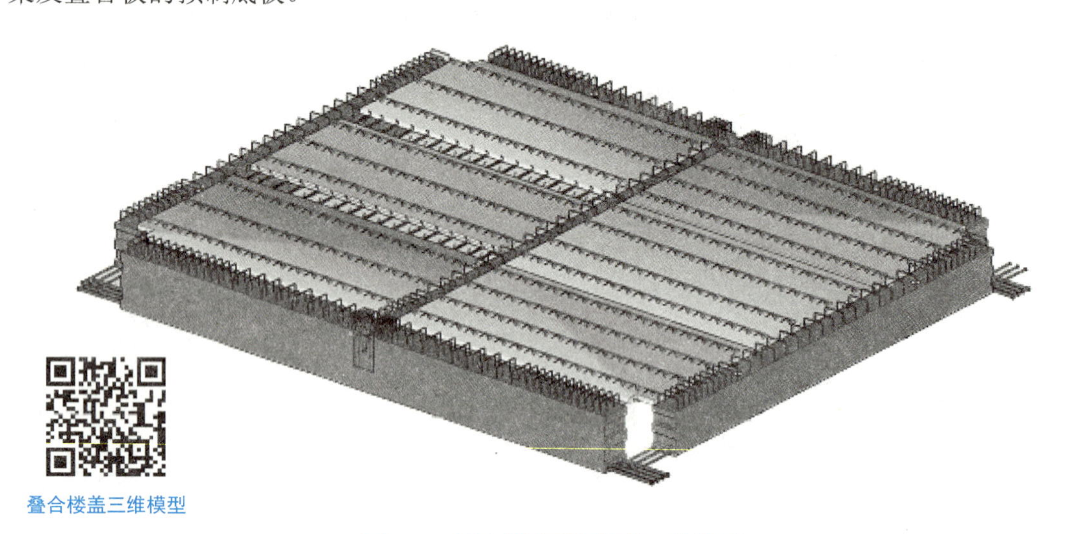

叠合楼盖三维模型

图 19.1　叠合楼盖预制部分三维模型

任务 19.2　识读框架结构预制底板平面布置图

引导问题

装配整体式框架结构预制底板平面布置图包括什么内容？

通过对本书任务 11 的学习可知，装配整体式框架结构预制底板平面布置图根据正投影原理绘制，包括预制柱、预制梁、预制底板的轮廓线，并注有叠合板编号、标准预制底板编号和接缝编号，以及预制底板的定位尺寸。当边板侧面预留后浇带时，还会注明后浇带编号。图 19.2 所示装配整体式框架结构预制底板平面布置图。

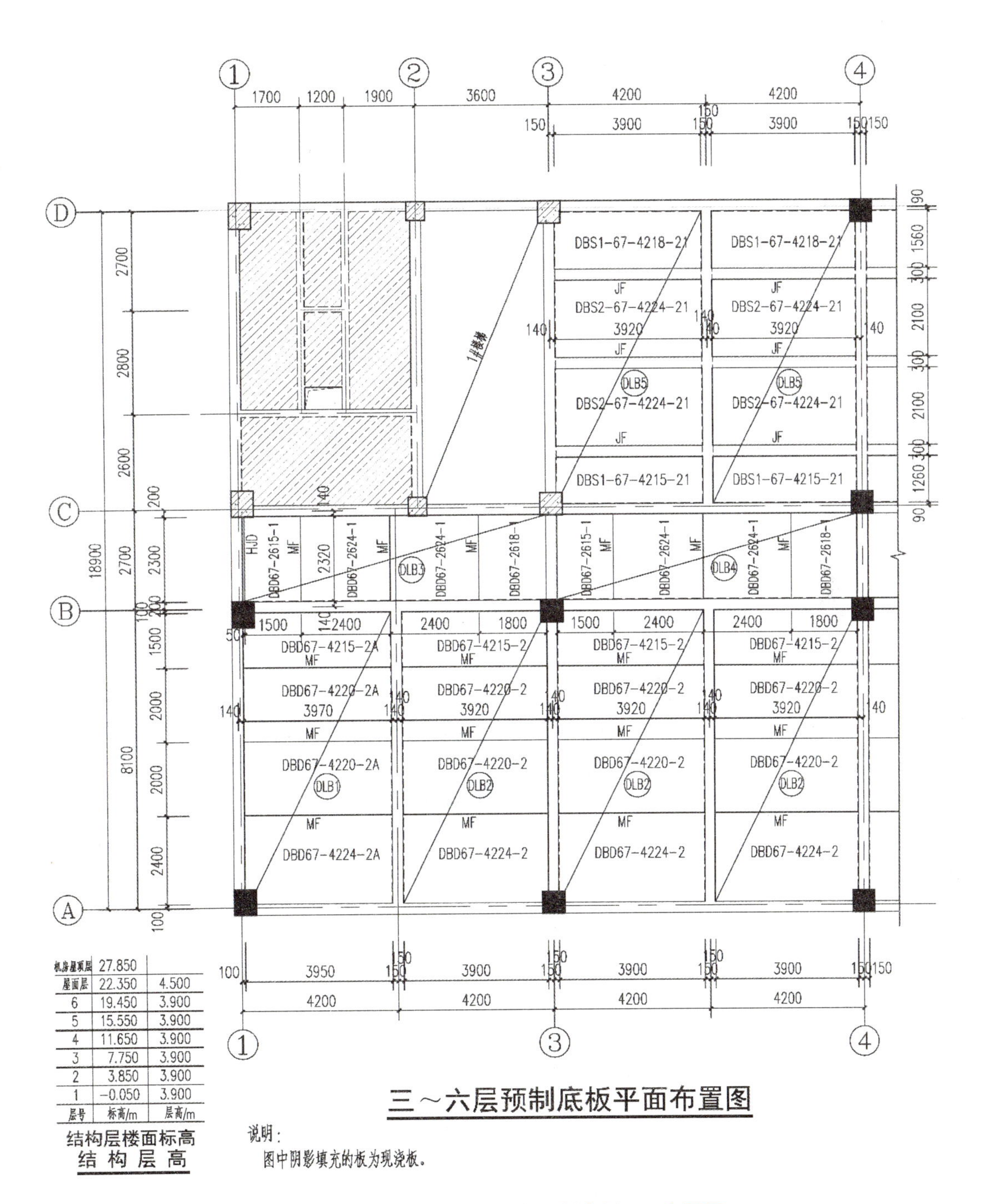

机房屋顶层	27.850	
屋面层	22.350	4.500
6	19.450	3.900
5	15.550	3.900
4	11.650	3.900
3	7.750	3.900
2	3.850	3.900
1	-0.050	3.900
层号	标高/m	层高/m

结构层楼面标高
结构层高

图 19.2 装配整体式框架结构预制底板平面布置图

图 19.2 中各类编号的含义示例见表 19-1。

表 19-1　预制底板平面布置图中各类编号的含义示例

编号	含义
DLB2	叠合楼面板，编号为 2
DBD67-4220-2	桁架钢筋混凝土叠合板用底板（单向板），预制底板厚度为 60mm，叠合层厚度为 70mm，标志跨度为 4200mm，标志宽度为 2000mm，底板跨度方向钢筋代号为 2
DBS1-67-4218-21	桁架钢筋混凝土叠合板用底板（双向板边板），预制底板厚度为 60mm，叠合层厚度为 70mm，标志跨度为 4200mm，标志宽度为 1800mm，底板跨度方向及宽度方向钢筋代号为 21
DBS2-67-4224-21	桁架钢筋混凝土叠合板用底板（双向板中板），预制底板厚度为 60mm，叠合层厚度为 70mm，标志跨度为 4200mm，标志宽度为 2400mm，底板跨度方向及宽度方向钢筋代号为 21
MF	叠合板底板密拼接缝
JF	叠合板底板接缝
HJD	后浇带

任务 19.3　识读框架结构叠合楼盖现浇层平法施工图

引导问题

叠合楼盖现浇层平法施工图的集中标注包括什么内容？

装配整体式框架结构叠合楼盖的现浇层配筋可采用平法制图规则绘制施工图，在楼面板或屋面板的预制底板平面布置图的基础上，采用平面注写的表达方式，主要包括板块集中标注和板支座原位标注。

现浇板块集中标注的内容为：板块编号、叠合层厚度、上部贯通纵向钢筋、下部纵向钢筋及当板面标高不同时的标高高差。对于叠合板的叠合层，除下部纵向钢筋无须标注外，其他可参照现浇板块集中标注。

板支座原位标注的内容为：板支座上部非贯通纵向钢筋和悬挑板上部受力纵向钢筋。

板纵向钢筋的连接可采用绑扎搭接、机械连接或焊接连接，其连接位置详见平法图集 22G101-1 中相应的标准构造详图。当板纵向钢筋采用非接触方式的搭接连接时，其搭接部位的钢筋净距不宜小于 30mm，且钢筋中心距不应大于 $0.2l$ 及 150mm 中的较小者。

图 19.3 所示为叠合楼盖现浇层平法施工图。

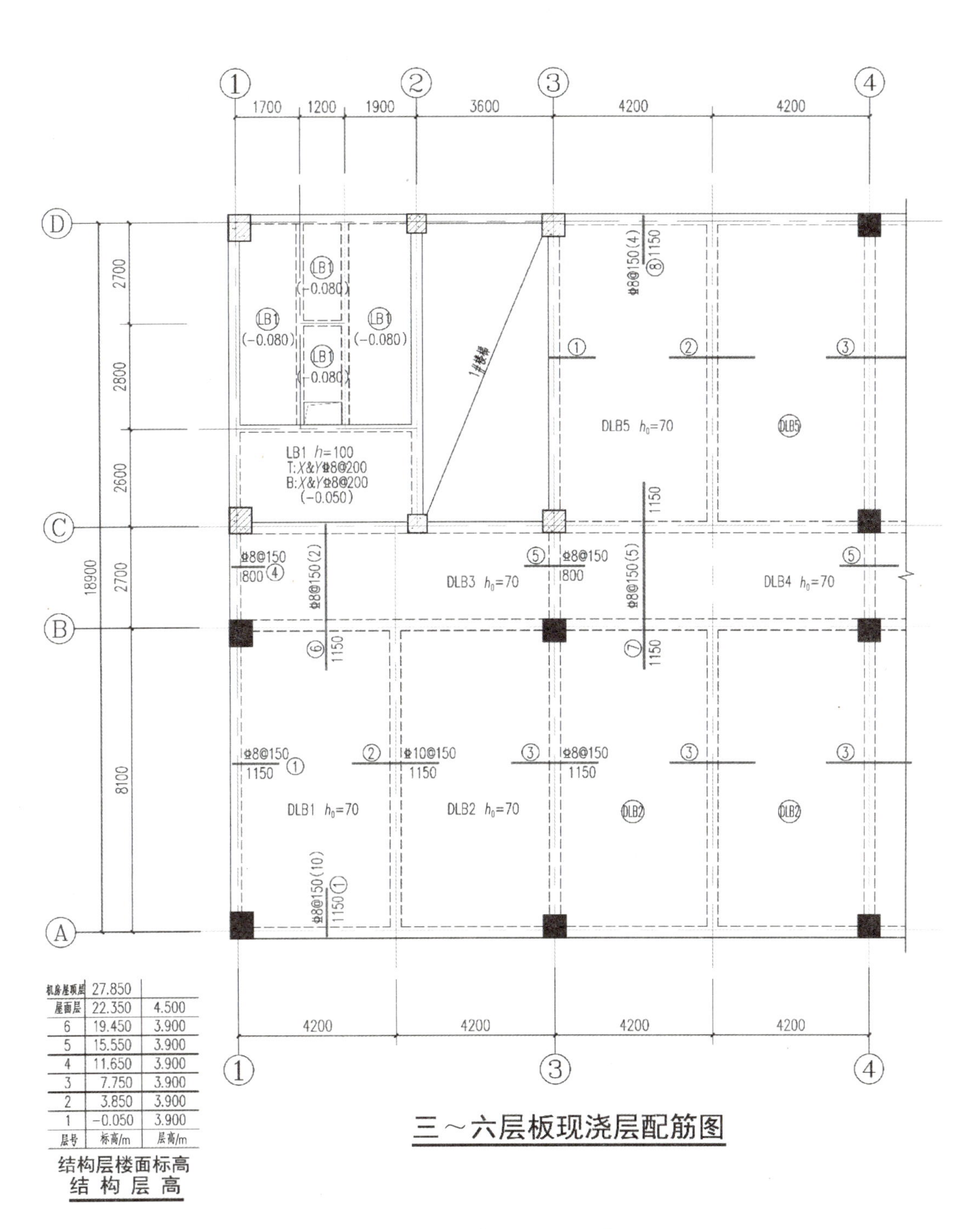

层号	标高/m	层高/m
机房屋顶层	27.850	
屋面层	22.350	4.500
6	19.450	3.900
5	15.550	3.900
4	11.650	3.900
3	7.750	3.900
2	3.850	3.900
1	-0.050	3.900

图 19.3　叠合楼盖现浇层平法施工图

项目20 框架结构预制板式双跑楼梯构件施工图

项目描述

对基于BIM技术的预制板式双跑楼梯三维模型和预制板式双跑楼梯施工图进行展示和介绍，讲解其构件详图。

学习目标

1. 掌握预制板式双跑楼梯施工图的识读方法。
2. 理解预制板式双跑楼梯构造。

任务 20.1 识读框架结构预制板式双跑楼梯三维模型

引导问题

通过识读本节的预制板式双跑楼梯三维模型，熟悉预制板式双跑楼梯构造。

图 20.1 所示为预制板式双跑楼梯三维模型，该模型展示了预制板式双跑楼梯在空间中的布置及构造。

图 20.1(a)所示为预制板式双跑楼梯在空间中的布置。

图 20.1(b)所示为梯段及其配筋构造，连接构造与任务 13.1 展示的预制板式剪刀楼梯相同。

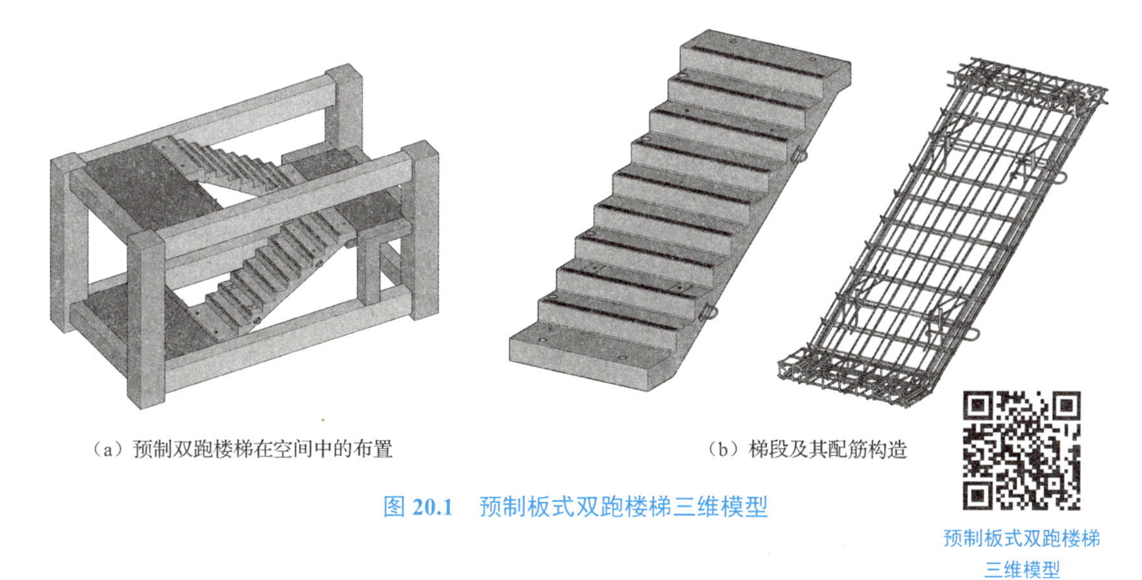

（a）预制双跑楼梯在空间中的布置　　（b）梯段及其配筋构造

图 20.1　预制板式双跑楼梯三维模型

预制板式双跑楼梯三维模型

任务 20.2 识读框架结构预制板式双跑楼梯施工图

引导问题

结合项目 13 介绍的预制板式楼梯识图知识和标准图集 15G367-1 的内容，识读预制板式双跑楼梯施工图。

通过识读图 20.2 所示的预制板式双跑楼梯施工图，可知以下关键信息。

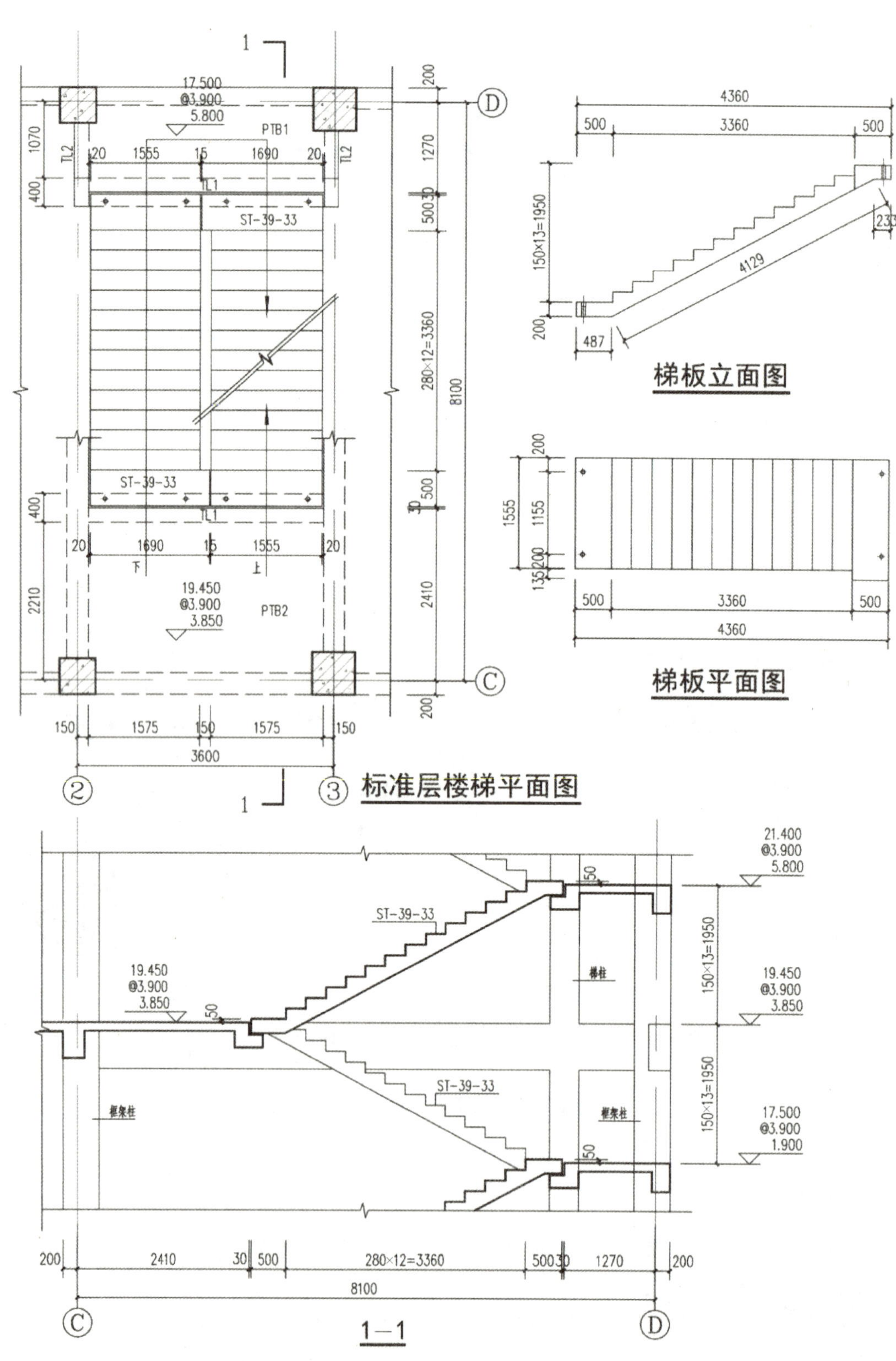

图 20.2 预制板式双跑楼梯施工图

（1）标准层楼梯编号为 ST-39-33，表示预制板式双跑楼梯，层高为 3900mm，楼梯间净宽为 3300mm。

（2）根据楼梯平面图可知，楼梯间开间尺寸为 3600mm，进深尺寸为 8100mm；双跑楼梯梯段水平投影长为 4360mm。

（3）根据楼梯剖面图可知，标准层层高为 3900mm，楼梯共 13 个踏步（踢面数），踏步宽为 280mm，踢面高为 150mm。

任务 20.3　识读预制板式双跑楼梯构件详图

引导问题

结合项目 13 介绍的预制板式楼梯识图知识和标准图集 15G367-1 的内容，识读预制板式双跑楼梯构件详图。

图 20.3 所示为预制板式双跑楼梯模板图、配筋图。

1. 预制板式双跑楼梯模板图

从楼梯平面图可知，梯段平面投影尺寸为 1250mm×2880mm，每个梯段由 9 个踏步组成；栏杆预留孔凹槽 M2 位于板侧边缘，共 4 个；梯段吊装预埋件 M1 位于踏步中间，共 4 个；M1 距板侧 200mm。

楼梯下端的滑动铰端销键预留孔洞直径为 50mm（60mm），用于滑动铰端连接；楼梯上端的固定铰端销键预留孔洞直径为 50mm，用于固定铰端连接构造。

2. 预制板式双跑配筋图

预制板式楼梯可分为上梯梁、下梯梁和梯段 3 部分。上、下梯梁的配筋包括纵向钢筋和箍筋，梯段的配筋包括板面纵向钢筋、板底纵向钢筋、板侧加强钢筋和分布钢筋。此外，在吊装预埋件两侧和销键预留孔洞周边需配置加强钢筋。图 20.3 中吊装预埋件两侧的附加钢筋共 8 根；销键预留孔洞周边配置的加强钢筋也是 8 根。

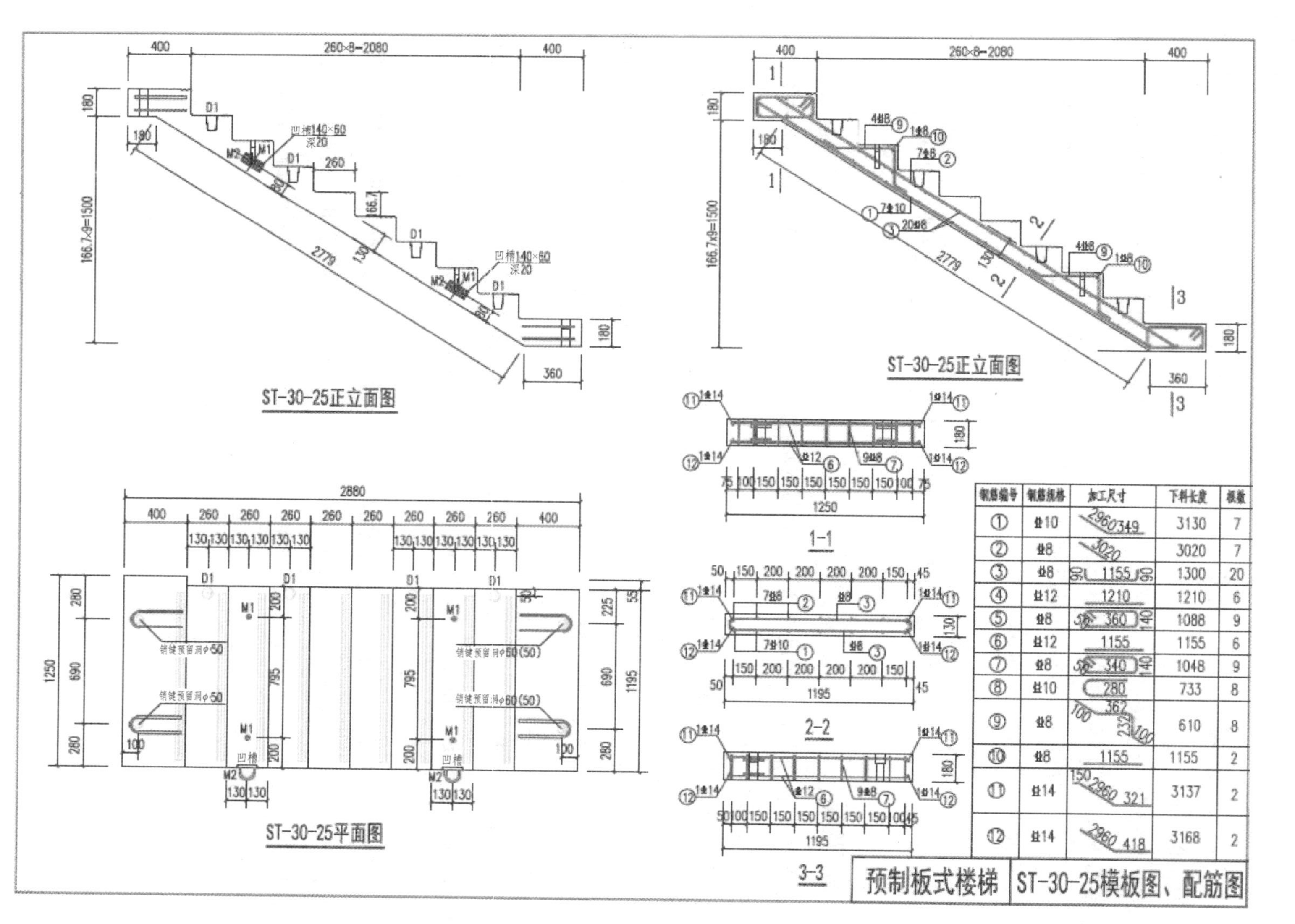

钢筋编号	钢筋规格	加工尺寸	下料长度	根数
①	⌀10	2960 349	3130	7
②	⌀8	3020	3020	7
③	⌀8	90 1155 90	1300	20
④	⌀12	1210	1210	6
⑤	⌀8	50 360 140	1088	9
⑥	⌀12	1155	1155	6
⑦	⌀8	50 340 140	1048	9
⑧	⌀10	280	733	8
⑨	⌀8	100 362 232 100	610	8
⑩	⌀8	1155	1155	2
⑪	⌀14	150 2960 321	3137	2
⑫	⌀14	2960 418	3168	2

图 20.3 预制板式双跑楼梯模板图、配筋图

项目 21 框架结构预制外墙挂板构件施工图

项目描述

解读标准图集《预制混凝土外墙挂板（一）》（16J110-2 16G333），讲解预制外墙挂板平面布置图的识图知识，并选择预制外墙挂板中的整间板，对其构件详图进行讲解。

学习目标

1. 熟悉标准图集 16J110-2 16G333 的内容，重点掌握预制外墙挂板的系统类型、结构构造及连接节点构造。

2. 掌握预制外墙挂板平面布置图的识读方法。

3. 能够识读预制外墙挂板构件详图。

任务 21.1　识读预制外墙挂板标准图集

引导问题

1. 预制外墙挂板的适用范围是什么？
2. 预制外墙挂板按照建筑外墙功能定位如何分类？
3. 预制外墙挂板与主体结构的连接可以采用哪两种方式？

预制外墙挂板的全称是预制混凝土外墙挂板，是指由预制混凝土墙板、墙板与主体结构连接件或连接节点等组成的，安装在主体结构上的，起围护、装饰、保温等作用的非承重预制构件，其构造包括内叶墙板、外叶墙板、夹心保温层和连接件。

预制外墙挂板集围护、装饰、保温功能于一体，采用工厂化生产、装配化施工，具有安装速度快、质量可控、耐久性好、便于维护保养等特点，符合国家大力发展装配式建筑方针政策的需求。预制外墙挂板的适用范围包括工业建筑及民用建筑，其中民用建筑主要包含住宅和公共建筑。在大型公共建筑外墙使用的预制外墙挂板可充分展示独特的表现力，是国外广泛采用的外围护结构体系。近年来随着我国装配整体式混凝土结构的大力推广，越来越多的建筑物外墙采用预制外墙挂板。本任务以国家建筑标准设计图集《预制混凝土外墙挂板（一）》（16J110-2 16G333）讲解预制外墙挂板的构造和识图知识。

预制外墙挂板为装配在钢结构或混凝土结构上的非承重外墙围护挂板或装饰板，适用于抗震设防烈度≤8 度地区，高度为 100m 以下的民用及工业建筑，其外墙工程按二 a 类环境类别设计。

1. 系统类型

预制外墙挂板系统应根据不同的建筑类型及结构形式选择适宜的系统类型。预制外墙挂板按照建筑外墙功能定位可分为围护挂板系统和装饰板系统，其中围护挂板系统又可按建筑立面特征划分为整间板体系、横条板体系、竖条板体系等。板型划分及设计参数要求一般应满足表 21-1 的规定。

表 21-1　板型划分及设计参数要求

外墙立面划分		立面特征简图	挂板尺寸要求	适用范围
围护挂板系统	整间板体系	FL FL	板宽 B≤6.0m 板高 H≤5.4m 板厚 δ=140～240mm	①混凝土框架结构 ②钢框架结构

续表

外墙立面划分		立面特征简图	挂板尺寸要求	适用范围
围护挂板系统	横条板体系	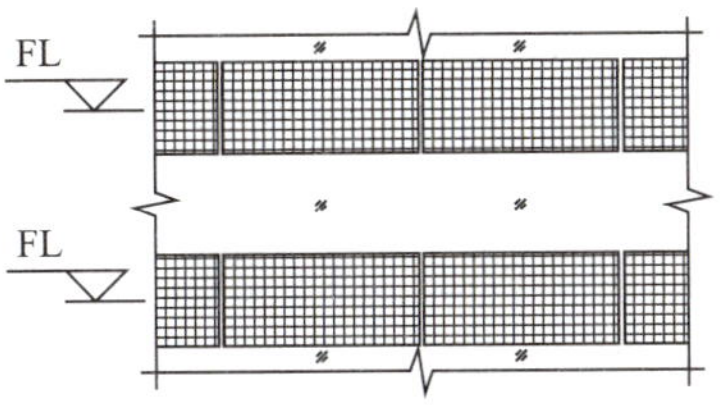	板宽 $B \leqslant 9.0$m 板高 $H \leqslant 2.5$m 板厚 $\delta = 140 \sim 300$mm	①混凝土框架结构 ②钢框架结构
		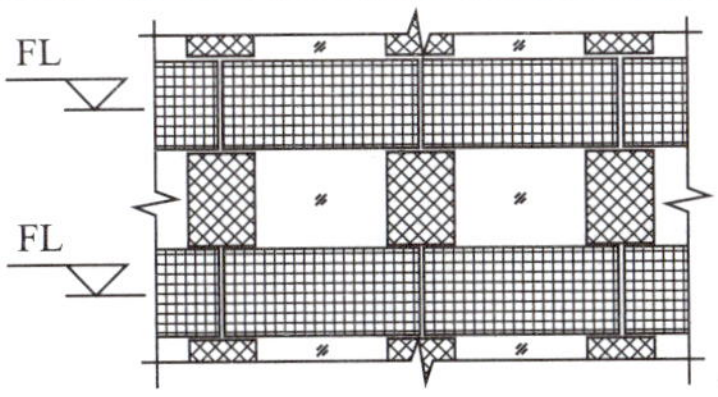		
	竖条板体系	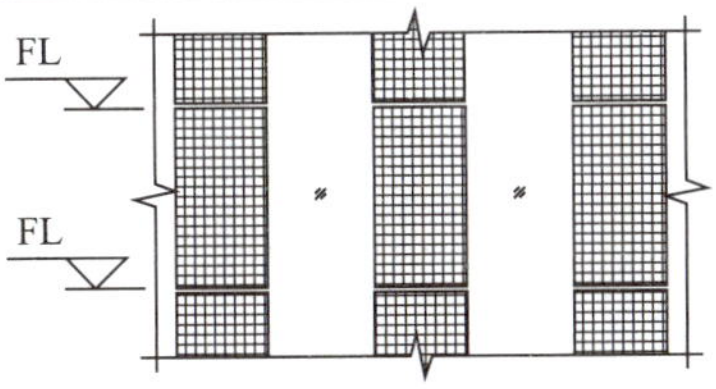	板宽 $B \leqslant 2.5$m 板高 $H \leqslant 6.0$m 板厚 $\delta = 140 \sim 300$mm	
		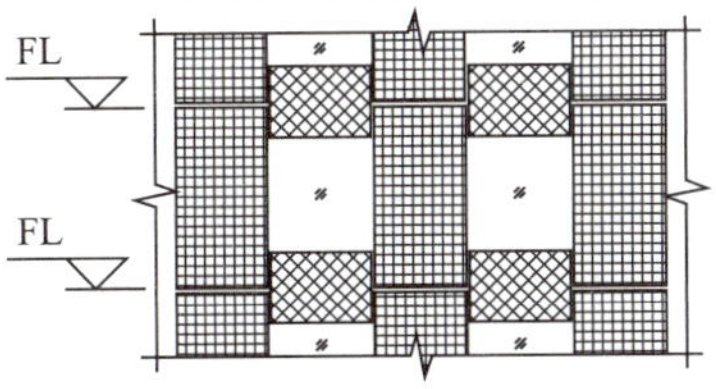		
装饰板系统		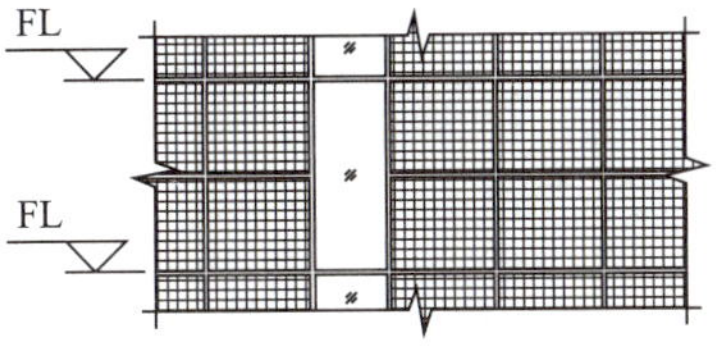	板宽 $B \leqslant 4.0$m 板高 $H \leqslant 4.0$m 板厚 $\delta = 60 \sim 140$mm 板面积 $\leqslant 5\text{m}^2$	①混凝土剪力墙结构 ②混凝土框架填充墙构造 ③钢框架龙骨构造
		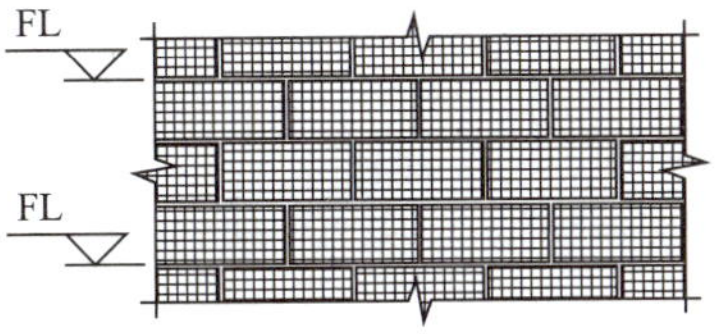		

预制外墙挂板应遵循模数协调和标准化的原则，少规格、多组合，充分考虑建筑立面设计、制作工艺、运输及施工安装的可行性。采用预制外墙挂板的建筑立面设计应简洁有序，避免复杂烦琐的线脚和装饰构件，应考虑外墙挂板与阳台板、空调板、装饰板等预制构件的合理组合。预制外墙挂板系统性能应根据所在地区的气候条件、使用功能等综合确定，满足抗风性能、抗震性能、耐撞击性能、防火性能、水密性能、气密性能、隔声性能、热工性能和耐久性能要求。

预制外墙挂板的整间板系统、横条板系统及竖条板系统的分格形式应与建筑主体结构形式（立面开窗形式）相对应。装饰板系统可不受主体结构形式的限制，通过剪力墙、构造圈梁、二次结构等实现分板的可行性。

当建筑立面采用独立单元窗时，预制外墙挂板可采用整间板系统。整间板按照层高尺寸作为板高、开间尺寸作为板宽进行设计。

预制外墙挂板横条板系统适用于横向连通长窗或独立单元窗。当立面为横向连通长窗时，以一个柱距或开间尺寸作为横条板板宽，窗户上下口的实墙按横条板设计；当立面为独立单元窗时，以一个柱距或开间尺寸作为横条板板宽，窗户上下口的实墙按横条板设计，窗两侧的墙垛单独按竖条板设计。

预制外墙挂板竖条板系统适用于横向或竖向通长窗，以及独立单元窗。当立面为横向或竖向通长窗时，以层高尺寸作为竖条板板高，窗户左右口的实墙按竖条板设计；当立面为独立单元窗时，窗户左右口的实墙按竖条板设计，窗户上下口的实墙按横条板设计。

2. 材料

1）混凝土、钢筋和预埋件

混凝土、钢筋和预埋件的材料性能要求应符合国家现行标准、规范的规定。预制外墙挂板的混凝土强度等级不应低于 C30，且宜采用轻骨料混凝土。当采用轻骨料混凝土时，混凝土强度等级不应低于 LC30。当预制外墙挂板采用清水混凝土时，混凝土强度等级不宜低于 C40。

2）连接材料

连接用焊接材料，螺栓和锚栓等紧固件的材料应符合国家现行标准、规范的规定。预制夹心外墙挂板中内、外叶墙板的拉结宜采用 FRP 连接件或不锈钢连接件。当有可靠依据时，也可采用其他材料连接件。FRP 连接件应采用耐碱型纤维增强复合材料，并满足相应要求。不锈钢连接件的材料力学性能指标应满足相应要求。

3）保温、密封和其他材料

预制夹心外墙挂板中的保温材料，应满足相应的导热系数、体积吸水率和燃烧性能要求。

预制外墙挂板接缝处的密封材料应选用耐候性密封胶，密封胶应与混凝土具有相容性，以及满足规定的抗剪切和伸缩变形能力；密封胶还应具有防霉、防水、防火等性能；密封胶不应含有污染饰面材料及金属窗框的不利添加物。

预制夹心外墙挂板之间接缝处和与楼板连接接缝处填充用的保温材料，应满足防火性能要求。

预外墙挂板接缝处的止水胶条性能指标应满足相应要求。

饰面砖、石材等装饰材料应有产品合格证和出厂检验报告。当采用石材时，石材厚度不宜小于 25mm，单块尺寸不宜大于 1200mm×1200mm 或等效面积。

3. 建筑构造

预制外墙挂板饰面应采用耐久性好、不易污染的饰面材料，面砖饰面外墙挂板和石材饰面外墙挂板应采用反打成型工艺制作，并确保黏结牢靠，涂料饰面外墙挂板应采用装饰性强、耐久性好的涂料。

预制外墙挂板的板缝、板与主体结构层间缝、门窗接缝等接缝位置宜与建筑立面分格相对应；板缝宽度应根据立面分格、极限温度变形、风荷载及地震作用下的层间位移、密封材料最大拉伸-压缩变形量及施工安装误差等因素综合确定，且宜满足板缝宽度为10～30mm，密封胶的厚度应按板缝宽度的1/2且不小于8mm设计；竖缝宜采用平口或槽口构造，水平缝宜采用企口构造；应根据建筑使用环境和设计工作年限要求，接缝处合理选用构造防水、材料防水及缝导管排水相结合的防排水设计；接缝处应设置防止形成热桥的构造措施。接缝宜避免跨越防火分区；当接缝跨越防火分区时，接缝室内侧应采用耐火材料封堵。

预制外墙挂板应采用不少于一道材料防水和构造防水相结合的做法。而对于板缝，建筑高度在50m以下的建筑可采用一道材料防水和构造防水结合做法；50m以上的建筑应采用两道材料防水和构造防水结合做法。装饰板采用开缝设计时，其内侧应设置完整的防水层，并在可能渗入雨水或形成冷凝水的部位应设置导、排水装置或构造。当板缝空腔需设置导水管排水时，板缝内侧应增设气密条密封构造。

此外，预制外墙挂板还应满足热工和防火设计要求。

4. 结构设计要求

在正常使用状态下，预制外墙挂板应具有良好的工作性能。其本身必须具有足够的承载力和变形能力，避免在风荷载作用下破坏或脱落。支承预制外墙挂板的主体结构构件，应满足节点连接件的锚固要求，具有足够的承载力和刚度。

预制外墙挂板在多遇地震作用下应能正常使用；在抗震设防烈度以内地震作用下经修理后应仍可使用；在预估的罕遇地震作用下不应整体脱落。使用功能或其他方面有特殊要求的建筑，可设置更具体或更高的抗震设防目标。

预制外墙挂板不应跨越主体结构的变形缝。主体结构变形缝两侧，预制外墙挂板的构造缝应能适应主体结构的变形要求，构造缝宜采用柔性连接设计或滑动型连接设计，并宜采取易于修复的构造措施。

预制外墙挂板及其连接节点设计时应考虑预制外墙挂板的自重、施工荷载、风荷载、地震作用、温度作用，以及主体结构变形的影响。对持久设计状况，应对预制外墙挂板及其连接节点进行承载力验算，并对预制外墙挂板进行变形验算和裂缝验算。对地震设计状况，应对预制外墙挂板及其连接节点进行承载力验算。

5. 结构构造

预制外墙挂板的选型和布置应根据建筑立面造型、主体结构层间变形要求、楼层高度、节点连接形式、温度变化、接缝构造、运输限制条件和现场起吊能力等因素综合确定。

无夹心保温层的预制外墙挂板的厚度不宜小于100mm，宜采用双层双向配筋，竖向和水平钢筋的配筋率均不应小于0.15%，且钢筋直径不宜小于5mm，间距不宜大于200mm。

预制夹心外墙挂板的外叶墙板的厚度不宜小于60mm，内叶墙板的厚度不宜小于90mm，且应满足与主体结构连接件的锚固要求；保温层材料的厚度不宜小于30mm，且不宜大于100mm。内叶墙板宜采用双层双向配筋，竖向和水平钢筋的配筋率均不应小于0.15%，且钢筋直径不宜小于5mm，间距不宜大于200mm。外叶墙板内应配置单层双向钢筋网片，钢筋直径不宜小于4mm，钢筋间距不宜大于150mm。

预制外墙挂板最外层钢筋的混凝土保护层厚度除专门要求外，还应符合下列规定：对石材或面砖饰面，不应小于 15mm；对清水混凝土或装饰外墙硬座涂装保护，不应小于 20mm；对露骨料装饰面，应从最凹处混凝土表面计起，不应小于 20mm。

预制夹心外墙挂板中，内、外叶墙板之间的连接件应符合下列规定：金属及非金属材料连接件均应满足承载力、变形和耐久性要求，并应通过试验验证；连接件应满足节能设计要求；连接件应满足防腐、防火设计要求；连接件在墙板内的锚固应满足受力要求，且锚固长度不宜小于 30mm，其端部距墙板表面距离不宜小于 25mm；预制夹心外墙挂板的内、外叶墙板之间应设置防塌落措施。

当预制外墙挂板有门窗洞口时，应沿洞口周边、角部配置加强钢筋。洞口周边加强钢筋不应少于 2 根，直径不应小于 12mm；洞口角部加强斜筋不应少于 2 根，直径不应小于 12mm。

6. 连接节点构造

预制外墙挂板与主体结构的连接节点处的预埋件应在预制构件和主体结构混凝土施工时埋入，不得采用后锚固的方法。预埋件应采取可靠的防腐、防锈和防火措施。

预制外墙挂板与主体结构的连接节点宜选用柔性连接的点支承节点，也可采用一边固定的线支承节点。预埋件承载力设计值应大于连接件承载力设计值；连接节点的预埋件、吊装用预埋件及用于临时支撑的预埋件均宜分别设置，不宜兼用。

1）点支承连接

目前，预制外墙挂板与主体结构的连接节点主要采用柔性连接的点支承。采用点支承的预制外墙挂板可区分为平移式外墙挂板[图 21.1(a)]和旋转式外墙挂板[图 21.1(b)]两种形式。它们与主体结构的连接节点，又可以分为承重节点和非承重节点两类。

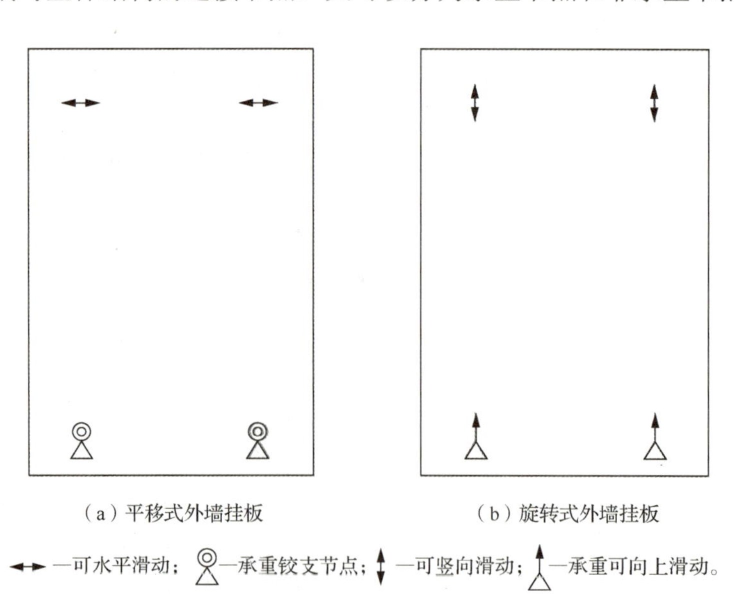

图 21.1　采用点支承的预制外墙挂板形式

一般情况下，预制外墙挂板与主体结构的连接宜设置 4 个支承点：当下部两个为承重节点时，上部两个宜为非承重节点；相反，当上部两个为承重节点时，下部两个宜为非承重节点。应注意，平移式外墙挂板与旋转式外墙挂板的承重节点和非承重节点的受力状态和构造要求是不同的，因此设计要求也是不同的。

根据工程实践经验，点支承的连接节点一般采用在连接件和预埋件之间设置带有长圆孔的滑移垫片，形成平面内可滑移支座的方法。当预制外墙挂板相对于主体结构可能产生转动时，长圆孔宜按垂直方向设置；当预制外墙挂板相对于主体结构可能产生平移时，长圆孔宜按水平方向设置。

2）线支承连接

一边固定的线支承连接方式在部分地区有所应用，但这方面的科研成果较少，规范推荐采用柔性连接的点支承做法。

预制外墙挂板与主体结构采用线支承连接节点如图 21.2 所示。预制外墙挂板顶部与预制梁连接，且固定连接区段应避开预制梁端 1.5 倍梁高的长度范围；预制外墙挂板与预制梁的结合面应采用粗糙面并设置键槽；接缝处应设置连接钢筋，连接钢筋数量应经过计算确定，且钢筋直径不宜小于 10mm，间距不宜大于 200mm；连接钢筋在预制外墙挂板和叠合层中锚固；预制外墙挂板的底端应设置不少于 2 个仅对墙板有平面外约束的连接节点；预制外墙挂板的两侧不应与主体结构连接。

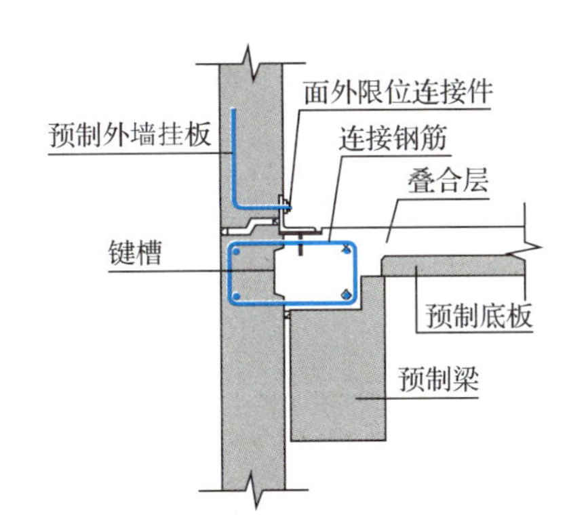

图 21.2　预制外墙挂板与主体结构采用线支承连接节点

任务 21.2　识读框架结构预制外墙挂板平面布置图

引导问题

图 21.3 中的预制外墙挂板的类型是什么？

装配整体式框架结构的结构施工图中，预制外墙挂板的表达包括按标准层绘制的预制外墙挂板平面布置图与预制外墙挂板构件详图。预制外墙挂板平面布置图应绘出预制柱、预制梁和预制外墙挂板的轮廓线，并对预制外墙挂板进行定位和编号，如图 21.3 所示。图中的预制外墙挂板为整间板。

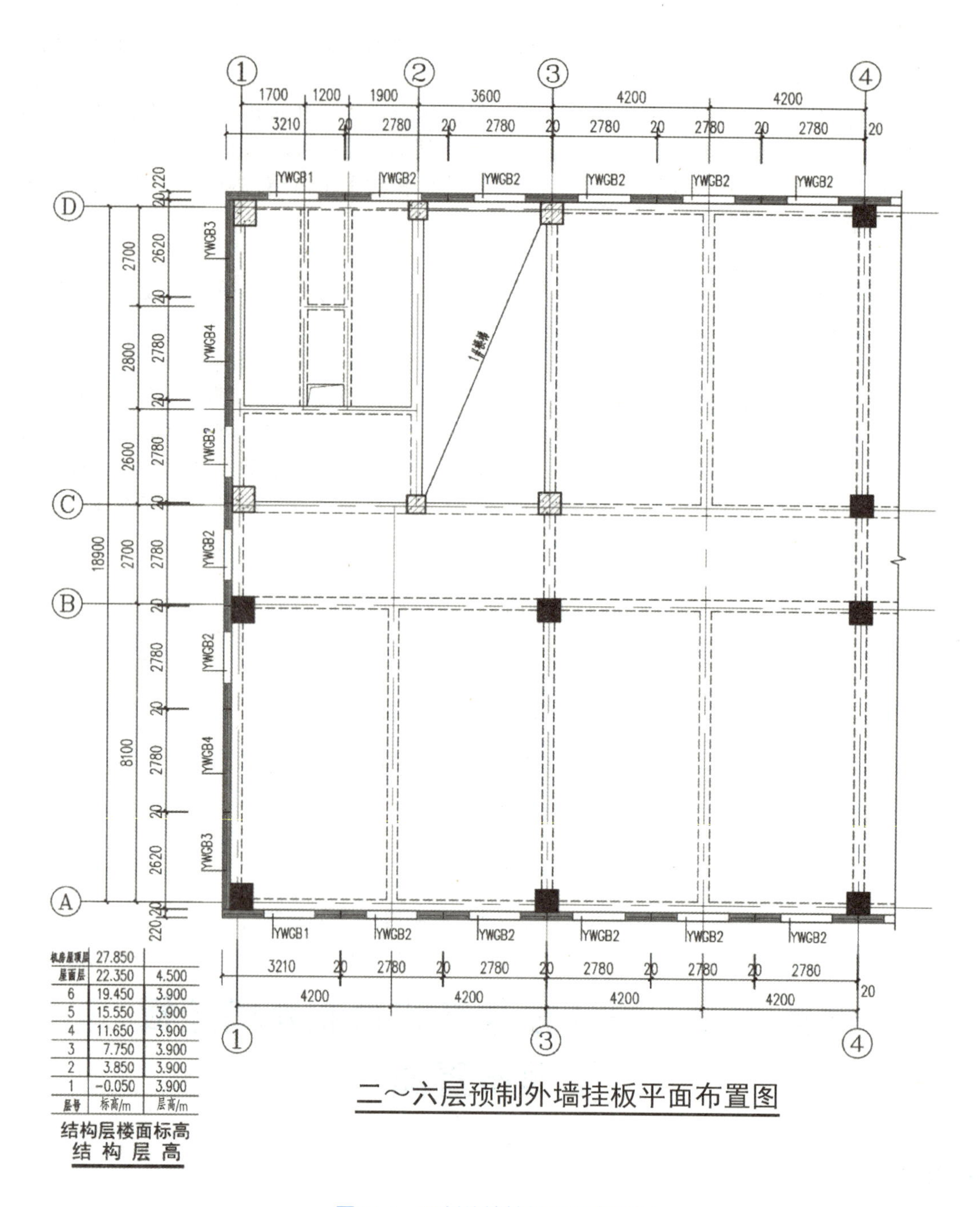

层号	标高/m	层高/m
机房屋顶层	27.850	
屋面层	22.350	4.500
6	19.450	3.900
5	15.550	3.900
4	11.650	3.900
3	7.750	3.900
2	3.850	3.900
1	-0.050	3.900

图 21.3　预制外墙挂板平面布置图

预制外墙挂板编号方法如表 21-2 所示。

表 21-2 预制外墙挂板编号方法

名称	代号	序号
预制外墙挂板	YWGB	××

预制外墙挂板平面布置图中还会附有预制外墙挂板规格表，如表 21-3 所示，用于说明预制外墙挂板平面布置图中预制外墙挂板的数量、立面尺寸、板厚和有无窗洞。

表 21-3 预制外墙挂板规格表

编号	数量	立面尺寸/mm×mm	板厚/mm	有无窗洞
YWGB1	2	3210×3880	220	有
YWGB2	13	2780×3880	220	有
YWGB3	2	2620×3880	220	无
YWGB4	2	2780×3880	220	无

任务 21.3 识读预制外墙挂板（整间板）构件详图

引导问题

试对比预制外墙挂板和预制夹心外墙板的构件详图，简要说明二者的区别。

预制外墙挂板构件详图包括模板图和配筋图，本任务以整间板为例，讲解其模板图和配筋图的识图知识。

图 21.4 和图 21.5 分别为整间板模板图和配筋图。图 21.6 和图 21.7 分别为配套的整间板节点详图和预埋件详图。

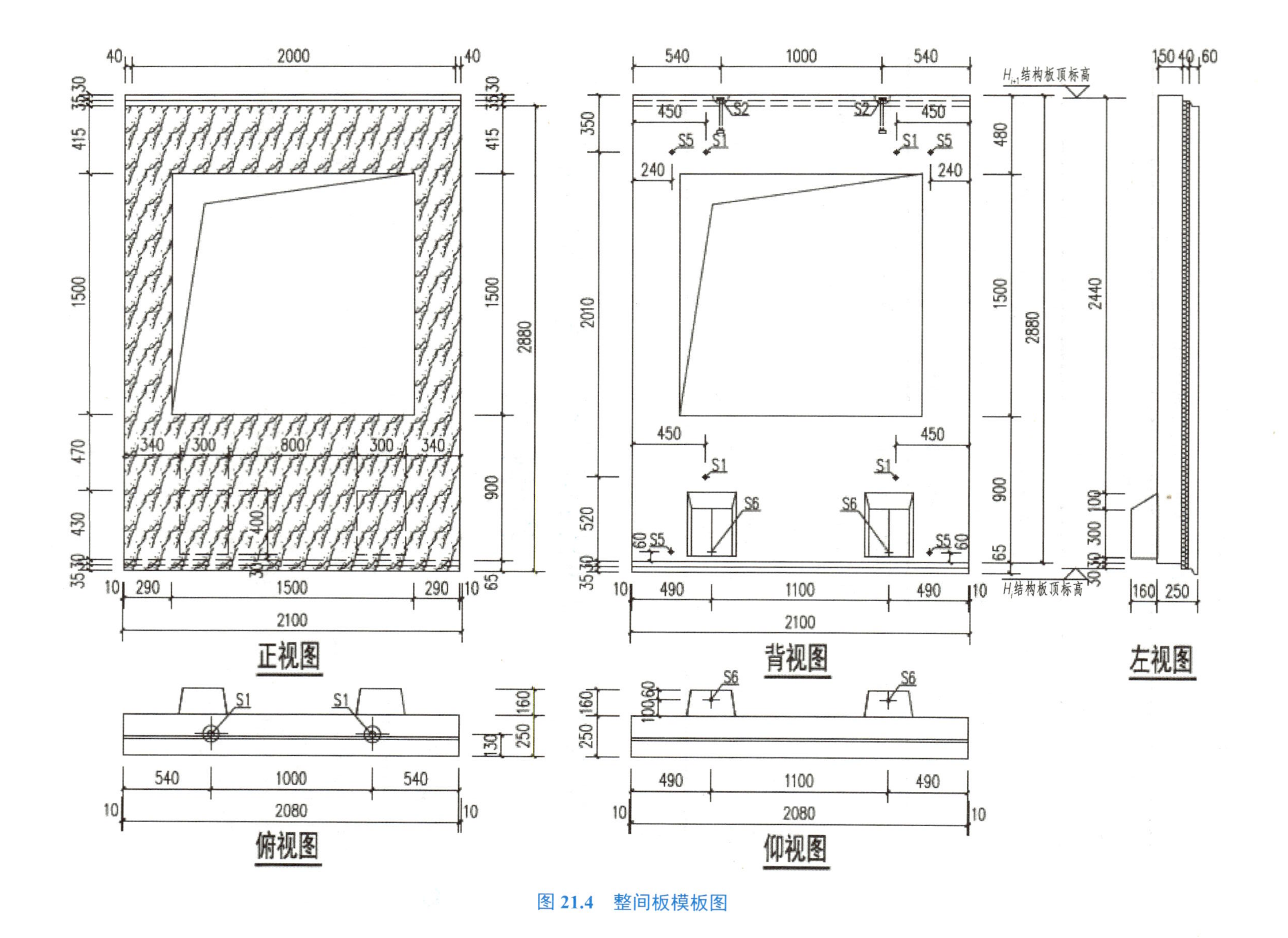

图 21.4　整间板模板图

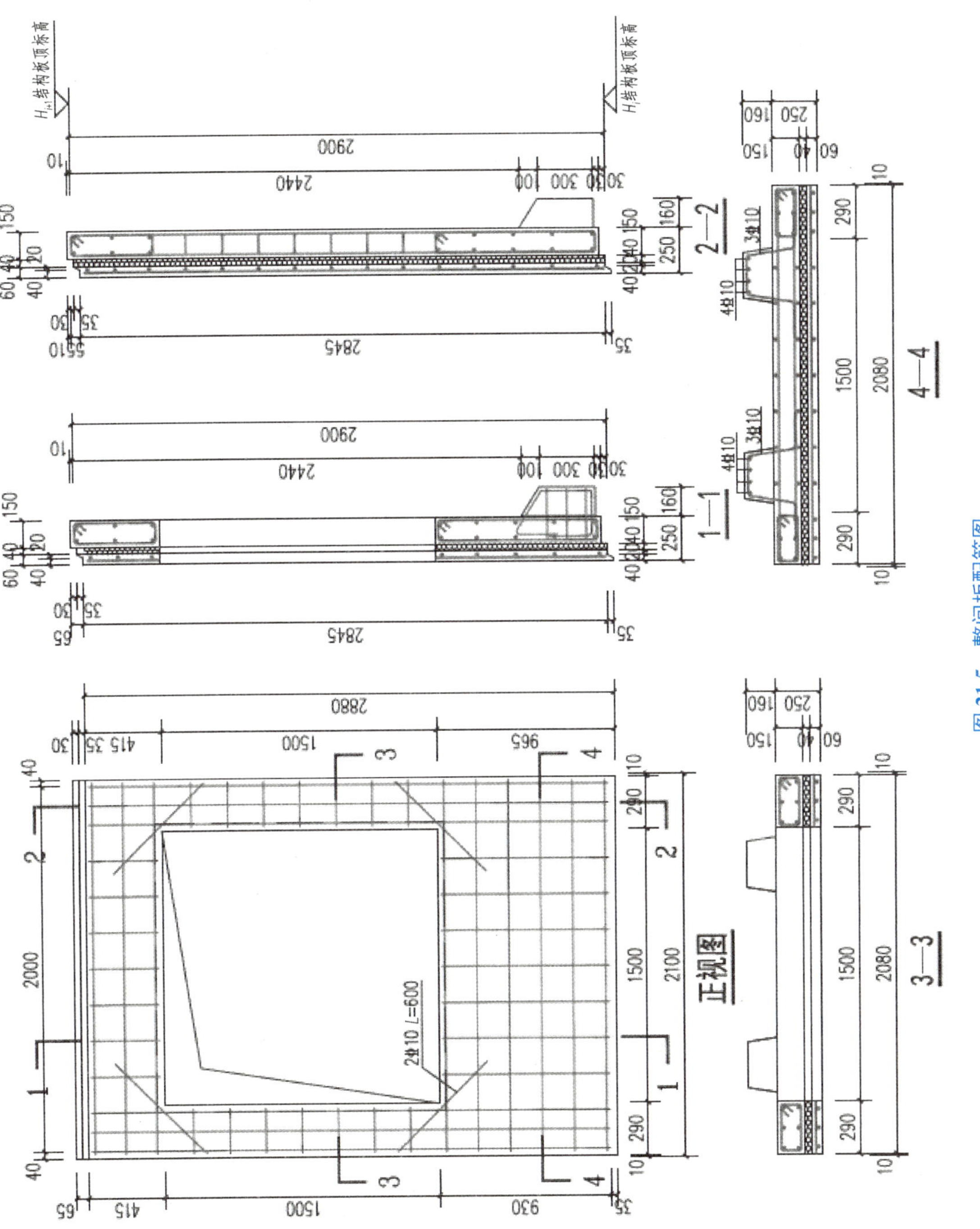

图 21.5 整间板配筋图

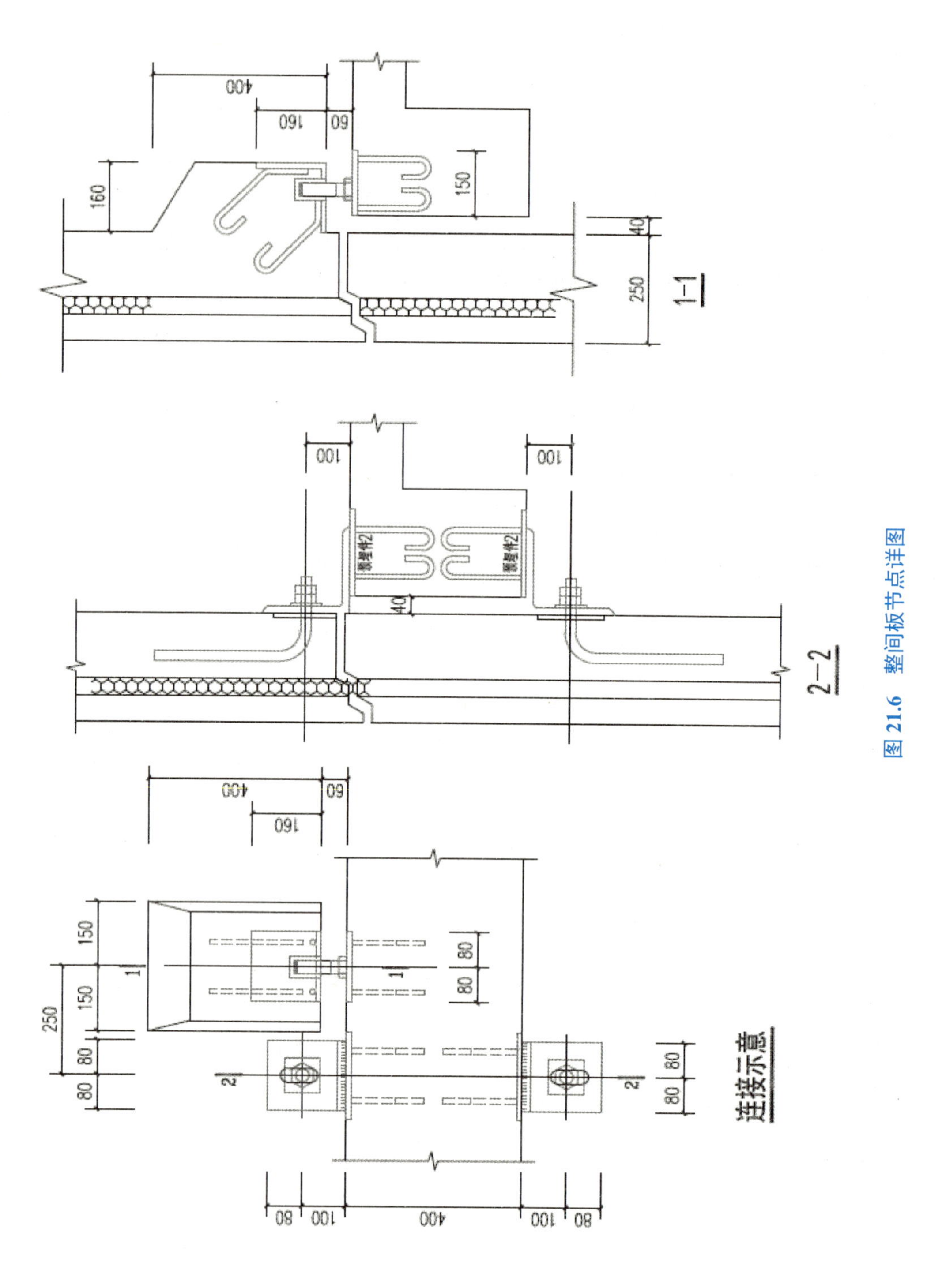

图 21.6 整间板节点详图

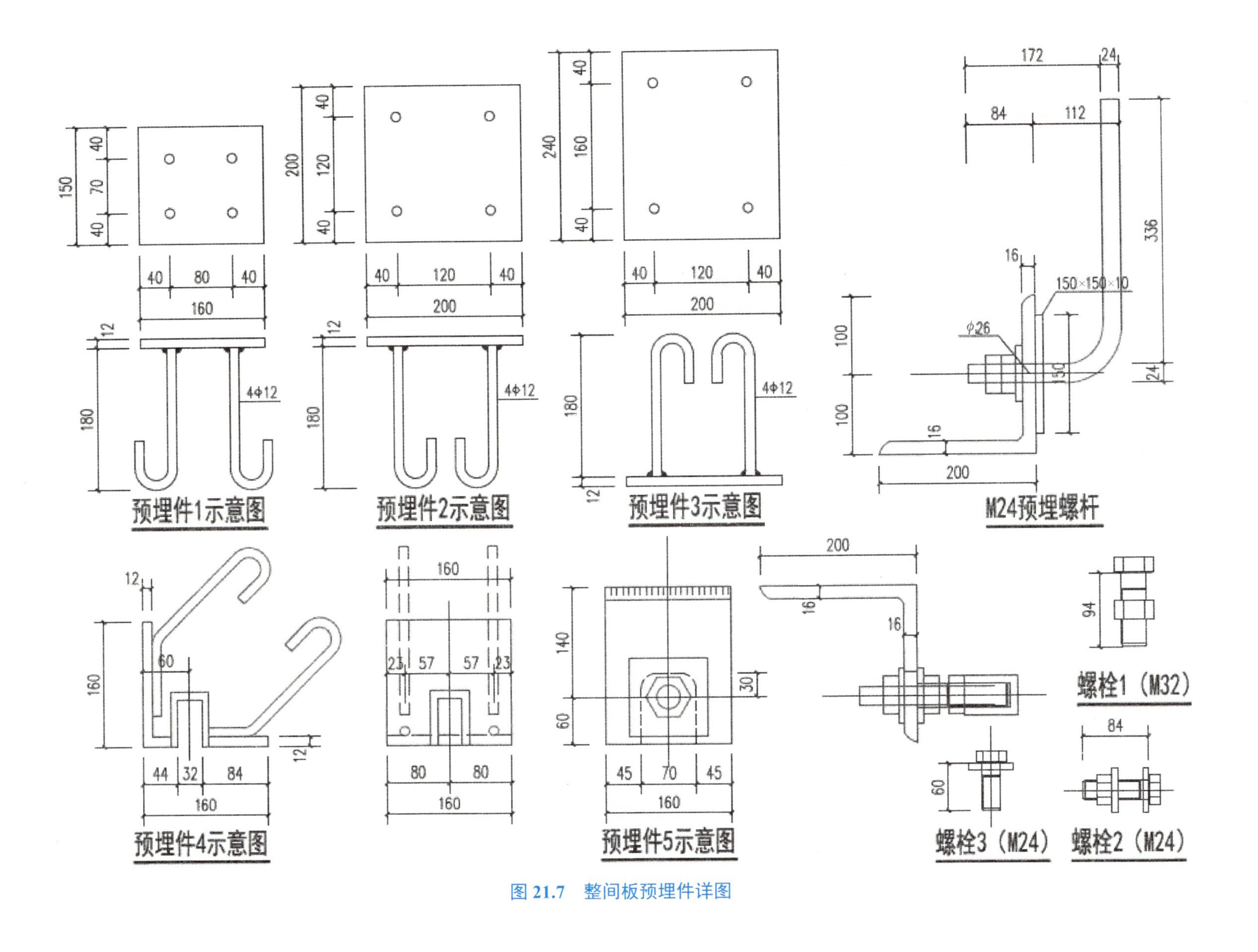

图 21.7 整间板预埋件详图

1. 整间板模板图

图 21.4 所示整间板的内叶墙板立面尺寸为 2080mm×2880mm，厚度为 150mm；外叶墙板厚度为 60mm；保温层厚度为 40mm。整间板窗洞尺寸为 1500mm×1500mm。

内叶墙板与外叶墙板采用 FRP 连接件连接。表 21-4 所示为整间板预埋件表。

表 21-4　整间板预埋件表

编号	数量	作用
S1	4	脱模预埋件
S2	2	吊装预埋件
S5	4	固定用预埋件
S6	2	固定用预埋件

2. 整间板配筋图

通过识读图 21.5 可知，内叶墙板窗洞两侧的墙柱配有纵向钢筋和箍筋；窗洞上方的墙梁配有纵向钢筋和箍筋；窗下墙配有水平分布钢筋和竖向分布钢筋。

外叶墙板配有水平分布钢筋、竖向分布钢筋和洞口加强钢筋。其中窗洞四角配有沿 45° 方向的加强斜筋，即图中的 2⌀10，长度为 600mm。

项目 22 框架结构轻质条板隔墙

项目描述

介绍轻质条板这一新型预制构件的应用、类型、材料性能要求和规格，讲解轻质条板隔墙的构造要求和构造做法。

学习目标

1. 了解轻质条板的应用、类型和材料性能要求，熟悉轻质条板的规格。
2. 掌握轻质条板隔墙的构造要求和构造做法。

任务 22.1　了解轻质条板

引导问题

1. 轻质条板按构造可分为哪些类型？
2. 轻质条板按用途可分为哪些类型？

装配整体式框架结构建筑的隔墙可采用轻质条板组装而成的轻质条板隔墙。本任务将对轻质条板这一新型预制构件进行简要介绍。

1. 轻质条板的应用

近十几年来，我国新型墙体材料发展迅速，特别是装配式建筑进入全面推广阶段后，用于建筑隔墙的轻质条板的生产与应用规模逐年扩大。

轻质条板隔墙主要用于民用建筑和一般工业建筑工程中的非承重隔墙，如分户隔墙、分室隔墙、走廊隔墙、楼梯间隔墙等。在建筑工程中应用量较大的轻质条板产品包括混凝土轻质条板、玻璃纤维增强水泥条板、玻璃纤维增强石膏空心条板、钢丝（钢丝网）增强水泥条板、硅镁加气混凝土空心条板、复合夹心条板等。

2. 轻质条板的类型

轻质条板指面密度不大于 190kg/m^2，长宽比不小于 2.5，采用轻质材料或大孔洞轻型构造制作而成的，用于非承重内隔墙的条板形预制构件，包括空心轻质条板、实心轻质条板和复合夹心轻质条板，其实物图如图 22.1 所示，示意图如图 22.2 所示。轻质条板的两侧可设置企口（企口是轻质条板两侧面的榫头、榫槽及接缝槽的总称）。用轻质条板组装而成的非承重隔墙称为轻质条板隔墙，如图 22.3 所示。

（a）空心轻质条板

（b）实心轻质条板

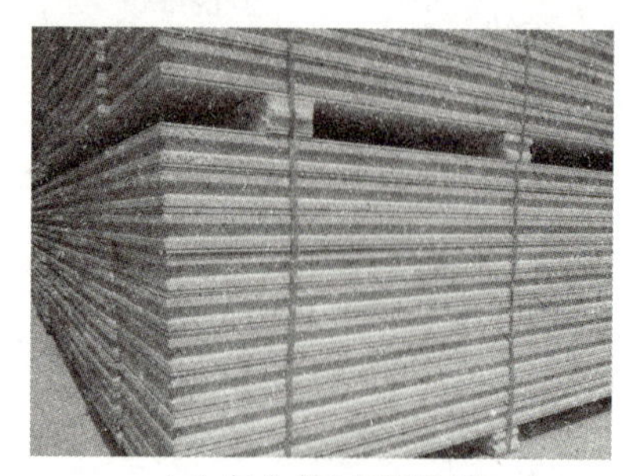
（c）复合夹心轻质条板

图 22.1　轻质条板实物图

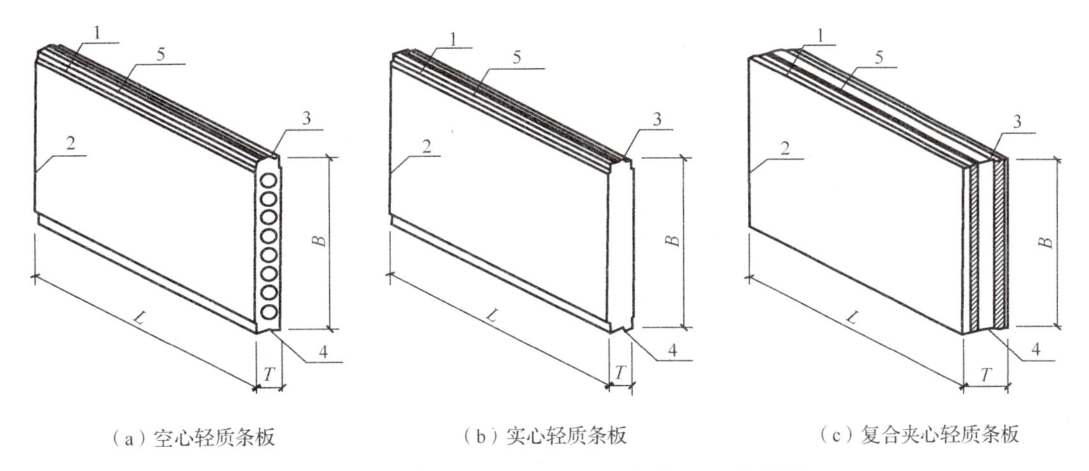

1—板边；2—板端；3—榫头；4—榫槽；5—接缝槽。

图 22.2　轻质条板示意图

图 22.3　轻质条板隔墙

3. 材料性能要求

生产轻质条板应使用符合国家节能、节材、环保等产业政策的原材料，不仅应对人体无害，而且不应对环境造成污染，能够实现资源综合利用。不得使用国家明令禁止使用的材料和制品，如黏土制品、石棉及含石棉制品、未经改性的菱苦土制品，以及含有辐射超标的各类工业废渣等。

轻质条板隔墙安装时采用的配套材料应符合国家现行有关标准的规定。用作轻质条板接缝部位使用的密封、嵌缝、黏结材料，填充部位的水泥砂浆的强度等级不应低于 M5，细石混凝土强度等级不应低于 C15。轻质密封、嵌缝、黏结材料，条板的防裂盖缝材料，以及墙面抹灰材料应与条板材料相适应，以避免或减少出现墙面开裂、空鼓、脱落等质量问题。

固定轻质条板隔墙的木楔宜采用三角形硬木楔，预埋木砖应做防腐处理。轻质条板隔墙安装使用的镀锌钢卡和普通钢卡、销钉、拉筋、锚固件、钢板预埋件等的用钢，应符合国家现行标准的规定，其中钢卡应进行防锈处理。

4. 规格

轻质条板可按其用途分为普通条板、门框板、窗框板和配套的异形板等辅助板材。

轻质条板的标志长度 L 应取楼层高减去梁高或楼板厚度及安装预留空间，宜为 2200～3500mm；轻质条板的标志宽度 B 宜取 100mm 的整倍数；条板的标志厚度 T 宜取 10mm 的整倍数，也可取 25mm 的整倍数。

对于两侧为凹凸榫槽的轻质条板，凹凸榫槽不得有缺损，对接应吻合。对于用作门框板、窗框板的空心轻质条板，靠门框一侧应为平口，距板边不小于 120mm 范围内应为实心，靠门框和窗框一侧可加设专用预埋件、固定件与门窗连接。

任务 22.2　理解轻质条板隔墙构造要求和构造做法

引导问题

1. 在抗震设防地区，轻质条板隔墙如何安装？
2. 简要说明轻质条板隔墙构造做法的要点。

1. 轻质条板隔墙构造要求

根据工程具体情况，装配整体式框架结构建筑可选用构造形式为单层或双层的轻质条板隔墙，用作分户隔墙、分室隔墙、走廊隔墙、楼梯间隔墙等。

轻质条板隔墙厚度应满足建筑物抗震、防火、隔声、保温等功能要求。

单层轻质条板隔墙用作分户隔墙时，其厚度不应小于 120mm；用作户内的分室隔墙时，其厚度不宜小于 90mm。60mm 及以下厚度的轻质条板不得用于单层隔墙。

双层轻质条板隔墙的条板厚度不宜小于 60mm，两板间距宜为 10～50mm，可作为空气层或填入吸声、保温等功能材料。对于双层条板隔墙，两侧墙面的竖向接缝错开距离不应小于 200mm，两板间应采取连接、加固措施。

隔墙安装可采用接板方式，为保证安全性，接板安装的单层轻质条板隔墙高度不应超过限高。例如，100mm 厚轻质条板隔墙的接板安装高度不应大于 3.6m；120mm、125mm 厚条板隔墙的接板安装高度不应大于 4.5m；150mm 厚轻质条板隔墙的接板安装高度不应大于 4.8m；180mm 厚轻质条板隔墙的接板安装高度不应大于 5.4m。

随着人民生活水平的提高，人们对居住环境及居住质量的要求也随之提高，轻质条板隔墙的隔声指标也需要满足相关现行国家标准的规定。

在抗震设防地区，轻质条板隔墙与顶板、结构梁、主体柱（墙）之间的连接应采用钢卡，并应使用胀管螺钉、射钉固定。图 22.4 所示为轻质条板隔墙横竖向接板立面图，钢卡分为抗震卡和连接卡，所用的抗震卡为图 22.5 所示的 U 形抗震钢板卡，连接卡为图 22.6 所示的万字形铁固体件。钢卡的固定应符合下列规定：轻质条板隔墙与顶板、结构梁的接缝处，钢卡间距不应大于 600mm；轻质条板隔墙与主体、柱（墙）的接缝处，钢卡可间断布置，且间距不应大于 1m；接板安装的轻质条板隔墙，轻质条板上端与顶板、结构梁的接缝处应加设钢卡进行固定，且每块条板不应少于 2 个固定点。

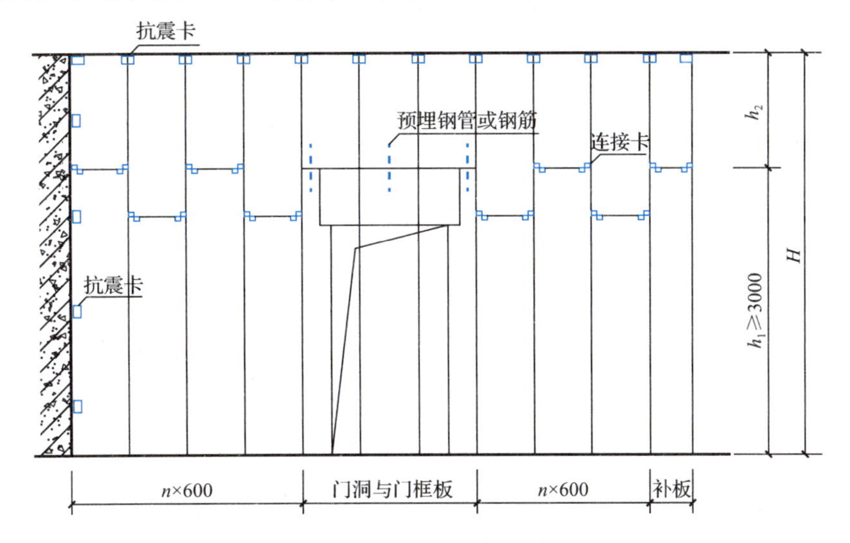

图 22.4　轻质条板隔墙横竖向接板立面图

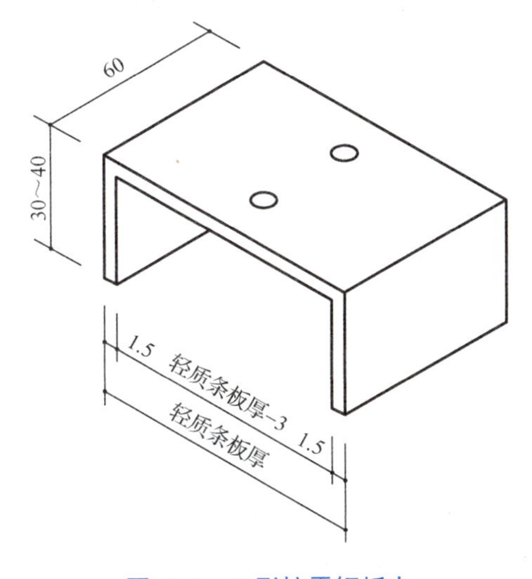

图 22.5　U 形抗震钢板卡

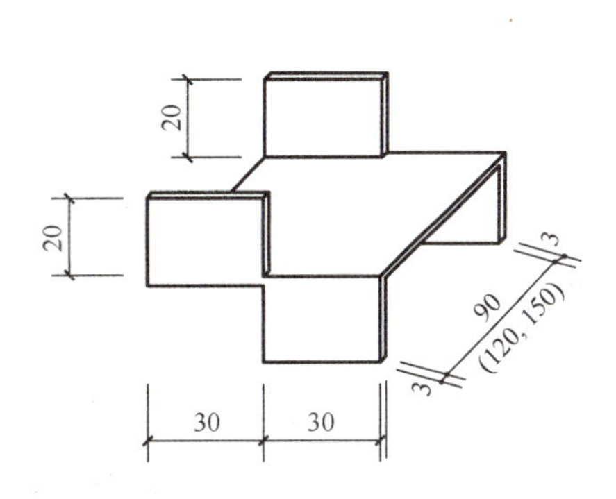

图 22.6　万字形铁固体件

由于轻质条板承受吊挂的能力不仅与其自身力学性能有关，而且与吊挂点的位置有关。为避免工程中出现吊挂点位置不合适或吊挂物较重，造成质量问题，轻质条板隔墙需吊挂重物和设备时，不得单点固定，而应采取加固措施，且固定点间距应大于 300mm。

用作固定和加固的预埋件和锚固件，均应做防腐或防锈处理。

某些材质的轻质条板隔墙在潮湿环境下，会引起强度降低。部分隔墙还会出现烂根、起鼓、脱皮等问题。因此，当轻质条板隔墙用于厨房、卫生间及有防潮、防水要求的环境时，应采取防潮、防水处理构造措施。对于附设水池、水箱、洗手盆等设施的轻质条板隔墙，墙面应做防水处理，且防水高度不宜低于 1.8m。

2. 轻质条板隔墙构造做法

当轻质条板隔墙采取接板安装且在限高以内时，竖向接板不宜超过一次，且相邻条板接头位置应至少错开 300mm。轻质条板对接部位应设置连接件或定位钢卡，做好定位、加固和防裂处理。轻质条板隔墙竖向接板构造如图 22.7 所示。

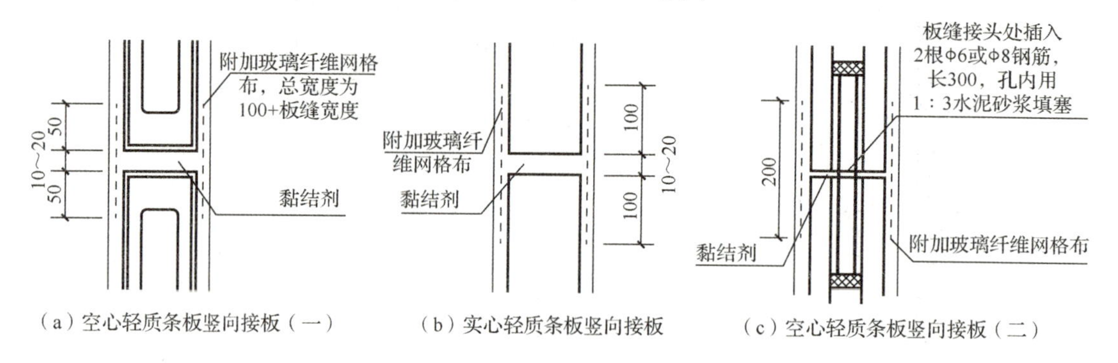

图 22.7 轻质条板隔墙竖向接板构造

若轻质条板隔墙安装长度过长，墙面易产生微细裂缝，也将影响墙体的安全性能。当抗震设防地区的轻质条板隔墙安装长度超过 6m 时，应设置横向加固构造柱（图 22.8），并应采取加固措施，如安装隔墙时间断预留伸缩缝，接缝处应使用柔性黏结材料处理；采用加设拉筋加固措施；采用全墙面粘贴玻璃纤维网格布、无纺布或挂钢丝网抹灰处理；等等。

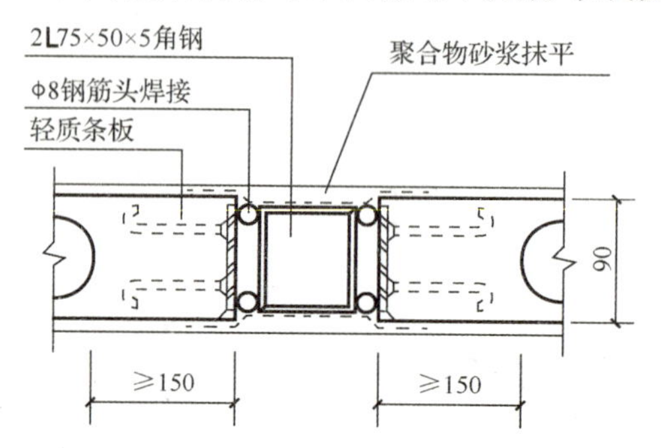

图 22.8 横向加固构造柱

标准轻质条板是指在工厂大批量预制生产的、规格相同的轻质条板。为保证隔墙的使用功能，要求采用标准轻质条板拼装的隔墙，应避免过多切割。同时还应对隔墙补板的宽度提出要求，因为补板宽度过窄，将降低轻质条板的刚度而易发生损坏。如图 22.4 所示，当隔墙端部尺寸不足一块标准板宽时，可采用补板，补板宽度不应小于 200mm。

顶端为自由端的轻质条板隔墙应做压顶。压顶宜采用通长角钢圈梁，并用水泥砂浆覆盖抹平，也可设置混凝土圈梁，且空心轻质条板顶端孔洞均应局部灌实，每块板应埋设不少于一根钢筋与上部角钢圈梁或混凝土圈梁连接。隔墙上端应间断设置拉杆与主体结构固定；所有外露铁件均应做防锈处理。

轻质条板隔墙下端与楼地面结合处宜预留安装空隙。预留空隙在 40mm 及以下的宜填入 1∶3 水泥砂浆；40mm 以上的宜填入干硬性细石混凝土。撤除木楔后的遗留空隙应采用相同强度等级的砂浆或细石混凝土填塞、捣实。轻质条板隔墙下端与楼地面连接板造如图 22.9 所示。

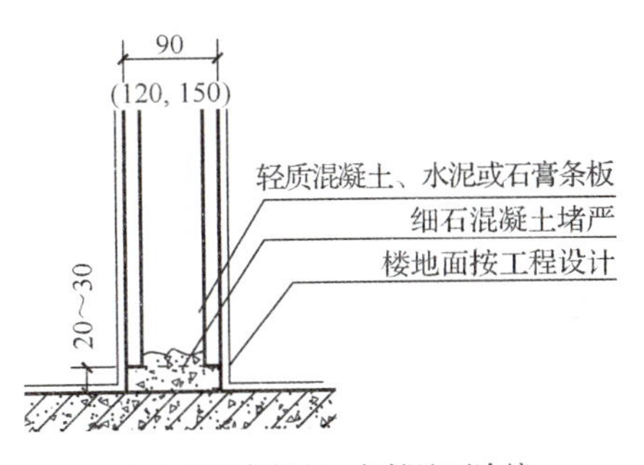

(a) 轻质条板与一般楼地面连接

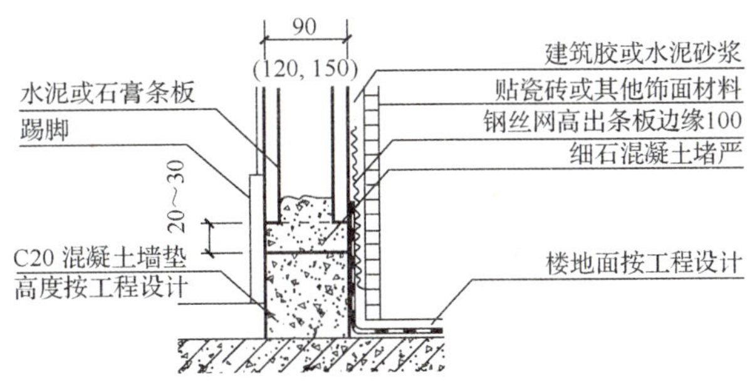

(b) 轻质条板与卫生间楼地面连接

图 22.9 轻质条板隔墙与楼地面连接构造

目前，多数工程选用的轻质条板隔墙自身厚度较薄，在其上横向开槽后，轻质条板的抗折强度明显下降，即使进行修补、加强处理，强度损失仍较严重。特别是在空心条板隔墙上水平方向开槽，将削弱墙体的刚度和整体性能。当在轻质条板隔墙上横向开槽、开洞敷设电气暗线、暗管、开关盒时，隔墙的厚度不宜小于 90mm，开槽长度不应大于轻质条板宽度的 1/2。不得在隔墙两侧同一部位开槽、开洞，其间距应至少错开 150mm。板面开槽、开洞应在隔墙安装 7d 后进行。单层轻质条板隔墙内不宜设置暗埋的配电箱、控制柜，不宜暗埋横向水管。

轻质条板隔墙的板与板之间可采用榫接、双凹槽对接等方式连接，在板与板之间对接缝隙内填满、灌实黏结材料，企口接缝处应采取抗裂措施，如图 22.10 所示。轻质条板丁字连接处及轻质条板与主体结构结合处应做专门防裂处理，如图 22.11 和图 22.12 所示。

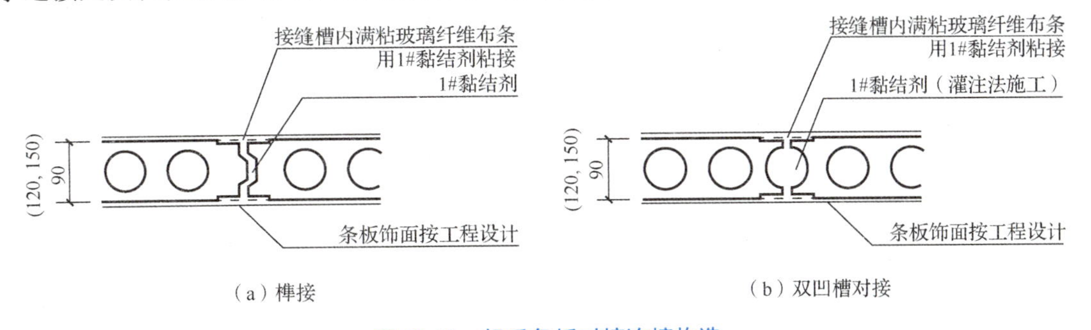

(a) 榫接　　(b) 双凹槽对接

图 22.10 轻质条板对接连接构造

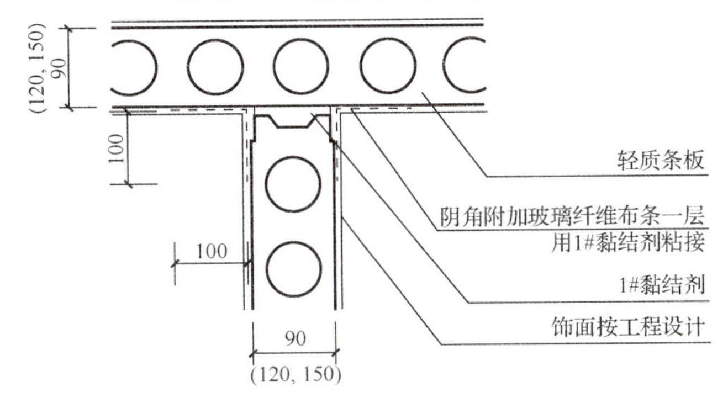

图 22.11 轻质条板丁字连接

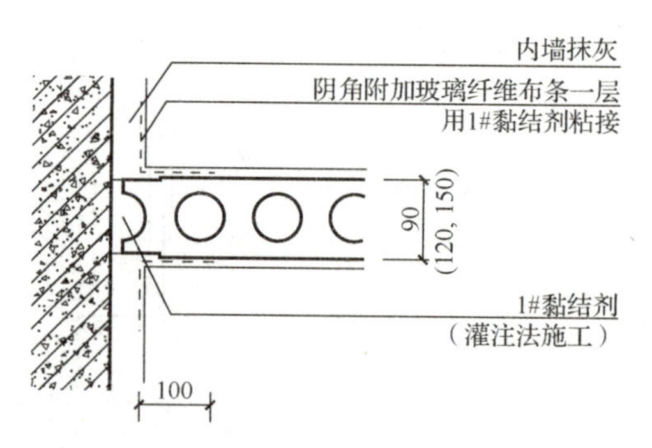

图 22.12　轻质条板与主体结构结合

轻质条板隔墙上预留有门窗洞口位置时，应选用与隔墙厚度相适应的门窗框板。当采用空心轻质条板作门窗框板时，距板边 120～150mm 范围内不得有空心孔洞，可将空心轻质条板板边的第一个孔用细石混凝土灌实。

工厂预制的门窗框板靠门窗框一侧应设置固定门窗的预埋件。施工现场切割制作的门窗框板可采用胀管螺钉或其他加固件与门窗框固定，并应根据门窗洞口大小确定固定位置和数量，且每侧的固定点不应少于 3 处。当门窗框板上部墙体高度大于 600mm 或门窗洞口宽度超过 1.5m 时，应采用配有钢筋的过梁板或采取其他加固措施，过梁板两端搭接长度不应小于 100mm。门窗框板与门窗框的接缝处应采取密封、隔声、防裂等措施。

拓展讨论

党的二十大报告指出，统筹职业教育、高等教育、继续教育协同创新，推进职普融通、产教融合、科教融汇，优化职业教育类型定位。本书旨在帮助高职高专院校、继续教育学院学生，以及相关从业人员更好地掌握装配式建筑的构造知识和识图技能。现在你已经完成了本书的学习，请谈一谈对学习职业技能的心得体会。

附录

本书推荐参考查阅相关标准

序号	标准名称	标准编号	类型
1	房屋建筑制图统一标准	GB/T 50001—2017	国家标准
2	建筑结构制图标准	GB/T 50105—2010	国家标准
3	建筑结构荷载规范	GB 50009—2012	国家标准
4	混凝土结构设计标准（2024 年版）	GB/T 50010—2010	国家标准
5	工程结构设计基本术语标准	GB/T 50083—2014	国家标准
6	建筑工程抗震设防分类标准	GB 50223—2008	国家标准
7	建筑抗震设计标准（2024 年版）	GB/T 50011—2010	国家标准
8	混凝土结构耐久性设计标准	GB/T 50476—2019	国家标准
9	高层建筑混凝土结构技术规程	JGJ 3—2010	行业标准
10	装配式混凝土结构技术规程	JGJ 1—2014	行业标准
11	装配式混凝土建筑技术标准	GB/T 51231—2016	国家标准
12	装配式建筑评价标准	GB/T 51129—2017	国家标准
13	混凝土结构工程施工规范	GB 50666—2011	国家标准
14	建筑工程施工质量验收统一标准	GB 50300—2013	国家标准
15	混凝土结构工程施工质量验收规范	GB 50204—2015	国家标准
16	砌体结构工程施工质量验收规范	GB 50203—2011	国家标准
17	钢结构工程施工质量验收标准	GB 50205—2020	国家标准
18	建筑地基基础工程施工质量验收标准	GB 50202—2018	国家标准
19	钢筋焊接及验收规程	JGJ 18—2012	行业标准
20	钢筋机械连接技术规程	JGJ 107—2016	行业标准
21	钢筋连接用灌浆套筒	JG/T 398—2019	行业标准
22	混凝土结构施工图平面整体表示方法制图规则和构造详图（现浇混凝土框架、剪力墙、梁、板）	22G101-1	国家建筑标准设计图集
23	混凝土结构施工图平面整体表示方法制图规则和构造详图（现浇混凝土板式楼梯）	22G101-2	国家建筑标准设计图集

续表

序号	标准名称	标准编号	类型
24	混凝土结构施工图平面整体表示方法制图规则和构造详图（独立基础、条形基础、筏形基础、桩基础）	22G101-3	国家建筑标准设计图集
25	混凝土结构施工钢筋排布规则与构造详图（现浇混凝土框架、剪力墙、梁、板）	18G901-1	国家建筑标准设计图集
26	混凝土结构施工钢筋排布规则与构造详图（现浇混凝土板式楼梯）	18G901-2	国家建筑标准设计图集
27	混凝土结构施工钢筋排布规则与构造详图（独立基础、条形基础、筏形基础、桩基础）	18G901-3	国家建筑标准设计图集
28	施工图结构设计总说明（混凝土结构）	12SG121-1	国家建筑标准设计图集
29	施工图结构设计总说明（多层砌体房屋和底部框架房屋）	13SG121-2	国家建筑标准设计图集
30	装配式混凝土结构住宅建筑设计示例（剪力墙结构）	15J939-1	国家建筑标准设计图集
31	装配式混凝土结构表示方法及示例（剪力墙结构）	15G107-1	国家建筑标准设计图集
32	预制混凝土剪力墙外墙板	15G365-1	国家建筑标准设计图集
33	预制混凝土剪力墙内墙板	15G365-2	国家建筑标准设计图集
34	桁架钢筋混凝土叠合板（60mm 厚底板）	15G366-1	国家建筑标准设计图集
35	预制钢筋混凝土板式楼梯	15G367-1	国家建筑标准设计图集
36	装配式混凝土结构连接节点构造（楼盖结构和楼梯）	15G310-1	国家建筑标准设计图集
37	装配式混凝土结构连接节点构造（剪力墙结构）	15G310-2	国家建筑标准设计图集
38	预制钢筋混凝土阳台板、空调板及女儿墙	15G368-1	国家建筑标准设计图集
39	装配式混凝土框架结构示例	湘 2017G104	地方建筑标准设计图集
40	装配式混凝土结构连接节点构造及构件图集	2024 沪 G105	地方建筑标准设计图集
41	砌体结构设计与构造	12SG620	国家建筑标准设计图集
42	砌体填充墙结构构造	22G614-1	国家建筑标准设计图集
43	砌体填充墙构造详图（二）（与主体结构柔性连接）	10SG614-2	国家建筑标准设计图集